DIE

WERKZEUGMASCHINEN

VON

HERMANN FISCHER

GEH. REG.-RATH U. PROF. A. D. KGL. TECHN. HOCHSCHULE ZU HANNOVER

ZWEITER BAND

DIE HOLZBEARBEITUNGS-MASCHINEN

MIT 421 FIGUREN IM TEXT

BERLIN

VERLAG VON JULIUS SPRINGER

1901.

ISBN-13: 978-3-642-89679-8 e-ISBN-13: 978-3-642-91536-9
DOI: 10.1007/978-3-642-91536-9

Softcover reprint of the hardcover 1st edition 1901

Inhalts-Verzeichniss.

II. Theil.

Spaltmaschinen, Maschinen zum bildsamen Umgestalten und solche für das Zusammenfügen der Theile.

Einleitung.

Ebenso wie die Metalle wird auch das Holz zum Theil vermöge seiner Bildsamkeit, sonst durch Zertheilen bearbeitet.

Die Bildsamkeit des Holzes ist gering, so dass die auf sie sich stützenden Bearbeitungsweisen einen kleinen Raum einnehmen. Die wenigen hierbei zur Anwendung kommenden Maschinen (es handelt sich vorwiegend um Biegemaschinen) sollen am Schluss dieses Bandes angeführt werden.

Es wird für das Zertheilen des Holzes in einigem Umfange seine Spaltbarkeit benutzt; die hierher gehörigen Maschinen (zum Zerlegen des Brennholzes, der entsprechend vorbereiteten Holzscheiben in Schuhnägel, Spalten des Rohrs und der Weidenruthen) liegen ausserhalb des Rahmens dieses Buches und werden deshalb weiter unten nur kurz behandelt.

Auch die dem Zusammenfügen der Holztheile dienenden Maschinen sind kurz erledigt, und zwar weil sie meistens Sonderzwecken angepasst sind.

Bei weitem überwiegend sind die spanabhebenden Maschinen. Sie nehmen demgemäss die erste Stelle und den grössten Raum dieses Bandes ein.

Es werden zunächst die eigentlichen Werkzeuge, deren Wirksamkeit und Erhaltung, dann die Mittel und Verfahren für das Entgegenführen von Werkzeugen und Werkstücken erörtert und endlich Beispiele spanabhebender Maschinen angeführt.

In Bd. I, S. 2 bis 7 sind für den Entwurf der Werkzeugmaschinen massgebende allgemeine Gesichtspunkte angeführt. Sie gelten auch für die Holzbearbeitungsmaschinen.

I. Theil.

Die spanabhebenden Holzbearbeitungsmaschinen.[1])

I. Eigentliche Werkzeuge, deren Wirkungsart und Erhaltung.

A. Arbeitsvorgänge.

Das Holz unterscheidet sich von den Metallen in Bezug auf das Spanabheben durch seine geringere Festigkeit, sein faseriges Gefüge, welches mehr oder weniger unregelmässig zu sein pflegt und durch die unregelmässig eingestreuten harten sogenannten „Aeste“.

Die geringere Festigkeit ändert nichts an den Vorgängen, welche die Abrundung des Schneiden-Querschnitts (Bd. I, S. 8) mit sich führt; nur sind die Widerstände im allgemeinen geringer und der Schneidwinkel α (Bd. I, S. 11) kann erheblich kleiner gemacht werden, als bei Werkzeugen, welche Metalle zu bearbeiten haben.

Von grösserer Bedeutung als die Weichheit des Stoffes ist sein faseriges Gefüge; es ist bestimmend für die Arbeitsweise der meisten Holzbearbeitungsmaschinen.

Es ist der Widerstand gegen das Querabschneiden der Faser gross, dagegen — bei den vorherrschend zu bearbeitenden Hölzern — der Zusammenhang der Fasern winkelrecht zu ihrer Länge verhältnissmässig gering, so dass, wenn dieser Zusammenhang jenen Widerstand aufnehmen soll, die Gefahr des Spaltens vorliegt. Selbst wenn die Fasern in anderer als der Querrichtung geschnitten werden, ist zu befürchten, dass die Nachbarfasern sie nicht genügend festhalten.

Einige Beispiele mögen das erläutern.

1. Die Schnittfläche liege winkelrecht zur Faserrichtung.

Das Werkstück w, Fig. 1, möge zwischen zwei Backen b und c eingespannt sein; ein Messer s bewegt sich in der im Bilde angegebenen Pfeilrichtung. Bei dem Auftreffen der Schneide auf das Werkstück tritt dem Druck der ersteren der volle Biegungswiderstand des Werkstücks entgegen.

---

[1]) Holtzapfell, Turning and Mech. Manipul., London 1843 bis 1850. C. Pfaff u. W. F. Exner, Werkzeuge und Maschinen zur Holzbearbeitung, Weimar 1883. Karmarsch-Fischer, Handbuch der mech. Technologie, 6. Aufl., Bd. 2, S. 631, Leipzig 1891. Powis Bale, Woodworking machinery, London 1894. Herm. Fischer, Holzbearbeitungsmaschinen in der 1893er Weltausstellung zu Chicago, Zeitschr. d. Ver. deutscher Ingen. 1894. Desgl. Holzbearbeitungsmaschinen in der 1900er Weltausstellung zu Paris, Zeitschr. des Ver. deutscher Ingen. 1901.

Nachdem die Schneide in einigem Grade vorgedrungen ist, betheiligt sich der höher als die Schneide belegene Werkstücktheil an dem Biegungswiderstande nur soweit, als er durch die Querfestigkeit übertragen wird. Es spaltet das Holz, sobald die Schneide soweit fortgeschritten ist, dass der unter ihr befindliche Holztheil in zu hohem Grade die Stützung durch die Querfestigkeit in Anspruch nimmt. Sein Widerstand beruht dann auf seiner eigenen Biegungsfestigkeit, und das Schlussergebniss ist, dass der Rest des

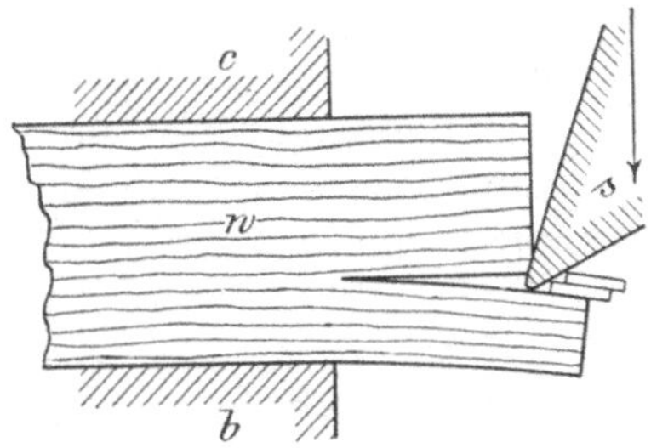

Fig. 1.

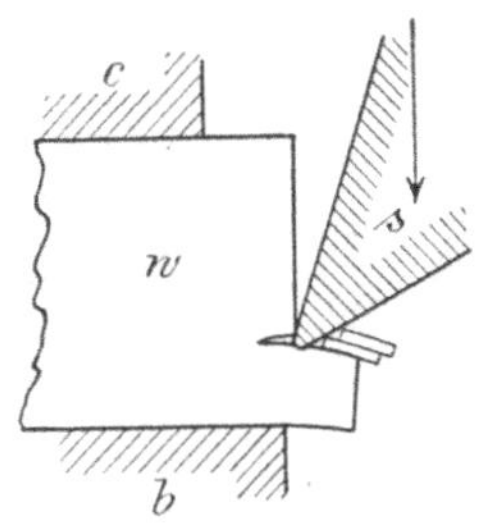

Fig. 2.

Holzes abbricht. Diesem Abbrechen kann man durch möglichstes Heranrücken des stützenden Backen *b*, Fig. 2, an die Bahn der Schneide *s* entgegentreten. Damit wird aber mässiges Spalten der Endfläche von *w* nicht immer verhütet, indem — wegen der grossen Elasticität des Holzes — die Schneide *s* das Werkstück stark zusammendrückt. Dieser Vorgang tritt in voller Reinheit auf, wenn die Schneide *s* mit geringer Geschwindigkeit arbeitet. Giebt man dem Messer aber eine sehr grosse Geschwindigkeit, so tritt die Massenträgheit des Werkstücks helfend ein: es wird dem unter bezw. vor der Schneide befindlichen Werkstücktheil so wenig Zeit zum Biegen gelassen, dass selbst seine geringe Masse im Stande ist, es wirksam zu unterstützen, und die Dicke des schliesslich abbrechenden Restes um so kleiner ausfällt, je grösser die Schnittgeschwindigkeit ist.

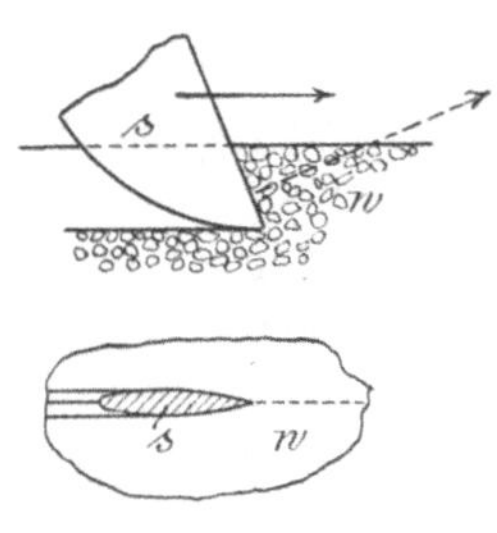

Fig. 3.

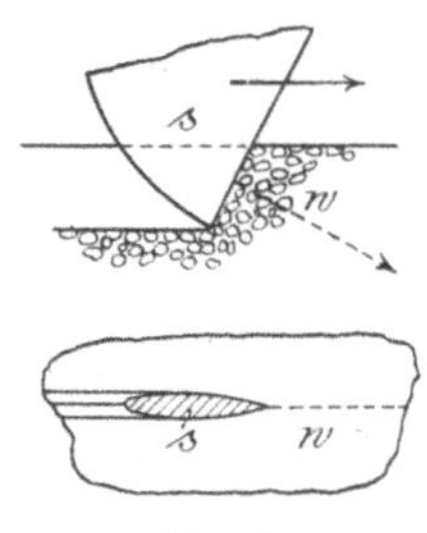

Fig. 4.

Besondere Erwähnung verdient das Verhalten der an den Seitenflächen des Holzes liegenden Fasern, wenn ein Messer sie quer abzuschneiden versucht. Nach Fig. 3 soll das Messer *s* die Fasern des Werkstücks *w* auf nur mässige Tiefe quer durchschneiden. Die Bewegungsrichtung des Messers ist gleichlaufend zur Oberfläche des Werkstücks und die Schneidkante des Messers gegenüber der Bewegungsrichtung rückwärts geneigt. Die Abbildung lässt ohne weiteres erkennen, dass der von der Schneidkante gegen die zu zerlegenden Fasern gerichtete Druck diese Fasern nach oben zu heben, also abzureissen versucht. Nach Fig. 4 ist die Schneidkante gegenüber der Bewegungsrichtung nach vorwärts geneigt, sie „hängt nach vorn über“ und der auf die Fasern wirkende Druck des Messers ist schräg nach unten gerichtet, so dass die getroffenen Fasern nicht auszuweichen vermögen. Man verwendet hiernach für die wirksame Kante der Vorschneider (s. w. u.), regelmässig die nach vorn überhängende Lage.

2. Die Schnittfläche falle mit der Faserrichtung zusammen.

Liegt dann die Schneidkante von *s* genau gleichlaufend zur Faser, Fig. 5, so versucht sie letztere im ganzen durchzuschneiden. Der Zusammenhang der getroffenen Faser mit den Nachbarn ist selten gross genug, um der Angriffskraft der Schneide genügenden Widerstand zu leisten. Die Faser wird deshalb nicht zerschnitten, sondern von dem Werkstück abgerissen, und die entstehende Fläche fällt rauh aus.

Liegt dagegen die Schneidkante nach Fig. 6 schräg gegen die Richtung der Fasern, so trifft erstere die einzelne Faser je nur längs kurzer Strecke. Es hat deshalb die einzelne Faser nur einen kleinen Theil des Schnittwiderstandes aufzunehmen, wozu ihr Zusammenhang mit den Nachbarfasern genügt; sie wird also durchschnitten und die Fläche fällt glatt aus.

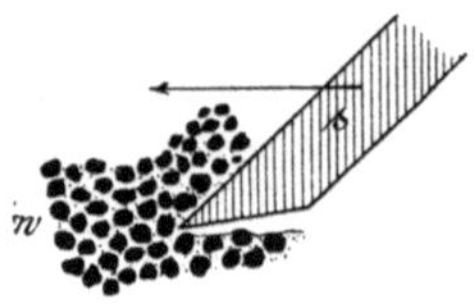

Man erreicht dieses Ziel noch sicherer, wenn man das Messer während es schneidet in der Richtung der Schneidkante verschiebt. Bekanntlich[1]) ist die frisch geschliffene Schneide mehr oder weniger mit Grat behaftet, oder durch die Bruchflächen des Grates begrenzt, also zackig gebildet. Wird diese Schneidkante unter Druck gegenüber dem Holz verschoben, so kommen nur die vorspringenden Zacken zum Angriff und durchschneiden die Faser ohne so stark gegen diese zu drücken, wie nothwendig wäre, wenn die Schneide nur winkelrecht zu ihrer Länge verschoben würde. Man macht, wie bekannt, von diesem „Ziehen“ der Schneide in gleichem Sinne Gebrauch: beim Schneiden des Fleisches, beim Rasiren, beim Mähen u. s. w., man verwendet es für die Holzbearbeitung bei den sogenannten Furnürhobelmaschinen.

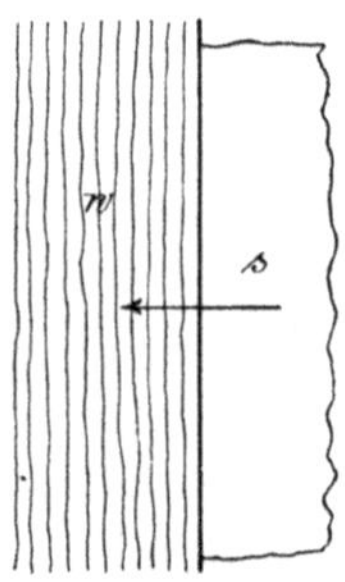

Fig. 5.

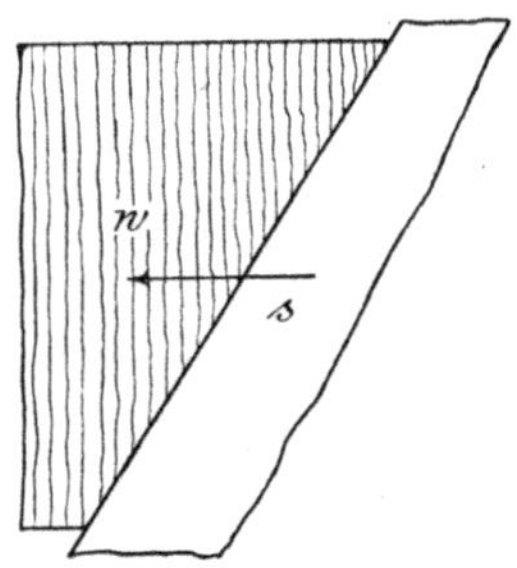

Fig. 6.

Die genau rechtwinklige Lage der Schneidkante gegenüber der Faserrichtung (bei mit der Faser zusammenfallender Schnittfläche) hat kein Interesse, indem selten so geradfaseriges Holz vorkommt, dass mit Sicherheit auf die angegebene Lage gerechnet werden könnte.

Es braucht kaum erwähnt zu werden, dass auch bei den unter 2 zusammenzufassenden Fällen die Schnittgeschwindigkeit eine ähnliche Rolle spielt, wie zu 1 bemerkt wurde.

3. Die Schnittfläche liege schräg zur Faserrichtung, die Schneidkante des Messers quer zur Faser. Befindet sich dann die Spitze des zwischen Faserrichtung und Schnittrichtung liegenden Winkels vor der Schneide, Fig. 7, so stützen sich die vom Messer *s* getroffenen Fasern auf die unter ihnen liegenden, weichen also dem Druck des Messers nicht aus und werden deshalb von diesem zerschnitten. Der Span wird vielleicht in einzelnen Stücken abgespalten. Da jedoch die Spaltung den Fasern entlang verläuft, so ist sie unschädlich. Wenn dagegen der von Faser- und Schnittrich-

[1]) Herm. Fischer, Allgemeine Grundsätze und Mittel des mechanischen Aufbereitens, Leipzig 1888, S. 378.

tung eingeschlossene Winkel umgekehrt liegt, Fig. 8 (man spricht dann von „Schneiden gegen den Span"), so versucht der von der Brust des Messers *s* auf den Span ausgeübte Druck den Span emporzuheben, die Querfestigkeit des Holzes zu überwinden und den Span abzuspalten statt abzuschneiden. Nur bei ungemein gut geschliffenem Messer, sehr dünnen Spänen und sehr kleinem Winkel zwischen Faser- und Schnittrichtung ist ein solches Abspalten nicht zu befürchten.

Tritt das Spalten so, wie angegeben, ein, so endigt der Spalt nicht an der Oberfläche des Holzes, sondern dringt tiefer in das Holz ein. Soll dieses Eindringen des Spaltens auf erträgliche Tiefe beschränkt werden, so muss man den Span möglichst bald brechen.

Bei dem Handhobel[1]) befindet sich zu diesem Zweck vor dem Messer *s*, Fig. 8, die mit ihm fest verbundene Hobelsohle *k*, welche die Dicke des Spanes begrenzt und um deren in der Figur rechts belegene Kante der Span gebogen, beziehungsweise gebrochen wird. Um den Bruch sicher herbeizuführen, wird diese Hobelsohlenkante der Schneide des Messers *s* möglichst nahe gelegt und meistens auf *s* eine „Klappe" angebracht (so dass *s* zum „Doppeleisen" wird), um den Span stärker abzubiegen. Die

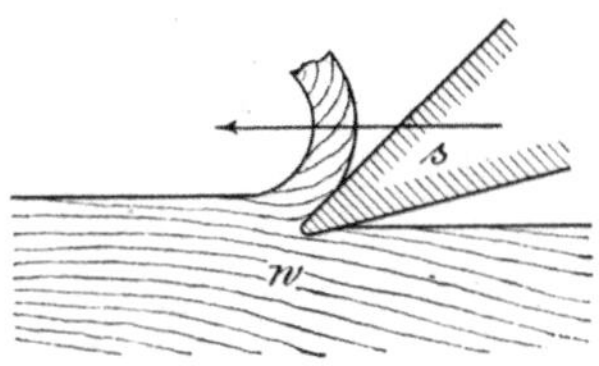

Fig. 7.

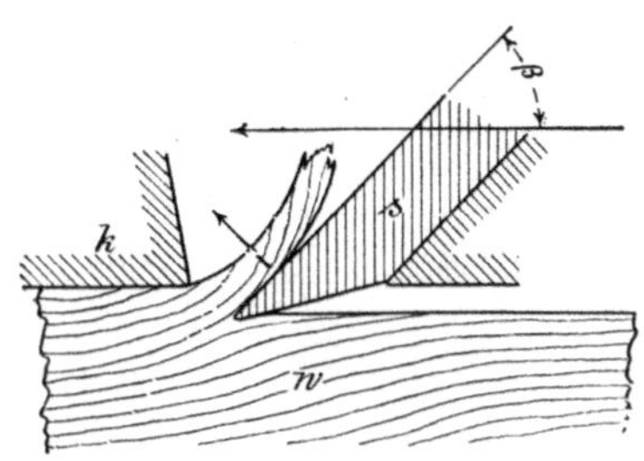

Fig. 8.

Bruchstellen des Spanes sind auf der Schnittfläche als Rauhigkeiten zu erkennen, sie sind um so weniger bemerkbar, je näher die Bruchstellen aneinander liegen, d. h. je früher der Span nach seiner Bildung gebrochen wird.

Es wird von diesem Brechen der Späne so viel als möglich auch bei Holzbearbeitungsmaschinen Gebrauch gemacht. Das ist in voller Reinheit der Fall bei der A b z i e h m a s c h i n e.[2]) Es handelt sich bei dieser um etwa $^1/_{40}$ mm dicke Späne, welche mittels eines ziehklingenartigen Messers abgehoben werden. Bei den W a l z e n h o b e l m a s c h i n e n vertritt der vor der Arbeitsstelle sich auf das Werkstück legende Druckklotz die Stelle der Hobelsohle *k*, Fig. 8; er wird deshalb auch vielfach S p a n b r e c h e r genannt. Es lässt sich jedoch dieser Spanbrecher oft überhaupt nicht verwenden, oder doch der Schneide nicht so nahe legen, dass er ebenso wirksam wird als der vor der Schneide befindliche Theil der Handhobelsohle. Man macht nicht selten den B r u s t w i n k e l β, Fig. 8 (der Winkel zwischen der Brust der Schneide und der Schneidrichtung), gross, so dass der Span steil emporsteigen muss und dadurch im Augenblick seiner Entstehung eine starke Biegung erfährt.

Regelmässig wird bei Holzbearbeitungsmaschinen ein Mittel benutzt, welches für Handhobel nicht in Frage kommt, nämlich: sehr grosse Schnitt-

[1]) Vorige Quelle, S. 390.
[2]) Zeitschr. d. Ver. deutscher Ingen. 1885, S. 776, mit Abb.

geschwindigkeit. Sie lässt dem zwischen der Brust des Messers *s*, Fig. 8, und dem Span auftretenden Drucke nicht Zeit für die Herbeiführung des Spaltens.

Es möge schon hier bemerkt werden, dass die sekundliche Schnittgeschwindigkeit bis zu 65 m beträgt, 30 m aber als gewöhnliche Schnittgeschwindigkeit angesehen werden kann.

Bei schräger Lage der Schnittfläche zur Faserrichtung sind noch diejenigen Fälle bemerkenswerth, in denen die Schnittrichtung quer gegen die Fasern liegt. Fig. 9 ist ein Aufriss und Grundriss des Messers *s* und Werkstücks *w*; die Schneidkante des Messers liegt winkelrecht zur Schnittrichtung, und eine Gefahr des Abspaltens liegt nicht vor, wenn das Holz gut geradfaserig ist. Nach Fig. 10 u. 11 ist die Schneidkante gegen die Schnittrichtung geneigt, und zwar in Fig. 10 so, dass ihr tiefer liegender Theil gegenüber dem höher belegenen in der Schnittrichtung hervorragt, während in Fig. 11 die Schräglage der Schneide die entgegengesetzte ist. Diese Verschiedenheit hat grosse Bedeutung für die Glätte des Schnittes: nach Fig. 11 findet das Schneiden schräg von oben nach unten statt, so dass die getroffenen Fasern von den unter ihnen liegenden sicher gestützt werden,

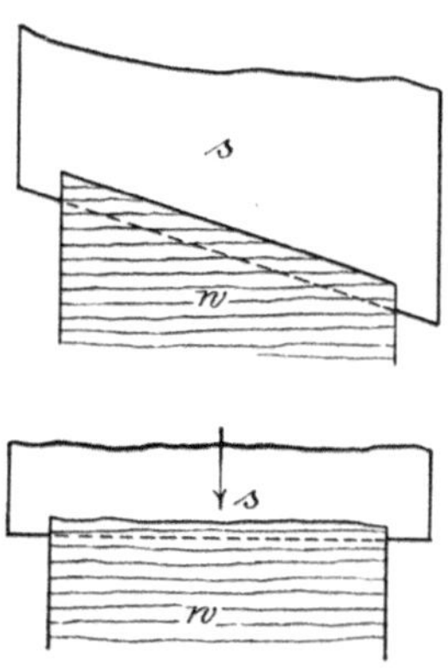

Fig. 9.

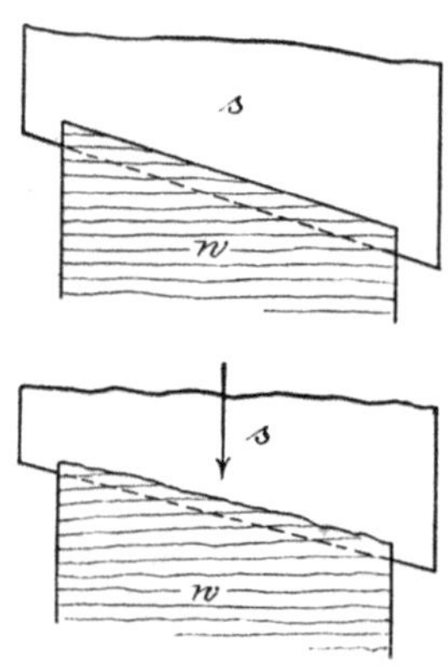

Fig. 10.

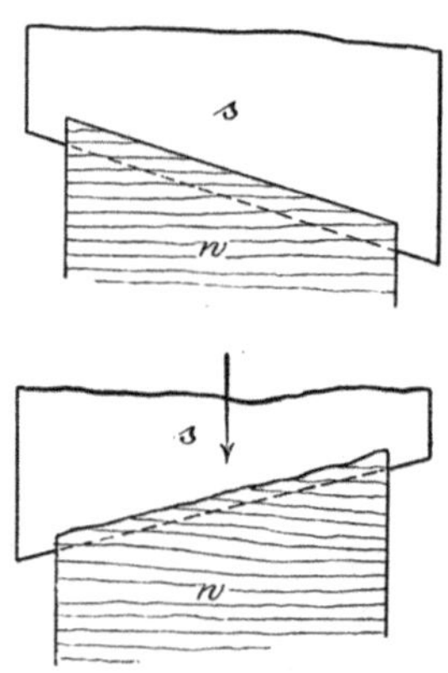

Fig. 11.

während nach Fig. 10 das Schneiden schräg von unten nach oben erfolgt, also ähnlich, wie durch Fig. 8 angedeutet ist, versucht wird, die getroffenen Fasern von den anderen abzureissen. Die durch Fig. 10 dargestellte Arbeitsweise liefert demgemäss regelmässig rauhe Flächen, man verwendet sie deshalb nicht, sondern die durch Fig. 11 dargestellte Schräglage der Schneidkante, um sich eine glatte Schnittfläche auch dann zu sichern, wenn das Holz nicht geradfaserig ist.

Es wird von der Thatsache, dass die durch Fig. 11 dargestellte Lage der Schneidkante glatte Schnittflächen liefert, insbesondere bei den Formsticheln Gebrauch gemacht. Nach Fig. 12 soll die vorgedrehte Kugel *w* durch den Formstichel *s* vollendet werden. Dieser ist demgemäss so angeschliffen, dass der Theil, welcher den grössten Durchmesser zu bearbeiten hat, am meisten hervorragt, also zuerst angreift, die anderen Theile der Schneide zurückstehen und durch Vorwärtsschieben des Stichels der Reihe nach die kleineren Werkstückdurchmesser bearbeiten. Bei vorliegender Gestalt des Stichels ist die Schneidkante da, wo sie die Fasern quer abschneidet, ohne weiteres nach vorn überhängend (S. 3). Zu gleicher Zeit findet das für breite Stichel zweckmässige allmähliche Angreifen (Bd. I, S. 27) statt, so dass zu grosse Beanspruchungen des Werkstücks oder Werkzeugs vermieden werden.

4. Eine bestimmte Flächengestalt kann nur dann gewonnen werden, wenn die ganze Trennungsfläche unmittelbar durch Schneiden erzeugt wird. Demgemäss ist entweder die Schneide des einen Messers so lang zu machen, beziehungsweise so zu gestalten, dass sie nach beiden Seiten die Schnittfläche überragt, oder es sind mehrere Einzelmesser zusammenzufügen, um die ganze Trennungsfläche zu beherrschen.

Für einfach ebene Flächen verwendet man regelmässig Messer mit gerader Schneide, die etwas länger ist, als die Breite des Werkstücks beträgt. Es kommt aber auch vor, dass man — ähnlich wie bei der Metallbearbeitung — das zu zerspanende Holz in Streifen fortnimmt. Zu diesem Zweck benutzt man nach Fig. 13 gekrümmte Schneiden, oder auch wohl so gebogene, dass der grösste Theil ihrer Länge mit der Schnittfläche zusammenfällt, während links und rechts hiervon sich Ausläufer vorfinden, welche den Span an seinen Rändern ablösen. Die durch Fig. 13 dargestellte Schneidengestalt lässt den Span leichter abfliessen als die zuletzt angedeutete, die mehr vierkantig verläuft; sie liefert aber, wie die linke Seite des Bildes erkennen lässt, eine wellenförmige Gesammt-Schnittfläche, so dass die gewollte Fläche erst durch Nacharbeit gewonnen wird. Es ist die krumme Schneide für das grobe Gestalten, das Schruppen, sowohl ebener als auch verschieden gekrümmter Flächen brauchbar, und wird hierfür vorwiegend verwendet.

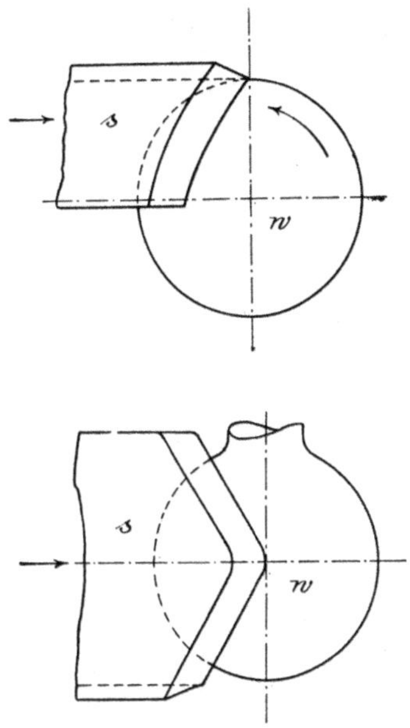

Fig. 12.

Zum Abheben von Spänen, die schmaler sind als das Werkstück, fügt man auch mehrere Einzelmesser zusammen. Fig. 14 zeigt eine derartige Anordnung schematisch. Es soll in dem Werkstück *w* quer zu dessen Fasern

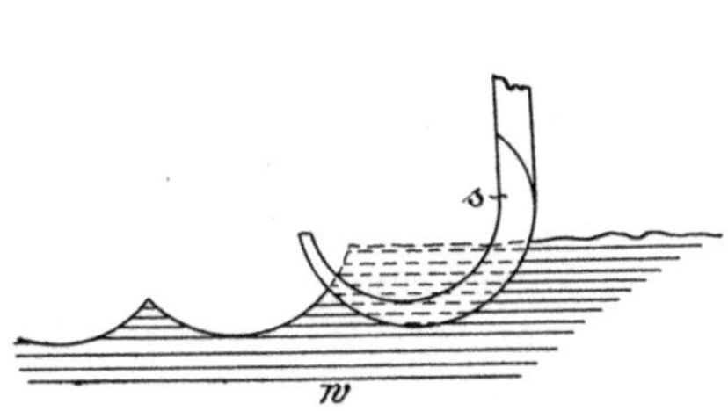

Fig. 13.

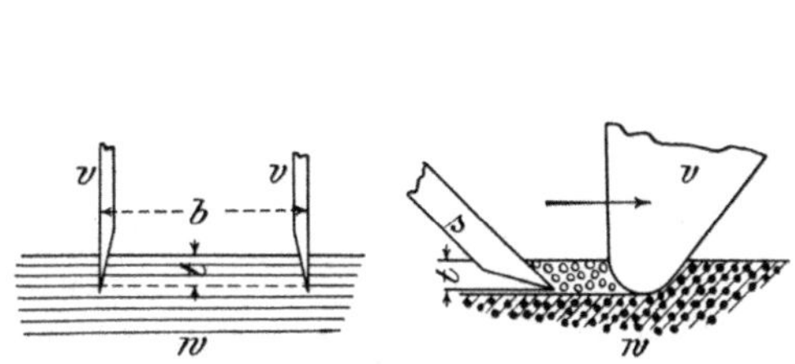

Fig. 14.

eine Nuth rechteckigen Querschnitts erzeugt werden, deren Breite *b* und deren Tiefe *t* beträgt. Man verwendet hierfür zwei Vorschneidmesser *v*, welche die Quertrennung der Fasern bewirken, und ein Grundmesser *s* zum Hinwegräumen des Holzes. Damit letzteres ohne Anstand gelingt, sind die Vorschneidmesser so eingestellt, dass sie etwas tiefer schneiden als die verlangte Tiefe *t* der Nuth beträgt.

Im übrigen unterliegen die Schneiden den Bedingungen, welche oben dargelegt sind.

Aus den obigen Erörterungen folgt, dass geringe Schnittgeschwindigkeiten für Holzbearbeitungsmaschinen regelmässig nur zulässig sind:

a) wenn die Schnittfläche winkelrecht zur Faserrichtung liegt und nach Fig. 2 für gute Stützung der abzuschneidenden Fasern gesorgt wird;

b) wenn die Schnittfläche mit der Faserrichtung zusammenfällt und die Schneide nach Fig. 6 schräg gegen die Fasern liegt;

c) wenn die Schnittfläche schräg zur Faserrichtung liegt, die Schneidkante quer zu dieser und die Spitze des zwischen Faserrichtung und Schnittfläche belegenen Winkels nach Fig. 7 vor der Schneide liegt, oder — bei umgekehrter Lage des zuletzt genannten Winkels — dieser Winkel sehr klein, die Spandicke sehr gering und das Messer vorzüglich geschliffen ist;

d) wenn die Schnittfläche schräg zur Faserrichtung, die Schnittrichtung quer zu dieser liegt und die Schneidkante nach Fig. 11 gegen die Schnittrichtung geneigt ist.

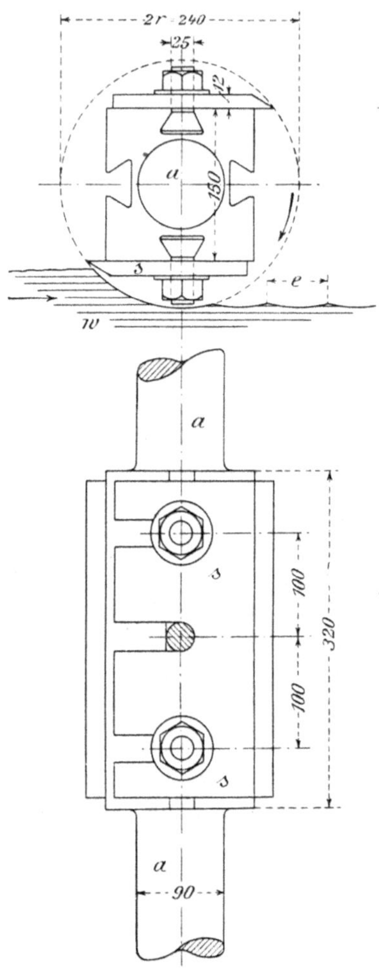

Fig. 15.

In allen übrigen Fällen muss grosse Schnittgeschwindigkeit angewendet werden, um glatte Schnitte zu erzielen. Da nun grosse Schnittgeschwindigkeit auch bei den unter a bis d genannten Fällen die Glätte des Schnittes fördert, mindestens ihr nicht schadet, zu gleicher Zeit die Leistungsfähigkeit der Maschinen mit der Schnittgeschwindigkeit zunimmt, so begegnet man bei Holzbearbeitungsmaschinen regelmässig sehr grossen Schnittgeschwindigkeiten, und zwar, wie schon angeführt, bis zu 65 m in der Sekunde. Geringe Schnittgeschwindigkeiten kommen nur vor, wenn grosse den Bau und die Erhaltung der Maschinen zu sehr erschweren würden.

Solche Erschwerungen liegen insbesondere in den Massenwirkungen. Letztere zwingen zur Anwendung geringer Geschwindigkeit, wenn die Bewegungen hin- und herschwingende sind. Sie machen sich geltend in dem kreisenden Werkstück (bei der Drehbank), da in dem unbearbeiteten Werkstück die Massen nicht gleichförmig um die Drehaxe vertheilt sind. Man findet denn auch bei den Holzdrehbänken verhältnissmässige geringe Schnittgeschwindigkeit und die oben unter a, b und d angegebenen Forderungen allgemein berücksichtigt.

Bei den Werkzeugen ist genaues Ablehren, Ausgleichen der um die Drehaxe vertheilten Massen möglich, also grosse Drehgeschwindigkeit zulässig. Es ist deshalb Regel, den Werkzeugen der Holzbearbeitungsmaschinen die

Arbeitsbewegung zu geben, und zwar, indem man sie wie Fräsen (Bd. I, S. 11) oder Schleifsteine arbeiten lässt.

Nach Fig. 15 dreht sich das Messer *s* mit der Welle *a* in der Richtung des angegebenen Pfeiles, und zwischen der Welle *a* und dem Werkstück *w* findet eine gegensätzliche Verschiebung statt, die ein an *w* gezeichneter Pfeil darstellt. Die Schneide des Messers *s* liegt gleichlaufend zur Axe von *a*, so dass erstere eine trommelförmige Fläche vom Halbmesser *r* beschreibt, welche im Werkstück Mulden von der Breite *e* erzeugt, wobei *e* den Betrag der Zuschiebung für jeden Schnitt bedeutet. Genau genommen ist der Querschnitt dieser Mulden von einer Cykloide begrenzt; bei den thatsächlich vorkommenden Verhältnissen von *e* zu *r* darf man statt dessen annehmen, dass die Krümmung der Mulden mit dem Halbmesser *r* beschrieben ist. Für gewöhnliche Hobelmaschinen ist *r* nie grösser als 150 mm und selten kleiner als 50 mm, während die Zuschiebung *e* für jeden Schnitt 0,3 mm bis 1,8 mm beträgt. Es ergiebt sich hieraus als günstigster Werth für die Tiefe der Mulden $\frac{1}{4000}$, als ungünstigster $\frac{1}{225}$ der Muldenbreite oder $\frac{3}{40\,000}$, beziehungsweise $\frac{1}{125}$ mm Muldentiefe. Da man die Welle *a* mit mehreren Schneiden versieht und die Welle sich sehr rasch drehen lassen kann, so ergiebt sich eine grosse Leistungsfähigkeit selbst bei sehr kleinem *e*, welches sehr glatte Flächen liefert.

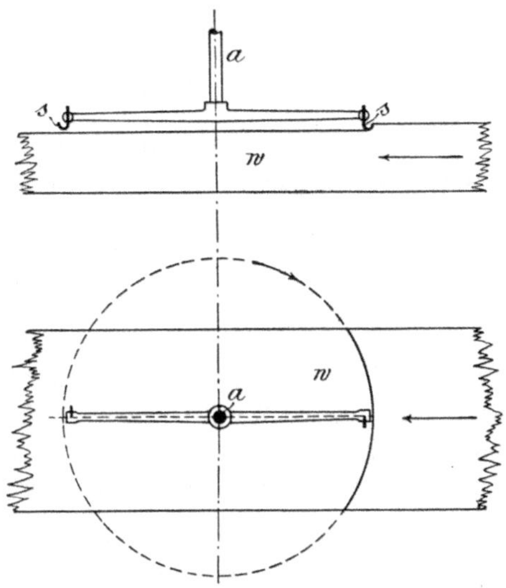

Fig. 17.

Man hat eine grosse Glätte der bearbeiteten Fläche durch Vergrösserung des Krümmungshalbmessers angestrebt, indem man die Schneiden, nach Fig. 16, in eine sehr stumpfe Kegelfläche legte. Es sind dann die Krümmungshalbmesser die auf der Schneide errichteten Senkrechten, welche die Axe der Welle *a* schneiden, z. B. r_1 und r_2, Fig. 16. Diese Anordnung findet man jedoch kaum noch irgendwo im Gebrauch.

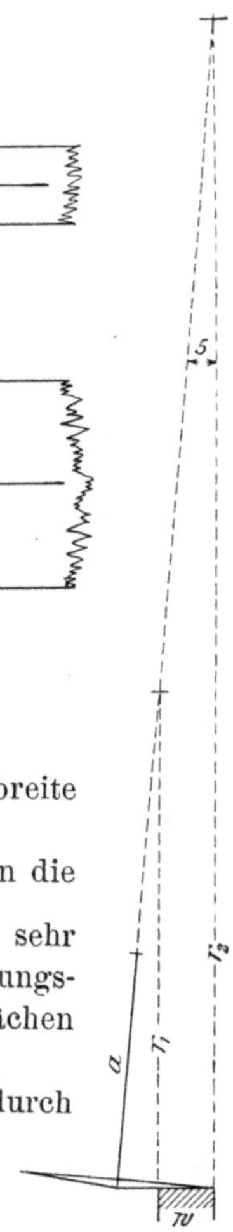

Fig. 16.

Zuweilen kommen noch sogenannte Querhobelmaschinen, nach Fig. 17, vor. Es sind gebogene Messer *s* an einer Welle *a* befestigt, die über der Werkstückmitte gelagert ist, aber so, dass sie nicht genau rechtwinkelig zur Bewegungsrichtung des Werkstücks liegt. Die bearbeitete Fläche ist demnach ein wenig hohl. Es hat die geneigte Lage der Welle *a* hier den Zweck, zu verhüten, dass die Messer *s* die bereits bearbeitete Fläche nochmals berühren.

Bei kleineren Flächen, z. B. den Fugenflächen der Fassdauben, verwendet man zuweilen in einer ebenen Scheibe liegende Messer, die mindestens so lang sind wie die Werkstücke; sie erzeugen natürlich an dem ruhenden Werkstück eine genau ebene Fläche. Es giebt aber auch zum Erzeugen kleinerer ebener Flächen dienende Schneiden, die in der Drehebene liegen, sehr kurz sind und an denen das Werkstück entlang geführt wird.

Nicht ebene Flächen werden theils durch gekrümmte Gestalt der Schneiden, theils durch gekrümmten Weg zwischen Schneide und Werkstück gewonnen; die betreffenden Arbeitsvorgänge bedürfen einer Erläuterung nicht. Ebenso können das Sägen, Bohren und Stemmen von Löchern hier übergangen werden.

B. Werkzeuge.

Nach den obigen Erörterungen sind für Holzbearbeitungsmaschinen die kreisenden Werkzeuge am wichtigsten; sie sollen daher vorangestellt werden.

1. Die Messerköpfe.

Sie drehen sich mit grosser Geschwindigkeit; 3000 minutliche Drehungen genügen nur für Messerköpfe einiger Grösse, kleineren giebt man eine grössere Zahl minutlicher Drehungen und die kleinsten machen bis zu 25 000 Drehungen in der Minute. Es ist daher, um zu grosse Erschütterungen zu vermeiden nöthig, mit aller Sorgfalt darauf zu achten, dass die Drehaxe des kreisenden Körpers mit seiner Schweraxe möglichst genau zusammenfällt.

Die durch einseitige Lage der Schweraxe hervorgerufene Massenwirkung wechselt in rascher Folge ihre Richtung und ruft hierdurch heftige Erschütterungen der Lager und Maschinengestelle hervor. Bei einem frei kreisenden Körper verlegt sich bekanntlich die Drehaxe selbstthätig in seine Schweraxe. Im vorliegenden Falle sollen die Lager der Messerkopfwelle jedes eigenmächtige Schwanken des Messerkopfes verhüten; sie machen deshalb auch das selbstthätige Eintreten der „freien Axe“ unmöglich. Ruhiges Bewegen des Messerkopfes kann daher nur durch möglichstes Vermeiden einseitiger Fliehkräfte erreicht werden.

Es ist nicht möglich, sie ganz zu vermeiden, die Drehaxe mit der Schweraxe genau zusammenfallend zu machen, woraus folgt, dass eine obere Grenze für die Drehgeschwindigkeit gegeben ist, die einerseits von der Standhaftigkeit der Lager, andererseits von den die Grösse der erschütternd wirkenden Kräfte bestimmenden Umständen abhängt. Dahin gehört das Gewicht des Messerkopfes nebst Messern, welches demgemäss möglichst klein gewählt wird und ferner das Maass des Abstandes der Schweraxe von der Drehaxe des kreisenden Körpers. Das Verfahren, diesen Abstand womöglich zu Null zu machen, nennt man das Ablehren.

a) Ablehren.

Zunächst wird man, um Schweraxe und Drehaxe zusammenfallen zu lassen, die in Rede stehenden Theile möglichst genau gestalten. Das allein genügt aber nicht; selbst in einer sehr genau bearbeiteten Welle findet man zuweilen Abweichungen der beiden in Rede stehenden Axen. Das rührt von ungleicher Dichte des Stoffs her. In gegossenen Gegenständen kommen Ungleichheiten der Dichte noch häufiger vor als in geschmiedeten. Es ist daher nöthig, den fertigen Gegenstand auf seinen Zustand zu prüfen.

Zwei Verfahren sind hierfür gebräuchlich: das eine besteht im Abwägen der „schweren Stellen“, das andere im Beobachten der Erscheinungen, welche bei raschem Kreisen des Werkstücks auftreten.

Es sitzt, behufs Anwendung des ersteren Verfahrens das zu prüfende Werkstück *w*, Fig. 18, entweder auf seiner Welle, oder ist für den vorliegenden Zweck auf einen genauen Dorn gesteckt. Die Welle oder der Dorn *a* enthält zwei walzenförmige Theile, die genau gleiche Dicke haben. Mit dieser legt man das Ganze auf zwei wagerechte Lineale *b* — das eine dieser Lineale liegt jenseits, das andere diesseits des Werkstücks *w* —, die in genau gleicher Höhe liegen. Um *a* ist ein seidener Faden *c* geschlungen, an dessen Enden zur Aufnahme kleiner Gewichtsstücke geeignete Schälchen sich befinden. Man beschwert nun das eine Schälchen so, dass sich *a* auf den Linealen *b* wälzt, dabei die Belastung nach Bedarf vergrössernd oder verringernd, so dass *a* sich nur langsam dreht, und ver-

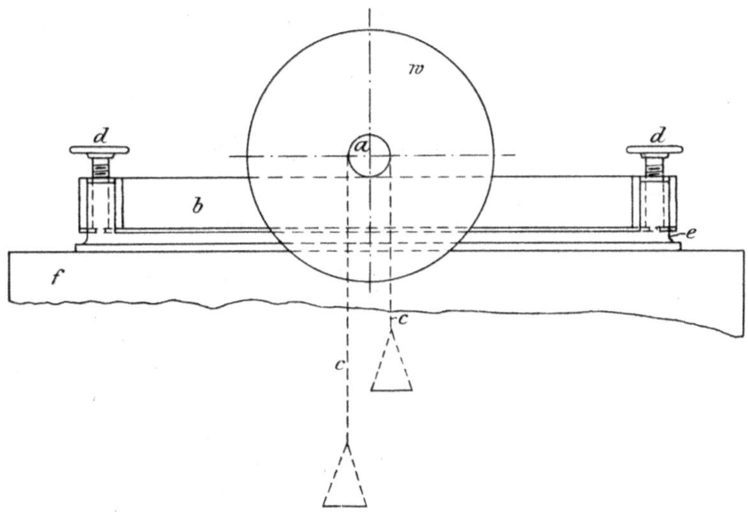

Fig. 18.

merkt die Lagen, in denen die grösste Belastung nöthig war, beziehungsweise die kleinste genügte. Man verfährt dann ebenso mit dem zweiten Schälchen. Sind keine Fehler gemacht, so muss für jede Drehrichtung diejenige Lage des Werkstückes, welche die grösste Belastung erforderte, von der, in welcher man mit der kleinsten auskam, um 180^0 abweichen, und der Schwerpunkt des Werkstücks weicht nach der Richtung von der Drehaxe ab, in welcher der Faden bei seiner geringsten Belastung angriff. Man erleichtert dann diese Seite des Werkstücks (durch Befeilen, Bohren eines Loches oder dergl.), oder beschwert die entgegengesetzte so lange bis das Gleichgewicht erreicht ist. Um sich selbst zu überwachen, lässt man nach jeder solchen Nacharbeit das Werkstück wenigstens eine ganze Drehung machen und nimmt erforderlichenfalls die weitere Nacharbeit an einer von der ersteren abweichenden Stelle vor. Es kommt vor, dass Dorn *a* und Werkstück *w* ohne Belastung des betreffenden Schälchens sich drehen. Dann ist zweckmässig das andere Schälchen so viel zu belasten, dass das eigenmächtige Bewegen aufhört, und diese Belastung während des ganzen Versuchs in dieser Drehung beizubehalten. Es kennzeichnet sich die Lage der „schweren Stelle“ dann genauer, als wenn man das eigenmächtige Rollen zulässt. Um die Lineale *b* genau einstellen zu können, legt man ihre Enden in Schlitze der Grundplatten *e* und versieht sie mit Stellschrauben *d*. Die Grundplatte *e* wird zweckmässig auf gemauerten, oder eisernen Pfeilern *f* befestigt; doch benutzt man auch hölzerne Böcke.[1]) Jedenfalls müssen während der Versuche alle, auch die leisesten Zitterungen vermieden werden, wenn man genaue Ergebnisse haben will.

Rascher führt ein neues Verfahren von F. Ludloff & Söhne in Charlottenburg[2]) zum gleichen Ziele. Fig. 19 stellt ein Ausführungsbeispiel nach der Patentschrift dar. *d* bezeichnet den abzulehrenden Maschinentheil;

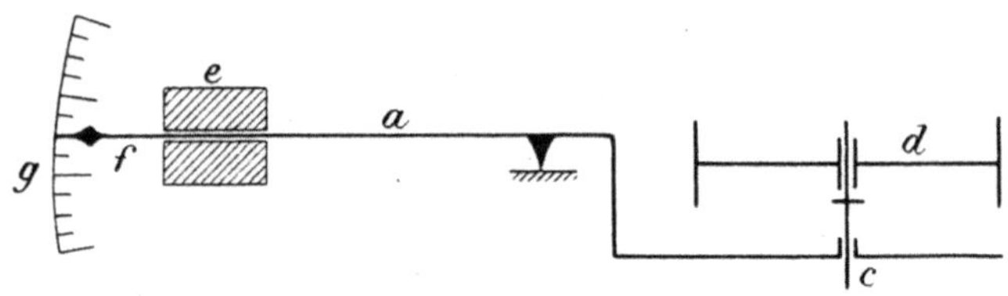

Fig. 19.

er steckt genau passend auf einem, am Hebel *c a f* festen Dorn und lässt sich um diesen drehen. *c a f* ist ein Wagebalken, auf welchem das Laufgewicht *e* so verschoben wird, dass der Zeiger *f* etwa gegenüber der Mitte des Gradbogens *g* einspielt. Man dreht nun *d* um den Dorn, beobachtet gleichzeitig, ob der Zeiger *f* steigt oder sinkt, merkt sich die zugehörigen Lagen von *d* und berichtigt hiernach seine Gewichtsvertheilung.

Diese Abwägeverfahren entsprechen dem vorliegenden Zwecke nur dann, wenn der Versuchsgegenstand nahezu scheibenförmig, also in der Axenrichtung kurz ist, eignet sich demnach nur für die endgültige Untersuchung der Nuth- und Spundköpfe, Schleifsteine u. dergl. Es lässt sich durch das Abwägen und Nacharbeiten zwar der Gesammt-Schwerpunkt des kreisenden Körpers in die Drehaxe bringen, man kann aber durch das Abwägen nicht feststellen, ob auch die Theil-Schwerpunkte, S_1, S_2, Fig. 20, in die Drehaxe fallen oder seitwärts von dieser liegen. Im letzteren Falle verursachen S_1 und S_2 Schleuderkräfte *F*, welche mit dem Hebelarm *e* den kreisenden Körper in der Bildfläche von Fig. 20 zu drehen versuchen. Dieser Umstand darf nur dann vernachlässigt werden, wenn in dem Moment $F \cdot e$ der Faktor *e* klein ist, und das ist nur bei scheibenförmigen Gestalten der Fall.

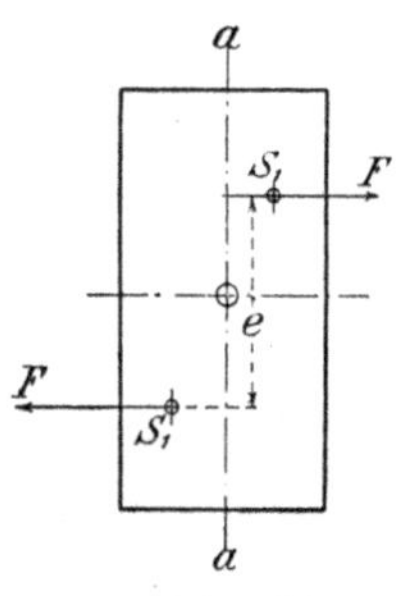

Fig. 20.

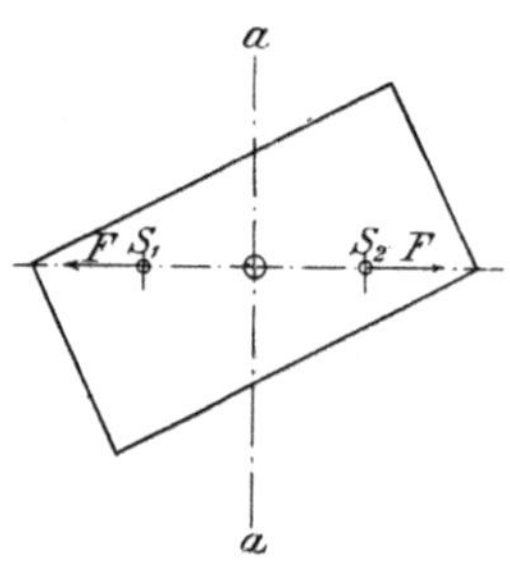

Fig. 21.

Will man prüfen, ob die Schwerpunkte S_1 und S_2 in die Drehaxe *a a*, Fig. 20, fallen, so muss man das Versuchsstück um diese Axe rasch drehen und beobachten. Es versucht alsdann der vielleicht vorher durch Abwägen abgelehrte Körper die in Fig. 21 gezeichnete Lage anzunehmen, bis die entgegengesetzt gerichteten Fliehkräfte sich einander aufheben.

[1]) Scientific American, Aug. 1883, S. 67, mit Schaubildern.
[2]) D. R.-P. No. 117241.

Wenn auch bei dem Versuch diese Lage nicht eintritt, weil dem Körper eine so weitgehende Beweglichkeit nicht gestattet ist, so erkennt man doch aus der Richtung, in welcher eine Ablenkung von der in Fig. 20 gezeichneten stattfindet, an welchen Stellen der Versuchskörper erleichtert werden muss.

Es lässt sich die Richtung der Fliehkräfte — allerdings nicht mit aller Schärfe — erkennen, wenn man den Versuchskörper zwischen Spitzen legt, die lang hervorragen, also ziemlich nachgiebig sind. Man nähert dem kreisenden Körper vorsichtig und langsam einen färbenden Stift (Kreide, Reissblei, metallisches Blei, Zink) bis dieser berührt wird und merkt an den Spuren des Stiftes die einseitige Schwerpunktlage. Aehnliches erreicht man auf demselben Wege, wenn die Spindel des Messerkopfes, oder ein Dorn, auf welchem der Kopf steckt, nachgiebig gelagert wird, oder wenn man einen biegsamen Dorn verwendet.

Fig. 22 stellt eine Vorrichtung dar, welche dem Versuchsstück *w* freiere Beweglichkeit gewährt.[1]) *w* ist eine Riemenrolle, welche, wenn sie sehr rasch kreisen soll, ebenso genau abgelehrt werden muss, wie ein Messerkopf. In die Bohrung von *w* ist ein kurzer Dorn *d* gedrückt, der mit einer Körnervertiefung auf der Spitze des Stiftes *a* reitet. *d* ist so weit in die Bohrung des Versuchskörpers gedrückt, dass die Spitze von *a* etwas höher liegt als die Versuchsstückmitte. An einer durch die verschiebbare Reibrolle *e* angetriebenen Scheibe *b* sind Mitnehmerstifte *c* einzustellen, welche die Drehung von *b* auf *w* übertragen.

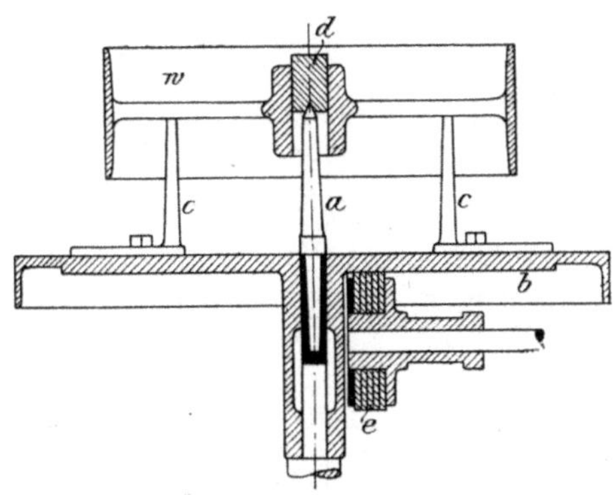

Fig. 22.

In dieser Uebertragungsweise der Drehbewegung liegt nun die grösste Schwäche der Vorrichtung: es ist anzunehmen, dass die Mitnehmerstifte *c* ungleichmässig auf das Versuchsstück *w* wirken, sobald dasselbe wegen einseitiger Vertheilung seiner Masse sich schräg legt; sie beeinflussen hierdurch die Lage von *w*, und das Bild, welches man durch den färbenden Stift erhält, wird ein unrichtiges.

Bei den Mühlsteinen ist das Ablehren schon mehr als 100 Jahre gebräuchlich. Man verbindet zu diesem Zweck seit etwa 60 Jahren den Mühlstein mit seiner Spindel durch eine sogenannte „schwebende Haue“. Die Spindel trug anfänglich den Stein mittels einer gerundeten Spitze und drehte den Stein durch Mitnehmer, so dass die freie Beweglichkeit des Steins ebenso beschränkt wurde, wie das freie Spiel des Versuchsstücks *w*, Fig. 22, durch die Mitnehmerstifte *c*. Da ersetzten Faisbairn[2]) und Nagel[3]) jene Haue durch ein Kreuzgelenk. Es liegt nahe, auch für das Ablehren der Maschinentheile ein solches Kreuzgelenk zum Stützen und Umdrehen zu verwenden. Fig. 23 u. 24 zeigen eine derartige Einrichtung in theil-

[1]) The Engineer, Aug. 1883, S. 133, mit Abb.
[2]) Rühlmann, Allgemeine Maschinenlehre, Braunschweig 1865, Bd. II, S. 102, mit Abb.
[3]) Daselbst S. 136, mit Abb.

weisem Schnitt, beziehungsweise in Ansicht. *w* bezeichnet das abzulehrende Werkstück, *d* den in dessen Bohrung gedrückten Dorn, *a* die lothrechte Spindel, welche das Versuchsstück nicht allein tragen, sondern auch umdrehen soll. In eine Querbohrung von *a* ist ein Stift *i* gepresst, der an beiden Seiten genau gleichweit hervorragt. Auf den vorspringenden Enden des Stiftes *i* reitet ein Ring *b* mit seinen nach unten offenen Ausklinkungen, Fig. 23, und ein fest um *b* gezogener Ring *c* dient als Gegenlager für die Endflächen des Stiftes *i*, so dass die Lage von *b* gegenüber *a* in der Längenrichtung von *i* genau festgelegt ist, *b* aber um die Axe von *i* frei schwingen kann. Genau rechtwinklig zu den für *i* bestimmten Ausklinkungen enthält *b* zwei nach oben offene Ausklinkungen, in welche die runden Enden zweier Flügel *f* greifen, und zwar so, dass die Axe von *i* und die Axe der an *f* ausgebildeten Rundungen der Flügel sich rechtwinklig kreuzen. Die Innenfläche des Ringes *c*, Fig. 23, legt sich gegen die entsprechend gestalteten Aussenflächen der Flügel *f*, und die Flügel bilden mit dem Kegel *e* ein Ganzes. Ist die ganze Vorrichtung genau ausgeführt, so kann das Versuchsstück *w* in den Kreuzungspunkt der Axen von *a*, *i* und den Rundungen an *f* frei spielen: nur geringe Reibungswiderstände setzen sich dem entgegen.

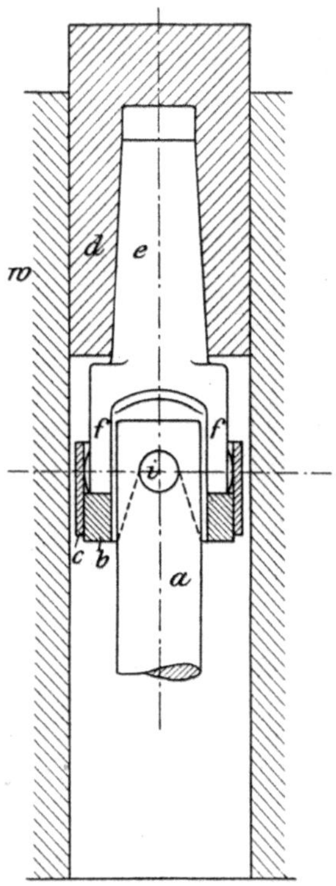

Fig. 23.

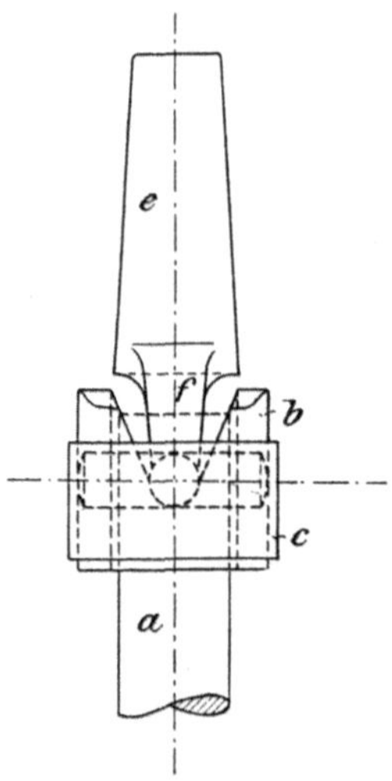

Fig. 24.

Die Messerkopfspindeln prüft man zunächst durch Abwägen, dann zwischen Spitzen, wie weiter oben angegeben ist. Nicht selten verwirft man sie kurzer Hand, sobald man eine nennenswerthe Einseitigkeit der Massenvertheilung bemerkt. Ist der Messerkopf mit der Spindel aus einem Stück verfertigt, so wird geradeso verfahren, bezw. auf Grund der Versuche durch Anbohren, Anfeilen oder dergl. die Ausgleichung bewirkt. Die aufzusteckenden Messerköpfe und die Antriebsriemenrollen werden für sich, auf einem Dorn steckend, abgewogen und dann mittels Vorrichtungen wie die durch Fig. 22—24 dargestellten weiter untersucht und danach berichtigt. Selbstverständlich ist unzulässig, diese abgelehrten Stücke auf ihren Spindeln durch Keile zu befestigen, da hierdurch die Schwerpunktslage gegenüber der Drehaxe verschoben werden würde.

Werden die Messer an dem Messerkopf durch Schrauben oder andere Mittel befestigt, so werden diese Theile einander möglichst genau gleich gemacht, mittels einer guten Balkenwage auf die Gleichheit ihres Gewichts geprüft und so am Messerkopf befestigt, dass die gleichartigen Theile einander genau gegenüberliegen.

b) Bauart der Messerköpfe.

Fig. 15, S. 8, zeigt einen gebräuchlichen Messerkopf einer grossen Dickenhobelmaschine. Die Welle *a* ist mit einem Vierkant zusammengeschmiedet, an dessen Seiten die Messer *s* mittels in Aufspannnuthen greifender Schrauben befestigt sind. Es werden zur Zeit nur zwei Seiten des Vierkants benutzt, weil zwei Messer leichter auszurichten und abzulehren sind als vier und mit zwei Messern genügend viel geleistet wird. Der Messerkopf soll sich minutlich 2400mal drehen, was 30,16 m sekundlicher Schnittgeschwindigkeit entspricht. Nach Fig. 25[1]) sind an der Welle nur zwei zur Aufnahme von Messern geeignete ebene Flächen ausgebildet und die Befestigung findet durch Kopfschrauben statt. Es sind Lippen *m* angebracht, so dass die Messer in der Nähe ihrer Schneiden Stützung finden und doch reichlicher Raum für die abfliessenden Späne geboten ist. Die Befestigungsschrauben haben 14,3 mm äusseren Durchmesser und sind in Abständen von 100 mm angebracht. Es soll dieser Messerkopf sich

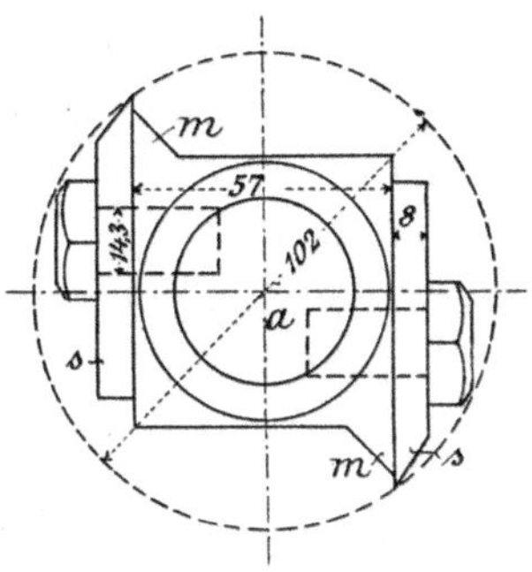

Fig. 25.

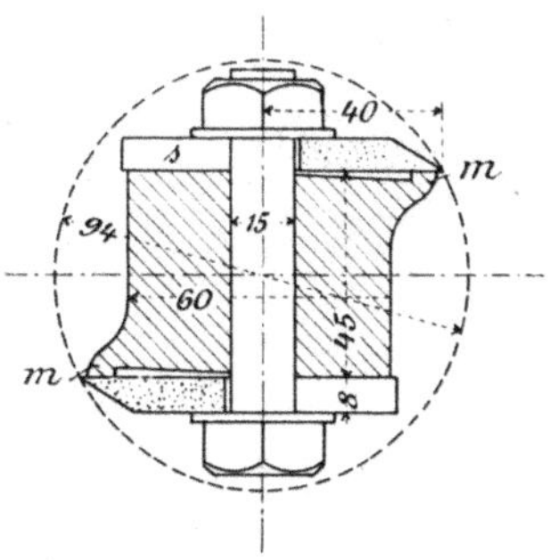

Fig. 26.

minutlich 4000mal drehen, so dass die sekundliche Schnittgeschwindigkeit rund 21,3 m beträgt.

Die Lippen *m*, Fig. 25, können ihre Aufgabe nur dann ganz erfüllen, wenn die Messer fest gegen sie gedrückt werden. Das ist zu erreichen durch eine leichte Krümmung der Messer nach aussen oder der an der Welle ausgebildeten Auflageflächen nach innen, so dass die Messer mit ihrer Mitte sich gar nicht, oder doch nur leicht gegen die Welle legen. Bei einem Messerkopf von Perin, Panhard & Co. in Paris,[2]) welchen Fig. 26 im Querschnitt darstellt, ist das soeben Erwähnte deutlich zum Ausdruck gebracht, indem die Lippen *m* sich nur mit schmalem Rande an die Messer legen, von da ab aber die Fläche der Welle zurückspringt, und zwar so, dass bei den Befestigungsschrauben die Messer hohl liegen. Zur Befestigung der 260 mm langen Messer dienen hier zwei durchgehende Schrauben. Der Messerkopf dreht sich minutlich 4000mal, was 19,7 m sekundlicher Schnittgeschwindigkeit entspricht.

Bei den Messerköpfen für grössere, schlichte Flächen (Dicken- und Abrichthobelmaschinen) ist der zur Aufnahme der Messer dienende Kopf fast immer mit der Welle zusammen, und zwar aus Stahl geschmiedet.

---

[1]) Prakt. Masch.-Constr. 1895, Taf. 17, Fig. 5 u. 11.
[2]) Portefeuille économique des machines 1882, S. 113, mit Abb.

Es kommt aber auch vor, dass der Kopf auf die Welle gesteckt wird. Hierauf komme ich weiter unten zurück.

Die Befestigung der Messer mittels quer hindurchgesteckter Schrauben, oder nach Fig. 15, 25 oder 26 ist einigermassen bedenklich, indem durch eigenmächtiges Lösen dieser Schrauben grosses Unheil entstehen kann. Trotzdem sind diese Befestigungsweisen die bei weitem vorherrschenden.

Die auftretenden Beanspruchungen der Schrauben und der Messer auf Biegung lassen sich wie folgt berechnen. Ein gleichlaufend zur Drehaxe M, Fig. 27, liegendes Messer s dreht sich um diese minutlich $n$mal, so dass seine sekundliche Winkelgeschwindigkeit:

$$\omega = \frac{2 \cdot \pi \cdot n}{60} = 0{,}10472 \cdot n = \text{rund } 0{,}105\, n \quad . \quad . \quad . \quad (1)$$

und

$$\omega^2 = 0{,}010966 \cdot n^2 = \text{rund } 0{,}011\, n^2 \quad . \quad . \quad . \quad . \quad . \quad . \quad (2)$$

beträgt. Ein Streifen i des Messers, dessen Mitte in der Entfernung r (Meter) von der Drehaxe M liegt und dessen Masse m beträgt, erfährt in der Richtung von r die Fliehkraft:

$$m \cdot r \cdot \omega^2 = m \cdot r \cdot 0{,}011\, n^2 \quad . \quad . \quad (3)$$

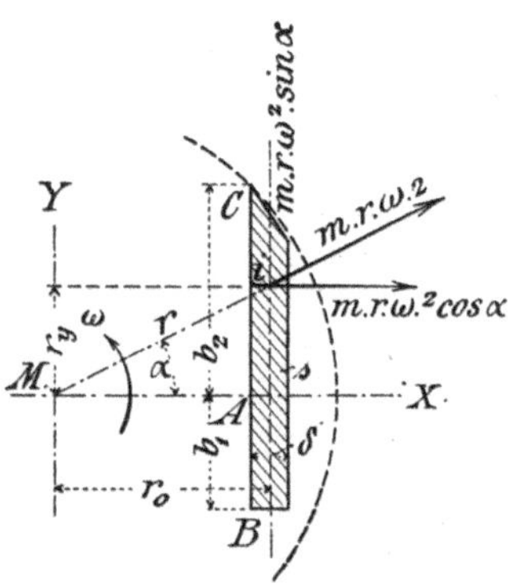

Fig. 27.

also in der Richtung der Axe MX, welche rechtwinklig zur Messerebene liegt, den Kraftzweig:

$$m \cdot r \cdot 0{,}011 \cdot n^2 \cdot \cos \alpha.$$

Es ist aber r_0, d. i. der Abstand der Mittelebene des Messers von M, gleich $r \cdot \cos \alpha$, folglich beträgt der gleichlaufend zu MX gerichtete Zweig der Fliehkraft

$$F = m \cdot r_0 \cdot 0{,}011\, n^2 \quad . \quad . \quad . \quad (4)$$

d. h. jeder Streifen des Messers s erfährt, wenn er die gleiche Masse hat, in der Richtung MX die gleiche Fliehkraft. Somit bedeutet in Gl. 4 F die gesammte Fliehkraft des Messers in der Richtung MX, wenn für m die Masse des ganzen, eine ebene Platte bildenden Messers eingesetzt wird.

Gleichlaufend zu MY, oder zur Befestigungsfläche des Messers wirkt auf i der Kraftzweig:

$$m\, r \cdot \omega^2 \cdot \sin \alpha$$

wofür geschrieben werden kann:

$$m \cdot r_y \cdot \omega^2.$$

Es stehen also die gleichlaufend zu MY gerichteten Fliehkräfte der einzelnen Streifen i im geraden Verhältniss zum Abstand r_y von MX. Da nun die Messer in ihrer ganzen Länge die gleiche Dicke haben — die Abweichung wegen der Zuschärfung kann vernachlässigt werden — so beträgt die zu MY gleichlaufende Fliehkraft des Messertheils von der Breite b_2, wenn seine Masse mit m_2 bezeichnet wird:

$$F_2 = m_2 \cdot \frac{b_2}{2} \cdot \omega^2 = m^2 \cdot \frac{b_2}{2} \cdot 0{,}011\, n^2 \quad . \quad . \quad . \quad . \quad . \quad (5)$$

und die — entgegengesetzt gerichtete — des Messertheils b_1:

$$F_1 = m_1 \cdot \frac{b_1}{2} \cdot 0{,}011\, n^2. \quad . \quad . \quad . \quad . \quad . \quad . \quad . \quad . \quad . \quad . \quad (6)$$

Der Unterschied von F_1 und F_2 sucht das Messer in seiner Breitenrichtung zu verschieben. Es mögen diese Sätze zum Nachrechnen des durch Fig. 15, S. 8, abgebildeten Messerkopfes benutzt werden.

Der Theil des Messers, welcher auf eine Schraube entfällt, wiegt 1,35 kg, Mutter, Unterlegscheibe u. s. w. 0,3 kg, also beträgt das zur Schraube gehörige Gesammtgewicht 1,65 kg, oder es ist $m = 1{,}65 : 9{,}81 = 0{,}17$; r_0 ist $= 0{,}081\,m$, $n = 2400$ und nach Gl. 4:

$$F = m \cdot r_0 \cdot 0{,}011 \cdot n^2$$
$$F = 0{,}17 \cdot 0{,}081 \cdot 0{,}011 \cdot 2400^2 = 872{,}5 \text{ kg}.$$

Der Kerndurchmesser der Schraube ist $= 21{,}3$ mm, also die Querschnittsfläche $= 356$ qmm. Es wird sonach jedes Quadratmillimeter dieses Querschnitts mit

$$872{,}5 : 356 = \text{rund } 2{,}5 \text{ kg}$$

auf Zug beansprucht.

Die Beanspruchung des Messers vermöge der versuchten Biegung in seiner Längenrichtung beträgt, wenn man annimmt, dass es durch zwei quer durch die Welle und in die Schraubenmitten gelegte Ebenen gestützt wird:

$$\sigma_1 = 872{,}5 \cdot \frac{100}{8} \cdot \frac{6}{150 \cdot 12^2} = 3{,}1 \text{ kg} f \cdot 1 \text{ qmm}.$$

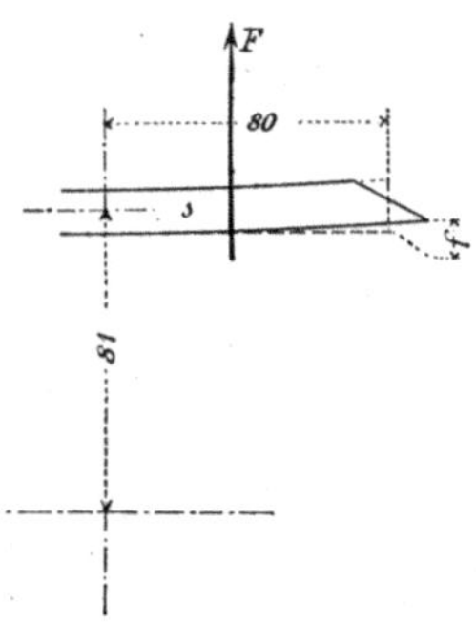

Fig. 28.

Viel grösser ist die Beanspruchung, die aus der versuchten Biegung des Messers quer zu seiner Länge entsteht. Nimmt man nach Fig. 28 für den Theil des Messers s, an welchem die Schneide ausgebildet ist, rechteckigen Querschnitt an, so erhält man nach Gl. 4 für die gleichförmig vertheilte Fliehkraft:

$$F = 0{,}074 \cdot 0{,}081 \cdot 0{,}011 \cdot 2400^2 = \text{rund } 380 \text{ kg},$$

also für die grösste Beanspruchung durch Biegung, da das Messer zwischen den Schrauben nur 75 mm breit ist.

$$\sigma_2 = \frac{380 \cdot 80 \cdot 6}{2 \cdot 75 \cdot 12^2} = 8{,}44 \text{ kg} f \cdot 1 \text{ qmm}.$$

Die Durchbiegung f, Fig. 28, von der Schraubenmitte bis zur Schneide beträgt, wenn der Elasticitätsmodul 24000 ist:

$$f = \frac{380}{24000 \cdot \frac{100 \cdot 12^3}{12}} \cdot \frac{80^3}{8} = 0{,}7 \text{ mm}.$$

Zu dieser Durchbiegung würde noch diejenige hinzuzurechnen sein, welche zwischen zwei benachbarten Schrauben eintritt; diese ist geringfügig und möge deshalb vernachlässigt werden. Der soeben berechnete Betrag von 0,7 mm bestätigt schon genügend, dass nothwendig ist, durch Hohllegen der Messer und entsprechendes Anziehen der Befestigungsschrauben die Messer in der Nähe ihrer Schneiden kräftig gegen ihre Auflageflächen zu drücken. Daraus folgt aber — da man der Sicherheit halber die Schrauben kräftiger anziehen wird, als unbedingt nöthig — dass in Wirklichkeit die Beanspruchung σ_2 grösser ausfällt, als weiter oben berechnet wurde.

Ferner ist zu beachten, dass σ_2 eine Zugbeanspruchung ist, wenn die rechtwinklig zu ihr liegende σ_1 drückend wirkt, und umgekehrt, so dass man die grösste Gesammtbeanspruchung als Summe von σ_2 und σ_1 auffassen kann Man muthet daher den Messern eine sehr grosse Widerstandsfähigkeit zu.

Das Hohllegen der Messer hat nebenbei noch den Zweck, eigenmächtiges Lösen der Muttern zu verhüten.

Die Fliehkräfte F_2 und F_1, Gl. 5 und 6, spielen bei dem vorliegenden Messerkopfe keine Rolle, indem sie unter sich fast gleich sind.

Es ist aber noch zu untersuchen, ob nicht der Schnittwiderstand sich in grösserem Maasse geltend macht.

Dieser Schnittwiderstand beträgt bei v m Zuschiebungs-, u m Schnittgeschwindigkeit und q qmm Querschnitt der hinwegzuräumenden Schicht:

$$P_{kg} = q \cdot K \cdot \frac{v}{u},$$

wobei K eine Werthziffer ist (vergl. Bd. I, S. 13), welche für Holz zwischen 0,8 und 1,5 schwankt (vergl. w. u. unter Arbeitsbedarf), selten grösser

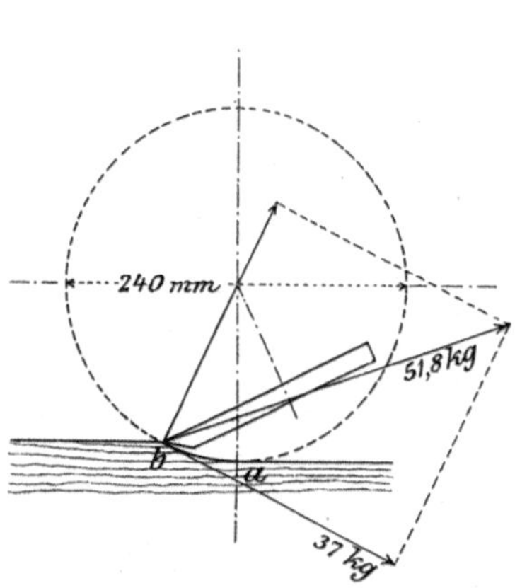

Fig. 29.

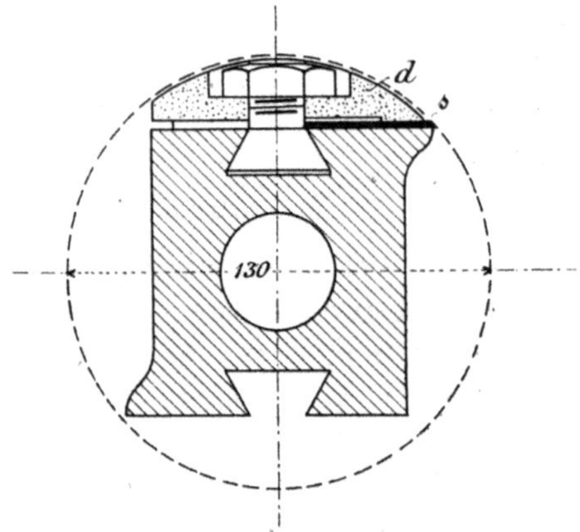

Fig. 30.

wird. Sie sei, um den höchstmöglichen Werth zu erhalten, im vorliegenden Falle zu 1,8 angenommen. Dann ist bei 10,5 mm Dicke der wegzuräumenden Schicht für 100 mm Messerlänge $q = 1050$ qmm, und ferner bei $v = 70$ mm, $u = 23\,400$ mm:

$$P = 1050 \cdot 1{,}8 \cdot \frac{70}{23\,400} = 5{,}6 \text{ kg}.$$

Jedes Messer arbeitet nur längs des Bogens $a\,b$, Fig. 29, welcher — für den durch Fig. 15 dargestellten Messerknopf — bei 10,5 mm Dicke der hinwegzuräumenden Schicht nur 0,15 des Halbkreises beträgt. Innerhalb dieses Bogens ist daher der Schnittwiderstand, den 100 mm Messerlänge erfährt, *5,6 : 0,15 = 37 kg*. Nimmt man, wie bei dem Abheben von Metallspänen, an, dass quer gegen die Schnittrichtung ein ebenso grosser Druck auftritt, so gelangt man nach Fig. 29 zu einer Mittelkraft von *51,8 kg*, die, auf die Befestigungsfläche des Messers bezogen, etwa *50 kg* betragen mag. Diese Kraft sucht das Messer in seiner Breitenrichtung zu verschieben, was die Reibung des Messers am Messerkopf verhüten muss. Selbst wenn man als Reibungswerthziffer 0,2 annimmt, so erfordert dieser Umstand *50 : 0,2 = 250 kg* zusätzliche Anspannung der Schrauben, also im vorliegenden Falle rund 0,5 kg für jedes Quadratmillimeter des Schraubenquerschnitts.

Die Messer der bisher beschriebenen Messerköpfe müssen behufs Schleifens losgenommen und bei dem folgenden Befestigen ausgerichtet werden. Um diese Arbeit zu sparen, hat man[1]) die Messer *s*, Fig. 30, sehr dünn gemacht und sie unter Zuhilfenahme eines Deckels *d* befestigt. So ist möglich, die Rückenflächen der Messer ohne vorheriges Losnehmen der Messer zu schleifen, indem man den Messerkopf in seinen Lagern sich drehen lässt und einen rasch kreisenden Schleifstein an ihm entlang führt. Die Rücken der Schneiden erhalten allerdings keinen Ansatzwinkel; das schadet jedoch nicht, weil sie sehr schmal sind.

Wenn, wie bisher angenommen, die Schneiden zur Drehaxe des Messerkopfes gleichlaufend sind, so arbeiten die Messer ruckweise; sie schneiden nur längs des kleinen Bogens *a b*, Fig. 29. Um ein gewissermassen stetiges Schneiden zu erzielen, sind die Schneiden in langgestreckte Schraubenlinien gelegt.[2]) Dicke Messer derartig zu gestalten, dürfte recht schwer werden, leichter solche dünne Messer wie Fig. 30 sie vorsieht, wenn sowohl die Aufspannfläche als auch die das Messer andrückende Fläche des Deckels *d* schraubenförmig gebildet sind. Richards[3]) befestigt ebene Messer an dem keilförmig gestalteten Kopf und erhält hierdurch eine mässige Verlängerung des Bogens, längs welchem jedes einzelne Messer schneidet.

Die beschriebenen Messerköpfe sind auch zur Aufnahme von Kehlmessern geeignet und werden hierzu benutzt, sei es, dass die Schneiden langer Messer entsprechend gestaltet sind, oder mehrere kürzere, sich ergänzende Messer angebracht werden. Letzteres Verfahren erleichtert die Instandhaltung der Messer, auch Veränderungen in der Gestalt der zu erzielenden Kehlungen. Es werden hierfür insbesondere solche Köpfe verwendet, welche vier Aufspannflächen besitzen, so dass die sich ergänzenden Messer leichter untergebracht werden können. Da die Schneiden verschieden weit von der Drehaxe des Kopfes abstehen, so macht sich oft die Fliehkraft der weit hervorragenden Messertheile unangenehm fühlbar, und es ist der Befestigung der Messer noch grössere Sorgfalt zu widmen als bei den Messern mit geraden Schneiden.

Um das Schleifen solcher Kehlmesser, bezw. das Beibehalten der Schneidengestalt zu erleichtern, verwendet man für Kehlmesser sehr häufig den „verkehrten Anschliff“ (Bd. I, S. 24). In Fig. 31 ist das schraffirte Messer *a* mit rechtem Anschliff versehen, d. h. man schleift den Rücken der Schneide, das gestrichelt gezeichnete Messer *b* wird dagegen an seiner Brust geschliffen. Dadurch wird möglich, auch bei Kehlmessern eine ebene Schleiffläche zu verwenden, die ohne jede Schwierigkeit genau erneuert werden kann.

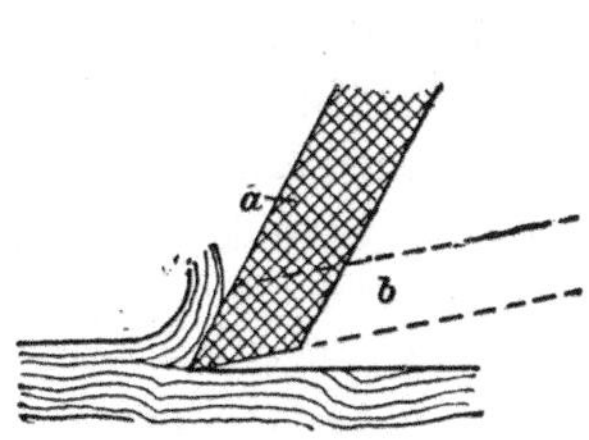

Fig. 31.

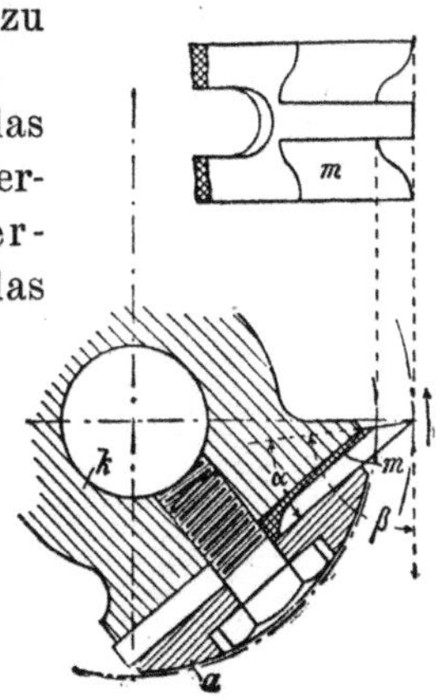

Fig. 32.

[1]) Zeitschr. d. Ver. deutscher Ingen. 1893, S. 648, mit Abb.

[2]) Pfaff-Exner, Werkzeuge und Maschinen der Holzbearbeitung, Bd. 3, Weimar 1883, S. 162.

[3]) Inst. of Mech. Eng. Proceedings, März 1885, mit Abb. Engineering, Februar 1885, mit Abb.

Fig. 32[1]) zeigt ein solches Messer *m* in Ansicht und Längenschnitt. Es wird unter Vermittelung eines Deckels *a* an dem Kopf *k* befestigt. Es ist an seiner Rückenfläche durch Fräsen in grösserer Länge so gestaltet, dass durch den Schnitt mit der ebenen Brustfläche die verlangte Gestalt der Schneide entsteht. Wenn man den Schneidewinkel α so gross wählt, wie deren Dauerhaftigkeit es verlangt, so entsteht ein ziemlich grosser Brustwinkel, was das Abheben der Späne erschwert, aber deren rasches Brechen (S. 5) begünstigt. Fig. 33

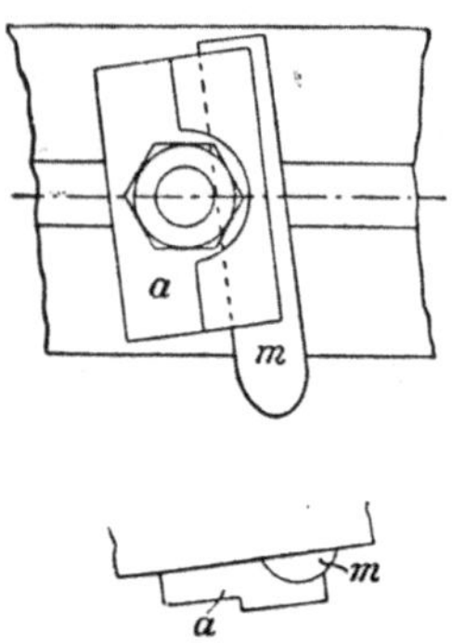

Fig. 33.

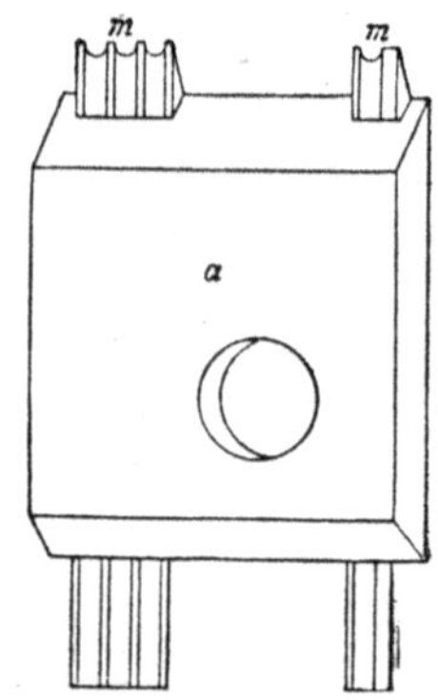

Fig. 34.

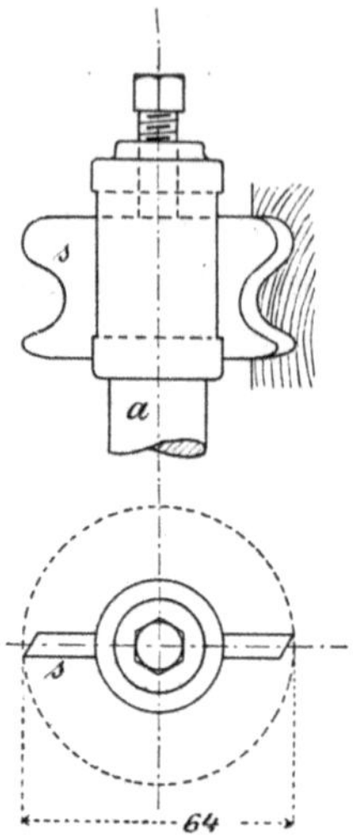

Fig. 35.

zeigt ein einfaches, ebenso zugeschliffenes und ähnlich befestigtes Kehlmesser, und Fig. 34 einen Deckel *a*, der gleichzeitig zwei Messer *m* festhält.

Die bisher abgebildeten Messerköpfe lassen zur Genüge erkennen, dass bei kleinen Durchmessern der von den Schneiden beschriebenen Kreise für die Befestigungsschrauben wenig Raum zur Verfügung steht. Wenn es sich um schmale Messer handelt, so beseitigt man diese Schwierigkeit dadurch, dass man die Befestigungsmittel an den Messerrändern angreifen lässt.

Fig. 35 zeigt einen derartigen Messerkopf. Das Messer *s* steckt in einem Schlitz der Welle *a* und wird durch eine Druckschraube festgehalten; es greift mit einer Einklinkung so über die Sohle des Schlitzes, dass es sich dieser gegenüber nicht verschieben kann. Das im Bilde angegebene Messer ist mit zwei Schneiden versehen. Da schwierig ist, diese beiden Schneiden genau gleich zu erhalten, so wird meistens vorgezogen, die Schneide nur an einer Seite auszubilden und das andere Ende des Messers soweit zurückspringen zu lassen, dass es mit dem Werkstück nicht in Berührung kommt.

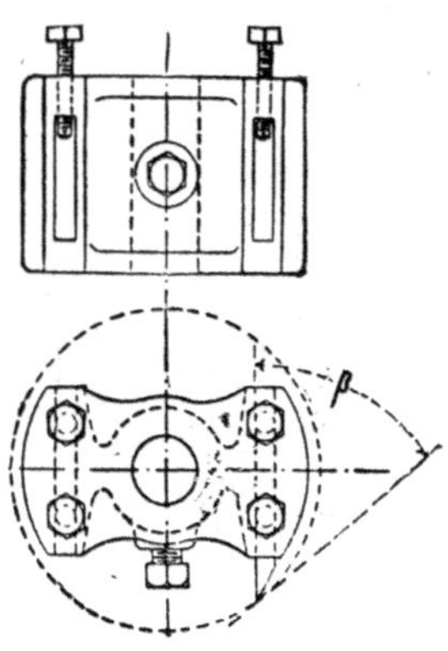

Fig. 36.

Fig. 36 stellt einen Messerkopf dar, in welchem zwei Messer befestigt werden. In dem auf eine Spindel gesteckten Kopfe befinden sich zwei zur Aufnahme der Messer geeignete Schlitze; je zwei Druckschrauben dienen zum Festhalten der Messer.

Diese Befestigungsweise ist eine unsichere. Naturgemäss sind die Schlitze ein wenig weiter, als die Dicke der Messer beträgt. Nimmt der Messerkopf seine grösste Geschwindigkeit an, so drängt

[1]) Zeitschr. d. Ver. deutscher Ingen. 1894, S. 648, mit Abb.

die Fliehkraft die Messer nach aussen — die Druckschrauben können das nicht hindern — und es nehmen die Schneiden eine andere Lage an, als ihnen ursprünglich gegeben wurde. Diesem Uebelstande ist durch Beilegen von Blechstreifen entgegenzutreten; es ist also viel Zeit für das Einsetzen der Messer nöthig.

Dem gegenüber führt die Anordnung, welche die Fig. 37 bis 39 darstellen, ohne weiteres eine sichere Lage der Messer herbei. Die schmalen Seitenflächen der Messer sind abgeschrägt und werden durch Nuthen der auf der Welle *w* steckenden Ringe *k* überfasst; die Mutter *c* drückt letztere fest gegen die Messer. Die Beanspruchungen, welche dieser Messerkopfform eigen sind, lassen sich wie folgt berechnen:

Es beträgt das Gewicht jedes Messers 0,15 kg, also seine Masse rund 0,015, der Abstand r_0 der Messermitte von der Drehaxe 0,0225 m und

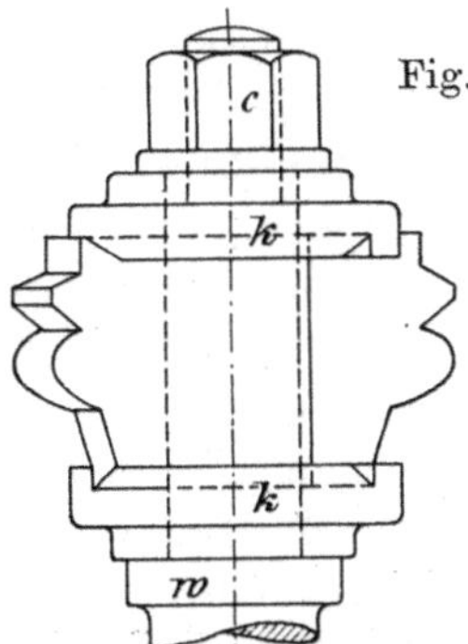

Fig. 37.

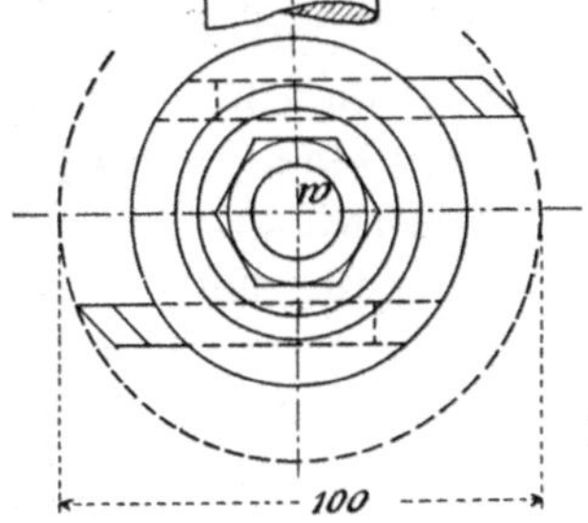

Fig. 39.

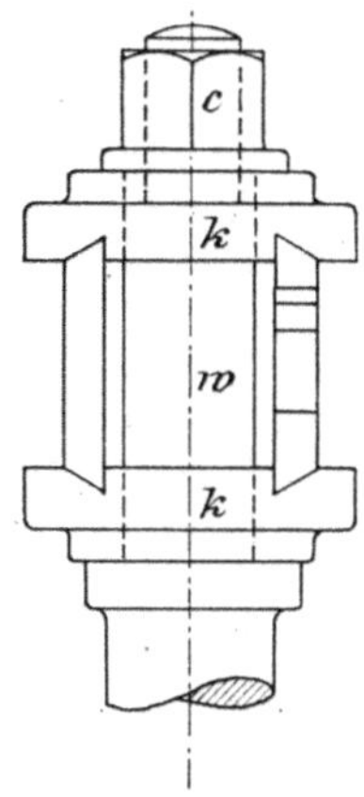

Fig. 38.

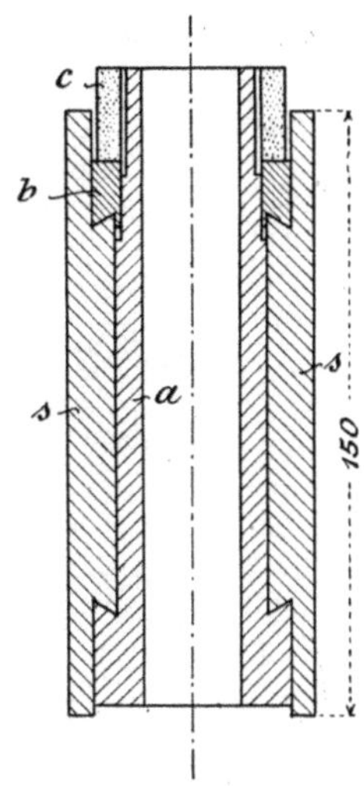

Fig. 40.

die minutliche Drehungszahl 5000, somit die Fliehkraft — nach Gl. 4 —

$$F = 0{,}015 \cdot 0{,}0225 \cdot 0{,}011 \cdot 5000^2 = \text{rund } 93 \text{ kg}.$$

Die Schmalflächen der Messer sind um 60^0 gegen die Messerbreite geneigt, so dass jedes Messer gegen die Ringe *k* mit $\frac{93}{2} : 0{,}58 = 80$ kg in der Axenrichtung der Welle drückt, also hieraus 160 kg Anspannung für die Schraube erwächst. Das entspricht einer Beanspruchung von weniger als 1 kg für 1 qmm des Schraubenkernes. Auch die Biegungsspannung der Messer ist gering. Würden die Messer doppelt so breit sein, als in Fig. 37 und 38 dargestellt, so würde die Fliehkraft doppelt so gross werden, also auch die Beanspruchung der Schraube und die Biegungsspannung der Messer würde auf 3,7 kg/qmm gesteigert werden. Mit weiter zunehmender Messerbreite erreicht man also bald die Grenze des Zulässigen.

Für grössere Messerbreiten wählt man deshalb die Ausführungsform vorliegender Messerbefestigung, welche Fig. 40 im Schnitt darstellt. Es sind die schrägen Flächen, welche zum Festhalten der Messer dienen, nicht die Ränder der Messer *s*, sondern sie liegen weit näher zusammen, indem man sie an den Rücken der Messer ausgebildet hat. Im vorliegenden Falle ist der untere Ring eine Röhre *a*, welche man auf die Spindel steckt. Der obere Ring *b* ist an dieser Röhre verschiebbar und wird durch die Mutter *c* angedrückt.

Goering[1]) hat eine der soeben beschriebenen nahe verwandte Befestigungsweise angewendet, es sind aber die Messer gekrümmt, so dass die schrägen Auflageflächen viel länger ausfallen, als bei dem durch Fig. 40 abgebildeten Kopf, also die Messer bis auf einen kleineren Rest verbraucht werden können. Der durch Fig. 41 abgebildete Messerkopf weicht von dem Goering'schen ein wenig ab, enthält aber ebenso wie dieser gekrümmte Messer *s*. Es bezeichnet *a* einen röhrenartigen, auf die Spindel zu steckenden Körper, an welchem zwei bogenförmige Auflageflächen für die Messer ausgebildet sind, *b* einen an *a* verschiebbaren Ring, der die beiden anderen Befestigungsflächen enthält. Ein Ring *c* ist auf *a* geschraubt; er enthält Kopfschrauben zum Andrücken des Ringes *b*. Die Messer sind mit „verkehrtem" Anschliff (vgl. S. 19) versehen, um ihren Schneiden einen günstigen Brustwinkel geben zu können, und — für Kehlungen — die Gestalt der Schneiden dauernd zu erhalten.

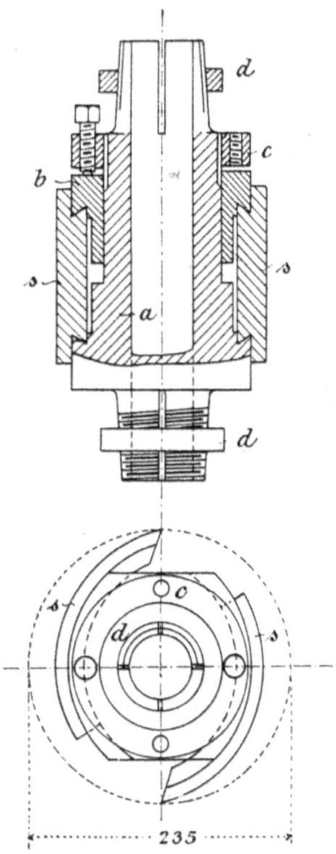

Fig. 41.

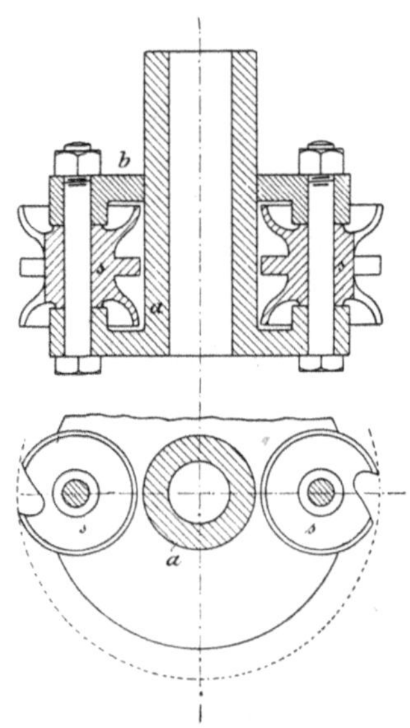

Fig. 42.

Hier schliesst sich eine Messerkopfart an, von welcher Fig. 42 ein Beispiel im Axenschnitt und im Querschnitt darstellt. Es bestehen die Messer *s* aus gedrehten Stahlkörpern, welche auf Bolzen stecken und deren Schneide durch eine Lücke gebildet wird. Sie können unzählige Male nachgeschliffen werden, ohne dass die Gestalt der Schneidekante sich ändert. Im vorliegenden Falle stecken die Bolzen einerseits in einer an der Nabe *a* ausgebildeten Scheibe, anderseits in der Scheibe *b*. Man findet solche Köpfe auch so ausgebildet, dass über und unter der an *a* festsitzenden Scheibe je die Hälften der Messer angebracht sind.

Zum Erzeugen unregelmässiger Gestalten (durch sogenannte Kopirmaschinen) müssen krumme Schneiden verwendet werden. Man findet hierfür scheibenartige Messerköpfe nach Fig. 43 im Gebrauch. In dem

[1]) D. R.-P. Nr. 74467.

Rand der Scheibe *a* sind flache Nuthen ausgebildet, in welche die Stiele der Messer *s* genau passen. Die Befestigung erfolgt durch Schrauben, welche in längliche Löcher der Messerstiele greifen, um die Messer behufs Einstellens ein wenig verschieben zu können. Nicht selten sind statt der länglichen Löcher nach innen offene Schlitze der Messerstiele angewendet.

Für die Querhobelmaschinen (S. 9) kommen ebenfalls meistens gekrümmte Messer zur Verwendung. Man verbindet mit der Welle einen

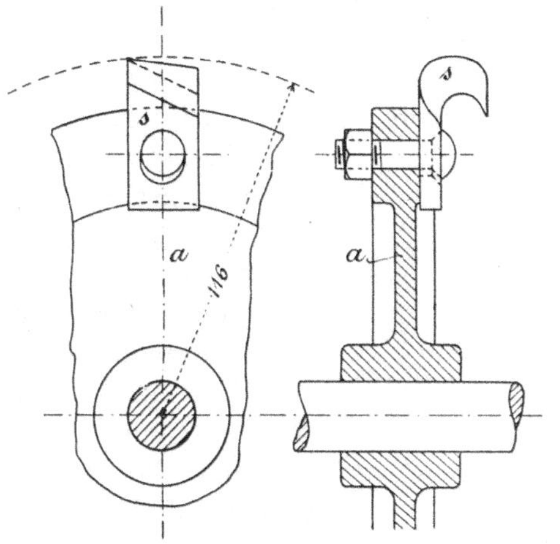

Fig. 43.

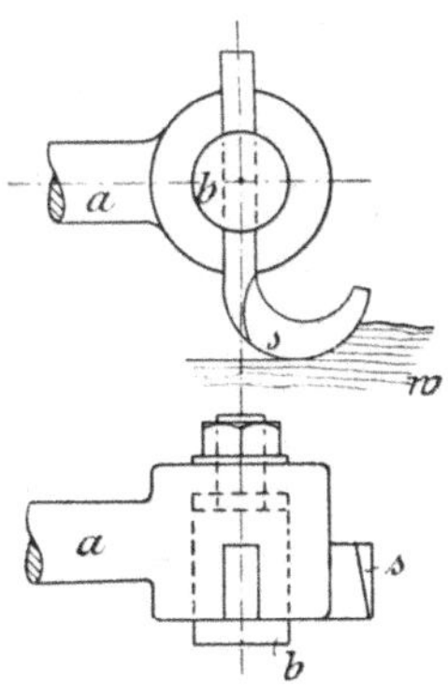

Fig. 44.

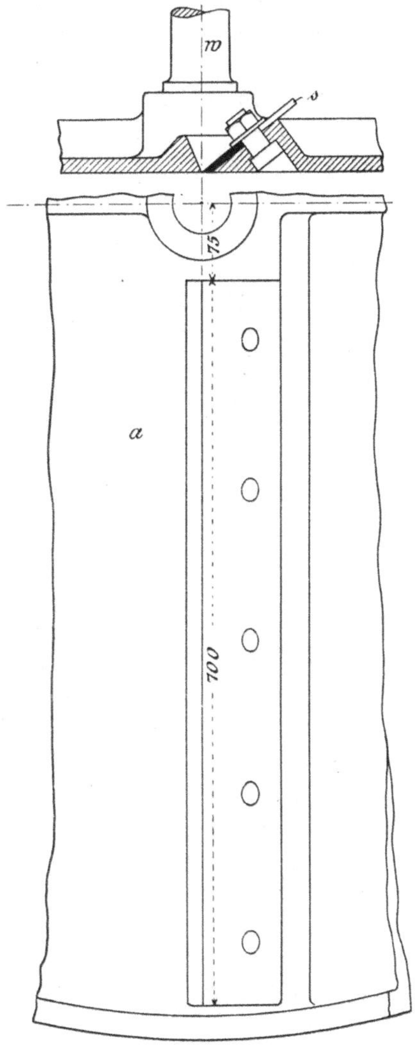

Fig. 45.

Doppelarm *a*, Fig. 44, in dessen Köpfen dicke Bolzen *b* mit zur Aufnahme der Messerstiele geeigneten langen Löchern stecken.

Zum Erzeugen genau ebener Flächen geringer Länge (z. B. den Fugenflächen von Fassdauben) dienen oft scheibenförmige Messerköpfe, in denen, nach Fig. 45, lange Messer *s* ähnlich angebracht sind, wie bei Handhobeln gebräuchlich. Auf der Welle *w* ist die Scheibe *a* befestigt. Diese ist an der dem Werkstück zugekehrten Seite genau eben abgedreht und mit engen Schlitzen versehen, denen sich die zur Aufnahme der Messer dienenden Lehnen anschliessen. Wegen der bis auf die engen Schlitze geschlossenen Endfläche der Scheibe, die gewissermassen eine Hobelsohle darstellt, ist zulässig, die Werkstücke mittels der Hand vorzulegen und während der Bearbeitung festzuhalten.

Die Messerbefestigung nach Fig. 46 ist dagegen nur zulässig, wenn dem Werkstück durch besondere, mechanische Mittel der angemessene Abstand von der Messerscheibe gegeben wird. Sie kommt nur für kleinere Abmessungen in Frage, insbesondere bei den sogenannten Hohlbohrern.

Fig. 47 stellt einen Rundhobelkopf in zwei Schnitten dar. Der Körper a ist mit der hohlen Welle aus einem geschmiedeten Stahlstück gebildet, insbesondere sein die Lager überragender Theil durch Einhobeln quer liegender tiefer Nuthen zur Aufnahme der Messer s geeignet gemacht. Die Messer haben „verkehrten“ Anschliff. Das Werkstück wird von rechts nach links in der Axenrichtung des Messerkopfes diesem entgegengeführt und durchschreitet nach seiner Bearbeitung die Bohrung der Welle. Es dreht sich der vorliegende Kopf minutlich 7000mal, so dass bei 38 mm Werkstückdurchmesser die sekundliche Schnittgeschwindigkeit etwa

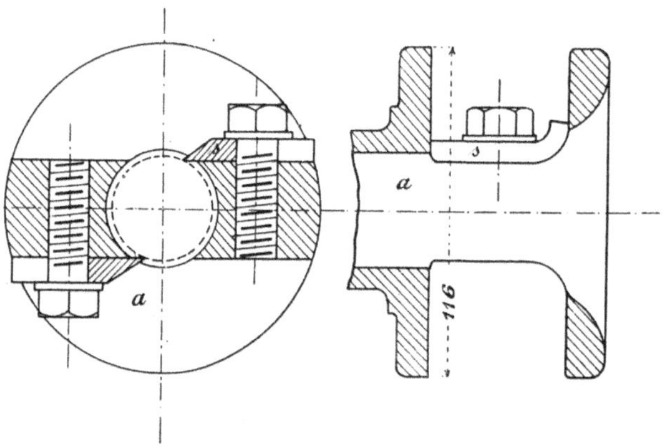

Fig. 47.

Fig. 46.

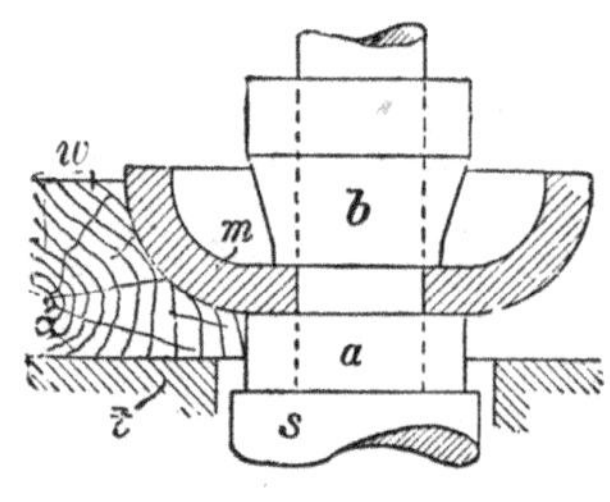

Fig. 48.

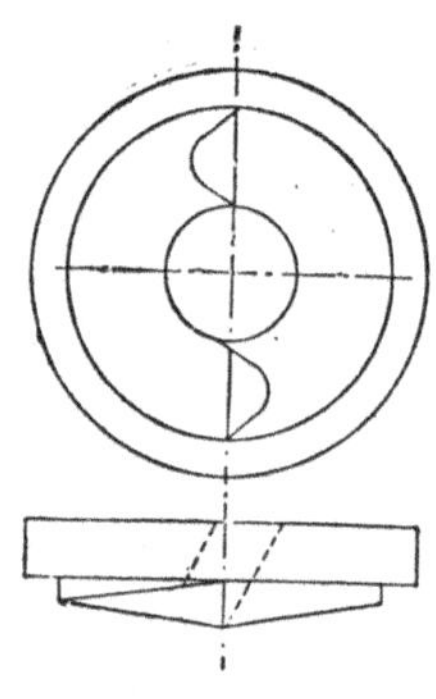
Fig. 49.

14 m beträgt. Das Gewicht eines Messers beträgt 0,105 kg, eines Schraubenkopfes, der Unterlegscheibe und eines Theils des Schaftes 0,045 kg, zusammen 0,15 kg, entsprechend m = 0,015. Der mittlere Abstand r_0 ist = 25 mm zu setzen, also wird die quer zur Messerebene wirkende Fliehkraft nach Gl. 4, S. 16,

$$F = 0{,}015 \cdot 0{,}025 \cdot 0{,}011 \cdot 7000^2 = 202 \text{ kg}$$

und die Beanspruchung der Schraube durch diese Fliehkraft, bei 12,9 mm Kerndurchmesser:

$$202 : 130 = 1{,}6 \text{ kg für 1 qmm.}$$

Für die Fliehkraft längs der Messerebene erhält man wegen $m = 0{,}105 : 9{,}8 = 0{,}011$ und $r = 0{,}035$ nach Gl. 6, S. 16:

$$F_1 = 0{,}011 \cdot 0{,}035 \cdot 0{,}011 \cdot 7000^2 = \text{rund } 208 \text{ kg}$$

und, da diese durch die Reibung zwischen Messer und Messerkopf überwunden werden muss, selbst bei Annahme von 0,2 als Reibungswerthziffer: 1040 kg Belastung der Schraube, oder 8 kg für 1 qmm des Kernquerschnittes.

Kleine Messerköpfe werden mit den Messern aus einem Stück gefertigt. Fig. 48[1]) stellt einen solchen Messerkopf *m* dar, welcher auf der Spindel *s* unter Vermittlung des Ringes *a* und der Mutter *b* befestigt ist. Der Ring *a* hat den Zweck, dem Messerkopf *m* die richtige Höhenlage gegenüber dem Tisch *t* zu geben. *w* bezeichnet das Werkstück. Fig. 49[2])

Fig. 51.

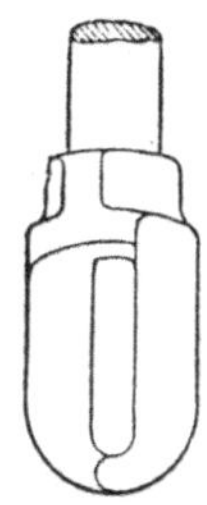

Fig. 50. Fig. 52. Fig. 53. Fig. 54. Fig. 55.

zeigt einen solchen Messerkopf in zwei Ansichten, welcher zum Erzeugen seichter Vertiefungen dient. Fig. 50 stellt eine Reihe sternartiger und Fig. 51 ebenso bohrerartige Messerköpfe in wahrer Grösse dar. Sie kommen bei Schnitzmaschinen zur Verwendung und machen minutlich bis zu 25000 Drehungen. An den grösseren, auch in natürlicher Grösse abgebildeten Messerköpfen, Fig. 52—54,[3]) sieht man deutlicher, dass jeder dieser bohrerartigen Messerköpfe nur eine Schneide besitzt. Es geschieht das, weil bei den vorliegenden kleinen Abmessungen sehr schwierig ist, zwei Schneiden unter sich genau gleich zu machen.

Wenn man kleinen Messerköpfen auch eine grosse Umdrehungszahl giebt, so fällt doch die Schnittgeschwindigkeit verhältnissmässig klein aus. Müssen nun die Schneiden stark „gegen den Span" (vergl. S. 5) arbeiten, so liefern sie keinen reinen Schnitt. Man richtet deshalb die betreffenden Maschinen (die meistens Fräsmaschinen genannt werden) so ein, dass man der Messerspindel sowohl Rechts- als auch Linksdrehung zu geben vermag, und rüstet sich mit einem doppelten Satz Messerköpfen aus, von denen der eine für Rechts-, der andere für Linksdrehung geeignet ist. Es wird dann gegebenen Falles der Betrieb unterbrochen, das Werkzeug ausgewechselt und die andere Drehrichtung angewendet. Das ist ein umständliches Verfahren.

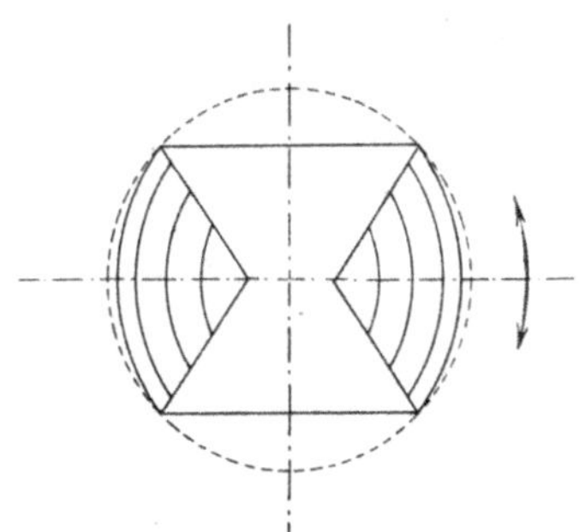

Fig. 56.

Es werden deshalb nicht selten Messerköpfe angewendet, die in beiden Drehrichtungen zu schneiden vermögen. Fig. 55 zeigt einen solchen. Es fehlt den Schneiden der Ansatzwinkel, wodurch grosse Reibungswiderstände

[1]) Zeitschr. d. Ver. deutscher Ingen. 1894, S. 648.
[2]) Zeitschr. d. Ver. deutscher Ingen. 1894, S. 650.
[3]) Zeitschr. d. Ver. deutscher Ingen. 1894, S. 65.

entstehen. Fig. 56 ist die Endansicht eines solchen Messerkopfes, der nach drei Axen abgedreht worden ist. Die Mittelaxe ist Axe des Zapfens, mittels welcher der Messerkopf in seiner Welle befestigt wird, die beiden anderen Axen liefern die Rücken der Schneiden, indem die betreffenden Flächen durch vier genau symmetrisch liegende Ebenen geschnitten werden. Ein Paar dieser Schneiden ist befähigt in der einen, ein zweites Paar geeignet in der andern Drehrichtung zu arbeiten. Jede Schneide ist mit Ansatzwinkel oder abfallendem Rücken versehen. Es muss allerdings der Rücken jeder nicht arbeitenden Schneide die vorher erzeugte Fläche nochmals zurückdrängen, jedoch erfolgt dieses Zurückdrängen nur längs kleinen Bogens, weshalb die Reibungsverluste erheblich kleiner ausfallen als bei dem durch Fig. 55 abgebildeten Messerkopf.

Fig. 57.

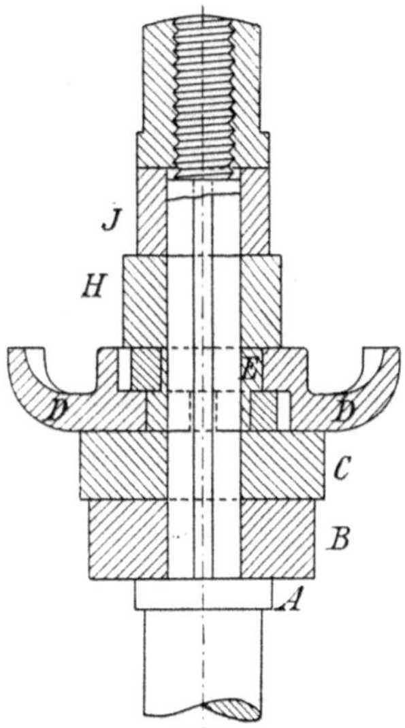

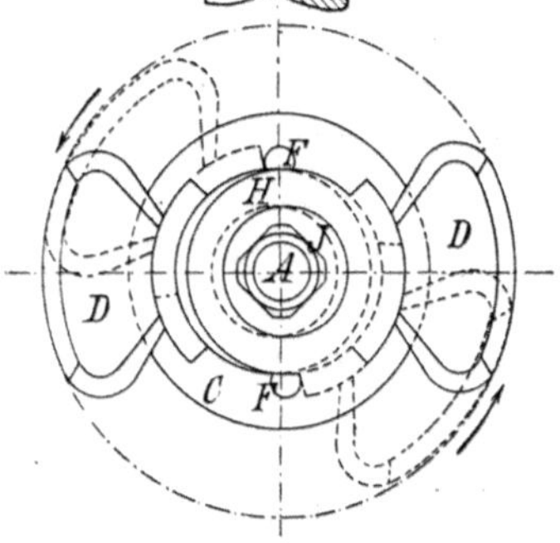

Fig. 58.

Es giebt nun Messerköpfe, bei denen die Messer sich selbstthätig für die jedesmalige Drehrichtung einstellen, so dass die arbeitende Schneide einen Ansatzwinkel erhält und die nicht arbeitende von der Schnittfläche zurückgehalten wird.[1]) Fig. 57 u. 58 stellen den Fletcher'schen Kopf im Axenschnitt und Ansicht dar. Das obere Ende der Spindel *A* ist, wie insbesondere Fig. 58 erkennen lässt, vierseitig abgeflacht, und nimmt über seinem Bund zunächst einen Ring *B* auf, der den Messern die geeignete Höhenlage geben soll. Ueber *B* befindet sich ein Ring *C* mit zwei Stiften *F*, dann folgt ein Doppelexenter *E*, auf dem die Messer *D* drehbar stecken, Ring *H* und Ring *I* und schliesslich die alles zusammenhaltende Mutter. Die Messer *D* sind in mittlerer Lage gezeichnet; werden sie, während die Spindel *A* sich in der Pfeilrichtung dreht, gegen ein Werkstück geführt, so begeben sie sich in die gestrichelt gezeichneten Lagen, wobei die Stifte *F* den Ausschlag begrenzen. Die entgegengesetzte Drehrichtung liefert ohne weiteres die dieser angemessene Lage der Messer.

Fig. 59.

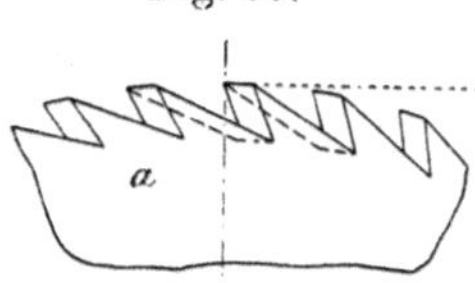

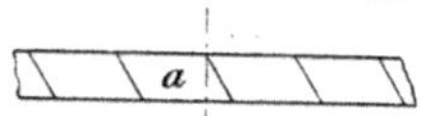

Fig. 60.

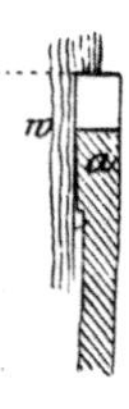

Fig. 61.

Zu den Messerköpfen, die mit ihren Schneiden aus einem Stück gefertigt sind, gehört die kreissägenartig aussehende Scheibe, von der Fig. 59 bis 61 ein kleines Stück abbilden. Die kreisförmige Stahlscheibe *a* ist an einer Seite hohlgeschliffen, so dass ein ringsum laufender Rand hervorragt. In den Rand sind Zahnlücken geschnitten, die an der soeben genannten Seite

[1]) Hope Machine Co. Dingl. polyt. Journ. 1872, Bd. 205, S. 96, mit Abb. Fletcher, American Machinist, 14. Jan. 1897, mit Abb.

Schneiden mit gutem Brustwinkel bilden. Diese glätten das Werkstück *w*, Fig. 61, während die an der Schmalseite der Scheibe entstandenen Schneiden das hinwegzuräumende Holz zerspanen. Man verwendet diese Messerscheiben zum Ebnen und Glätten kleinerer Holzflächen, z. B. Parquetplatten, Cigarrenkistenbretter u. dergl., die so kurz sind, dass die bearbeitete Fläche nicht mehr mit den entgegengesetzt liegenden Schneiden in Berührung kommt.

Zum Erzeugen von engen Nuthen dienen ähnliche Scheiben, die jedoch an beiden Seiten hohlgeschliffen sind und deren Zahnlücken rechtwinklig zur Drehungsebene liegen, so dass sie dicken Kreissägenblättern gleichen.

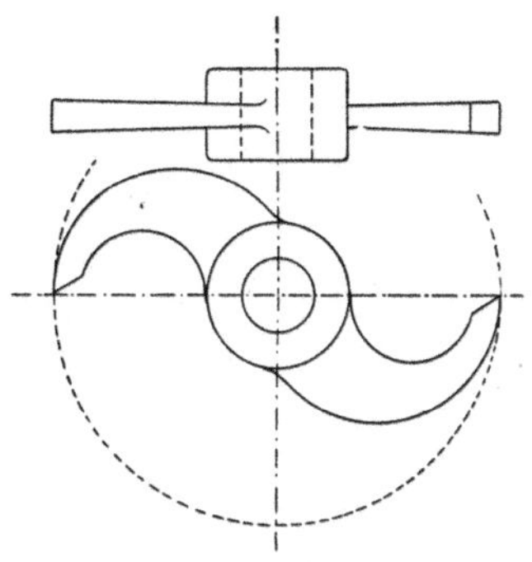

Fig. 62.

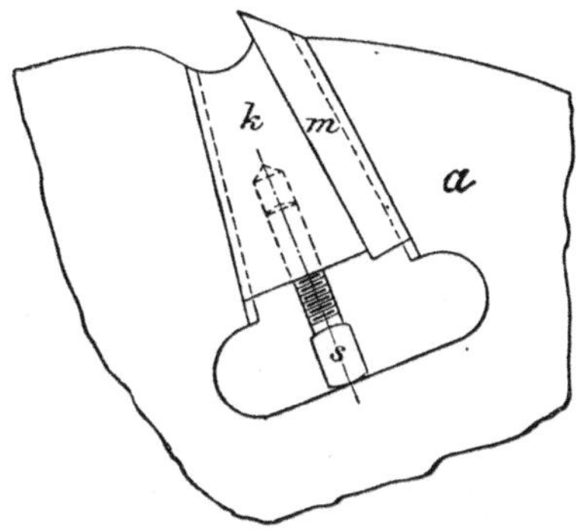

Fig. 63.

Es werden zu gleichen Zwecken auch wohl gestauchte oder geschränkte Kreissägenblätter (s. w. u.) verwendet.

Für Nuthen einiger Weite begnügt man sich oft mit weniger Schneiden, z. B. mit zwei, welche nach Fig. 62 an den Enden eines zweiarmigen Körpers ausgebildet sind. Man nennt diese und die folgenden, gleichen Zwecken dienenden Messerköpfe Nuthköpfe. Fig. 63[2]) zeigt einen Theil eines solchen Nuthkopfes, bei welchem die Messer *m* ausgewechselt werden können. Den eigentlichen Körper bildet eine kreisrunde Stahlplatte *a*, in deren Rand zur Aufnahme der Messer *m* geeignete Lücken geschnitten sind. Die Begrenzungsflächen der Lücken haben schweinsrückenartigen Querschnitt, und greifen in Furchen einerseits der Messer *m*, anderseits der Keile *k*, diese in der Ebene von *a* haltend. Die Befestigung des Messers erfolgt durch Anziehen einer Schraube, deren Muttergewinde in *k* sich befindet.

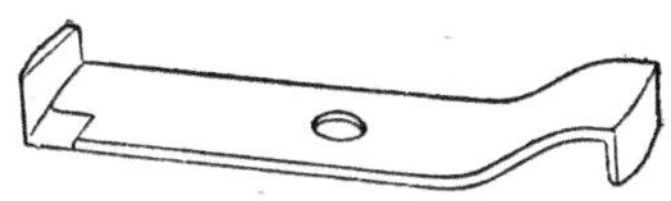

Fig. 64.

Die Seitenschneiden der Nuthköpfe, Fig. 62 u. 63, liefern oft nicht so glatte Seitenflächen der Nuth, als man zu haben wünscht, weshalb die Seitenschneiden in manchen Fällen besonders ausgebildet werden. Das ist z. B. der Fall bei dem nach Fig. 64 aus gekröpftem Flachstahl bestehenden, sehr einfachen Nuthkopf. Jede der beiden Querschneiden ist mit nur einer Seitenschneide versehen, die abwechselnd die eine und dann die andere Seite der Nuth glätten.

Soll eine Nuth quer zu den Fasern des Holzes eingeschnitten werden, so müssen Vorschneider (vergl. 3) angewendet werden. Fig. 65 stellt

[1]) Zeitschr. d. Ver. deutscher Ingen. 1897, S. 1054, mit Abb.

einen solchen Nuthkopf in Ansicht und theilweisem Axenschnitt dar. Er besteht aus zwei in der Axenrichtung gegeneinander verschiebbaren Theilen. Jeder dieser Theile enthält eine Nabe a, beziehungsweise a_1 und zwei viertelkreisförmige, platte Flügel b, beziehungsweise b_1. An jedem der letzteren ist ein mehrzahniger Vorschneider und ein Sohlenmesser befestigt. Die Breite der Sohlenmesser ist etwas grösser als die Dicke der Flügel b; ihr Stiel ist aber nicht einmal halb so breit, liegt in einer Nuth der Flügel b und wird dort durch eine Schraube mit einseitigem Kopf festgehalten. Schiebt man die beiden Nuthkopftheile ganz zusammen, so beschreiben die beiden Sohlenschneiden gleiche Bahnen, und die Weite

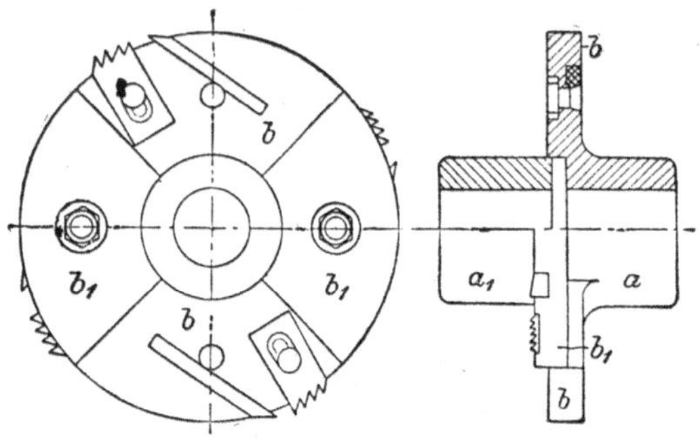

Fig. 65.

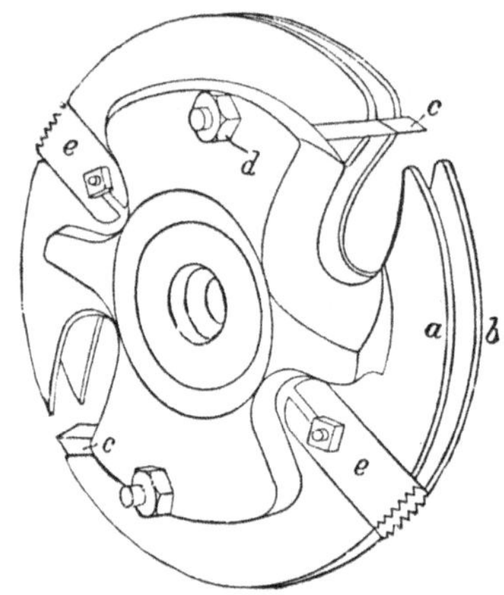

Fig. 66.

der entstehenden Nuth gleicht der Breite der Schneiden. Durch Auseinanderziehen der Kopftheile befähigt man den Kopf zum Erzeugen breiterer Nuthen.

Der Nuthkopf, Fig. 66,[1]) ist gewissermassen für beliebige Nuthbreiten zu gebrauchen. Er besteht aus zwei Theilen a und b, welche je zwei Vorschneider e enthalten und mit Nuthen zur Aufnahme der Sohlenmesser c versehen sind. Diese Nuthen durchschneiden die Ränder der Kopftheile a und b, so dass die Sohlenschneide nach beiden Seiten ein wenig über diese Ränder hinwegragen. Durch Zusammendrücken der Kopftheile a und b mittels der Schrauben d werden die Messer c festgeklemmt, ähnlich wie bei den Messerköpfen, Fig. 37 bis 40. Es lassen sich nun die Messer c leicht durch breitere oder schmalere ersetzen, um den Nuthkopf der verlangten Nuthbreite anzupassen.

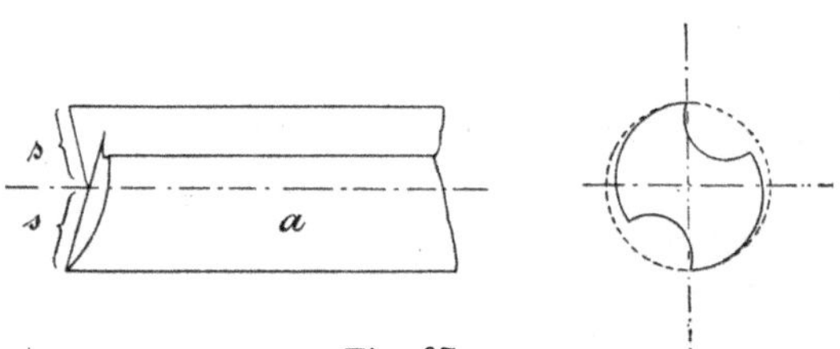

Fig. 67.

Die **Langlochbohrer** bilden eine Sonderheit unter den Messerköpfen. Es werden als Langlochbohrer den gewöhnlichen Löffelbohrern fast gleiche Werkzeuge verwendet; sie arbeiten nur mit einer Schneide. Statt dessen lassen sich die gewöhnlichen Schrauben-(Spiral-)Bohrer verwenden, nachdem deren Einziehschraube beseitigt ist. Es müssen aber die Seitenschneiden dieser Bohrer mindestens so lang sein, wie das jedesmalige Zuschieben in

[1]) Zeitschr. d. Ver. deutscher Ingen. 1894, S. 650, mit Abb.

seiner Axenrichtung beträgt. Meistens gestaltet man die Schneiden des Langlochbohrers etwa nach Fig. 67. Der Schaft *a* ist mit zwei Längsnuthen versehen, denen sich die Hinterdrehungen der Schneidkanten anschliessen; das freie Ende ist durch zwei, je bis zur Axe reichende schräge Flächen begrenzt, so dass gute Schneiden *s* für die Sohlen der Nuthen entstehen. Für das Beseitigen der Späne ist ein schraubenförmiger Verlauf der Längsnuthen vortheilhaft.

Die Befestigung der abnehmbaren Messerköpfe an ihren Spindeln muss mit grosser Sorgfalt geschehen, und zwar so, dass ihre Schweraxe mit der Spindel-Drehaxe genau zusammenfällt. Messerköpfe mit Zapfen werden zu diesem Zwecke ähnlich befestigt wie der Metallbearbeitung dienende Bohrer und Fräser (vergl. Bd. I, S. 107—109, m. Abb.). Man macht jedoch die Zapfen der Messerköpfe auch walzenförmig. Dann ist jedoch nöthig, dass der Zapfen *f*, Fig. 68,[1]) sehr genau die Bohrung der Spindel ausfüllt und dass man zwei Abflachungen anbringt, gegen welche zwei als Mitnehmer wirkende Schräubchen *i* drücken. *f* passt z. B. so genau in die Bohrung der Spindel, dass man für nöthig hält, ein Löchelchen *g* anzubringen, durch welches beim Herausziehen, bezw. Einstecken die Luft ein-, bezw. austreten kann.

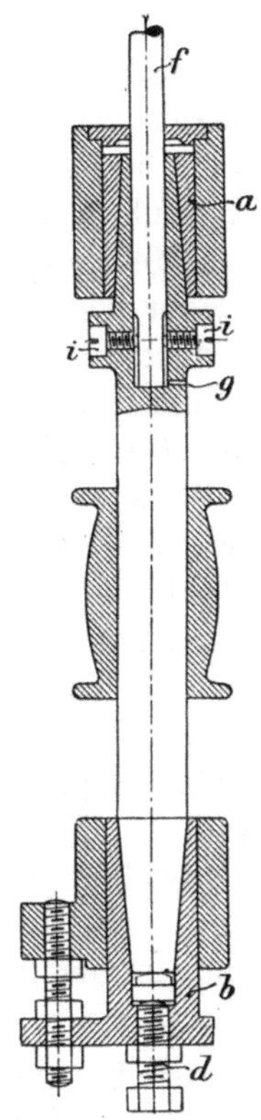

Fig. 68.

In ihrer Längenrichtung durchbohrte Messerköpfe lassen sich sehr genau auf schlank kegelförmige Spindeln stecken. Eine in der Axenrichtung drückende Mutter hält den Kopf hinreichend fest. Man findet jedoch diese Befestigungsweise selten, weil sie dem Messerkopf eine bestimmte Stelle anweist. Häufiger wird der Messerkopf auf eine genau walzenförmige Welle gesteckt, so dass man im Stande ist, die Lage des Messerkopfes innerhalb gewisser Grenzen willkürlich zu wählen. Man befestigt dann den Kopf durch von der Seite wirkende Druckschrauben.[2]) Diese Befestigungsweise ist jedoch wenig empfehlenswerth, da der Druck der Schraube dem Kopf leicht eine einseitige Lage giebt. Besser ist, die Welle oder den Kopf mit einem Stift zu versehen, der in eine Nuth des gegenüberliegenden Theils als Mitnehmer greift, oder die Welle so abzuflachen (vergl. Fig. 57 u. 58, S. 26), dass zum genauen Ausrichten genügende Theile der walzenförmigen Fläche der Spindel übrig bleiben. Für die Befestigung auf walzenförmigen Spindeln dürfte die durch Fig. 41, S. 22, dargestellte Klemmvorrichtung sich am besten eignen. Da das widerstehende Moment des Messerkopfes nur gering ist, so genügt häufig, den Kopf zwischen zwei Flächen zu pressen, welche in der Axenrichtung drücken und den Messerkopf durch Reibung mitnehmen.

c) Abmessungen der Messerköpfe und deren Wellen.

Nach der Breite des zu hobelnden Holzes ist die Länge der Messerköpfe zu wählen. Abgesehen von den scheibenartigen Messerköpfen

[1]) Zeitschr. d. Ver. deutscher Ingen. 1897, S. 1053, mit Abb.
[2]) Zeitschr. d. Ver. deutscher Ingen. 1894, S. 649, mit Abb.

(Fig. 16, S. 9 u. Fig. 45 u. 46, S. 23/24) pflegt man die Messerköpfe, sofern die Schnittbreite etwa 180 mm überschreitet, an beiden Enden zu lagern, kürzere Messerköpfe aber „fliegend", also ausserhalb der Lager befindlich anzuordnen. Es finden sich aber Ausnahmen, in denen aus besonderen Gründen anders verfahren wird. Den Durchmesser der Messerköpfe wählt man regelmässig möglichst klein, theils, weil mit der Abnahme des Durchmessers auch die Gefahr einseitiger Lage der Schweraxse sich mindert, theils wegen bequemeren Unterbringens des Kopfes in der Maschine, theils — wenn die zu erzeugende Fläche in der Längenrichtung Krümmungen enthält — um der vorgeschriebenen Längengestalt des Werkstücks sich bequem anpassen zu können.

Sind Länge und Durchmesser des Messerkopfes gegeben, so bestimmen die auftretenden Fliehkräfte die Einzelabmessungen, wie S. 16—24 in Beispielen erläutert ist. Der Arbeitswiderstand, welchen die Messer erfahren, spielt hier eine verhältnissmässig geringe Rolle. S. 18 wurde in einem Beispiel angeführt, dass der Schnittwiderstand innerhalb des kurzen Bogens, den das Messer schneidend zurücklegt, bis 37 kg für 100 mm Messerlänge betragen könne. Dieser Schnittwiderstand wird als oberste Grenze angesehen werden können, es wirkt ausserdem die rasch kreisende Masse ausgleichend, so dass die auf die Welle biegend wirkende Kraft wohl niemals mit 37 kg für 100 mm Schnittlänge zur Geltung kommt. Aber selbst wenn man diese Kraft annimmt, so findet man, dass die Zapfen durch sie meistens auf weniger als 1 kg für 1 qmm in Anspruch genommen werden. Die Wahl der Zapfendicken scheint deshalb in Rücksichtnahme auf andere Umstände getroffen zu werden, wahrscheinlich spielen hierbei die von Ungleichheiten des Treibriemens herrührenden Erschütterungen eine Rolle. Bei manchen der an beiden Seiten gelagerten Messerköpfe ist denn auch derjenige Zapfen, an dem die Riemenrolle fliegend sitzt, etwas dicker als der andere. Es dürfte deshalb gerechtfertigt sein, die Zapfendicke der Messerkopfwellen nach denjenigen vorhandener Messerköpfe zu bemessen. Es sind hier die Abmessungen einiger solcher Messerköpfe zusammengestellt und in der letzten Reihe die Werthe hinzugefügt, welche die Gleichung $d = 2 \cdot \sqrt{l}$ liefert. In dieser bedeutet d die Zapfendicke, l die Messerlänge, beides in mm. Man wird finden, dass diese berechneten Werthe von den thatsächlich vorhandenen nicht erheblich abweichen, also die angeführte Gleichung vielleicht zum Bestimmen der Zapfendicken benutzt werden kann.

Bezeichnung des Messerkopfes	b_{mm} Messerlänge	Zapfenlänge	Zapfen-Durchmesser	$2 \cdot \sqrt{l}$
1. Nach Fig. 25	260	155	35	32
2. Hobelm. v. Kirchner & Co., Leipzig	280	200	50	34
3. Domay'sche Hobelm. (Portef. économique des machines 1880, S. 162, mit Abb.	360	100	50	38
4. American Machinist, 23. Juli 1896	400	210	56	40
5. Prakt. Masch.-Constr. 1895, Taf. 17, Fig. 5 u. 11	490	136	40	44
6. Iron, Juni 1886, S. 541	500	—	56	45
7. F. W. Hofmann, Breslau	506	200	40	45
8. American Machinist, 23. Juli 1896	660	300	75	52

Die Zapfenlängen sind durchweg sehr gross; ich muss bemerken, dass die Länge des Zapfens, an welchem die Antriebsrolle sitzt, bei den meisten der in der Zusammenstellung angeführten Messerköpfe grösser ist, als die verzeichneten der auf der anderen Seite liegenden Zapfen.

Für die Hauptzapfen einseitig („fliegend") gelagerter Messerköpfe stehen mir nur wenige gute Anhalte zur Verfügung. An einem solchen Messerkopf von F. W. Hofmann in Breslau, sowie bei den durch Fig. 37 bis 39, S. 21 dargestellten, ist der Durchmesser des Zapfens etwa $= 3{,}5 \cdot \sqrt{l}$.

Während man für liegende Messerköpfe fast ausschliesslich walzenförmige Zapfen verwendet, kommen für stehende Messerköpfe nicht selten kegelförmige Zapfen vor. Fig. 68 (S. 29) stellt z. B. eine Messerkopfwelle mit solchen Lagern dar. Es bezeichnet, wie weiter oben bereits erwähnt f den Messerkopf- oder Fräserzapfen. An der zugehörigen Welle sind zwei kegelförmige Zapfen ausgebildet, die in kegelförmig gebohrten, im Maschinengestell verschiebbaren Büchsen a und b sich drehen. Die untere Büchse b wird durch eine Schraube so verschoben, dass der Fräser oder Messerkopf in die zutreffende Höhenlage kommt. Sie enthält eine, auf der Schraube d ruhende Spurplatte für den, im unteren Ende der Welle steckenden gehärteten Spurzapfen.

Die Schmierung der Zapfen geschieht selbstverständlich mit grosser Sorgfalt und zwar werden mit Vorliebe stetig wirkende Schmiervorrichtungen (Ring- oder Dochtschmierungen) angewendet.

d) Schleifen der Messer.

Hierüber ist nur Weniges anzuführen. Es werden die Messer regelmässig nass geschliffen. Für Messer mit gerader Schneide verwendet man (vergl. Bd. I, S. 476) Schleifmaschinen, bei welchen das entsprechend eingespannte Messer an dem Schleifsteine genau hin- und hergeschoben wird. Bei „verkehrtem" Anschliff wird ebenso verfahren. Kehlmesser mit „rechtem" Anschliff werden freihändig gegen den Schleifstein geführt, dessen Querschnitt der zu schleifenden Messergestalt angemessen ist. Die Schneiden, welche mit dem Messerkopf ein Ganzes bilden, schleift man so, wie (Bd. I, S. 476) hinsichtlich der Fräser und Reibahlen angegeben ist.

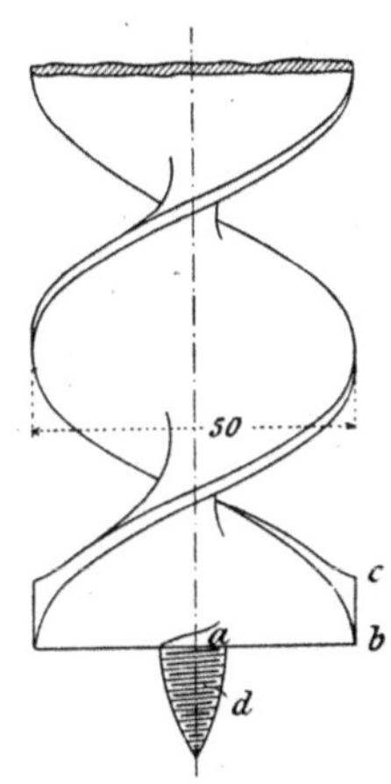

Fig. 69.

2. Lochbohrer.

Die Lochbohrer der Holzbearbeitungsmaschinen gleichen im Allgemeinen den Bohrern, die als Handwerkzeug benutzt werden; insbesondere sind die mit zwei entgegengesetzt liegenden Schneiden, und an diese sich schliessende, zum Fortschaffen der Späne dienende Schraubenflächen versehenen Bohrer fast allein im Gebrauch. Fig. 69 stellt einen solchen Bohrer in Ansicht dar. Die Schneiden setzen sich je aus zwei geraden Theilen $a\,b$ und $b\,c$ zusammen; an den Theil $a\,b$ schliesst sich die schraubenförmige Fläche, welche die Späne aus dem entstehenden Loche hinausbefördert. Die Einziehschraube d ist mit scharfkantigem Gewinde, dessen Ganghöhe 1,5 mm beträgt, versehen, es dringt sonach der Bohrer bei jeder ganzen Drehung um 1,5 mm ein.

Bei dem durch Fig. 70 dargestellten Bohrer fehlt der, in der Mantelfläche des Bohrers liegende Theil *b c*, Fig. 69 der Schneide. Er wird durch je einen herabhängenden Vorschneider *c* ersetzt. Solche Vorschneider erzeugen sehr glatte Ränder der Löcher, können aber durch unvorsichtiges Anstossen leicht verletzt werden.

Fig. 71 zeigt einen Bohrer, bei dem die Schneidentheile *a b* und *b c*, Fig. 69, durch eine bogenförmige Schneide *a b c* ersetzt sind, also die Verletzungsgefahr noch geringer ist, als bei dem zuerst angeführten Bohrer.

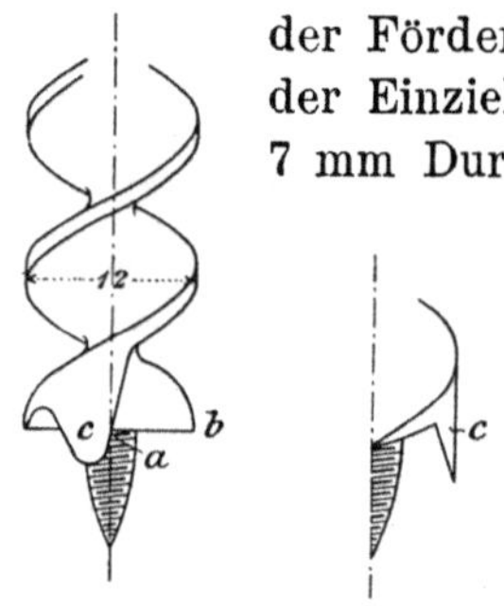

Fig. 70.

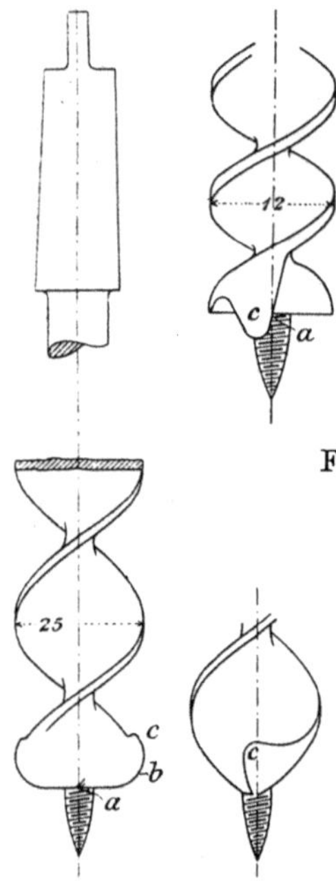

Fig. 71.

Die Tangente des Steigungswinkels des Randes der Förderschraube beträgt etwa 0,5, die Ganghöhe der Einziehschraube bei sehr kleinen Bohrern (etwa 7 mm Durchm.) gegen 0,7 mm, und nimmt mit dem Durchmesser der Bohrer zu. Man findet bei Bohrern von 50 mm Durchmesser 1,2 bis zu 2 mm Ganghöhe.

Es sind Bohrer mit Einziehschraube nur zulässig, wenn die zu erzeugenden Löcher durch das Holz ganz hindurchgehen, es sei denn, dass man den Bohrer beim Zurückziehen rückwärts dreht. Deshalb sind die Bohrer für Bohrmaschinen sehr oft ohne Einziehschraube, an deren Stelle eine pyramiden- oder auch kegelförmige Spitze tritt; zuweilen sind sie ohne eine Hervorragung in der Mitte.

Die Befestigung der Bohrer in ihren Spindeln erfolgt gerade so wie bei Metallbohrern (Bd. I, S. 107). Die Drehgeschwindigkeit wird möglichst gross genommen und ist nach oben nur insoweit begrenzt, als der ruhige Gang in Frage kommt. Demgemäss giebt man genau gearbeiteten und genau in gut gelagerten Spindeln steckenden Bohrern oft eine sehr grosse Umdrehungszahl. Die Zuschiebung für jede Drehung schwankt, wenn eine Einziehschraube fehlt, zwischen 0,5 und 2 mm.

3. Sägen.

a) Zahnform und Zahntheilung.

Der Sägenzahn hat die gleiche Aufgabe wie der Kreuzmeissel[1]) zu lösen: er hat einen engen Schlitz zu erzeugen durch Abschneiden der Späne von der Schlitzsohle und den Seitenflächen des Schlitzes. Da die in Bildung befindlichen Flächen den Schneiden elastisch ausweichen, so ist der entstehende Schlitz etwas enger als der Abstand der Seitenschneiden des Sägezahnes, weshalb letzterer in einiger Entfernung von den Schneiden dünner sein muss, als der Abstand der Seitenschneiden beträgt, um zu vermeiden, dass die zurückfedernden Seitenschnittflächen gegen die grösseren Seitenflächen des Zahnes sich fest anlegen. Es wird das erreicht, indem man kreuzmeisselartige Werkzeuge in Ausklinkungen einer entsprechend dünneren Stahlplatte, dem Sägenblatt, befestigt. Solche mit eingesetzten

[1]) Herm. Fischer, Allgem. Grundsätze und Mittel des mechanischen Aufbereitens, Leipzig 1888, S. 410.

Zähnen[1]) versehene Sägen sind dem Messerkopf Fig. 63, S. 27 nahe verwandt; sie sind als Sägen in Deutschland nicht gebräuchlich, weil sie eine grosse Schnittweite liefern.

Man bildet ferner die Zähne am Rande des stählernen Sägenblattes aus und erreicht die grössere Breite *b*, Fig. 72, der Sohlenschneide durch Verjüngung des Sägenblattquerschnittes von diesem Rande ab. Dieses Verfahren findet zuweilen bei Kreissägen Anwendung, welche zum Zerlegen dickerer Bretter oder sogen. Bohlen oder Pfosten in dünne Bretter dienen und deshalb, um den Verlust an Holz zu mindern, recht enge Schlitze erzeugen sollen. Für diesen Zweck wird die Randdicke *b*, Fig. 72, selbst für Sägen, deren Durchmesser 800 mm beträgt, zuweilen zu nur $1^1/_2$ mm gewählt und es werden die beiden Seitenflächen so hohl geschliffen, dass die Blattdicke in der Nähe der Befestigungsstelle des Blattes nur noch $^3/_4$ mm beträgt. Nur für ungemein genau geführte Sägenblätter ist eine so geringe Verjüngung der Blattdicke zulässig, weshalb regelmässig der Betrag des Hohlschleifens und demgemäss die Randdicke viel grösser gewählt werden.

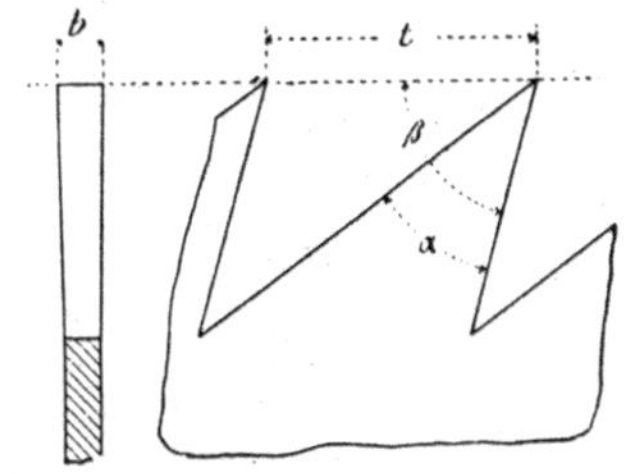

Fig. 72.

Ein drittes Verfahren besteht in dem Stauchen der Zahnspitzen.[2]) Mittels eines hohlkeilförmigen Werkzeugs, welches auf die Zahnschneide gesetzt und durch Hammerschläge oder Hebeldruck gebührend angepresst wird, erbreitert man die Haupt- oder Sohlenschneide des Zahnes von der Sägenblattdicke *s*, Fig. 73 zu *b*.

Jeder der nach den bisher. angeführten drei Verfahren erbreiterten Zähne schneidet die Späne in ganzer Breite von der Schlitzsohle.

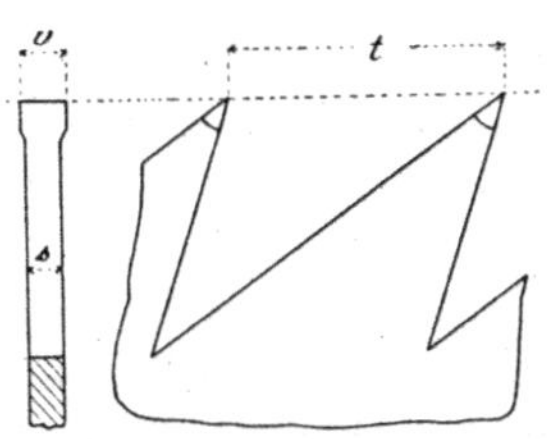

Fig. 73.

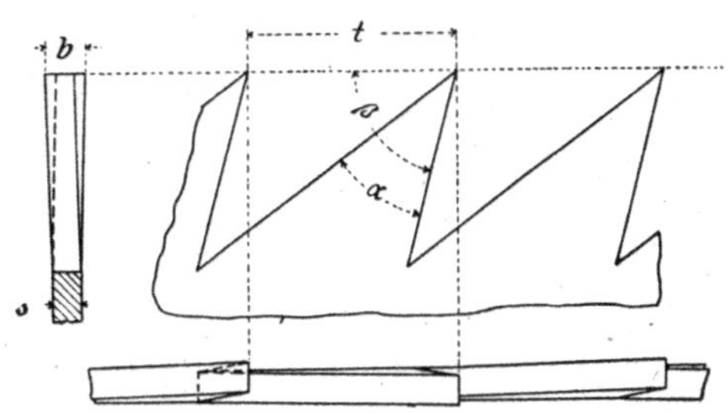

Fig. 74.

Es wird nun endlich eine grössere Schlitzweite dadurch gewonnen, dass man die Zähne nach Fig. 74 abwechselnd nach der einen und anderen Seite aus der Blattebene ein wenig herausbiegt. Man nennt dieses Verfahren das **Schränken der Zähne**; es ist derartig allgemein gebräuchlich, dass man die vorhin angeführten Sägenzahnarten als Ausnahmen bezeichnen kann. Je zwei auf einander folgende geschränkte Zähne ergänzen sich in der Weise, dass jeder von ihnen an seiner Seite für das Wegräumen der Späne sorgt.

[1]) Herm. Fischer, Die Holzsäge, Berlin 1879, S. 71, mit Abb.
[2]) Vorige Quelle, S. 66, mit Abb.

Die Seitenkanten der bisher genannten Zähne sind insofern für das Schneiden wenig geeignet, als ihr Kantenwinkel 90° beträgt. Bei geschränkten Zähnen ist nun ohne weiteres möglich, die Zahnbrust gegen die Blattebene schräg zu legen, wie Fig. 75 darstellt, so dass diejenigen Seitenkanten, welche die bleibenden Schnittflächen erzeugen, einen günstigen Brustwinkel erhalten. Das ist insbesondere von Werth bei den Sägen,

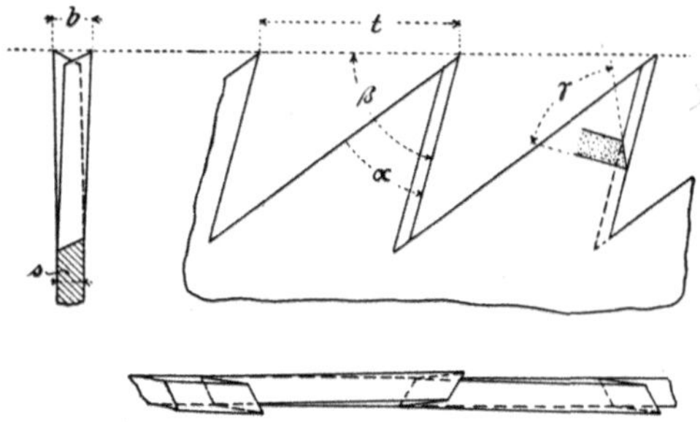

Fig. 75.

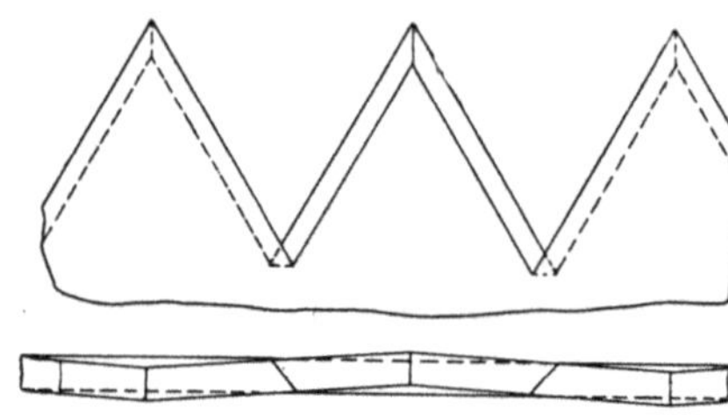

Fig. 76.

welche zum Querschneiden des Holzes dienen (den sogen. Trumsägen), da hier die Seitenkanten der Zähne die Fasern quer abzuschneiden haben, während den Sohlenschneiden nur übrig bleibt, die an beiden Seiten abgeschnittene Fasern hinwegzuräumen. Da die letztere Aufgabe verhältnissmässig leicht ist, so findet man für das Querschneiden die Wolfszähne, Fig. 76, häufig im Gebrauch, bei welchen die Seitenschneiden, um als Vorschneider (S. 3) günstig zu wirken, in der Bewegungsrichtung überhängen, der Brustwinkel der Sohlenschneide aber ein sehr ungünstiger ist. Letzteres vermeidet man bei den sogenannten *M*-Zähnen.[1])

Bei den zum Langschneiden des Holzes dienenden Sägenzähnen hat die Sohlenschneide die Fasern quer zu durchschneiden, weshalb der Brustwinkel Fig. 72 bis 75 möglichst klein gewählt wird. Die geringste Grösse von β habe ich bei einer Kreissäge zu 53° gefunden. Sonst schwankt β zwischen 60 und 90°, wird aber ausnahmsweise auch etwas grösser als 90° gemacht.

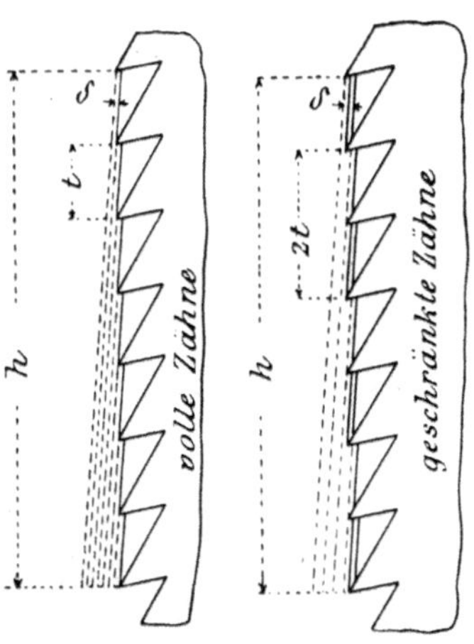

Fig. 77.

Man wählt die Grösse von β zunächst nach der Härte des Holzes, da mit der Abnahme dieses Winkels auch die Standhaftigkeit des Zahnes sich mindert. Die kleinsten Werthe von β sind deshalb nur für weiches, astfreies Holz zulässig. Je härter, insbesondere auch je astreicher das Holz ist, um so grösser muss der Winkel β genommen werden. Aber noch ein zweiter Umstand ist zu beachten. Wenn die Zähne gut gepflegt werden, wenn ihre Schneiden durch häufiges, gutes Schärfen in tadellosem Zustande erhalten werden, so darf man kleine Brustwinkel β anwenden; mangelhaft gepflegte Sägenzähne bedürfen dagegen eines grösseren Brustwinkels.

---

[1]) Herm. Fischer, Die Holzsäge, Berlin 1879, S. 9, mit Abb.

Aehnlich verhält es sich mit Winkel γ.

Die abgelösten Späne müssen in der zugehörigen Zahnlücke so lange Platz nehmen, bis diese Zahnlücke wieder ins Freie kommt und dadurch Gelegenheit zum Auswerfen der Späne geboten wird. Es steht daher die Zahnlückengrösse mit der von dem einzelnen Zahn abzulösenden Spanmenge in festem Zusammenhange. Die zulässige Spandicke δ, Fig. 77, hängt von der Steifigkeit des Sägenzahnes, also im allgemeinen von dessen Dicke s ab.[1]) Man findet bei das Holz in der Längenrichtung zerschneidenden Sägen, die man wohl Langsägen, im Gegensatz zu den Quer- oder Trum-Sägen nennt:

$$\frac{\delta}{s} = 0{,}6 \text{ bis } 0{,}10 \text{ bei Kreissägen,}$$

$$\frac{\delta}{s} = 0{,}4 \text{ bis } 0{,}08 \text{ bei Gattersägen,}$$

$$\frac{\delta}{s} = 0{,}1 \text{ bis } 0{,}02 \text{ bei Bandsägen.}$$

Für die selten vorkommenden Trommel- oder Kronensägen (s. w. u.) dürfte $\frac{\delta}{s}$ ebenso gewählt werden können wie für Kreissägen.

Die grösseren Werthe werden für weiche, saftfrische, die kleineren für von Natur harte und für trockene Hölzer verwendet. Man wählt ferner $\frac{\delta}{s}$ klein, wenn das Holz kraus gewachsen oder astreich ist, wenn Werth auf die Genauigkeit des Schnittes gelegt wird, oder wenn die verfügbare Betriebskraft für die grösseren Werthe von $\frac{\delta}{s}$ nicht ausreicht. Der Rauminhalt eines Spanes, dessen Breite der erzeugten Schlitzweite b, und dessen Länge der Schnitthöhe (Holzhöhe) h, Fig. 76, gleicht, ist demnach für geradlinig bewegte Zähne, unter der Voraussetzung, dass das Verhältniss der Schnittgeschwindigkeit V zur Zuschiebungsgeschwindigkeit v sich nicht ändert und δ in der Zuschiebungsrichtung, rechtwinklig zur Holzhöhe h gemessen wird:

$$\left.\begin{array}{ll}\text{bei vollen Zähnen (Fig. 72 u. 73)} & = b\cdot\delta\cdot h \\ \text{bei geschränkten Zähnen (Fig. 74 u. 75)} & = \frac{1}{2} b\cdot\delta\cdot h\end{array}\right\} \quad (7)$$

Bei Kreissägen erhält der Span, nach Fig. 78, sichelförmigen Querschnitt. Nennt man hier — wie vorhin — die Zuschiebung, die auf je einen Zahn entfällt δ, so erhält man, da die sichelartige Fläche die Höhe h und rechtwinklig zur Höhe überall die Breite δ hat, die gleichen Werthe wie vorhin. Für stetig arbeitende Sägen sind sonach die Werthe 7 allgemein gültig.

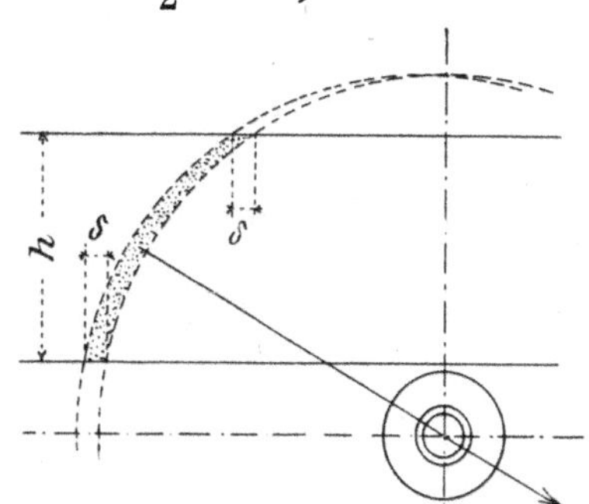

Fig. 78.

Schwingende Sägen (Gattersägen) arbeiten entweder nur in einer oder in beiden Bewegungsrichtungen. Die von jedem Zahn abgeschnittenen Späne sammeln sich in der vor ihm liegenden Zahnlücke. Damit diese

[1]) Herm. Fischer, Die Holzsäge, Berlin 1879, S. 77.

sich zu entleeren vermag, muss sie nach jedem Schnitt ins Freie gelangen, und zwar entweder, indem sie in der Schnittrichtung aus dem Holz hervortritt oder auf dem Rückwege. Daraus folgt ohne weiteres, dass der Sägenweg oder Gatterhub H:

$$H \geqq h \quad \ldots \ldots \ldots \ldots (8)$$

sein muss.

Die Zähne legen verschieden lange Wege im Holz zurück; der grösste gleicht der Holzhöhe h. Aendert sich $\frac{v}{V}$ während des Schneidens nicht, so erhält man ohne weiteres die unter 7 verzeichneten Ausdrücke für die Raummenge eines Spanes.

Die Gattersägen werden durch eine Kurbel hin- und herbewegt. Soll daher $\frac{v}{V}$ unveränderlich sein, so muss die Zuschiebung entweder vom Gatter, oder von einer zweiten Kurbel, welche mit der Gatterkurbel gleich liegt, abgeleitet werden. Es ist aber ein unveränderliches $\frac{v}{V}$ während des Schneidens auch dadurch zu erreichen, dass man die Zuschiebung um den einer Kurbeldrehung oder einem Schnitt entsprechenden Betrag Δ beim Rückgange der Säge bewirkt und während des Schneidens nicht zuschiebt. Es muss dann die Zahnspitzenlinie gegenüber der Bewegungsrichtung „überhängen", und zwar liegt zwischen diesen beiden Linien der Winkel γ, der ausgedrückt wird durch:

$$\operatorname{tg} \gamma = \frac{\Delta}{H} \quad \ldots \ldots \ldots \ldots (9)$$

Die landläufige Bezeichnung für diese Lage der Zahnspitzenlinie ist: „die Säge hängt in ganzem Busen".

Es ist nun $\frac{\Delta}{H}$, wie leicht erkannt wird, nichts anderes wie $\frac{\delta}{t}$ bei vollen und $\frac{\delta}{2t}$ bei geschränkten Zähnen; die Zuschiebung für jede Zahntheilung beträgt sonach δ, bezw. $\frac{\delta}{2}$, und der Rauminhalt des Spanes, welchen jeder längs der ganzen Blockhöhe schneidende Zahn ablöst, entspricht genau den unter 7 angegebenen Werthen.

Es giebt aber auch in nur einer Richtung schneidende Gattersägen, bei denen die Zuschiebung stetig und gleichförmig stattfindet. Für die Hälfte des Zuschiebungsbetrages Δ einer Kurbeldrehung wird die Säge in „halben Busen gehängt", d. h. die Zahnspitzenlinie zur Schnittrichtung in einen Winkel $\frac{\gamma}{2}$ gelegt, dessen Grösse die Gleichung

$$\operatorname{tg} \frac{\gamma}{2} = \frac{\delta}{2t}, \text{ bezw. } \frac{\delta}{4t} \quad \ldots \ldots \ldots (10)$$

bestimmt. Die andere Hälfte, welche während des Schneidens der Säge ausgeführt wird, liefert eine sehr stark wechselnde Spandicke, indem das Verhältniss der Geschwindigkeit zur Schnittgeschwindigkeit in den Todpunkten der Gatterkurbel ∞ gross ist, auf halben Hub aber nur $\left(\frac{\delta}{2t} \text{ bezw. } \frac{\delta}{4t}\right)\frac{1}{\pi}$ beträgt. Die Spandicke setzt sich daher aus einem gleichförmigen und einem ungleichförmigen Theil zusammen. Das hat jedoch für die wirklich vorkommenden Fälle auf die grösste, von einer Zahnlücke aufzunehmende Spanmenge nur geringen Einfluss, so dass auch für diese Sägen die unter 7 angegebenen Ausdrücke verwendbar sind.

Endlich sind noch diejenigen durch Kurbel angetriebenen Sägen anzuführen, welche in beiden Bewegungsrichtungen schneiden. Ich halte nur diejenigen derselben für berechtigt,[1]) bei welchen das Sägenblatt *s*, Fig. 79, auf einer Seite seiner Mitte *m* für die eine Schnittrichtung, auf der anderen Seite für die andere Schnittrichtung geeignete Zähne enthält und nur diejenige Sägenhälfte gegen das Holz geführt wird, deren Zähne für die zugehörige Bewegungsrichtung zum Schneiden taugen. Zu dem angegebenen Zweck führt man die Enden des Gatters *a c* Fig. 80 an geradlinigen Führungen *a b* und *c d*, die um den Winkel α gegen die quer zur Zuschiebungsrichtung liegende Linie *a d* geneigt sind. Sobald die das Gatter bethätigende Kurbel in ihren todten Punkten sich befindet, soll die Säge um den Winkel γ gegen *a d* geneigt liegen, dessen Grösse durch $\operatorname{tg}\gamma = \frac{\Delta}{h}$ bestimmt wird. Demnach muss sein: $\operatorname{tg}\alpha = \frac{ae}{H}\cdot\frac{\Delta}{h}$. Es sei die Hubhöhe H als der Holzdicke h gleich angenommen, so dass in den Endlagen der Säge die Sägenmitte in die Ränder des Holzes falle; es sei ferner angenommen, dass während des kommenden Schnittes das Holz nicht verschoben werde. Dann beschreibt die Sägenmitte auf dem Holz die gerade, zu *a d* gleichlaufende Linie *m o*. Jeder hinter *m* liegende Zahn wendet sich nach rechts von der Linie *m o* ab, jede vor *m* liegende Zahnspitze nähert sich *m o*, und zwar die erste um $\frac{t}{h}\cdot\Delta$, die folgende um $\frac{2t}{h}\cdot\Delta$ u.s.w., also jeder folgende um $\frac{t}{h}\cdot\Delta$ mehr als der vorige, d. h. es entnimmt jeder Zahn einen Span von der Dicke $\frac{t}{h}\cdot\Delta$, wenn die Zähne voll sind, oder von der Dicke $\frac{2t}{h}\Delta$ bei geschränkten Zähnen. Es verschiebt sich nun das Holz gleichzeitig um Δ, und zwar in dem Verhältniss $\frac{v}{V}=\frac{\Delta}{H}$, sonach treten bei n Zähnen die Spandicken $\frac{\Delta}{n}$ bezw. $2\,\frac{\Delta}{n}$, jenen Beträgen hinzu, so dass die Gesammtdicke eines Spanes, da n die Zahl der innerhalb der Länge h befindlichen Zähne bedeutet, also $nt = h$ ist:

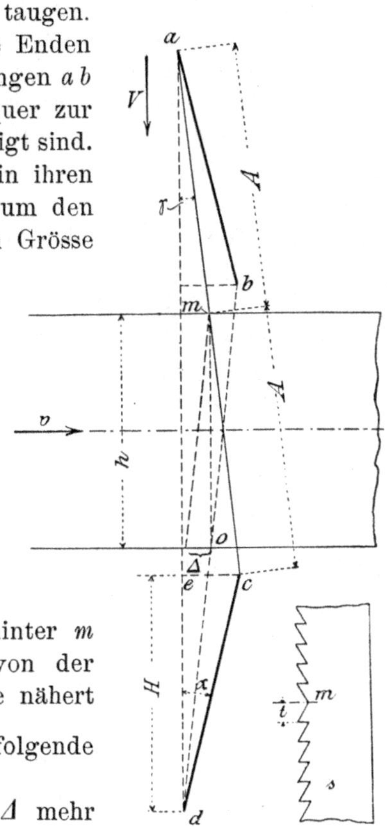

Fig. 80. Fig. 79.

[1]) Herm. Fischer, Ueber die Bogenführung der Gattersägen. Mittheilungen des Gewerbevereins für Hannover 1868, S. 72, mit Abb.

$$2\frac{t}{h}\cdot\Delta \text{ bezw. } 2\cdot 2\frac{t}{h}\cdot\Delta \quad \ldots\ldots\ldots \quad (11)$$

beträgt.

Nur die ersten, der Sägenmitte zunächst liegenden Zähne solcher in beiden Bewegungsrichtungen schneidender Sägen durchschreitet das Holz längs des Weges h; die übrigen treten schon früher aus dem Holz hervor. Für die Zahnlücken der das Werkstück ganz durchschneidenden Zähne entfallen hiernach die Spanmengen:

$$2\cdot b\cdot\delta\cdot h, \text{ bezw. } b\cdot\delta\cdot h \quad \ldots\ldots\ldots \quad (12)$$

also doppelt so grosse als für sonstige Sägen (vergl. 7); die übrigen Zahnlücken haben um so weniger Späne aufzunehmen, je weiter ab sie von der Sägenmitte liegen.

Es lässt sich ein Gatter, dessen Säge in beiden Bewegungsrichtungen schneiden soll, auch geradlinig führen, statt längsschräger Bahnen, wie Fig. 80 darstellt. Alsdann muss[1]) die Zahnspitzenlinie jeder Sägenblatthälfte um den Winkel γ gegen die Bewegungsrichtung geneigt liegen. Die von einer Zahnlücke aufzunehmende Spanmenge gleicht der unter Gl. 12 angegebenen.

Bei gleichförmiger Zuschiebungsgeschwindigkeit v fällt die zweite Hälfte der Spandicke eben so aus wie bei den sonstigen Gattersägen mit gleichförmiger Zuschiebung, s. S. 36.

Nach meinen Ermittlungen[2]) kann man die Zahnlückenfläche im Mittel $= 0{,}3\,t^2$ setzen, wenn t die Zahntheilung bezeichnet (in der Quelle ist statt $0{,}3\,t^2 : 0{,}31\,t^2$ genannt), so dass der Rauminhalt einer Zahnlücke etwa $0{,}3\,t^2\cdot b$ beträgt. Dieser Raum soll, um schädliches Zusammendrücken der Spanbruchstücke zu verhüten, etwa 5 mal so gross sein, als der von dem Span vor seinem Ablösen eingenommene Raum. Man erhält hieraus wegen 7:

$$\left(5, \text{ bezw. } \frac{5}{2}\right)\cdot b\cdot\delta\cdot h = 0{,}3\cdot b\cdot t^2$$

oder:

$$\left(5, \text{ bezw. } \frac{5}{2}\right)\cdot\delta\cdot h = 0{,}3\,t^2 \quad \ldots\ldots\ldots \quad (13)$$

Ersetzt man δ durch $s\cdot(0{,}6$ bis $0{,}02)$ (vgl. S. 35), so entsteht aus Gl. 13:

$$\left(5, \text{ bezw. } \frac{5}{2}\right)\cdot(0{,}6 \text{ bis } 0{,}02)\cdot s\cdot h = 0{,}3\,t^2$$

und

$$t = 4\sqrt{\left(1, \text{ bezw. } \frac{1}{2}\right)(0{,}6 \text{ bis } 0{,}02)}\cdot\sqrt{s\cdot h} \quad \ldots \quad (14)$$

Es verhält sich nun die Zuschiebungsgeschwindigkeit v zur Schnittgeschwindigkeit V, oder die Zuschiebung Δ zum Sägenhub H:

$$\text{bei vollen Zähnen wie } \frac{\delta}{t}$$

$$\text{bei geschränkten Zähnen wie } \frac{\delta}{2\,t}$$

---

[1]) J. Heyn, D. R.-P. Nr. 100320 und 112078.

[2]) Herm. Fischer, Die Holzsäge, Berlin 1879, S. 82.

also ist allgemein

$$\frac{v}{V} = \frac{\Delta}{H} = \frac{\delta}{(1 \text{ bezw. } 2)\, t} \quad \ldots \ldots \quad (15)$$

Ersetzt man in dieser Gleichung den Werth δ durch den Ausdruck: $\frac{0{,}3 \cdot t^2}{\left(5, \text{ bezw. } \frac{5}{2}\right) h}$, welchen Gl. 13 liefert, so entsteht zunächst:

$$\frac{\Delta}{H} = \frac{v}{V} = \frac{0{,}3\, t^2}{(1, \text{ bezw. } 2) \cdot t \left(5, \text{bezw. } \frac{5}{2}\right) h}$$

und wenn man bedenkt, dass in den eingeklammerten Ausdrücken *1* zu *5* und *2* zu $\frac{5}{2}$ gehört, die für beide Zahnarten gültige Gleichung:

$$\frac{\Delta}{H} = \frac{v}{V} = 0{,}06 \cdot \frac{t}{h} \quad \ldots \ldots \quad (16)$$

Für Gattersägen, die in beiden Richtungen schneiden, entsteht auf gleichem Wege nach 11:

$$\frac{\Delta}{H} = 0{,}03 \cdot \frac{t}{h} \quad \ldots \ldots \quad (16\text{a})$$

Es mag besonders bemerkt werden, dass unbedenklich ist, die Zuschiebungsgeschwindigkeit v oder den Betrag Δ kleiner zu wählen, als die Gleichungen 16 und 16a ergeben, dass dagegen eine erhebliche Vergrösserung dieser Beträge die Gefahr des Verstopfens der Zahnlücken herbeiführt, selbstverständlich unter der Voraussetzung, dass die Zahnlückenfläche etwa $0{,}3\, t^2$ beträgt.

Die Gleichung 14 dient zum Auffinden der zweckmässigsten Zahntheilung für nur in einer Richtung schneidende Sägen. Ist diese gewonnen, oder durch andere Umstände gegeben, so liefert Gl. 16 das Verhältniss der Zuschiebungsgeschwindigkeit zur Schnittgeschwindigkeit. In beiden Gleichungen spielt die Schnitthöhe oder Dicke h des Holzes eine nennenswerthe Rolle. Man wird in Gl. 14 das grösste in Frage kommende h einsetzen, aber bei Benutzung von Gl. 16 beachten, dass wenn t für ein grosses h berechnet ist, für ein kleines h möglicher Weise eine Zuschiebungsgeschwindigkeit v gewonnen wird, welche das zulässige δ (S. 35) überschreitet.

b) Schnittgeschwindigkeiten und Schnittwiderstand.

Folgende sekundliche Schnittgeschwindigkeiten sind gebräuchlich

bei Kreissägen:

für das Langschneiden harten, ästigen Holzes	$V = 15$ bis 30 m
„ „ „ des Eichenholzes . .	$V = 20$ bis 40 m
„ „ „ der Weichhölzer . .	$V = 30$ bis 65 m
„ „ Querschneiden.	$V = 15$ bis 30 m

bei Bandsägen:

für das Langschneiden	$V = 20$ bis 42 m
„ „ Querschneiden	$V = 10$ bis 15 m

bei Gattersägen:

wenn die Hubhöhe $= H$, die minutliche Schnittzahl $= n$ und $V = \frac{2 \cdot H \cdot n}{60}$ gesetzt werden:

für Voll- und schwere Mittelgatter . . . . $V = 2{,}5$ bis $3{,}5$ m
für leichte, lothrechte Gatter . . . . . . $V = 3{,}5$ bis $4{,}0$ m
für liegende Gatter . . . . $V = 4{,}0$ bis $7{,}0$ m

Für ungespannte, geradlinig bewegte Sägen (Steifsägen) verwendet man erheblich kleinere Geschwindigkeiten. Sie kommen meines Wissens nur noch als Quer- oder Trumsägen vor.

An dieser Stelle glaube ich auf die Frage eingehen zu sollen: wie gross ist der Widerstand, welchen die Sägenzähne zu überwinden haben?

Ernst Hartig drückt die Nutzarbeit N_1 in Pferdekräften durch die Gleichung:

$$N_1 = \varepsilon \cdot F \quad \text{. . . . . (17)}$$

aus, in welcher ε eine Erfahrungszahl, F die stündlich gelieferte Schnittfläche in qm bezeichnet. Er fand beim Schneiden trocknen Fichtenholzes mittels einer Kreissäge[1]) bei der Schnittbreite $b = 5{,}5$ mm:

$$\varepsilon = 0{,}18$$

d. i. für 1 mm Schnittbreite:

$$\frac{\varepsilon}{b} = \frac{0{,}18}{5{,}5} = 0{,}033;$$

ferner beim Schneiden gleichen Holzes mittels einer Bandsäge[2]) bei $b = 2$ mm:

$$\varepsilon = 0{,}057$$

$$\text{d. i. } \frac{\varepsilon}{b} = \frac{0{,}057}{2} = 0{,}0285;$$

endlich bei einer Gattersäge[3]) bei $b = 3$ mm:

$$\varepsilon = 0{,}1$$

$$\text{d. i. } \frac{\varepsilon}{b} = \frac{0{,}1}{3} = 0{,}033.$$

Dagegen fand Hartig beim Schneiden von Eschenholz mittels der soeben angeführten Kreissäge:

$$\varepsilon = 0{,}33$$

$$\text{d. i. } \frac{\varepsilon}{b} = \frac{0{,}33}{5{,}5} = 0{,}06$$

Aus sechs Versuchen mit einer Bandsäge, die zum Schneiden von Java-Teakholz benutzt wurde,[4]) ergiebt sich der Mittelwerth:

$$\varepsilon = 0{,}111$$

Das Sägenblatt hatte 1,24 mm Dicke; nimmt man an, dass die Schnittweite b das 1,3fache der Sägenblattdicke betrug, so erhält man

$$\frac{\varepsilon}{b} = \frac{0{,}111}{1{,}61} = 0{,}069.$$

[1]) Karmarsch-Fischer, Handb. d. mech. Technologie, 6. Aufl., Bd. 1, S. 621.
[2]) Vorige Quelle, S. 625.
[3]) Vorige Quelle, S. 619.
[4]) The Engineer, Juli 1895, S. 23.

Die angezogenen Werthe von $\frac{\varepsilon}{b}$ für Fichtenholz stimmen merkwürdig genau überein, und die beiden anderen, Hartholz betreffenden Werthe reihen sich gut an, da sich Teakholz wohl schwerer schneiden lässt als Esche. Indem ich mich nur der angeführten Versuchsergebnisse bediene, um für den Entwurf einen brauchbaren Werth für den Schnittwiderstand zu gewinnen, bin ich mir wohl bewusst, dass noch manche andere beachtenswerthe Versuchsergebnisse vorliegen. Diese sind für den vorliegenden Zweck nicht bequem zu benutzen; sie werden bei Erörterung des Arbeitsbedarfs mit erledigt werden.

Bei dem Entwurf einer Säge weiss man selten genau, wie gross die Schnittweite b sein wird, man kennt aber die Sägenblattdicke s, und es soll daher für b als Mittelwerth

$$b = 1{,}3\, s \quad \ldots\ldots\ldots \quad (18)$$

eingeführt werden. Man erhält sodann, wenn P den Schnittwiderstand in kg bezeichnet, aus Gl. 17 die Beziehung:

$$\frac{P \cdot V_m}{75} = \varepsilon \cdot F = \frac{\varepsilon}{b} \cdot 1{,}3\, s_{mm} \cdot \frac{h_{mm}}{1000} \cdot v_m \cdot 3600$$

$$P = \frac{\varepsilon}{b} \cdot 351 \cdot s_{mm} \cdot h_{mm} \cdot \frac{v}{V} \quad \ldots\ldots \quad (19)$$

und nach Einsetzen des kleinsten und des grössten Werthes von $\frac{\varepsilon}{b}$:

$$\left.\begin{array}{r} P = (10 \text{ bis } 24) \cdot s \cdot h \cdot \frac{v}{V} \\ \text{oder: } P = (10 \text{ bis } 24) \cdot s \cdot h \cdot \frac{\Delta}{H} \end{array}\right\} \quad \ldots\ldots \quad (20)$$

Für gerade Langsägen, bei welchen die Zuschiebung rechtwinklig zur Säge stattfindet, wird man die gleiche Kraft P als Zuschiebungswiderstand annehmen können, für Kreissägen ist zu beachten, dass P von dem Schwerpunkt des sichelförmigen Spans aus nach Fig. 78 durch die Mitte der Sägenwelle geht.

c) Stützung beziehungsweise Führung der Sägenzähne.

Die Dicke s des Sägenblattes soll zunächst dem Zahn, dann aber auch dem Sägenblatt selbst die nöthige Steifigkeit geben. Ungespannte Sägenblätter werden demgemäss dicker gemacht als solche, die man durch Spannen absteift.

Für Kreissägen passt:[1])

$$s_{mm} = 0{,}1 \sqrt{D_{mm}} \quad \ldots\ldots\ldots \quad (21)$$

wenn D den Durchmesser des Sägenblattes bezeichnet, und für gespannte Sägen:

$$s = \frac{L_{mm}}{800} \quad \ldots\ldots\ldots \quad (22)$$

wenn L die freie Länge des Sägenblattes bezeichnet.

Für Gattersägen ist angemessen, die Blätter mit:

$$\mathfrak{S}_{kg} = 800\, s^2_{mm} \quad \ldots\ldots\ldots \quad (23)$$

[1]) Herm. Fischer, Die Holzsäge, Berlin 1879, S. 86.

für Bandsägen (da diese ausserdem eine Biegungsspannung erfahren) mit

$$\mathfrak{S}_{kg} = 400\, s^2_{mm} \quad . \quad . \quad . \quad . \quad . \quad . \quad . \quad . \quad (24)$$

anzuspannen.

Es wird in mässigem Grade auch das Kreissägenblatt durch Zugspannung abgesteift[1]) und dieser Umstand bei sehr rasch kreisenden Sägen mit in Betracht gezogen. So fand ich bei dem hohlgeschliffenen Blatt (vergl. Fig. 72) einer von Bolinder's Mekaniska Verkstads Actie Bolag in Stockholm ausgeführten Trennsäge bei $D = 780$ mm und 1560 minutlichen Drehungen (also $V = 63{,}7$ m) $b = 1{,}5$ mm, während das Sägenblatt nach Gleichung 13 in ganzer Ausdehung 2,8 mm dick sein sollte.

α) Führung des Kreissägenblattes.

Die regelmässige Verbindung des Kreissägenblattes mit seiner Welle findet, nach Fig. 81, dadurch statt, dass man eine Scheibe auf der Welle ausbildet, oder auf dieser befestigt, gegen diese Scheibe das Kreissägenblatt legt und eine zweite Scheibe mittels Mutter kräftig andrückt. Die Scheiben sollen hohl sein, damit sie nur in der Nähe ihres Umfanges das Sägenblatt berühren.

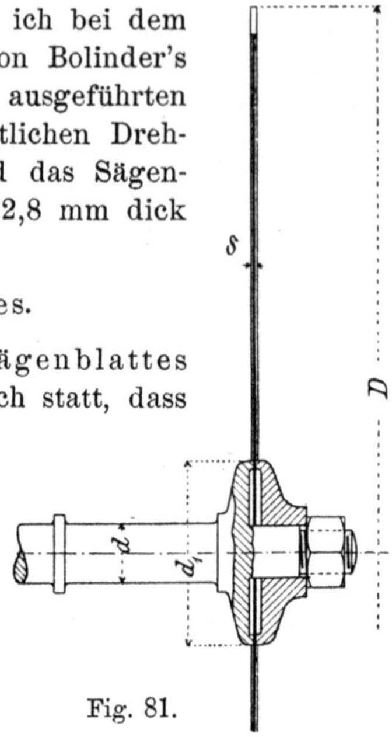

Fig. 81.

Man erhält im allgemeinen gute Verhältnisse, wenn die Wellendicke:

$$d_{mm} = 5 \sqrt[3]{D_{mm}} \quad . \quad . \quad . \quad . \quad . \quad . \quad . \quad . \quad . \quad (25)$$

und der Scheibendurchmesser:

$$d_1 = 5 \sqrt[2]{D_{mm}} \quad . \quad . \quad . \quad . \quad . \quad . \quad . \quad . \quad . \quad (26)$$

gewählt wird. Je nach Umständen weicht man von diesen Werthen ab; insbesondere wird nicht selten ein grösserer Scheibendurchmesser d_1, als Gl. 26 angiebt, verwendet.

Das Sägenblatt wird ausschliesslich durch Reibung der Scheibenränder mitgenommen. Es sei beispielsweise $D = 900$, $d = 48$ mm, $d_1 = 150$ mm $\frac{V}{v} = 60$, $h = 350$ mm, und es werde Fichtenholz geschnitten, so wird — nach Gl. 20:

$$P = \frac{12 \cdot 3 \cdot 350}{60} = 210 \text{ kg}$$

d. i. die am Rande der Befestigungsscheiben auftretende Kraft:

$$\frac{900}{140} \cdot 210 = 1350 \text{ kg}$$

und bei der Reibungswerthziffer 0,1 ein, durch die Schraube auszuübender Druck von $1350 : 0{,}1 = 13\,500$ kg; also bei 38 mm Kerndurchmesser der Schraube nahezu 12 kg Zugspannung auf 1 qmm des Schraubenquerschnitts. Für so grosse und so schwer arbeitende Sägen legt man deshalb zwischen Sägenblatt und feste Scheibe ein Papierblatt, um die Reibungswerthziffer

[1]) Gruebler, Zeitschr. d. Ver. deutscher Ingen. 1897, S. 860.

zu vergrössern, oder versieht die Welle mit einer Nuth, in welche eine an der anzudrückenden Scheibe feste Leiste greift (vergl. Fig. 82), so dass auch die Reibung an der anzudrückenden Scheibe mitwirkt, oder endlich: man giebt den Scheiben einen grösseren Durchmesser.

Das genaue Ausrichten der Kreissäge erreicht man meistens dadurch, dass die Lochweite des Sägenblattes mit dem Durchmesser der Welle, auf welchen das Sägenblatt zu sitzen kommt, übereinstimmt, oder dass man dort einen zur Lochweite des Sägenblattes genau passenden Ring aufschiebt. Es kommt aber auch die durch Fig. 82 im Schnitt dargestellte Befestigungsweise vor. Die anzudrückende Scheibe enthält in einer Erweiterung seiner Bohrung einen am freien Ende durch eine Kegelfläche zugeschärften Ring *r*, der durch eine Feder nach aussen gedrückt wird. Die Zuspitzung von *r* dringt in das Loch des Sägenblattes und richtet dabei das letztere aus.

Zu der Stützung, welche das Sägenblatt durch seine Befestigung auf der Welle erfährt, fügt man noch eine zweite, welche in möglichster Nähe der Stelle angebracht wird, woselbst die Säge arbeitet. Diese Stützung besteht entweder aus zwei einander gegenüberliegenden harten Flächen,

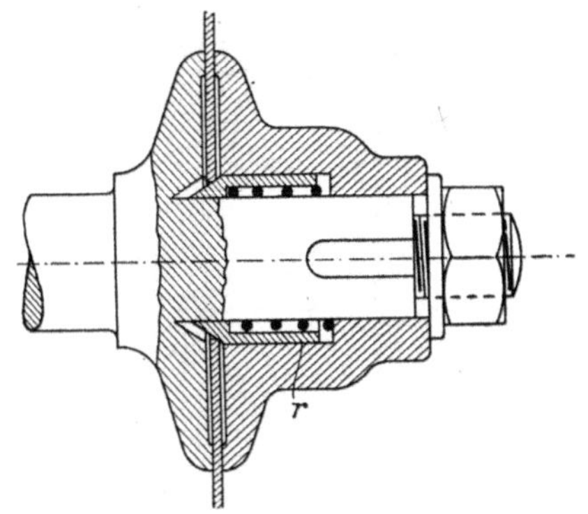

Fig. 82.

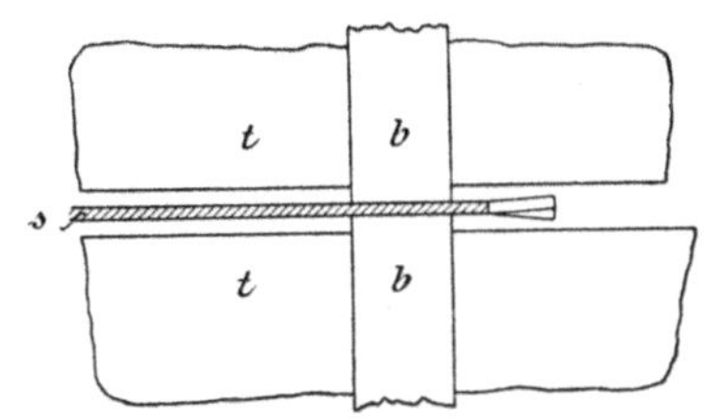

Fig. 83.

welche dem Sägenblatt möglichst nahe gebracht werden, so dass es sich beim Abweichen von seiner mittleren Lage dagegen lehnt, oder — neuerdings — in elastisch nachgiebigen Flächen, die stets mit dem Sägenblatt in Fühlung bleiben.

Die zuerst genannte Stützung bieten oft zwei aus hartem Holze gefertigte Leisten *b*, Fig. 83, welche in Nuthen des zum Führen der Werkstücke dienenden Tisches *t* stecken und nach Bedarf verschoben werden. Statt dessen verwendet man geeignet angebrachte Stahlflächen, vielleicht die Endflächen zweier einander gegenüberliegender Schrauben. Bei einer Blockkreissäge der De Loach Mill Mfg. Co. in Atlanta, Ga., fand ich[1]) die Blattführung, welche Fig. 84 abbildet. Auf dem Maschinengestell *d* ist ein Klotz *c* verschiebbar und festzuschrauben, in welchem die walzenförmigen Zapfen der beiden Führungstheile *a* und *b* stecken und mittels Handmuttern ähnlich wie bei manchen Reitstöcken verschoben werden können, um sie dem Sägenblatt *s* gegenüber genau einzustellen. Soll das Sägenblatt ausgewechselt werden, so schwenkt man, nach Lösen der betreffenden Druckschraube, *b* aus. Damit der Bügel *b* beim Arbeiten der

[1]) Zeitschr. d. Ver. deutscher Ingen. 1894, S. 211.

Säge sich nicht eigenmächtig dreht, ist er mit einer Nase *i* versehen, die sich gegen einen Vorsprung von *c* legt.

Für die zweite Art des Stützens verwendet man links und rechts vom Sägenblatt angebrachte Packdosen. Die Packung, z. B. mit Talg durchsetzte Baumwolle, ist, wie schon erwähnt, mit dem Sägenblatt immer in Fühlung, so dass sie zwar, weil sie nachzugeben vermag, keine so bestimmte Stützung gewährt, als jene harten Flächen, aber schon dem geringsten Ausweichen des Sägenblattes Widerstand entgegensetzt; sie besänftigt die kleinsten Schwingungen des Sägenblattes, ähnlich wie der Fingerdruck an einer tönenden Glocke. Bolinder in Stockholm verwendet für seine Trennkreissägen als Packung Lederscheiben *a*, Fig. 85, die durch Schrauben *b* vorgeschoben werden können. Es befindet sich aber nicht nur ein Paar solcher Packungen in der Nähe des Sägenrades, sondern es sind 4 bis 6 Paar neben einander, etwa in der Richtung des Sägenhalbmessers

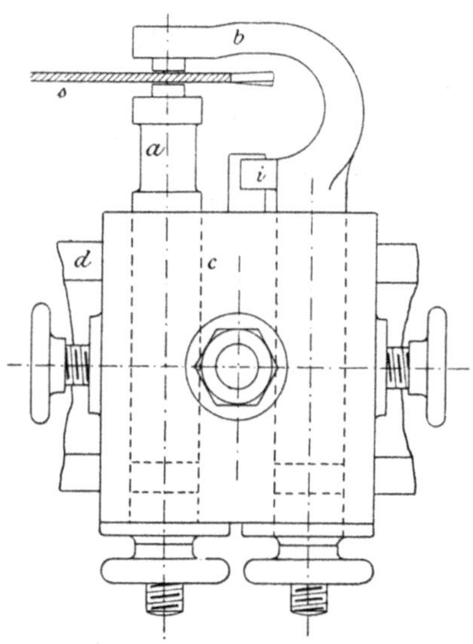

Fig. 84.

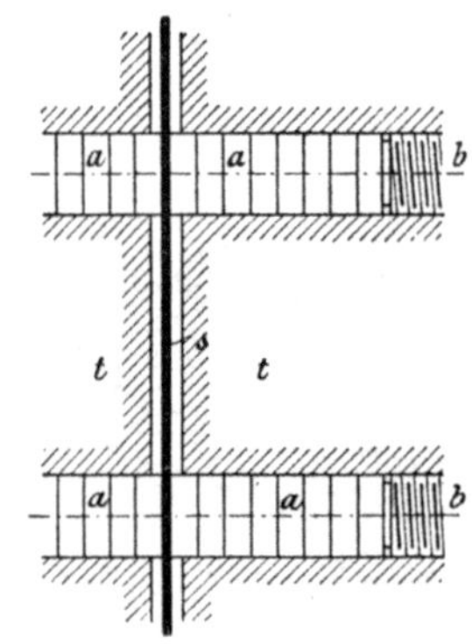

Fig. 85.

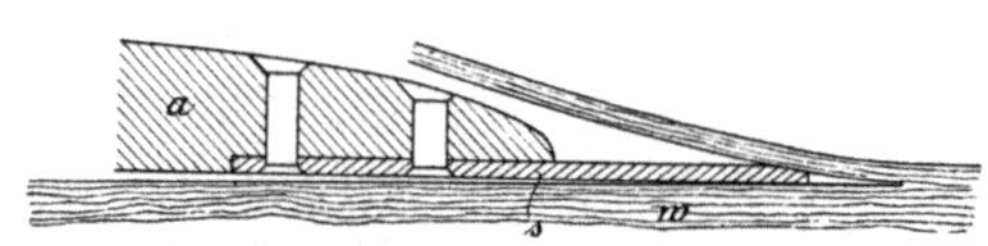

Fig. 86.

angebracht. Eine der Tischhälften *t* mit den in ihr steckenden Packungen ist aufklappbar, um das Sägenblatt behufs Auswechselns frei legen zu können.

Zum Schneiden sehr dünner Bretter (Furniere) dienen zuweilen Kreissägen, welche durch grosse, starke eiserne Scheiben mit ihrer Welle verbunden sind und deren Zähne so wenig über den Rand der zugehörigen Scheibe hinwegragen, dass eine weitere Stützung gar nicht in Frage kommt. Fig. 86 ist ein theilweiser Schnitt einer solchen Säge *s* und ihrer Befestigungsscheibe *a*; kupferne Niete verbinden beide mit einander. An der von der Befestigungsscheibe *a* abgewendeten Seite ist das Sägenblatt *s* hohl, so dass gegenüber dem Werkstück *w* ein Schränken der Zähne nicht in Frage kommt. Auf der anderen Seite ist das Schränken überflüssig, weil das abgeschnittene Brettchen biegsam genug ist, um auszuweichen. Es sind sogar an dieser Seite die Zähne und ein Theil des Sägenblattes kegelförmig zugeschliffen, um die Schnittweite, den Holzverlust, auf das denkbar geringste Maass zu beschränken.

β) Die Stützung und Führung der Bandsägenblätter

erfolgt theils durch die Bandrollen, theils durch besondere, in möglichster Nähe des Werkstücks angebrachte Führungen.

Die Grösse der Rollen ist von erheblichem Einfluss auf die Haltbarkeit der Sägenblätter; sie wurde früher allgemein zu klein gewählt, wodurch häufige Sägenbrüche verursacht sind. Ich habe auf die Grösse dieser Biegungsspannung zuerst im Jahre 1879 hingewiesen[1]); sie wird wie folgt berechnet. Unter der Annahme, dass die sogenannte neutrale Schicht in der Mitte des gebogenen Bandes sich befindet, erhält man als Dehnung der Aussenfläche gegenüber der neutralen Schicht den Betrag $\frac{s}{D}$, wenn, nach Fig. 87, s die Sägenblattdicke und D den Rollendurchmesser bezeichnet.

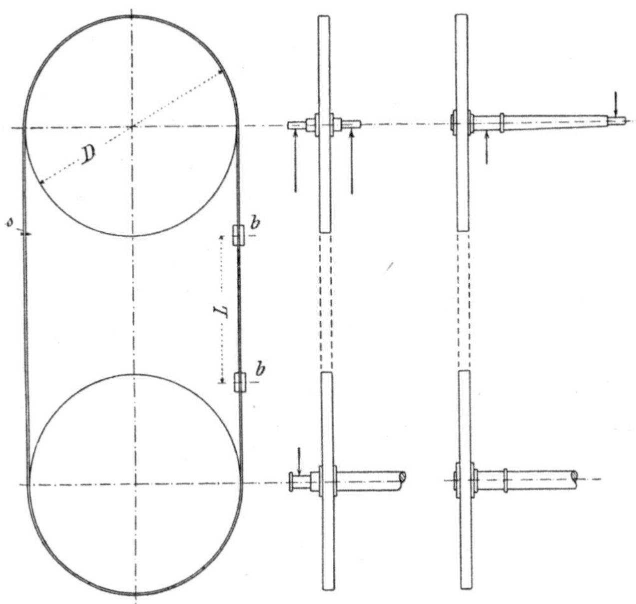

Fig. 87. Fig. 88. Fig. 89.

Nimmt man ferner als Elasticitätsmodul für gehärteten Stahl, auf qmm bezogen, 30000 an, so entsteht die Biegungsspannung:

$$b = 30\,000 \cdot \frac{s}{D} \quad . \quad . \quad . \quad . \quad . \quad . \quad . \quad . \quad (27)$$

das ergiebt beispielsweise für $\frac{s}{D} = \frac{1}{1000}$ die Biegungsspannung von 30 kg für das qmm! Diesem Betrage ist die nützliche Spannung $\mathfrak{S}$, nach Gl. 16:

$$\mathfrak{S} = 400\, s_{mm}^2$$

hinzuzufügen.

Man findet nun bei längere Zeit gebrauchten Sägenblättern deren Breite zuweilen nur noch zu 20 s, so dass die Nutzspannung 20 kg für das qmm beträgt, also die Gesammtspannung 50 kg! Es werden wirklich gute Bandsägenblätter mit 130 kg für das qmm geprüft;[2]) trotzdem dürfte

[1]) Herm. Fischer, Die Holzsäge, Berlin 1879, S. 92.
[2]) The Iron Age, Juli 1896, S. 212.

die Spannung von 50 kg, zumal sie in sehr kurzen Zwischenräumen um mehr als die Hälfte wechselt, die Grenze des Zulässigen sein, wenn auf Dauer des Sägenblattes gerechnet wird. Es folgt daraus, dass:

$$D \geqq 1000\,s \quad . \quad . \quad . \quad . \quad . \quad . \quad . \quad . \quad . \quad (28)$$

genommen werden soll.

Die Aussenfläche der Bandrollen macht man genau trommelförmig und lässt die Zähne der Säge über den Rand der Rollenfläche hervorragen, damit die Schränkung nicht leidet. Man findet diese Aussenfläche meistens aus Metall bestehend. Dadurch wird das Reinhalten der Flächen (s. w. u.) erleichtert. Es werden aber diese Flächen zuweilen mit Leder überzogen (welches nach dem Aufleimen genau abgeschliffen werden muss) auch mit Gummi oder Holz, oder die Reifen der Rollen werden aus Holz hergestellt.

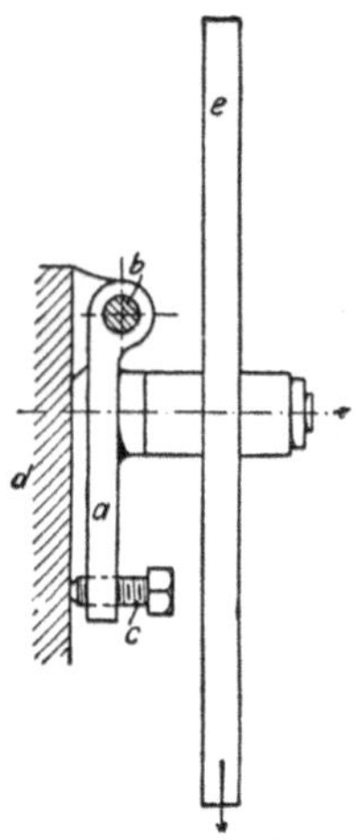

Fig. 90.

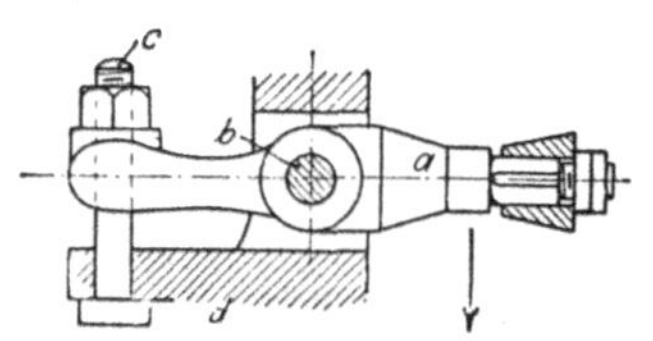

Fig. 91.

Die Axen des Rollenpaares müssen unter sich genau gleichlaufend sein. Um diese gleichlaufende Lage möglichst lange zu erhalten, lagert man die Wellen oft an beiden Seiten der Rollen, Fig. 88, und gewinnt hierdurch gleichzeitig die Möglichkeit, kleine Zapfendurchmesser anzuwenden. Der einfacheren Ausführung halber werden statt dessen die Rollen nach Fig. 89 einseitig oder „fliegend“ gelagert. Man findet aber auch Bandsägenrollen, die sich lose um einen Bolzen drehen. Um die genau

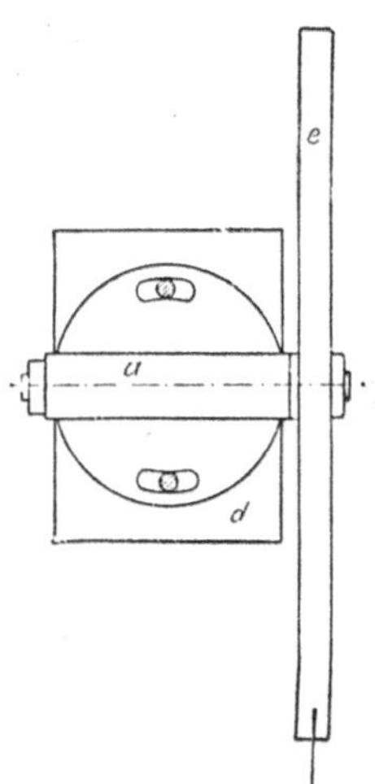

Fig. 92.

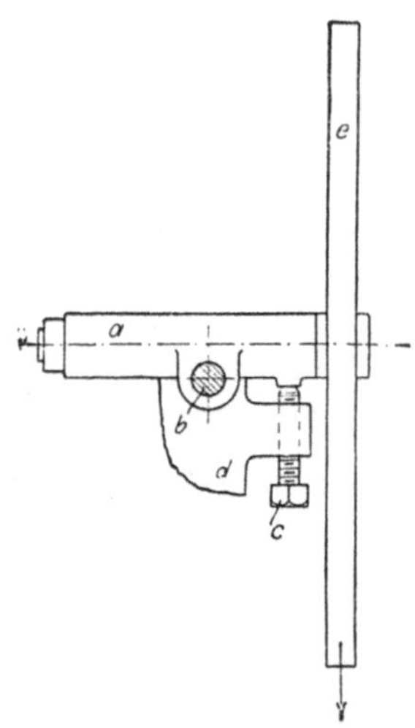

Fig. 93.

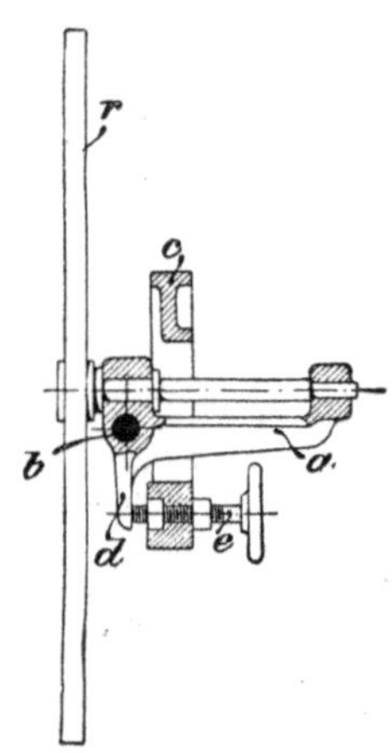

Fig. 94.

gleichlaufende Axenlage der Rollenpaare jederzeit wiedergewinnen zu können, ist die Lagerung wenigstens einer der Rollen nachstellbar zu machen; man wählt hierfür regelmässig die nicht angetriebene Rolle. Fig. 90[1]) zeigt eine Rolle *e*, die sich frei um einen Zapfen dreht. Dieser Zapfen sitzt fest an

[1]) Zeitschr. d. Ver. deutscher Ingen. 1901, S. 691.

der Platte *a*, die durch den Bolzen *b* dem Schlitten *d* angelenkt ist und durch die Schraube *c* eingestellt werden kann. Der Schlitten *d* ist am Maschinenständer lothrecht zu verschieben.

Nach Fig. 91 soll die Bandrolle auf zwei kegelförmigen Flächen des Zapfens *a* laufen. *a* kann durch die Schraube *c* um den im Schlitten *d* steckenden Bolzen *b* gedreht werden.

Fliegende Lagerungen stellen die Figuren 92, 93, 94 und 95 dar. Nach Fig. 92 ist die Lagerung *a* mit einer Platte versehen, die am Schlitten *d* eingestellt werden kann; nach Fig. 93 kann man die Lagerung *a* mittels der Schraube *c* um den im Schlitten *d* steckenden Bolzen *b* drehen. In Fig. 94 bezeichnet *r* die Bandrolle, *a* die Lagerung, welche um den im Schlitten *c* steckenden Bolzen *b* mittels der Schraube *e* gedreht wird.[1] Die Anordnung, welche Fig. 95 darstellt, unterscheidet sich von den vorigen zunächst dadurch, dass die Rolle *e* stark durchgedrückt ist und demgemäss die Lagerung *a* bis in die Rolle ragt, also der von dem Sägenband herrührende Druck unmittelbarer vom Lager aufgenommen wird. Ferner ist

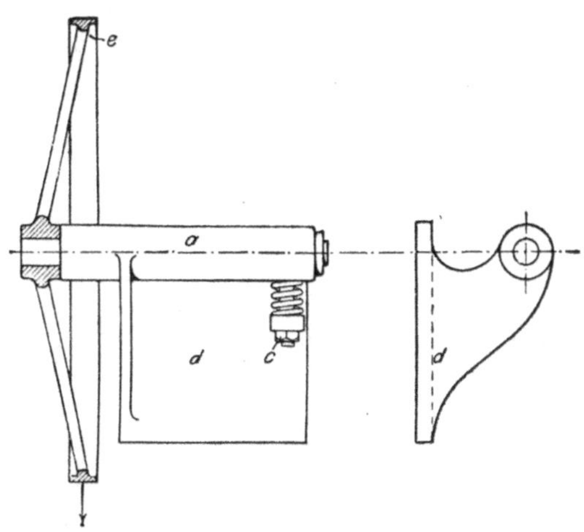

Fig. 95.

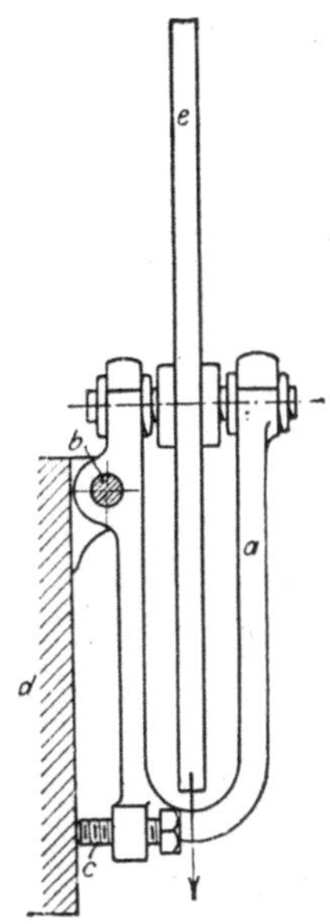

Fig. 96.

der Gelenkbolzen, welcher sonst die Lagerung *a* mit dem Schlitten *d* verbindet, durch eine biegsame Rippe des Schlittens *d* ersetzt. Die Einstellung erfolgt durch die Mutter *c*.

Eine zweiseitige Lagerung stellt Fig. 96 dar.[2] Der Lagerkörper *a* ist bügelartig, so dass das Sägenband bequem abgenommen, bezw. aufgelegt werden kann, und ist durch *b* mit dem Schlitten *d* verbolzt, sowie durch zwei Schrauben *c* gegenüber diesem Schlitten einstellbar.

Ein anderes Beispiel zweiseitiger Lagerung findet man w. u. an einer Blockbandsäge.

Wegen der grossen Drehgeschwindigkeit der Bandrollen pflegt man die Lager recht lang zu machen und versieht sie mit guten Schmiervorrichtungen. Eine gute derartige Durchbildung der Lagerung findet man an der von F. W. Hofmann in Breslau gebauten **Tischbandsäge**, Fig. 97 bis 100.

---

[1]) Zeitschr. d. Ver. deutscher Ingen. 1897, S. 1052.
[2]) Zeitschr. d. Ver. deutscher Ingen. 1901, S. 691.

Die Gesammtanordnung derselben ist der durch Fig. 93 dargestellten verwandt.

Aus Fig. 98, oben, erkennt man ferner, dass die 35 mm dicke, nicht

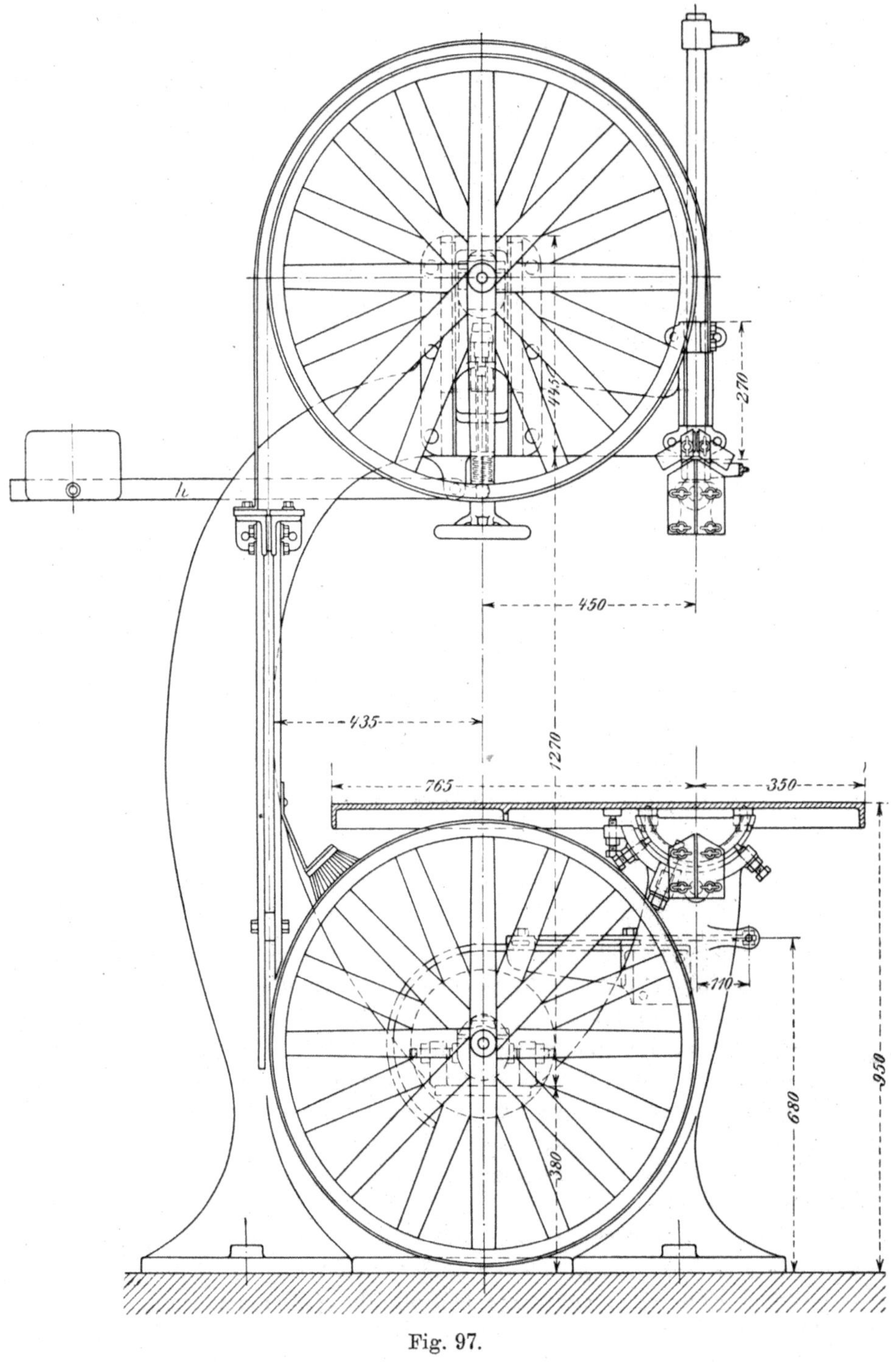

Fig. 97.

angetriebene Welle in einer langen Büchse steckt. Diese Büchse ist mit Weissmetall ausgefüttert, mit Ringschmierung und geregeltem Oelablauf versehen. Sie vermag um einen im lothrecht verschiebbaren Schlitten *a* steckenden Bolzen zu schwingen und kann in lothrechter Ebene mittels einer hohlen Schraube mit Handrad *b* nach links, durch eine volle Schraube mit Handrad *c* nach rechts gedreht werden. Die Lagerung der unteren, angetriebenen Welle kann um die Spitz-Enden zweier Schrauben (vergl. Fig. 97 bis 99) in senkrechter Ebene schwingen, und wird in dieser Richtung durch die Schrauben *d* und *e* eingestellt; man vermag sie aber auch in wagerechter Ebene ein wenig zu schwenken, und zwar durch die Druckschrauben *f*, Fig. 99.

Der Abstand der Rollenmitten muss der Sägenblattlänge angepasst werden. Zu diesem Zweck ist regelmässig die Lagerung der nicht angetriebenen Rolle verschiebbar. Es ändert sich nun die Länge des Blattes mit seiner Temperatur. Man kann die Anspannung des Blattes trotz der letzteren Längenänderung durch die soeben genannte Verschiebbarkeit der einen Lagerung erhalten. Dazu gehört aber sehr grosse Aufmerksamkeit seitens des Arbeiters. Deshalb wird zur Zeit wohl allgemein neben jener Verschiebbarkeit noch eine Verschiebbarkeit vorgesehen, welche die Anspannung des Blattes selbstthätig regelt. An dem Gestell ist zunächst ein Schlitten durch eine Schraube verschiebbar. An diesem Schlitten führt sich ein zweiter Schlitten, der die Lagerung trägt, nur um einen etwas grösseren Betrag, als die durch Temperaturschwankungen des Blattes hervorgerufene Längenänderung erfordert, verschiebbar ist, und durch eine Feder oder einen belasteten Hebel nach aussen gedrückt wird. Die Feder oder der Hebel drücken mit dem doppelten Betrag der Sägenblattspannung (Gl. 24), nämlich 800 s_{mm}^2 in kg gegen den Schlitten. Eine Feder ist verhältniss-

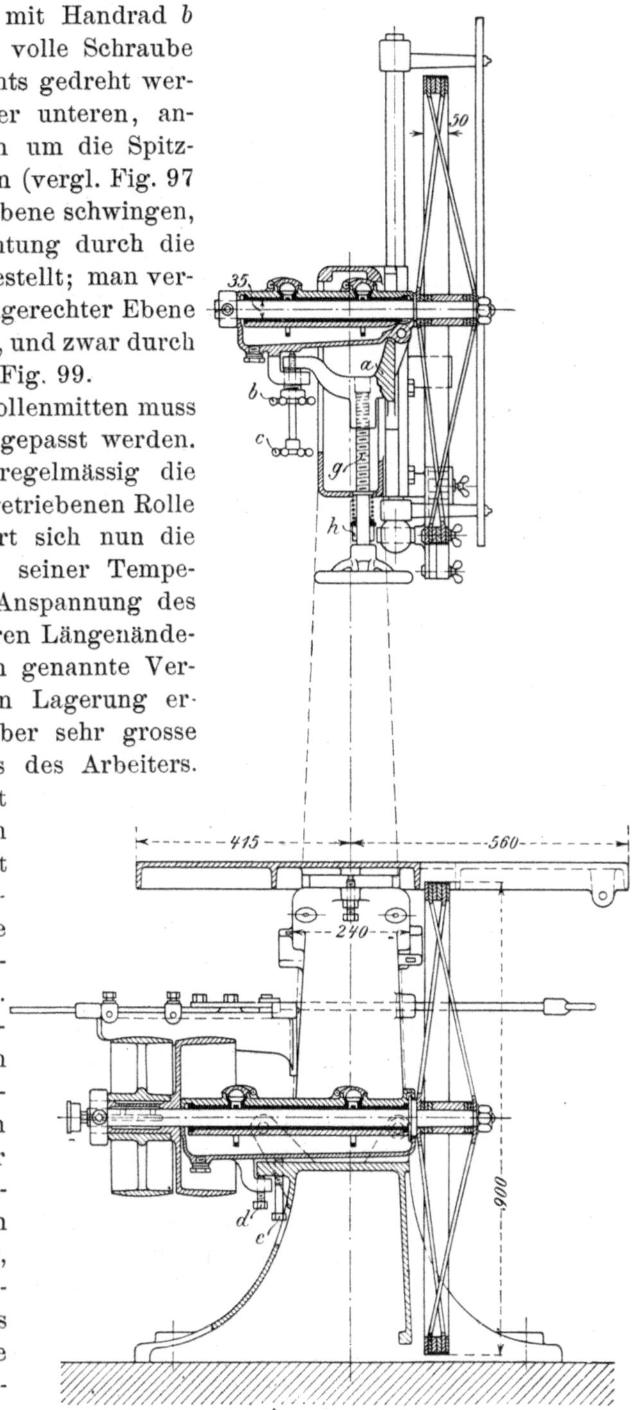

Fig. 98.

mässig leicht einzubauen, aber schwierig so herzustellen, beziehungsweise zu erhalten, dass die von ihr dem Blatt gegebene Spannung des Sägenblattes von der gewünschten nur wenig abweicht. Ein Hebel ist weniger leicht anzubringen, sichert aber vor Ueber- und Unterspannungen und gestattet — durch Aendern oder Verschieben des Belastungsgewichtes — die Spannung des Blattes in bestimmtem Grade zu ändern. Es ist daher der belastete Hebel für den vorliegenden Zweck fast ausschliesslich im Gebrauch. Bei der durch Fig. 97—100 dargestellten Bandsäge sind beide Schlitten in einen vereinigt. Dieser kann durch die Schraube *g*, Fig. 98, und zugehöriges Handrad in grösserem Maasse verschoben werden. Der an seinem kürzeren Ende gegabelte Hebel *h*, Fig. 97 und 98, drückt die Schraube nach oben und vermittelt dadurch die Nachgiebigkeit des Schlittens *a*, beziehungs-

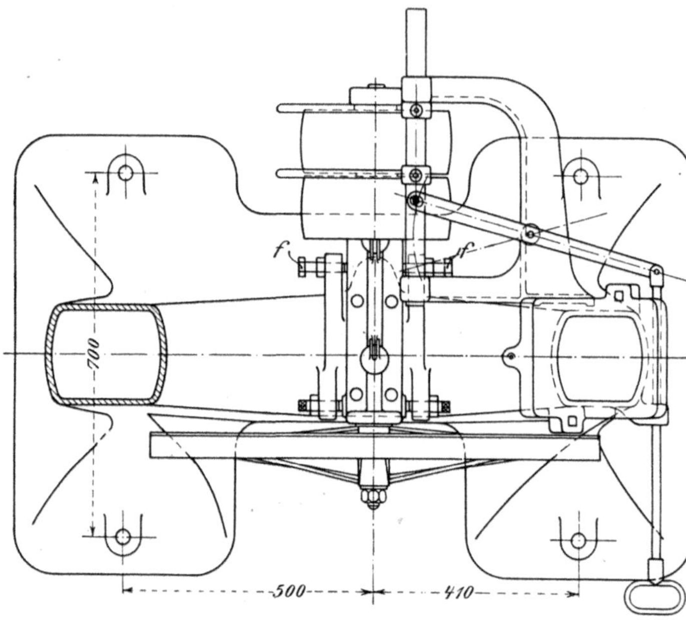

Fig. 99.

weise der oberen Rollenlagerung. Es ist zwischen *h* und *g* eine Feder eingeschaltet, um etwaige Massenwirkungen des an *h* befestigten Gewichts zu mildern.

Behufs **Reinhaltens der Rollenflächen** ist man zunächst bestrebt, das Auffallen von Sägespänen nach Möglichkeit zu verhüten. Bei aufrechten Sägen, Fig. 87, wird zu diesem Zweck der unteren Führung ein Kragen angeschlossen, welcher so gestaltet ist, dass sowohl die frei herabfallenden, als auch die von der Führung abgestreiften Späne der unteren Rolle fern gehalten werden. Bei Tischbandsägen vertritt meistens der Tisch diesen Kragen, bei Blockbandsägen gestaltet man den Kragen so, dass die Späne abgeleitet werden. Die Vorderflächen der Führungsbacken liegender Bandsägen werden zu gleichem Zweck zur Bewegungsrichtung des Bandes schräg gelegt. Aber auch die staubförmig sich verbreitenden Sägespäne sind im stande auf den Sägenrollen für das Band gefährliche Buckel zu erzeugen. Man versieht daher die Rollen mit schrägliegenden Schabern, oder, wo solche nicht zulässig sind, mit Bürsten (vergl. Fig. 97 und 100), welche die Späne nach der Seite abwerfen. Die Allis-Werke in Milwaukee machen die Innenseite der unteren Bandrolle nach Fig. 101 schweinsrückenartig,[1]) um das Anhäufen von Spänen in dieser Rolle zu verhüten. Die Arme dieser Rolle sind gegen einander verschränkt, um etwaige Gussspannungen zu mildern.

Um die „freie Länge" L des Sägenblattes möglichst klein zu machen (vergl. S. 41), führt man das Sägenblatt bei b, Fig. 87. Diese Führungen sollen das Sägenblatt gegen Verschiebungen stützen, welche rechtwinklig zur Blattebene versucht werden. Sie müssen aber gleichzeitig den Druck P (Gl. 20) aufnehmen, welchen das Sägenblatt in der Zuschiebungsrichtung erfährt. Es sind demnach diese Führungen sehr wichtige Glieder der Bandsäge.

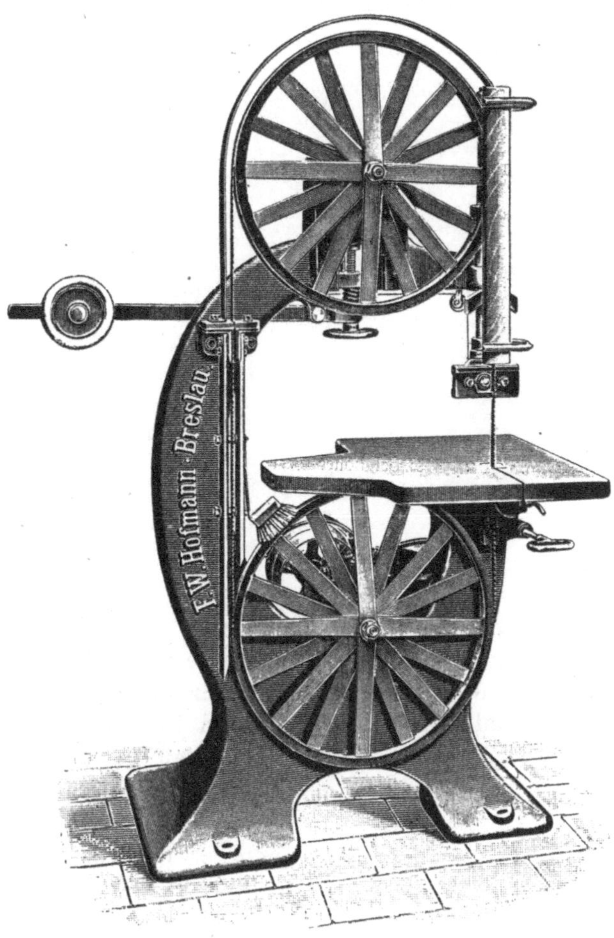

Fig. 100.

Die einfachste dieser Führungen besteht in einem Klötzchen aus hartem Holz, in welchem ein Schlitz angebracht ist, dessen Weite der Bandsägendicke gleicht. Es stützt sich das Sägenblatt mit seinem Rücken gegen die Sohle des Schlitzes und die Seitenflächen der Säge legen sich gegen die Seitenwände des Schlitzes. Man findet solche Führungen — namentlich für Kaltbandsägen — auch in Metall ausgeführt.[2]) Sie können nicht befriedigen, weil die Seitenflächen des Schlitzes nicht nachstellbar sind, und die Sohle sehr stark abgenützt wird.

Eine häufig vorkommende Seitenführung zeigt Fig. 102. In dem Arm B, welcher die Führung mit dem Maschinengestell verbindet, sind zwei Rinnen ausgebildet, in denen die Führungsstücke A liegen und durch Schrauben festgehalten werden. Man macht die Rinnen schräg, damit die Führung das Zuschieben der Werkstücke möglichst wenig beengt.

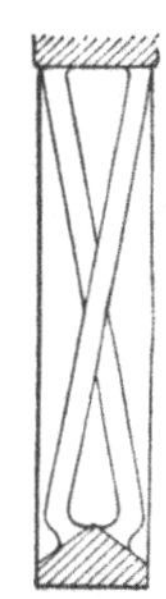
Fig. 101.

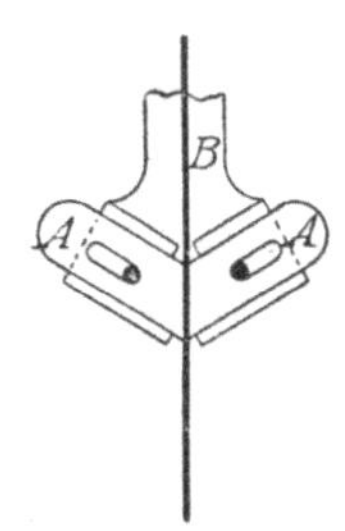

Fig. 102.

[1]) Zeitschr. d. Ver. deutscher Ingen. 1894, S. 211, mit Abb.
[2]) Zeitschr. d. Ver. deutscher Ingen. 1901, S. 449.

Stählerne Platten werden zuweilen mit ihren Breitseiten gegen das Sägenblatt gelegt und durch Schrauben oder Keile nachgestellt. Das findet man insbesondere bei den Blockbandsägen.

Die Rücken der Sägenblätter liess man früher oft gegen die trommelförmige Fläche leicht drehbar gelagerter Rollen sich legen. Dieses Verfahren hat sich nicht bewährt, insbesondere, weil der schmale Sägenrücken

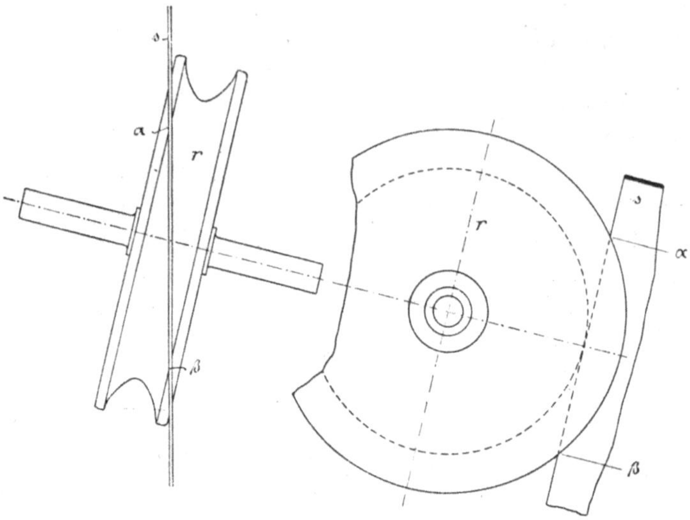

Fig. 103.

in die Rollenfläche unregelmässige Vertiefungen schneidet; die Einrichtungen, welche gestatten, die Rolle in ihrer Axenrichtung zu verschieben, so dass neue Theile der Rollenfläche dem Sägenrücken gegenüber zu liegen kommen, mildern den angeführten Uebelstand nur wenig.

Fig. 104.

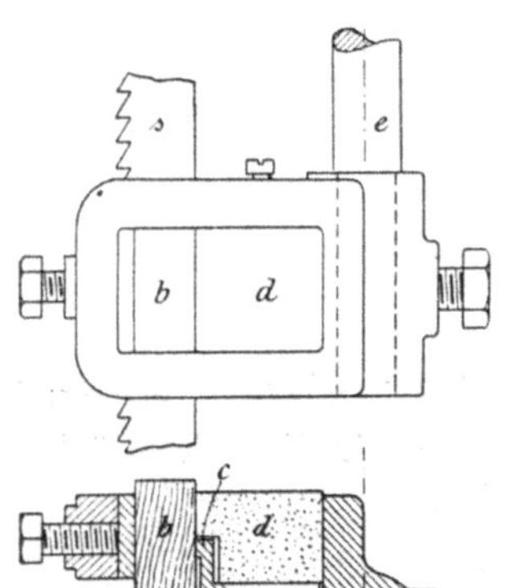

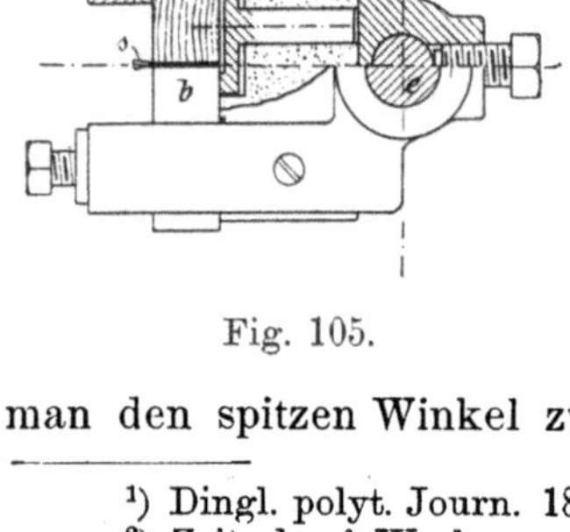

Fig. 105.

Pfaff hat für die Rückenführung der Bandsäge ein Hyperboloid verwendet.[1]) Durch Drehen einer geraden Linie um eine zweite, die zu ersterer windschief liegt, entsteht die hyperboloidische Fläche. Gestaltet man hiernach die Fläche einer Rolle, so lässt sich der Sägenrücken in der Länge der Linie, welche die Fläche erzeugte, gegen die Rollenfläche legen, der Druck des Sägenrückens wird dann auf die gleiche Länge vertheilt und fällt deshalb, auf die Flächeneinheit bezogen, viel kleiner aus als bei der trommelförmigen Rollenfläche. Bei der in der Quelle beschriebenen Anordnung schliesst die Axe der Rolle mit dem Sägenblatt einen kleinen Winkel ein und ist das Hyperboloid im wesentlichen einseitig. Es dreht sich infolgedessen die Rolle mit nur geringer Geschwindigkeit (es sind 300 bis 400 minutliche Drehungen angegeben). Neuerdings[2]) macht man den spitzen Winkel zwischen Rollenaxe und Sägenblatt *s* nach Fig. 103

[1]) Dingl. polyt. Journ. 1879, Bd. 233, S. 276, mit Abb.
[2]) Zeitschr. f. Werkzeugmaschinen, Nov. 1900, S. 58.

viel grösser, so dass die Umfangsgeschwindigkeit der Rolle r der Schnittgeschwindigkeit etwa gleich wird. Ist die Rolle r richtig gestaltet und dem Sägenblatt gegenüber richtig gelagert, so wird der Sägenrücken vom Punkt α bis zum Punkt β in ganzer Länge gestützt. Ob es möglich sein wird, die richtige Lagerung der Rolle dauernd zu erhalten, erscheint mir zweifelhaft.

Allgemeinere Einführung hat die Rückenführung von Geschwindt & Co.[1]) gefunden. Fig. 104 und 105 zeigen den betreffenden Führungskopf in Seitenansicht und Grundriss bezw. Schnitt. Das Sägenblatt wird seitlich durch zwei einstellbare Holzbacken *b* geführt und legt sich mit seinem Rücken gegen die leicht drehbare Scheibe *c*, die in dem Metallkörper *d* gelagert ist. Die zugehörige, leicht auswechselbare Spurplatte ist in Fig. 105 nicht schraffirt. Es legt sich, wie Fig. 105 erkennen lässt, der Sägenrücken als Sehne gegen die Scheibe *c*, und veranlasst dadurch rasches Kreisen der letzteren, so dass stetig neue Flächen der Scheibe mit dem Sägenrücken in Berührung treten und die Abnutzung der Scheibe gleichmässig stattfindet. Letzteres wird noch dadurch gefördert, dass man den mittleren Theil der Scheibe *c* vertieft, also eine Ringfläche zur Stützung des Sägenrückens verwendet. Der Führungskopf wird mittels der Stange *e* am Maschinengestell befestigt. Man findet diese Rückenführung oft so ausgebildet, dass die Spurplatte der Führungsscheibe in geringem Grade federnd nachgeben kann; auch wird für die Scheibe Ball-Lagerung empfohlen.

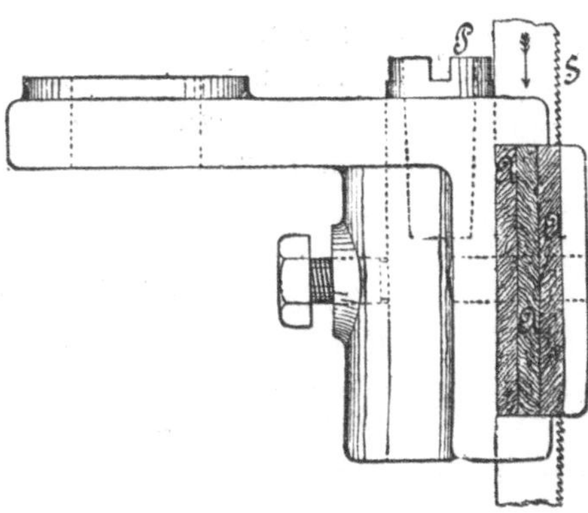

Fig. 106.

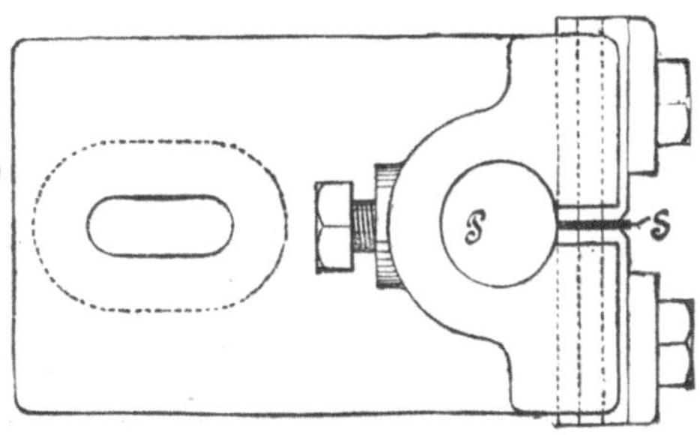

Fig. 107.

Georg Richards in Manchester empfiehlt die durch Fig. 106 und 107 abgebildete Führung.[2]) Die Seitenführung unterscheidet sich von der durch Fig. 102 abgebildeten nur dadurch, dass die zur Aufnahme der Führungsklötzchen *A* dienenden Rinnen rechtwinklig zur Sägenblattebene liegen und die Klötzchen aus mehreren von einander unabhängigen Schichten bestehen, also die den Zähnen näher belegenen, welche stärker abgenutzt werden als die weiter zurückliegenden, für sich nachgestellt werden können. Der Rücken des Sägenblattes legt sich in ziemlicher Länge gegen den ruhenden Stahlbolzen *P*. Ist dadurch auf der Fläche von *P* eine Rille entstanden, so dreht man, nach dem Lösen der betr. Druckschraube, *P* um einen kleinen Betrag, um dem Sägenrücken eine neue Fläche darzubieten.

Um die Reibung der Bandsägen an ihren Führungsflächen zu mindern, hat man Schmiervorrichtungen vorgesehen, die, so viel mir bekannt geworden ist, aus den Seitenführungen angeschlossenen, mit festen Fetten

[1]) D. R.-P. Nr. 26972.
[2]) Zeitschr. d. Ver. deutscher Ingen. 1885, S. 776, mit Abb.

durchsetzten Packungen bestehen. Auch ist vorgeschlagen, den Sägenblättern dünnflüssige Schmiere zuzuführen.

γ) Stützung und Führung der Blätter von Gattersägen.

Die Blätter der Gattersägen bedürfen zunächst sorgfältiger Einspannung, damit ihr Querschnitt möglichst gleichförmig angespannt wird, jedenfalls aber an dem Rande, an welchem die Zähne sich befinden, die Anspannung nicht kleiner ausfällt als am Sägenrücken. Man verlangt ferner leichte Auswechselbarkeit und möglichst geringe Länge. Diese verschiedenen Forderungen hat man durch mannigfache Formen zu erfüllen gesucht; das untenstehende [1]) unvollständige Verzeichniss deutscher Patente möge die grosse Zahl der bekannt gewordenen Lösungen der vorliegenden Aufgabe andeuten.

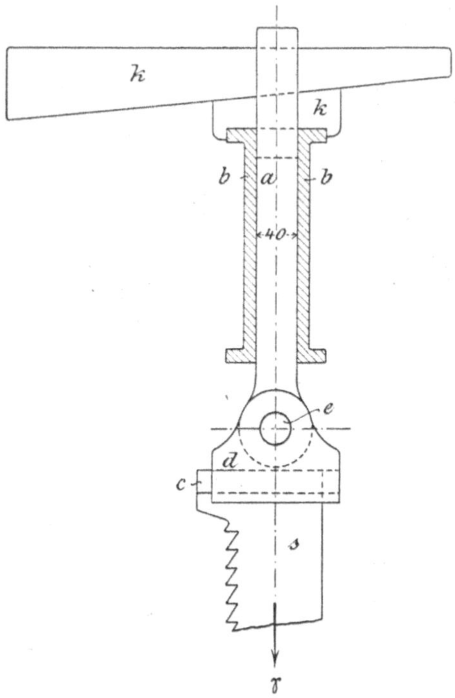

Fig. 108.

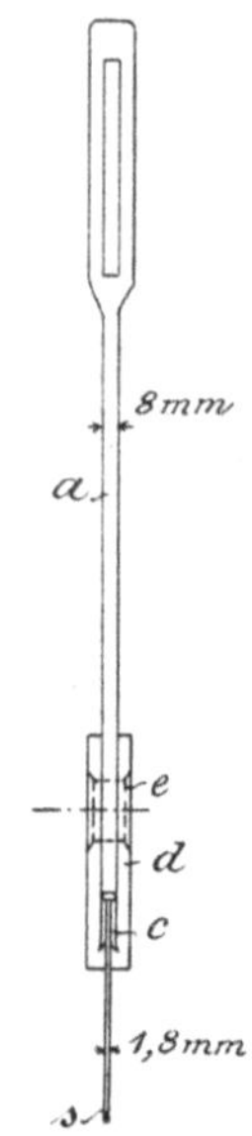

Fig. 109.

Fig. 108 und 109 stellen eine gute Befestigungsweise dar. Die Grundlage bildet ein Rahmen, das „Gatter“, dessen Querstücke mit *b*, Fig. 108, bezeichnet sind. Diese werden durch die Spannung der Sägenblätter auf Biegung in Anspruch genommen und fallen demgemäss sehr stark aus. Sie sollen möglichst leicht sein, weshalb man sie aus besten Stoffen, meistens geschmiedetem Stahl herstellt und ihnen hohe Querschnitte giebt. Die Angel *a* des einen Sägenendes stützt sich durch zwei feste Nasen, die des anderen Endes durch den Doppelkeil *k* gegen die Querstücke. An die Sägenblattenden sind Leisten *c* genietet, die sich gegen Leisten der Platten *d* legen, und diese sind durch den Bolzen *e* mit der Angel *a* drehbar verbunden. Da die Platten *d* sich unabhängig von einander drehen können, so legen sich die Leisten *c* in ihrer ganzen Länge gegen die an *d* ausgebildeten, und die Zugspannung $\mathfrak{S}$ geht durch die Bolzenmitte *e* der beiden Angeln. Um die Spannung in die Sägenblattmitte zu legen, ist nur nöthig, das Sägenblatt in seiner Ebene entsprechend zu verschieben, was die vorliegende Einhängungsweise des Sägenblattes ohne weiteres gestattet. In Fig. 108 ist ein bereits längere Zeit benutztes Blatt *s* gezeichnet, um das soeben Gesagte anschaulich zu machen.

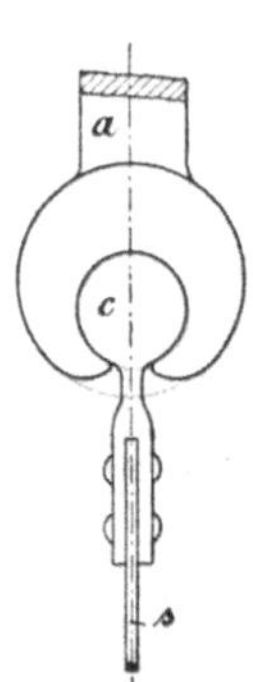

Fig. 110.

[1]) D. R.-P. Nr. 9416, 56337, 59254, 59306, 78638, 80800, 80805, 81143, 82060, 82894, 83634, 87296, 88449, 95396.

Es liegt nun die Möglichkeit vor, dass infolge ungenauer Ausführung die eine der Leisten *c* allein oder vorwiegend die Spannung des Sägenblattes auf die Angel überträgt. Dadurch würde versucht werden, das Sägenblatt in der Bildfläche von Fig. 109 zu verbiegen. Um dieses zu verhüten, muss das Befestigen der Leisten *c* sowie das Ausbilden der Leisten an *d* mit peinlichster Sorgfalt geschehen. Es ist deshalb vorgeschlagen, das Sägenblatt *s*, Fig. 110, mit einem grösstentheils walzenförmigen Wulst *c* zu versehen, welcher sich in eine Klaue der Angel *a* legt und durch seine Drehbarkeit in letzterer die erwähnte einseitige Anspannung verhütet.

Die Platten *d*, Fig. 108 und 109, werden durch den Druck der Leisten *c* zweifellos auf Biegung in Anspruch genommen. Sind nun erstere, um mehrere Sägen möglichst eng neben einander hängen zu können, recht dünn gemacht, so kann eine gefährliche Verbiegung nach aussen eintreten. J. Heyn in Stettin verwendet, um diese Verbiegungen zu vermeiden und gleichzeitig das Verbinden der Leisten *c* mit dem Sägenblatt zu erleichtern, die durch Fig. 111 u. 112 dargestellte Einhängung.[1]) Es sind die Leisten *c* an eine besondere Platte *f* genietet, was ohne Schwierigkeit genau geschehen kann. Mit *f* sind, unter Vermittlung von Zwischenlagen, die schmalen Platten *g* verbunden, die einerseits zur Verbindung von *f* mit dem Sägenblatt dienen, anderseits über die an *d* festen Leisten *i* greifen, um deren Ausweichen nach aussen zu verhüten.

J. Heyn wendet ferner statt des mittels eines Hammers einzutreibenden Keiles *k*, Fig. 108, einen mittels der Hand einzuschiebenden Keil *k*, Fig. 111 und 112, an, auf dem das ausgebogte Keilstück *l* reitet. In einer

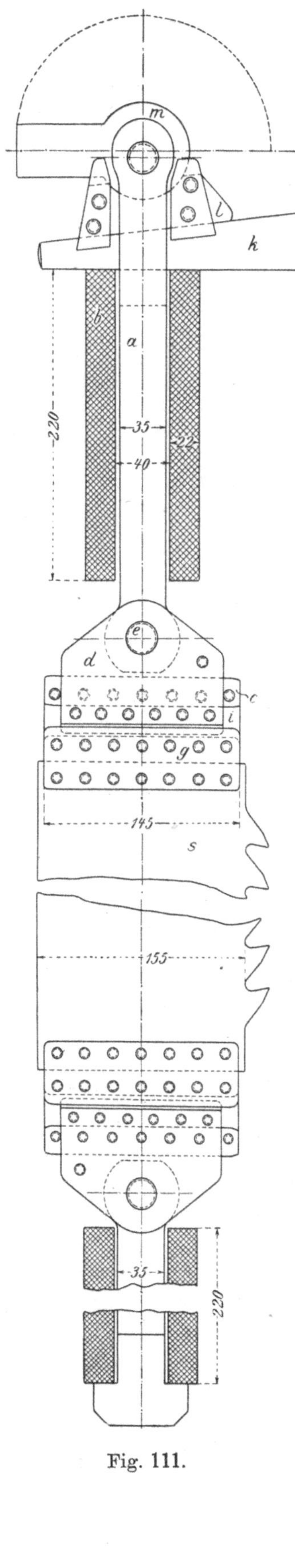

Fig. 111.

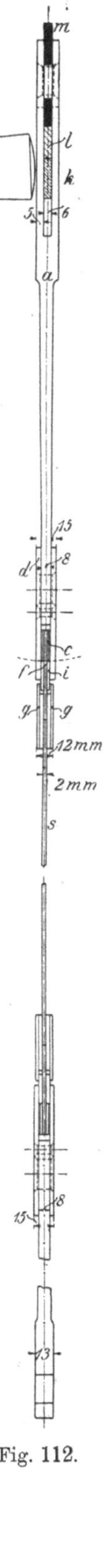

Fig. 112.

[1]) D. R. G.-M.

Gabel der Sägenangel *a* ist die Scheibe *m* ausseraxig so gelagert, dass durch das Drehen derselben die Säge gespannt wird. Zum Zweck dieses Drehens steckt man auf den Arm der Scheibe *m* einen Schlüssel. Das

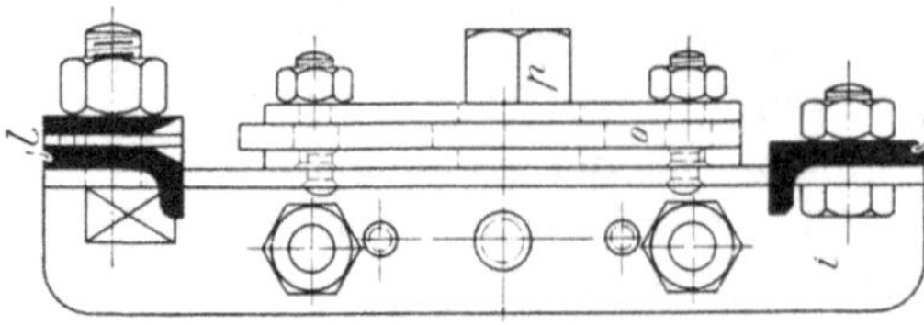

Fig. 115.

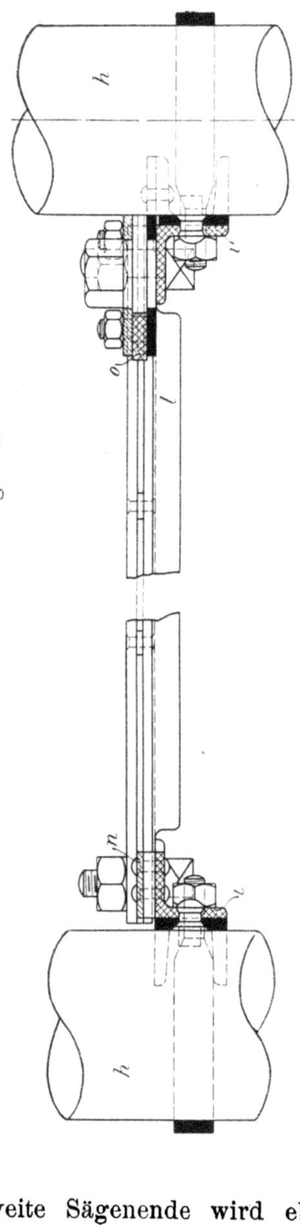

Fig. 113.

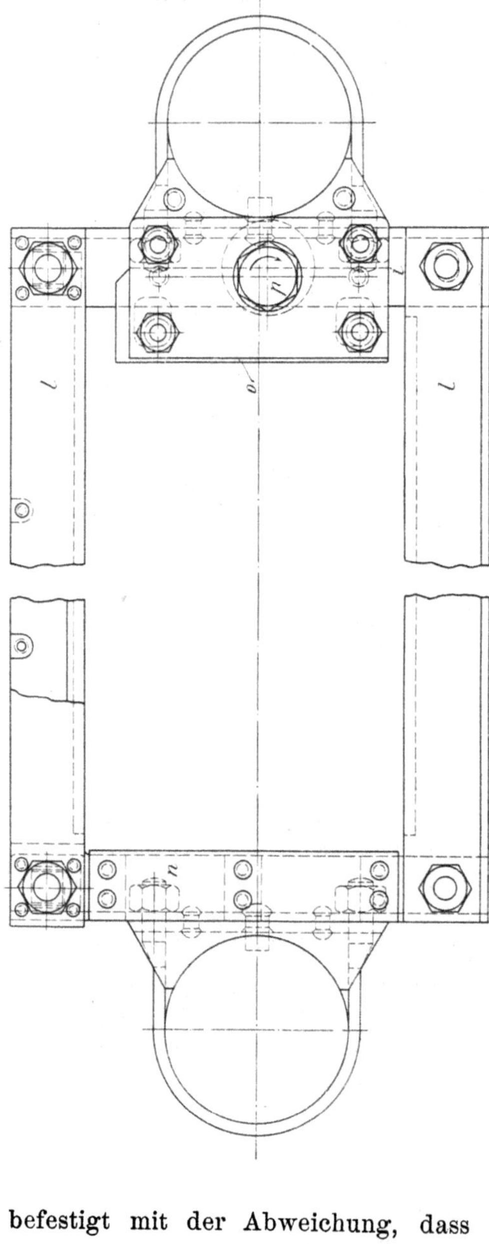

Fig. 114.

zweite Sägenende wird ebenso befestigt mit der Abweichung, dass die Nachstellbarkeit fehlt.

Befindet sich in dem Gatter nur ein Sägenblatt oder ist der Abstand zweier benachbarter Sägenblätter sehr gross, so pflegt man oft die Sägenangel mit Gewinde zu versehen und das Anspannen des Blattes mittels einer zugehörigen Mutter zu bewirken.

Gl. 22 S. 41 drückt die Bedeutung der „freien Länge“ des Sägenblattes aus, und lässt erkennen, dass man diese freie Länge so klein als möglich machen soll. So wie die Sägenbefestigungen im Rahmen bisher beschrieben sind, reicht nun diese freie Länge von einem äussern Rande des Sägengatters zum gegenüberliegenden. Man sucht diese Länge kleiner zu machen.

Das geschieht zunächst durch Absteifen der Angeln, oder besser der den Angeln zunächst belegenen Theile des Sägenblattes gegenüber dem Sägenrahmen. Sind mehrere Sägenblätter neben einander zu legen, so versteift man die äussern gegen das Gatter und legt zwischen die Sägenblätter genau passende Stücke, die aus Holz bestehen können, besser aber aus Metall gefertigt werden, um ihre Breite unveränderlich zu erhalten; jedenfalls müssen die Einlegestücke sehr leicht sein. Fig. 113 bis 115 zeigen die Einzelnheiten einer solchen Absteifung[1]). An den, aus schmiedeeisernen

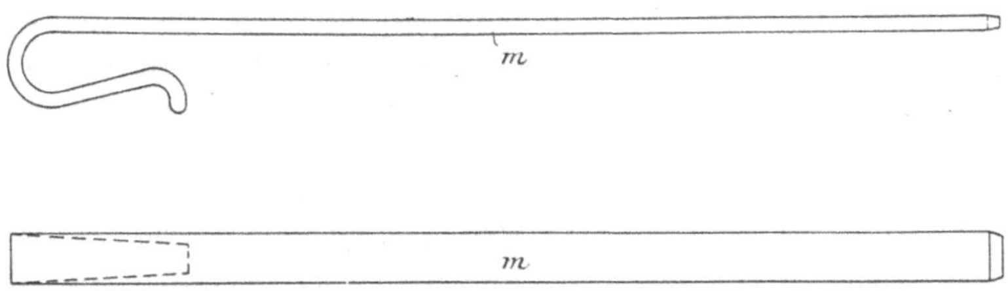

Fig. 116.

oder stählernen Röhren bestehenden Gatterstielen *h* sind mit Hilfe von Spannbügeln die Winkeleisen *i* festgeklemmt, welche mit den Schienen *l* einen Rahmen bilden. Die Schienen *l* nehmen die einzulegenden Stücke *m*, Fig. 116 u. 117 auf, indem die Oesen der letzteren auf die eine Schiene *l*

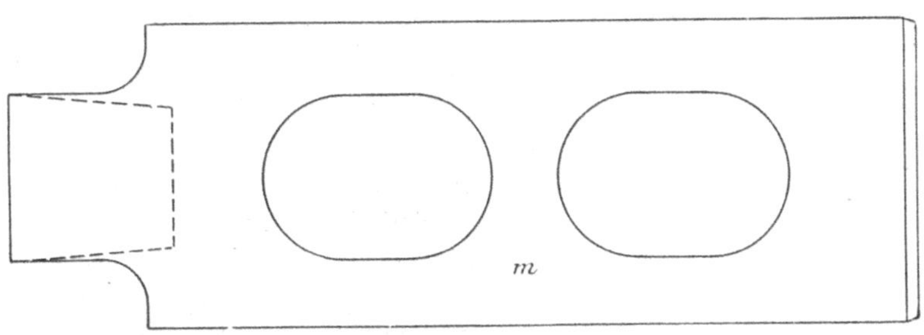

Fig. 117.

und die spitzen Enden in den Spalt der anderen, doppelten Schiene geschoben werden. Links in Fig. 113 u. 114 befindet sich sowohl an dem oberen, als auch an dem unteren, nicht gezeichneten Winkel eine feste Schiene *n*, und die rechtsseitig belegenen Ränder dieser Schienen liegen genau lothrecht über einander (es handelt sich hier nur um Gattersägen, die sich lothrecht bewegen), so dass diese Ränder als Ausgangspunkte für das Anbringen der Sägenblätter dienen. Man legt, nachdem die Sägenblätter lose eingehängt und die Schienen *l* angebracht sind, an *n* ein oder mehrere

[1]) J. Heyn, D. R.-P. Nr. 90132.

Einlegstücke *m* von solcher Breite, dass das angereihte erste Sägenblatt den ihm zugedachten Abstand von *n* erhält, fügt ein ferneres Einlegstück *m* hinzu u. s. f. bis die sämmtlichen Sägen an ihrem Orte sich befinden, und füllt endlich den Raum zwischen dem letzten Sägenblatt und der Platte *o* mit einem passenden Einlegstück. Die Platte *o* — welche sich oben wie unten vorfindet — ist in einer an dem rechtsseitigen Winkeleisen *i* festen Tasche durch eine am Bolzen *p* ausgebildete Daumenscheibe verschiebbar. Durch einen auf *p* gesteckten Schlüssel wird *o* so gegen die Einlagen gedrückt, dass diese und die Sägenblätter sich eng an einander schliessen. Es wird angegeben, dass ein Arbeiter im Stande sei, mittels dieses Verfahrens innerhalb 15 Minuten 12 Sägenblätter genau einzuhängen. Auf die hierbei anzuwendenden Anschläge für das Gewinnen des richtigen Busens, bezw. lothrechter Lage der Sägenspitzenlinie und die Verfahren für das Prüfen der Einhängung kann ich hier nicht weiter eingehen.[1]) Verwandte Einhängverfahren der Sägenblätter sind in den angeführten Quellen[2]) angegeben.

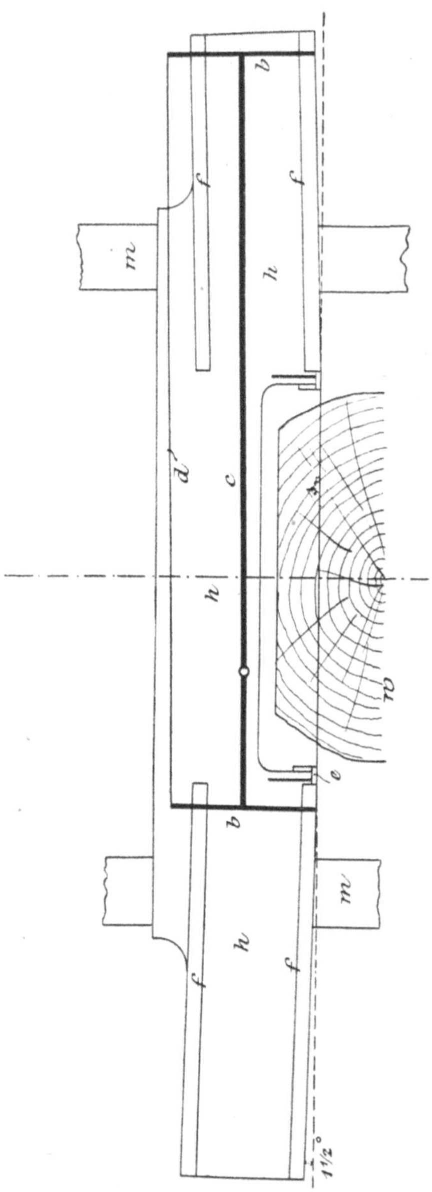

Fig. 118.

Die Sägenblätter werden auf diese Weise gewissermassen zusammengebunden; man nennt daher die derartig ausgerüsteten Gatter **Bundgatter**. Die „freie Länge“ der Blätter ist gleich dem Abstande der beiden Bindungen. Da dieser der Säge gestatten muss, den Weg *H* zurückzulegen, ohne dass die Bindungen mit dem Holz in Berührung treten, so beträgt er: $h + H + \text{Spielraum} = L$. Es lässt sich die „freie Länge“ *L* für Gatter mit nur einem Sägenblatt noch weiter verkürzen und zwar dadurch, dass man — ähnlich wie bei den Bandsägen — das Blatt in der Nähe des Holzes durch feste Führungen stützt. Man wählt aber im vorliegenden Falle Führungen, gegen welche das Sägenblatt sich mit einigem Druck legt. Diese Führungen kommen nur bei **liegenden Gattern** vor. In Fig. 118 bezeichnet *s* das Sägenblatt. Es ist mittels geeigneter Angeln an den **Hörnern** *b* des Gatters befestigt, welche durch den Steg *c* in der Mitte aus einander gehalten werden, während die Stange *d* der Zugspannung

[1]) D. R.-P. Nr. 91529, 92550.
[2]) Herm. Fischer, Die Holzsäge, S. 103, mit Abb. D. R.-P. Nr. 111163.

des Sägenblattes das Gleichgewicht hält. *w* ist das zu zerschneidende Werkstück. Links und rechts von ihm sind die Führungen *e* angebracht, an dessen unterer, nach sehr grossem Krümmungshalbmesser gerundeten Fläche das Sägenblatt gleitet. Um das Sägenblatt sicher mit den Führungen *e* in Fühlung zu erhalten, erhebt sich ersteres ausserhalb der Führungen um etwa $1^1/_2{}^0$ aus der Schnittrichtung, was dadurch erreicht wird, dass die Führungsleisten *f* um diesen Betrag gegen die Schnittebene des Sägenblattes geneigt gelegt sind. Die Führungsstücke *e* sind so einzustellen, dass das Sägenblatt nur unter ihnen eine Biegung erfährt; der Krümmungshalbmesser der Führungsflächen beträgt — bei $1^1/_2{}^0$ Neigung der Leisten *f* — rund das 1500fache der Sägenblattdicke, die Länge von *e* rund das 50fache der letzteren und der Druck zwischen Sägenblatt und *e* etwa $^1/_{36}$ der Sägenspannung. Um die Reibung des Sägenblattes an den Führungsflächen zu mindern, versieht man letztere zuweilen mit Schmierbüchsen. Man findet übrigens auch Sägen, bei welchen der Neigungswinkel von *f* gegen die Schnittebene kleiner als $1^1/_2{}^0$ ist.

Die nur etwa $^1/_3$ mm dicken Sägenblätter der Furniersägen führt man[1]) an einer im Halbmesser von 100 bis 125 m gebogenen, quer vor das Holz gelegten Schiene. Wegen der geringen Dicke der entstehenden Brettchen können diese der genannten Führungsschiene ausweichen.

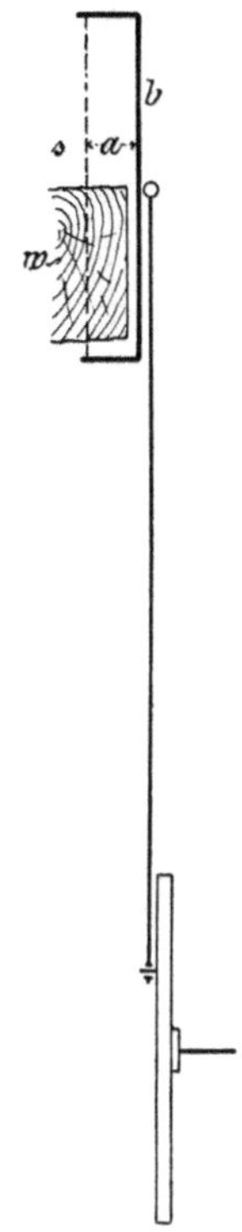

Fig. 119.

Fig. 120.

Die zum Einspannen der Sägen dienenden eigentlichen Gatter sind zuweilen bügelförmig, nach Fig. 119. Ein aus Eisen oder Stahl gefertigter Bügel *b* nimmt an seinen Enden die Angeln des Sägenblattes *s* auf. Wegen der grossen Anspannung des letzteren fällt der Bügel *b* ziemlich schwer aus, wenn man seine Ausladung *a* gross macht. Das Bügelgatter ist wenig gebräuchlich, wogegen man dem Seitengatter, Fig. 120, häufiger begegnet. Es ist insbesondere die regelmässige Einspannvorrichtung für liegende Sägen. Das Gatter besteht, wie vorhin bereits kurz angegeben wurde, aus den Hörnern *b*, welche sich gegen den Steg *c* stützen und einerseits durch die Stange *d*, anderseits durch das Sägenblatt *s* zusammengezogen werden. Bei dieser Anordnung ist leichter eine grössere Ausladung *a* bei verhältnissmässig geringem Gattergewicht zu gewinnen, da der Steg von Biegungsspannungen frei gehalten werden kann. Ich zweifle nicht daran, dass man ein solches Gatter bei geringem Gewicht ausschliesslich aus Schmiedeeisen oder Stahl fertigen kann; in den allermeisten Fällen bestehen sie aus Holz mit eisernen Beschlägen. Es kommen hierfür fast nur die sehr zähen Hölzer — Quitsche, Esche, Hickory — in Frage. Fig. 121 stellt ein solches Gatter in Ansicht dar. Um die Lage der

---

[1]) Zeitschr. d. Ver. deutscher Ingen. 1862, S. 536.

Hörner *b* zum Steg *c* zu sichern, sind Tförmige Beschlageisen *b* angebracht, welche gleichzeitig in den Löchern *e* die Führungstheile des Gatters (s. w. u.) aufnehmen; ferner sind an den Enden zugeschweisste Röhren als Schrägbänder angebracht. Das Sägenblatt *s* ist mit seinen Enden auf Lappen der Angeln *a* gelegt und wird hier durch Reibung festgehalten. Es sei bemerkt, dass diese Verbindungsweise gegenüber der früher (S. 54) angegebenen manche Vorzüge hat, aber angesichts der Grösse der Sägenspannung an einiger Unsicherheit leidet. Die zum Festklemmen der Sägenblattenden dienenden Schrauben müssen ausserordentlich stark angezogen werden, um ein Gleiten des Sägenblattes zu vermeiden, und die Sägenangel *a* wird in ziemlichem Grade auf Biegung beansprucht. Das Anspannen des Sägenblattes erfolgt, wie die Abbildung erkennen lässt, durch Muttern.

Fig. 122 stellt ein sogenanntes Mittelgatter dar; es besteht aus den beiden Querstücken *b* und den diese verbindenden Stielen *c*. In der Mitte zwischen letzteren befindet sich das Sägenblatt. Das Mittelgatter fällt meistens ziemlich weit aus, da zwischen dem Sägenblatt und dem einen der Stiele *c* der nöthige Raum für den dicksten, durch Zerlegen des Werkstücks *w* entstehenden Theil frei bleiben muss; es wird nur noch selten angewendet.

Fig. 123 zeigt die vierte der vorkommenden Gatterformen: das

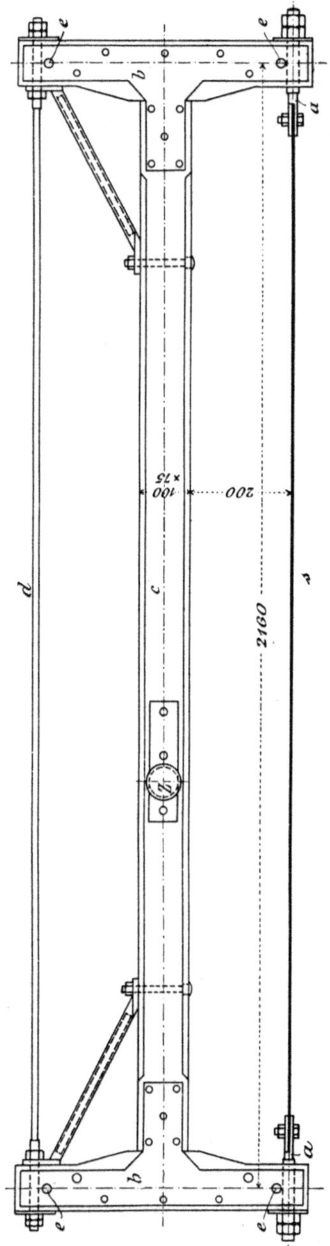

Fig. 121.

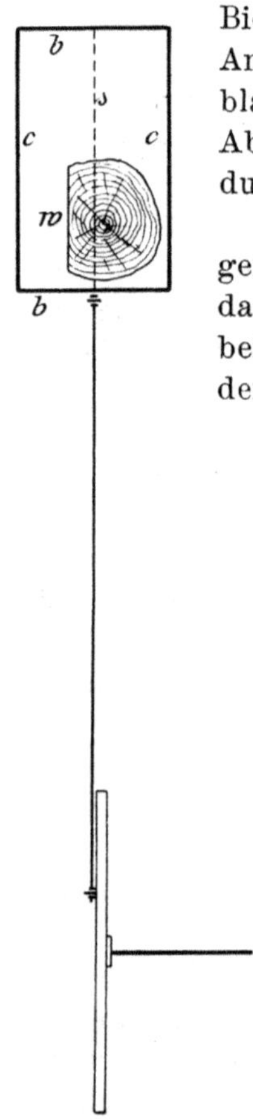
Fig. 122.

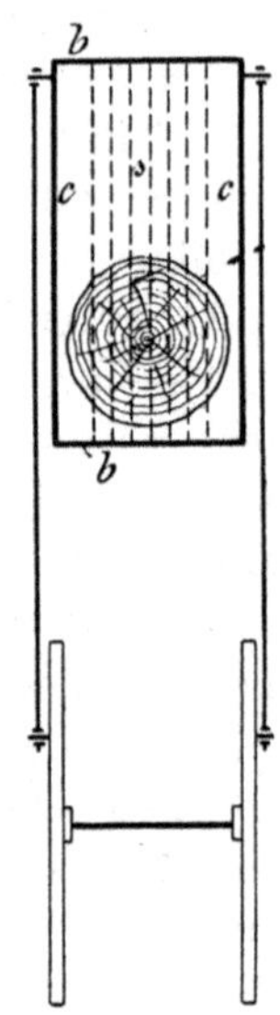
Fig. 123.

Bundgatter. Es enthält mehrere Sägenblätter, so dass das Werkstück *w* bei einem Durchgange in so viele Theile zerlegt wird, wie beabsichtigt ist, während bei den vorhin angeführten Gattern nach Beendigung eines Schnittes das Werkstück zurückgeführt und für einen zweiten Schnitt eingestellt werden muss, wenn ein solcher zweiter Schnitt stattfinden soll. Die lichte Weite des Bundgatters braucht deshalb nur wenig grösser zu sein als die Dicke des Werkstücks beträgt. Das Bundgatter wird jetzt fast, immer aus geschmiedetem Eisen oder besser aus Stahl verfertigt. Jedes Querstück *b* besteht aus zwei Stahlplatten, die oft mit Seitenrippen (vergl.

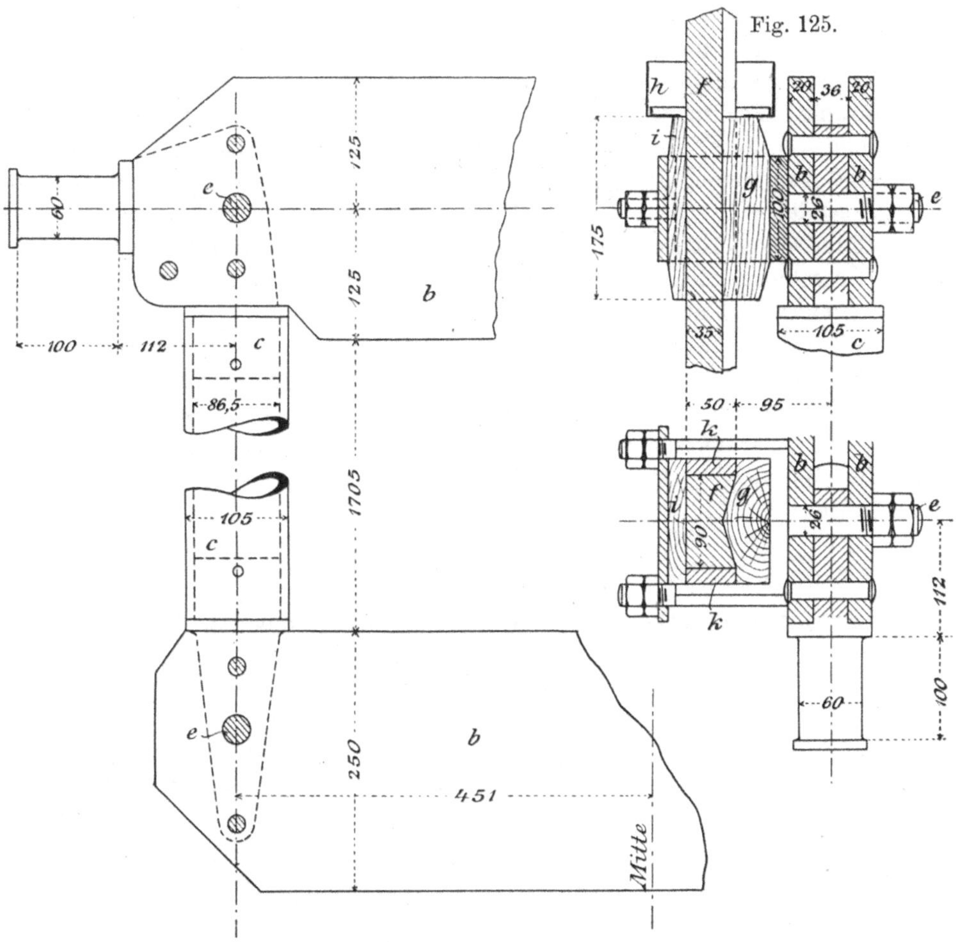

Fig. 125.

Fig. 124. Fig. 126.

Fig. 108) versehen sind. Die Stiele werden aus starkem Flacheisen, oder besser röhrenförmig gemacht, und zwar verwendet man entweder beste gezogene Röhren kreisrunden Querschnittes, oder legt U-Eisen mit den offenen Seiten zusammen. Als Hauptgesichtspunkt für den Bau des Gatters gilt die Gewinnung geringen Gewichts bei grosser Starrheit des Ganzen. Das Gatter, Fig. 124—126, ist mit Stielen *c* versehen, die aus Mannesmann-Röhren bestehen. In den Enden der letzteren sind Zapfen befestigt, welche ausserhalb eine platte Gestalt haben und zwischen die Querstücke *b* genietet sind, so dass der Zusammenhang zwischen *b* und *c* in einfachster Weise gewonnen wird. Die Befestigung der Zapfen in den Röhren erfolgt zweckmässig durch genaue auf der Drehbank geschnittene Gewinde und vielleicht einen oder zwei quer hindurchgehende vernietete Stifte; man verstärkt die Röhrenenden wohl durch warm aufgezogene Reifen. An zwei der zwischen die Querstücke genieteten Platten sind die Lenkstangenzapfen ausgebildet.

Bund- und Mittelgatter werden immer geradlinig geführt. Bei dem durch Fig. 124—126 dargestellten Gatter dienen hierzu die Stäbe *f*, welche in geeigneter Weise am Maschinengestell befestigt sind. In den vier Endpunkten des Gatters stecken Bolzen *e*, die an einer Seite eine Art Lagerkasten bilden, in welchem die Pockholzstücke *g* und *i* und die beiden Bronzebeilagen *k* so befestigt sind, wie bei Lagern gebräuchlich. Ueber jedem der Lager und mit diesem fest verbunden befindet sich ein durch Deckel gut verschlossener Schmierkasten *h*, der mit dem Schmiermittel durchtränkte Packung enthält. Statt dessen findet man oft an den vier Ecken des Gatters, vorn wie hinten, je ein Pockholzstück (seltener Bronze) befestigt, von denen das vordere einfach eben, das hintere schweinsrückenartig gestaltet ist. Die Klötze gleiten zwischen 4 Paar am Maschinengestell befestigter, einstellbarer Schienen. Zuweilen sind auch bei dieser Anordnung Schmierpackungen vorhanden, zuweilen führt man den Gleitflächen das Schmiermittel auf andere Weise zu.

Weniger einfach ist die Führung der Bügel- und Seitengatter, wenn deren Sägenblatt nach Fig. 80, S. 37 in beiden Bewegungsrichtungen schneiden soll und nach Fig. 118 in der Nähe des Werkstücks besonders geführt wird. Die Führungsschienen *a b* und *c d*, Fig. 80, liegen in diesem Falle um den Winkel α schräg gegen die Querlinie *a d*, wenn α ausgedrückt wird durch:

$$\operatorname{tg} \alpha = \frac{a\,c}{H} \cdot \frac{\Delta}{h}$$

oder, da der dort vorkommende Winkel γ klein genug ist, durch:

$$\operatorname{tg} \alpha = \frac{2 \cdot A}{H} \cdot \frac{\Delta}{h} \quad \ldots \ldots \ldots \quad (29)$$

wenn $2\,A$ den Abstand der Führungsmitten des Gatters bezeichnet. Demgemäss schwingt das letztere in einem Bogen, der zur Bildfläche von Fig. 80 gleichlaufend liegt. Nach Fig. 118 sind die Führungsschienen ausserdem gegen die Schnittebene geneigt, so dass das Gatter auch in der Bildfläche von Fig. 118 im Bogen schwingt. Das bedingt, wenn die Führungsschienen *f* — wie üblich — gerade sein sollen, dass die Führungsklötzchen mit dem Gatter durch Doppelgelenke verbunden werden. Es ist derartiges bekannt gegeben.[1]) Meistens begnügt man sich mit einem Gelenk, indem man die in der Bildfläche von Fig. 118 auftretenden bogenförmigen Bewegungen des Gatters ihrer Geringfügigkeit halber vernachlässigt. Fig. 127 und 128 stellen die zum Gatter, Fig. 121,

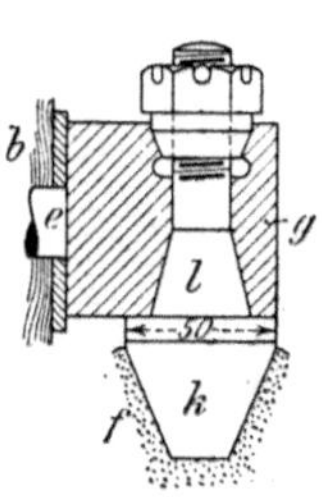

Fig. 127.

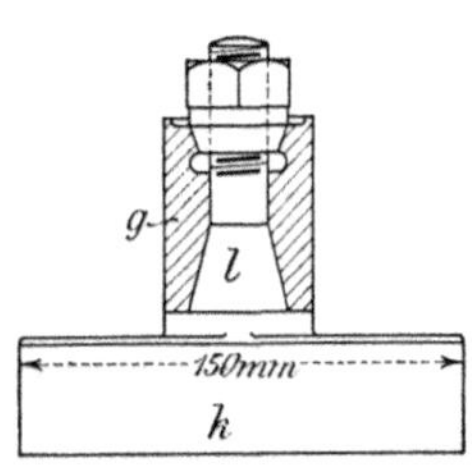

Fig. 128.

[1]) Goede, Dingl. polyt. Journ. 1883, Bd. 250, S. 341, mit Abb.

gehörigen Führungsklötzchen *k* und deren Verbindung mit den Hörnern *b* dar. Die Führungsleisten *f*, Fig. 127, sind nur zum Theil, und zwar im Querschnitt angegeben. Sie sind an der Platte *h*, Fig. 118, einstellbar befestigt, und zwar so, dass ihre Furchen beide nach innen oder beide nach aussen gekehrt sind. Die Führungsklötzchen *k*, Fig. 127 u. 128, sind mit Zapfen *l* versehen, welche in den Augen *g* drehbar stecken, und die Augen *g* sind mittels ihrer Bolzen *e*, Fig. 127 u. 121, an Hörner *b* des Gatters geschraubt.

δ) Führung der Kettensäge.

Diese zum Erzeugen von Zapfenlöchern dienende Säge möge hier kurz angeführt werden.[1]) Ihre Zähne sind nach Fig. 129 an Kettengliedern ausgebildet und zwar derartig, dass zwei auf einander folgende Kettenglieder eine beträchtliche Schnittweite, d. h. Zapfenlochweite hervorbringen. Die Kettensäge wird durch zwei Rollen geführt. Die eine derselben greift nach Art der Kettenrollen mit Vorsprüngen in die Lücken der Kette, um diese zu bethätigen, die andere ist glattrandig und dient zum Einsenken der arbeitenden Säge in das Werkstück.

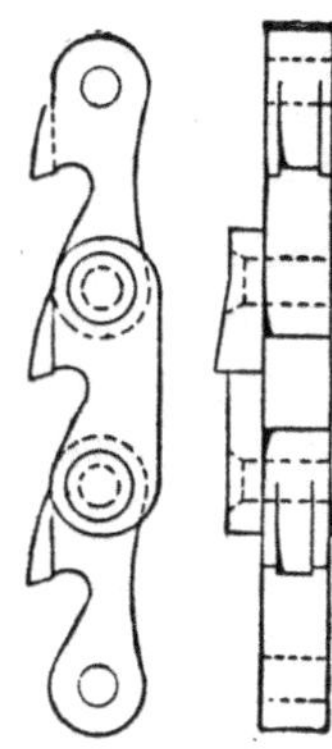

Fig. 129.

d) Pflege der Sägenzähne.

Es steht die Instandhaltung der Sägenzähne mit den Sägemaschinen in nur lockerer Beziehung. Die Sägemaschine setzt tadellosen Zustand der Sägen und deren Zähne voraus; es ist für sie ohne Bedeutung, wie dieser tadellose Zustand erhalten wird. Ich darf daher an vorliegender Stelle die Pflege der Sägenzähne verhältnissmässig kurz erledigen.

Die Sägenzähne haben nur unmittelbar nach dem Schärfen wirklich scharfe Kanten; je länger sie benutzt werden, um so mehr werden die Kanten abgerundet und um so grösser wird der Schnittwiderstand. Es ist nun zunächst die Frage: Bis zu welchem Grade darf man die Sägenzähne stumpf werden lassen? Wie oft ist das Schärfen der Zähne erforderlich? Die Antwort auf diese Frage hängt theilweise von dem Preis der Betriebskraft ab. Man wird ferner das Schärfen bezw. Auswechseln, stumpfer gegen scharfe Sägenblätter nach grösseren Zeitabschnitten stattfinden lassen, wenn es eine längere Betriebsunterbrechung mit sich führt, man wird sich häufiger dazu bequemen, wenn die betreffende Betriebsstörung gering ist. Auch die Härte des Holzes übt einen gewissen Einfluss. Oberbergrath Hermann in Schemnitz fand,[2]) dass eine Fichtenholz schneidende Säge, welche sekundlich einen Weg von 1,33 m schneidend zurücklegte, nach 3stündigem Gebrauch 1,75mal so viel Betriebskraft erforderte, als im frisch geschärften Zustande, und nach sechsstündigem Gebrauch sogar 2,25mal so viel. Die Abstumpfung, welche den Schnitt-Widerstand auf das 1,75fache übte, war hiernach erreicht, nachdem die Säge $3 \cdot 3600 \cdot 1{,}33 = 14\,400$ m schneidend zurückgelegt hatte. Eine mit 60 m/sek arbeitende Kreissäge erfährt, wenn $^1/_8$ der Zähne gleichzeitig arbeitet, voraussichtlich dieselbe Abnutzung in $^1/_2$ Stunde. Es folgt hieraus, dass bei dem Bau der Säge-

[1]) Zeitschr. d. Ver. deutscher Ingen. 1894, S. 706, mit Abb.
[2]) Zeitschr. d. österr. Ingen.- u. Arch.-Ver. 1895, S. 472 ff.

maschinen dem Auswechseln stumpf gewordener Blätter verschieden grosse Aufmerksamkeit zu schenken ist: diejenigen Sägen, deren Zähne in der Zeiteinheit einen grossen Weg schneidend zurücklegen, müssen bequemer und rascher auswechselbar sein als die langsamer arbeitenden Sägen.

Handwerkzeuge zum Stauchen, Schärfen und Schränken der Zähne sind in unten verzeichneter Quelle[1]) ausführlich beschrieben.

Das Stauchen der Holzsägenzähne kommt in Deutschland wohl nirgend vor, weshalb das Anziehen einiger Quellen[2]) zur Erledigung der zugehörigen mechanischen Einrichtungen genügen mag.

Das Schränken wird oft, selbst in grösseren Werken, mittels Handwerkzeugen bewirkt. Die Sägenschränkmaschinen[3]) haben eine recht einfache Aufgabe zu lösen: Festhalten des Sägenblattes, Verbiegen zweier benachbarter Zähne nach aussen, Loslassen des Sägenblattes und Fortrücken desselben mittels einer Schaltklinke um zwei Zahntheilungen, so dass die grosse Zahl der in der Quelle verzeichneten Maschinen überrascht. Und dabei ist hier nur eine beschränkte Zahl der bekannt gegebenen Maschinen angeführt.

Sägenschärfmaschinen arbeiten entweder mit einer Feile[4]) oder mit einer Schleifscheibe. Von letzteren möge die zur Zeit vollkommenste hier unter Beigabe der Abbildungen Fig. 130 bis 134 beschrieben werden.[5])

Fig. 130.

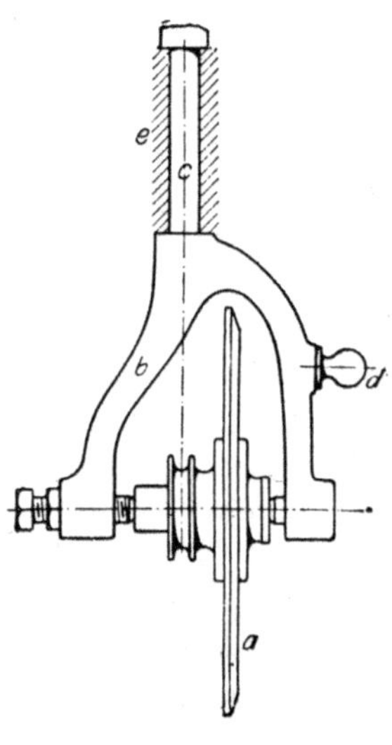

Fig. 131.

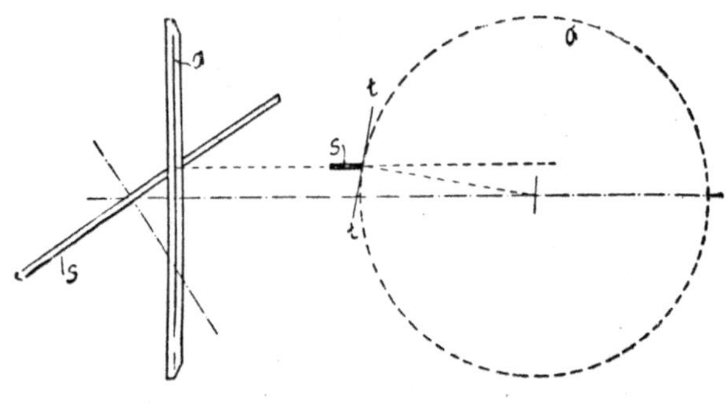

Fig. 132.

Es ist die Sägenschärfmaschine von Friedrich Schmalz in Offenbach.[6]) Sie dient nicht allein zum Schärfen von Zähnen nach Fig. 72 bis 76, sondern auch zur Erneuerung der Zähne, bei denen — nach Fig. 130 — sowohl die Brust, als auch der Rücken zur Blattebene schräg liegt. Es ist

[1]) Herm. Fischer, Die Holzsäge, S. 34—73, mit Abb.

[2]) D. R.-P. Nr. 64980. Zeitschr. des Ver. deutscher Ingen. 1893, S. 87, mit Abb. Zeitschr. d. Ver. deutscher Ingen. 1894, S. 210, mit Abb.

[3]) Dingl. polyt. Journ. 1877, Bd. 224, S. 551; 1880, Bd. 235, S. 340; 1882, Bd. 244, S. 432; 1884, Bd. 251, S. 210; Bd. 254, S. 287; 1885, Bd. 256, S. 491; 1887, Bd. 264, S. 260, fast sämmtl. mit Abb. D. R.-P. Nr. 55968, 57216, 68511.

[4]) Hansen, Zeitschr. d. Ver. deutscher Ingen. 1885, S. 285, mit Abb. Bauer, D. R.-P. Nr. 54532, 56383. Kiessling & Co., D. R.-P. Nr. 57421.

[5]) Zeitschr. d. Ver. deutscher Ingen. 1901, S. 813.

[6]) D. R.-P. Nr. 47616, 51614, 52281, 84159.

dieser Anschliff besonders für das Langschneiden weicher Hölzer von Werth. Die dünne Schleifscheibe *a*, Fig. 131, ist in einem Bügel *b* gelagert, der um den Zapfen *c* schwingen kann. Die Axe des letzteren liegt in der Richtung der Sägenblattebene, und die Schleifscheibe, deren Axe die Axe von *c* rechtwinklig kreuzt, liegt um einen gewissen Betrag seitwärts von der Axe des Zapfens *c*. Lässt man nun die Axe von *a* mit der Sägenblattebene zusammenfallen, so gewinnt man rechtwinklig zur Blattebene liegende Brust- und Rückenflächen der Zähne; legt man aber die Axe der Schleifscheibe schräg zur Blattebene, so erzeugt die Schleifscheibe, wie ohne weiteres erkannt werden kann, schrägliegende Brustflächen. Aus dem Umstande, dass die Schleifscheibe *a* seitwärts von der Schwingungsachse liegt, folgt nach Fig. 132, dass die Schleifscheibenmitte mit der Schräglage der Schleifscheibenaxe von der Ebene des Sägenblattes sich mehr und mehr entfernt, somit die Tangente *tt* der schleifenden Umfangsfläche der Schleifscheibe eine entsprechend schräge Lage zur Sägenblattebene einnimmt. Diese Umfangsfläche ist sonach zum Schleifen des schräg liegenden Zahnrückens geeignet.

Fig. 133.

Die Schwingung um die Axe des Zapfens *c* wird durch eine, an den Zapfen *d*, Fig. 131, greifende Lenkstange hervorgebracht. Das Lager *e* des Zapfens *c* schwingt auf und nieder, damit Zahnrücken wie Zahnbrust gebührend verfolgt werden, und eine Schaltung rückt die Säge je um einen Zahn fort.

Fig. 133 u. 134 sind Schaubilder der Maschine in ihrer Anwendung für Kreis- und gerade Sägen; die Maschine wird ebenso zum Schärfen der Bandsägen benutzt. Auf dem kastenartigen Untergestell ist ein gekrümmter Arm so gelagert, dass er um eine wagerechte Axe zu schwingen vermag. An seinem linken Ende sitzt die Lagerung des in Fig. 131 mit *c* bezeichneten Zapfens, und zwar so einstellbar, dass man ihr eine schräge Lage geben kann (vergl. insbesondere Fig. 134). Mit der Lagerung des Zapfens *c* ist diejenige einer Vorgelegwelle verbunden, die den Betrieb der Schleifscheibe von der Hauptantriebwelle aus vermittelt. Der in Fig. 131 mit *d* bezeichnete Zapfen liegt in Fig. 133 u. 134 links von der Schleifscheibe und ist nur in letzterem Bilde ein wenig zu sehen. Von der Hauptantriebwelle aus wird durch Riemen eine hinter dem Maschinengestell gelagerte Welle gedreht, die drei Hubscheiben enthält. Die eine derselben bewegt die Schleifscheibe auf und nieder, die andere schwenkt diese um den früher mit *c* bezeichneten Zapfen, und die dritte, im Vordergrunde, rechts sichtbare Hubscheibe, bethätigt das Schaltwerk. Durch die Gestalt und gegenseitige Lage dieser Hubscheiben wird das Maass und die Folge der einzelnen Bewegungen festgelegt; verschiedene Einstellungen in den Gestängen gestatten, diese dem Einzelfall anzupassen.

Fig. 134.

4. Schleifflächen.

Das Schleifen hölzerner Werkstücke bezweckt lediglich, deren Oberflächen zu glätten, und die gebräuchlichen Schleifflächen sind Flintstein- oder Glaspapier oder auch dergl. Leinen.

Um letztere mit der Maschine zu verbinden, leimt man sie auf ebene Scheiben oder auf Walzen, oder spannt sie — des leichteren Auswechselns halber — auf Scheiben oder Walzen. Es müssen nicht allein die Befestigungsflächen genau rund laufen, sondern auch das Flintstein- oder Glaspapier sich gut anlegen. Ueber das Aufleimen ist sonst nichts zu sagen. Das Aufspannen bewirkt man über ebene Scheiben *a*, Fig. 135, durch Ueberschieben eines Ringes *b*; bei Walzen *a*, Fig. 136 lässt man die Papierränder

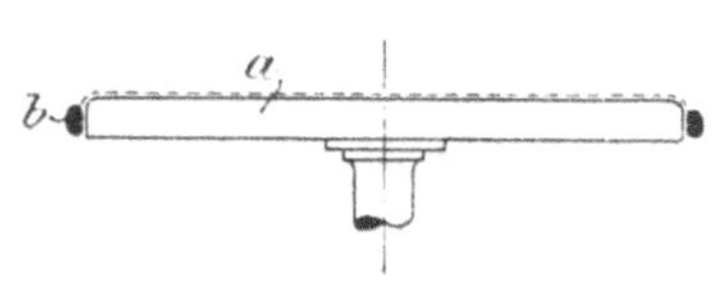

Fig. 135.

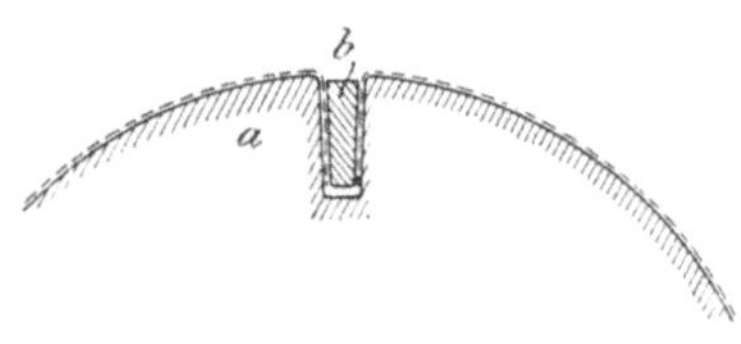

Fig. 136.

in eine Längsnuth fallen und presst eine Ruthe *b* ein, die an ihren Enden gebührend festgehalten wird. Nicht selten wird eine aus Filz oder Papier bestehende oder andere elastische Unterlage eingeschaltet. Zum Schleifen gekehlter Leisten *a*, Fig. 137, benutzt man[1]) ein längeres Band *c* aus Flintstein- oder Glaspapier, welches an einen Backen *b* gelegt wird, der nach

[1]) D. R.-P. Nr. 32299.

dem Spiegelbild der Kehlung gestaltet ist. Der Backen *b* nebst dem Schleifmittel wird mittels Kurbel und Lenkstange an dem Werkstück *a* hin- und hergeschoben, während sich letzteres langsam fortbewegt. Das Schleifband ist auf eine Trommel *d* gewickelt, welche durch eine Bremse gehindert wird, sich weiter zu drehen, als das Band *c* verlangt. Es wird dann mittels an *b* gelagerte Leitrollen an dem Backen entlang geführt und durch ein mit Gummi bekleidetes Walzenpaar *e* ruckweise weiter gezogen.

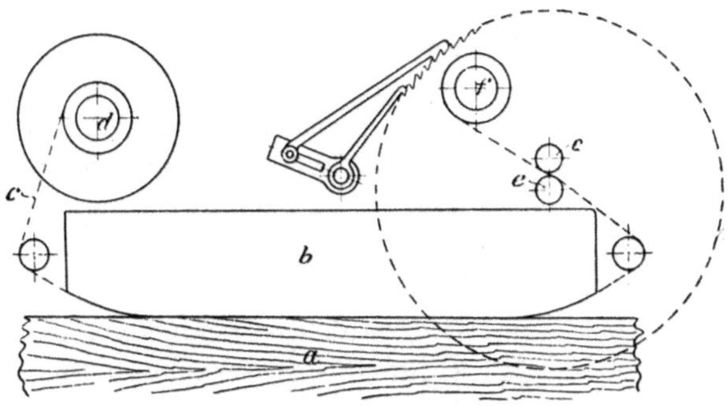

Fig. 137.

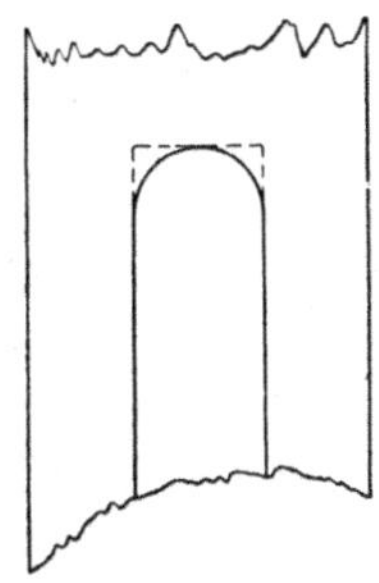
Fig. 138.

Ein Sperrwerk bethätigt die Abzugswalzen *e*, und eine Trommel *f* wickelt das verbrauchte Band auf.

Die Geschwindigkeiten der Schleifflächen scheinen ziemlich willkürlich gewählt zu werden.

5. Langsam bewegte oder ruhende Werkzeuge.

a) Stemmwerkzeuge. Man erzeugt Zapfenlöcher mittels der Kettensäge (S. 63), gewinnt aber mittels dieser nur rauhe Flächen und einen ge-

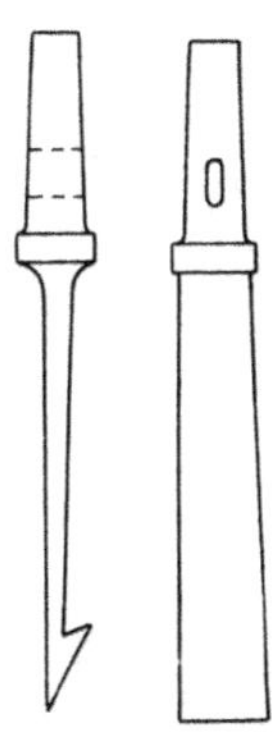
Fig. 139.

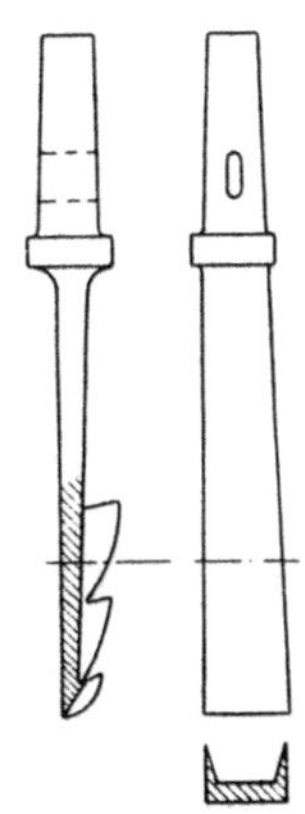
Fig. 140.

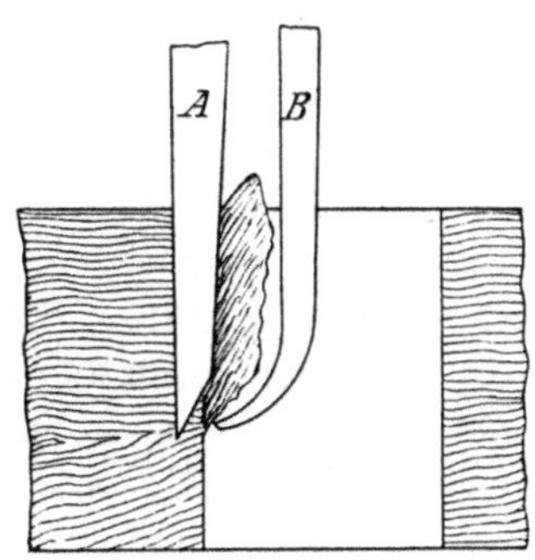

Fig. 141.

wölbten Boden des Zapfenloches, wenn dieses nicht ganz durch das Werkstück hindurch reicht. Es werden ferner mit Hilfe von Langlochbohrern (S. 28) Zapfenlöcher erzeugt. Derartige Löcher sind nach Fig. 138 an den Enden gerundet, weshalb die Schmalseiten der Zapfen eben so abgerundet werden müssen, oder eine Nacharbeit der Löcher — nach den in Fig. 138 gestrichelt gezeichneten Linien — nöthig ist. Zu letzterer Arbeit dient das sogenannte Viereisen, ein Werkzeug, dessen drei Schneiden zu einem ⊔

zusammengesetzt sind, wobei die Breite der mittleren Schneide der Weite des Loches gleicht.

Viele Zapfenloch-Stemmmaschinen arbeiten mit lochbeitelartigen Werkzeugen. Es wird der Lochbeitel wiederholt und mit grosser Kraft eingetrieben und das Werkstück nach jedem Stoss um die Spandicke fortgerückt. Hierbei ist das Entfernen der entstehenden Späne schwierig. Man findet, nach Fig. 139, auf dem Rücken des Lochbeitels einen hakenförmigen Vorsprung, welcher bei jedem Rückzuge des Werkzeugs einige Späne mit sich reisst, oder, nach Fig. 140, die Seitenschneiden des Viereisens zu gleichem Zwecke hakenförmig ausgebildet. Fister[1]) empfiehlt nach Fig. 141 neben dem Lochbeitel *A* die Zunge *B* anzubringen. Letztere wird durch die Maschine unmittelbar bethätigt und schleppt ersteren mit sich, so dass bei dem Vordringen von *B* der Lochbeitel *A* ein wenig zurückbleibt, also der Span sich zwischen *A* und *B* legen kann, beim Rückgange von *B* aber der Span gut festgehalten und nach aussen befördert wird. Ich weiss nicht, ob dieses Verfahren Eingang gefunden hat.

Bei Verwendung dieser Lochbeitel wird zunächst wenigstens ein Loch gebohrt, um von vorn herein etwas Raum für die entstehenden Späne zu haben; der Lochbeitel ist um 180° zu drehen, so dass er für die Vollendung beider Endflächen des Loches benutzt werden kann.

Weit besser löst der Hohlstichel von Gebr. Greenlee in Chicago die vorliegende Aufgabe.[2]) Fig. 142 stellt ihn theilweise im Längenschnitt,

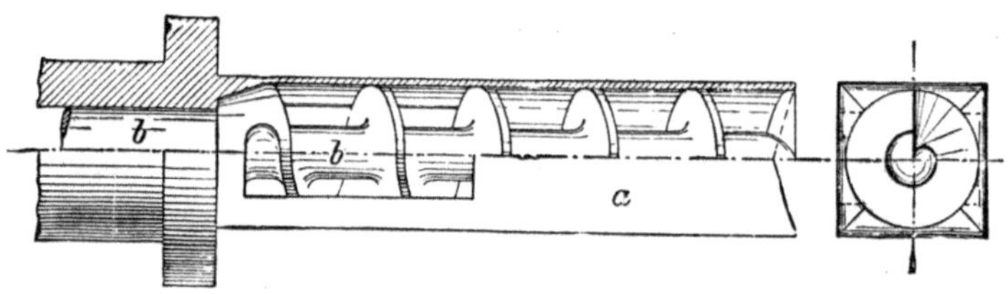

Fig. 142.

theilweise in Längenansicht und in Endansicht dar. Am freien Rande einer aussen quadratischen, innen runden Röhre *a* sind 4 Schneiden ausgebildet, und in der Röhre steckt der Schraubenbohrer *b*. Indem man die Schneiden gegen das Werkstück drückt, bilden sie ein Loch quadratischen Querschnitts; der Bohrer zerkleinert das innerhalb der Schneiden zusammengedrängte Holz, fördert die Späne nach rückwärts und wirft sie durch seitliche Oeffnungen aus. Es soll der Bohrer minutlich etwa 4000 Drehungen machen und die sekundliche Zuschiebungsgeschwindigkeit des Stichels *a* 20 bis 40 mm betragen; der Rückzug erfolgt mit wesentlich grösserer Geschwindigkeit. Die auf diesem Wege gewonnenen Löcher sind sehr sauber, haben aber quadratischen Querschnitt; sie werden länglich, indem man den Stichel mehrere Male neben einander gegen das Holz führt. Leider beträgt bisher die kleinste Seitenlänge des quadratischen Stichelquerschnitts etwa 8 mm.

b) Abzieh- oder Putzmesser. Die geringen Rauhigkeiten, welche von dem bogenförmigen Weg der Hobelmaschinenmesser herrühren, beseitigt man zuweilen in der Hobelmaschine selbst, indem man das Werk-

[1]) Zeitschr. d. Ver. deutscher Ingen. 1882, S. 584, mit Abb.
[2]) Zeitschr. d. Ver. deutscher Ingen. 1894, S. 705, mit Abb.

stück über feststehende Hobelmesser hinwegführt. Diese sind in derselben Weise mit einer Hobelsohle verbunden, wie die Hobeleisen der Handhobel[1]; es liegen die Schneiden regelmässig schräg gegen die Schnittrichtung (S. 4). Fig. 143 ist ein theilweiser Schnitt durch die gusseiserne, nach oben gerichtete Hobelsohle *a*, das Messer *s* und die sogenannte Klappe *b*, welche bekanntlich, indem sie den in Bildung begriffenen Span sofort scharf biegt, die Gefahr des sogen. Einreissens mildert. In gleichem Sinne wirkt die Engigkeit des vor der Schneide frei bleibenden Hobelsohlenschlitzes.

Man lässt die Abziehmesser meistens die untere Seite des Werkstücks bearbeiten und richtet sie so ein, dass sie ohne Unterbrechung des sonstigen Hobel-

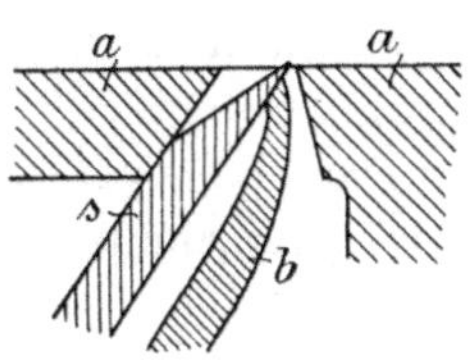

Fig. 143.

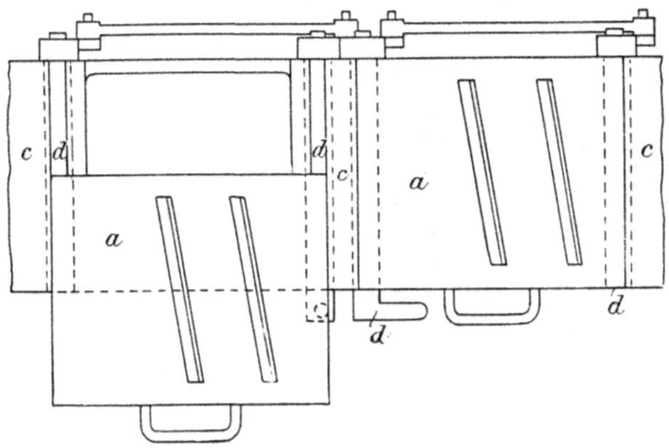

Fig. 144.

maschinenbetriebs bequem ausgewechselt werden können. Sie werden deshalb in gusseiserne Hobelkästen gelegt, die wie Schubkasten nach der Seite herausgezogen bezw. von der Seite hineingeschoben werden können.

A. A. Westman erleichtert dieses Auswechseln der Messer in folgender Weise[2]: Fig. 144 ist ein Grundriss, Fig. 145 ein lothrechter Schnitt der betreffenden Einrichtung. Es sind zwei Hobelkasten *a* vorgesehen, damit die Messer des einen arbeiten können, während die anderen ausgewechselt werden, und jeder Kasten enthält zwei Messer, um die Wirkung zu sichern. In Fig. 144 ist der links befindliche Hobelkasten zum Theil hervorgezogen. Es ruhen nun die Messerkasten *a* mit ihren Rändern auf abgeflachten Spindeln *d*.

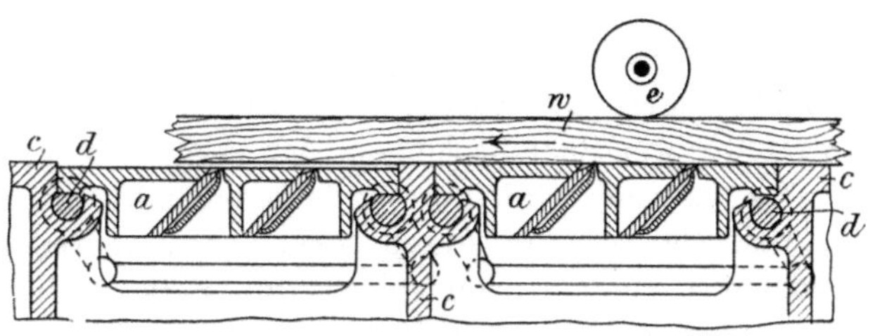

Fig. 145.

Liegt die Abflachung oben, so sind die Messer gegenüber dem Werkstück *w* zurückgezogen (vergl. Fig. 145 links), liegt aber die Abflachung seitwärts (Fig. 145 rechts), so befindet sich die obere Fläche von *a* mit derjenigen des Maschinengestells *c* in genau gleicher Höhe. Die zwei zu einem Messerkasten gehörenden Spindeln *d* sind durch Kurbeln und eine

[1]) Herm. Fischer, Allg. Grundr. u. Mittel d. mech. Aufbereitens, S. 390.
[2]) D. R.-P. Nr. 90974.

Stange so mit einander gekuppelt, dass sie nur gleichzeitig gedreht werden können. Es ist demnach leicht, die Messerkasten behufs Auswechselns der Messer ein wenig sinken zu lassen und demnächst wieder in die, für das Arbeiten erforderliche Höhe zu heben.

Die untere Fläche des Werkstücks *w* muss selbstverständlich mit der Oberfläche des Messerkastens, dessen Messer arbeiten sollen, in guter Fühlung gehalten werden. Demgemäss ist das Werkstück niederzudrücken und zwar mit einer Kraft, die grösser ist als der von den Messern lothrecht nach oben gerichtete Druck. Zu diesem Zweck lässt man Klötze oder Rollen *e*, Fig. 145, gegen das Werkstück drücken. Dieser Andruck muss nachgiebig sein, also durch Gewichte oder Federn bewirkt werden. Die Rollen sind neuerdings beliebter als die Druckklötze, weil sie dem Zuschieben des Holzes weniger Widerstand entgegensetzen. Da wo der Messerkasten gesenkt oder herausgezogen ist, würde der Druck der Rollen oder Klötze nur schädlich wirken. Man richtet daher die Druckvorrichtungen so ein, dass sie über jedem Messerkasten für sich ausser Wirksamkeit gesetzt werden können, vielleicht, indem man sie mit den Spindeln *d* in geeignete Verbindung setzt.

Richards[1]) empfiehlt für diesen Zweck Werkzeuge, welche nach Art der Ziehklingen vorgerichtet werden. Fig. 146 ist der Querschnitt der

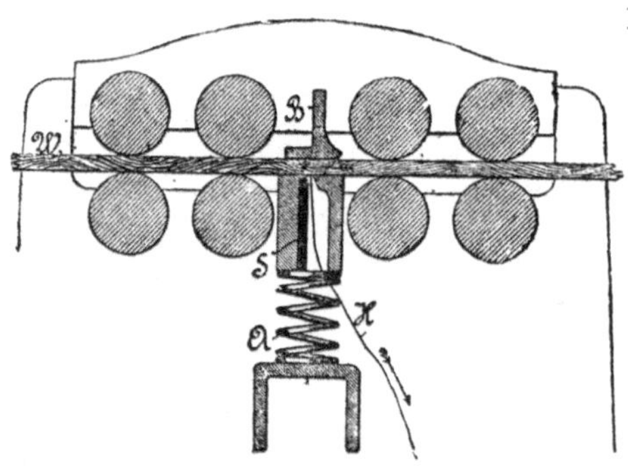

Fig. 150.

Fig. 146.

Fig. 147.

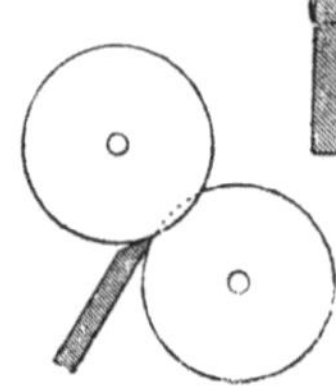

Fig. 148.

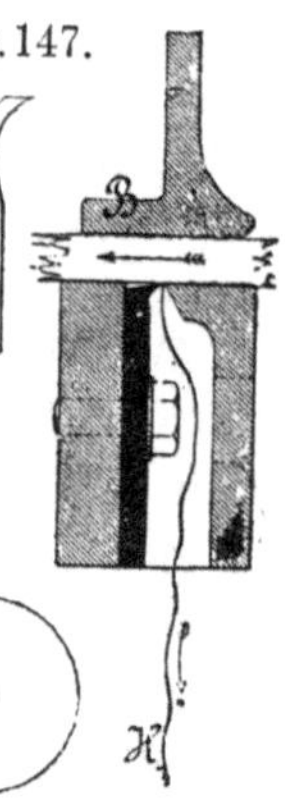

Fig. 149.

Schneide (in $^1/_2$ der wahren Grösse) nach dem Schleifen. Mittels eines Polirstahles überführt man die Schneide in die Gestalt, welche Fig. 147 zeigt. Fig. 148 stellt zwei Schleifscheiben dar, welche zum Schleifen der Messer dienen. Das Messer wird nun in einem Balken *S*, Fig. 149, geeignet befestigt und mit diesem durch zwei Schraubenfedern gegen das Werkstück *w* gedrückt, welches sich gegen den Balken *B* stützt. Die in Fig. 150 angedeuteten vier Walzenpaare dienen zum Fortbewegen des Werkstücks *w*. In der Quelle ist die sekundliche Schnittgeschwindigkeit zu 200 mm und die Spandicke zu etwa $^1/_{40}$ mm angegeben.

c) Span- oder Furnürmesser. Späne, aus denen Schachteln u. s. w. gefertigt werden, gewinnt man aus möglichst schlicht gewachsenem Holz und zwar mittels Werkzeugen, welche sich vom Handhobel im wesentlichen nur durch den kleinen Brustwinkel (bis herab zu 12°) unterscheiden. Bei

[1]) Zeitschr. d. Ver. deutscher Ingen. 1885, S. 776.

sehr schlichten Hölzern fällt die Schnittrichtung mit der Faserrichtung zusammen, bei weniger geradfaserigen legt man die Schneide schräg oder gleichlaufend zur Faserrichtung (S. 4), während sie rechtwinklig zu letzterer vorwärtsgeschoben wird. Das kommt insbesondere beim Hobeln der sogen. Furnüre in Frage, d. h. dünner Brettchen, welche zum Bekleiden anderen Holzes dienen oder auch selbständig verwendet werden, z. B. als Scherwände in Möbeln, Zündholzschachteln u. s. w.

Fig. 151 ist der Querschnitt einer hierzu gehörigen Messeranordnung. An einem Gusseisenkörper *c* ist einerseits die Sohle *a*, anderseits die Sohle *b* befestigt. Auf *a* ruht das Messer *s* und ist hier durch zwei Schrauben genau einstellbar; eine durch eine Reihe von Schrauben angedrückte Kappe *d* hält das Messer fest. Die zweite Sohle *b* ist leicht auswechselbar, so dass für jede Spandicke die zugehörige Sohle *b* eingelegt werden kann.

Nicht selten wird der Körper *c* während des Arbeitens in der Richtung der Schneide verschoben, wodurch das glatte Abschneiden gefördert wird.

Vorher trockenes Holz wird durch Dämpfen biegsam gemacht.

d) Drechsel- oder Dreh-Werkzeuge. Sie bestehen sehr häufig aus den gewöhnlichen Handwerkzeugen des Drechslers. Man findet aber bei

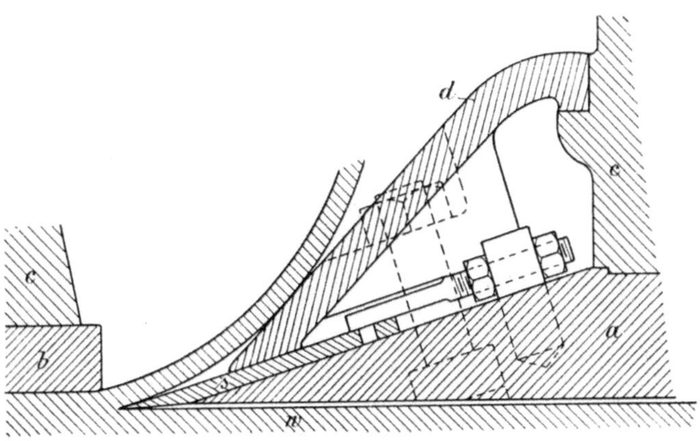

Fig. 151.

Holzdrehbänken auch in Stichelhäuser gespannte Werkzeuge, welche ebenso verschoben werden, wie bei Metalldrehbänken gebräuchlich. Einer besonderen Beschreibung bedürfen sie demnach nicht.

Endlich kommen vielfach Formstichel zur Anwendung. Man gestaltet die Schneiden der Formstichel unter Berücksichtigung der Umstände, welche zu Fig. 9 bis 12 (S. 6—7) angeführt worden sind, und gewinnt hierdurch (vergl. insbes. Fig. 12) gleichzeitig ein allmähliges Angreifen des Stichels, so dass der z. Z. auftretende Widerstand die zulässige Grösse nicht übersteigt. Nach Umständen führt die Rücksichtnahme auf den Schnittwiderstand, der auf das Werkstück zurückwirkt und dieses zu biegen und zu verdrehen versucht, zur Zerlegung des Formstichels in einzelne Theile, die nach einander zum Angriff gebracht werden. Es sind die hierfür verwendeten Einrichtungen zum Theil denen verwandt, welche dem Stahlwechsel (Bd. 1 S. 306) dienen.

Eine Ausführungsweise solcher Formstichel hebe ich besonders hervor; ich sah sie 1897 zuerst an einer Drehbank von Ernst Kirchner & Co. in

Leipzig.[1]) Fig. 152 bis 154 stellen drei Ausführungsformen dar. Die Schneide des Drehstichels d bildet eine geschlossene Linie. Es ist d um seine lothrechte Axe drehbar und mit seiner Lagerung längs des Werkstücks ac

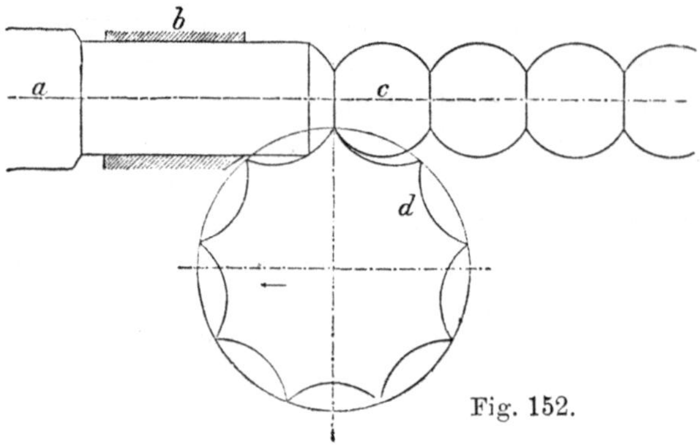

Fig. 152.

verschiebbar, und zwar so, dass Drehung und Verschiebung in einem bestimmten Verhältniss zu einander stehen. Das Werkstück a wird zunächst auf die genau in die Brille b passende Dicke abgedreht, erfährt hier gute

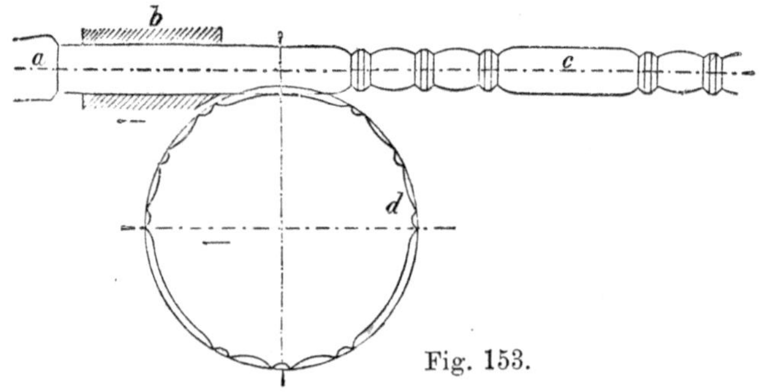

Fig. 153.

Stützung und wird rechts von b durch den an c sich abrollenden Formstichel d fertig gedreht. Diese Formstichelanordnung ist sehr leistungsfähig;

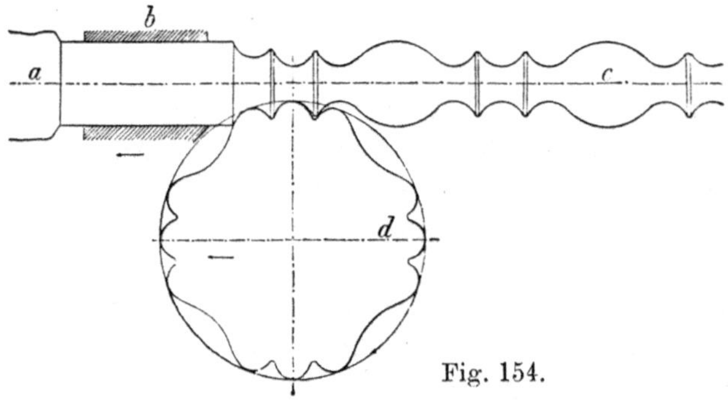

Fig. 154.

es muss jedoch als Uebelstand hervorgehoben werden, dass das Schärfen, das Erhalten der Schneide in gutem Zustande ziemliche Schwierigkeiten verursacht.

[1]) Zeitschr. d. Ver. deutscher Ingen. 1897, S. 1055.

II. Entgegenführen von Werkstücken und Werkzeugen.

Das gegensätzliche Nähern von Werkstück und Werkzeug findet entweder durch Fortbewegen des einen oder andern, sehr selten durch gleichzeitiges Verschieben beider statt. Es wird durch die Hand des Arbeiters oder durch mechanische Mittel bewirkt. Hierbei kommen folgende Gesichts-Punkte in Frage:

A. Zuführen der Werkstücke mittels der Hand.

Es ist das Werkstück in bestimmter Richtung und mit gewisser Geschwindigkeit dem Werkzeug zu nähern, was einschliesst, dass die Zuführung entsprechend kräftig stattfindet. Nur in wenigen Fällen ist es möglich, das Werkstück ganz freihändig festzuhalten und zu führen, in der Regel sind Hilfsmittel erforderlich, welche der Hand ihre Aufgabe erleichtern.

Die ebene Tischfläche ist ein solches Hilfsmittel. Sie erleichtert die geradlinige Führung des Werkstücks und vermag, wenn richtig angebracht,

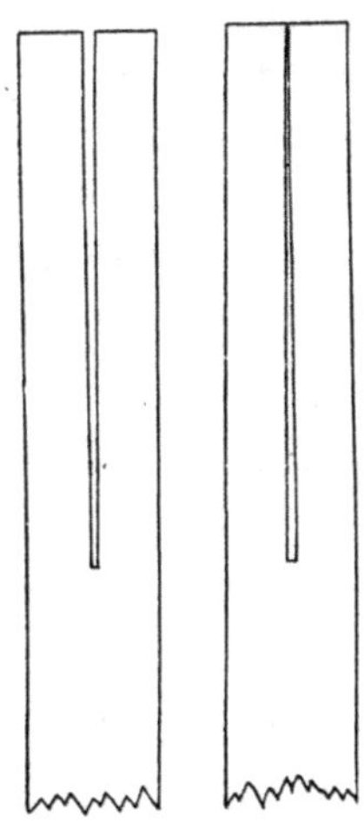

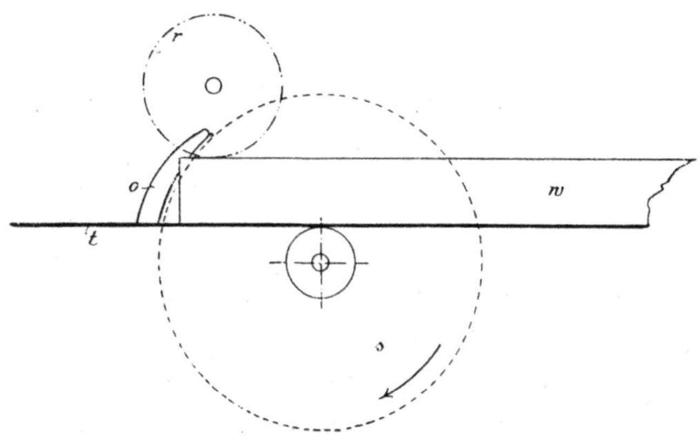

Fig. 156.

einen erheblichen Theil der vom Werkzeug ausgehenden Kraft aufzunehmen, so dass die Hand des Arbeiters nur einen Rest zu überwinden hat. Man findet den Tisch bei Kreissägen, Bandsägen, Fräsmaschinen, Bohrmaschinen u. s. w. in mancherlei Ausrüstung.

Bevor man ein Stück Holz in seiner Längenrichtung aufschneidet, befinden sich seine Theilchen in einer gewissen Zwangslage. Sobald der Schnitt auf einige Tiefe ausgeführt ist, stellen die Spannungen der von einander getrennten Theile eine neue Gleichgewichtslage her, die nicht selten durch Oeffnen oder Verengen des geschnittenen Schlitzes, Fig. 155, sich kenntlich macht. Ersteres stört nicht, letzteres kann aber bei Kreissägen recht gefährlich werden. Ist nämlich der im Werkstück *w*, Fig. 156, auszuführende Schnitt länger als die in Höhe des Tisches *t* gemessene Sehne des Kreissägenblattes *s*, so finden die nach oben sich bewegenden Zähne zwischen den beiden Schnittflächen nicht Raum und werfen deshalb das Werkstück nach rechts gegen den bedienenden Arbeiter. Dieser Vorgang hat schon manchem Arbeiter das Leben gekostet. Man bringt hinter der Säge, links in Bezug auf Fig. 156, den sogenannten Spaltkeil *o* an, d. i. ein säbelartig gestaltetes Stahlstück, welches an seinem, der Säge zugekehrten hohlen Rande dünner, an seinem nach aussen gekrümmten Rande erheblich dicker ist als das Sägenblatt, so dass der Spaltkeil den Schlitz des Werkstücks erweitert und dadurch jede Berührung der aufsteigenden Zähne mit dem Holz unmöglich macht. Jene Gefahr liegt deshalb nur während der kurzen Zeit vor, während welcher das vordere Werkstückende den Sägenrand überschreitet. Diese Zeit erfordert besondere Umsicht des Arbeiters. Es ist aber auch für sie die Gefahr zu beseitigen, und zwar durch eine Druckrolle *r*.

Eine solche Druckrolle oder ein Druckrollenpaar macht den Spaltkeil als Schutzmittel gegen Beschädigungen des Arbeiters entbehrlich. Da jedoch der Spaltkeil auch verhütet, dass die aufsteigenden Sägenzähne an den Schnittflächen Schrammen erzeugen, so findet man ihn auch bei dem Vorhandensein solcher Druckrollen, auch bei mechanischer Zuschiebung des Holzes, entweder in der angegebenen Gestalt oder als dünne, linsenförmige Scheibe, die hinter der Säge drehbar gelagert ist.

Man benutzt den Tisch ferner als Auflage, z. B. bei Schleifmaschinen. In Fig. 157[1]) bezeichnet *a* eine ebene Schleifscheibe, *t* den Auflegetisch. Dieser unterstützt das Werkstück gegenüber dem Arbeitswiderstand und vermittelt gleichzeitig die richtige Lage der zu schleifenden Fläche gegenüber der Schleiffläche. *b* ist eine mit der Welle

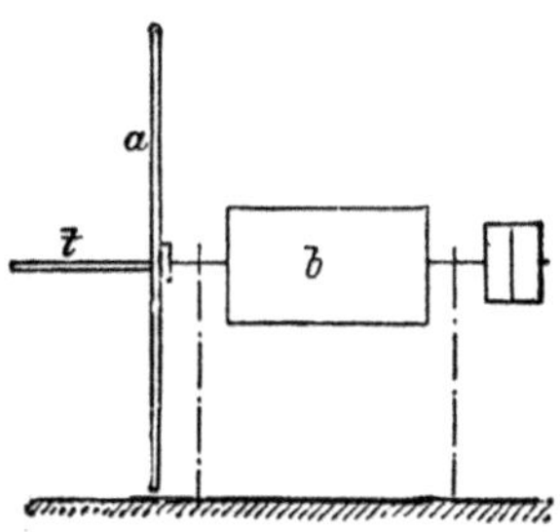

Fig. 157.

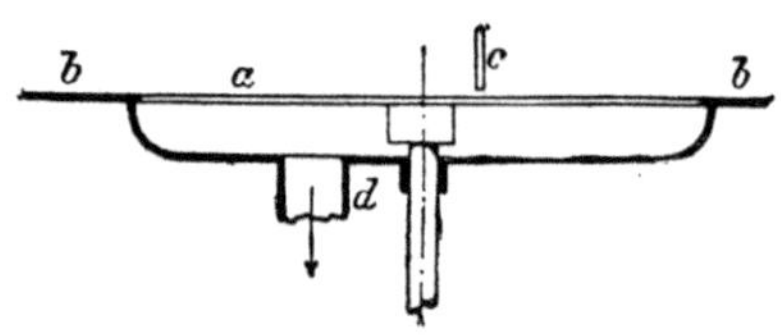

Fig. 158.

von *a* verbundene trommelförmige Schleiffläche, über welche zu schleifende Flächen hinweg geschoben werden. Nach Fig. 158 ist die Schleifscheibe *a* liegend, die Auflage *c* aufrecht angeordnet, eine Anordnung, welche für manche Werkstücke handlicher ist als die durch Fig. 157 dargestellte. Die Schleifscheibe *a*, Fig. 158, ist von einem Rahmen *b* umschlossen, der zum Schutz der Arbeiter dient und zum Anschluss einer Mulde für das Absaugen des Schleifstaubes.

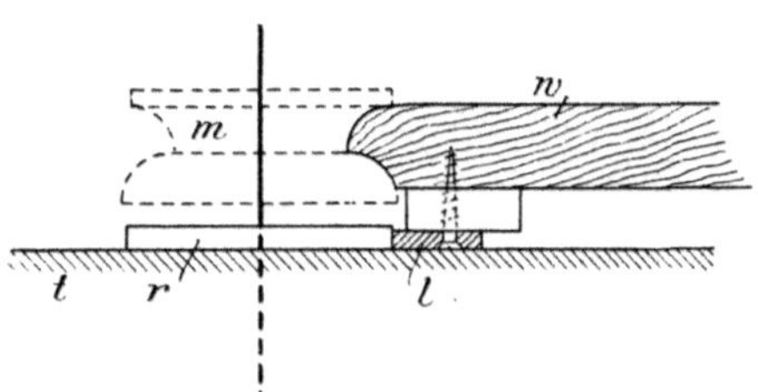

Fig. 159.

Die durch Fig. 157 dargestellte Anordnung findet man auch für Hobelmaschinen im Gebrauch; es ist dann *a* ein nach Fig. 45, S. 23 gebauter Messerkopf.

Es finden sich endlich tischartige Auflagen bei Schnitzmaschinen und Kehlmaschinen für doppelt gekrümmte Flächen. Sie dienen zum Theil nur als Stützen, zum Theil auch zur Führung. Für letzteres zeigt Fig. 159 ein Beispiel. *t* ist der Tisch einer Tischfräsmaschine, der Messerkopf *m* ist

[1]) Zeitschr. d. Ver. deutscher Ingen. 1894, S. 707.

lothrecht gelagert und die Lagerung gleichaxig von dem am Tisch *t* befestigten Ring *r* umgeben. Mit dem Werkstück *w* ist eine eiserne Lehre *l* verbunden, deren Längenverlauf der verlangten Gestalt des Werkstückrandes entspricht, so dass, wenn man *w* an dem Messerkopf so entlang führt, dass die Lehre *l* mit dem Ring *r* stets in Fühlung bleibt, der Werkstückrand in gewünschter Weise bearbeitet wird.

Fig. 160 ist der Querschnitt einer Schleifmaschine, bei welcher der Tisch im wesentlichen nur als Führungsmittel für das auf ihm liegende Werkstück dient. Die mit Glaspapier überzogene Trommel *a* ragt nur ganz wenig über die Tischfläche hervor. Man findet dieselbe Anordnung bei Kreissägen mit der Abweichung, dass das Sägenblatt in bestimmtem Grade über die Tischfläche hervorragt, um Schnitte oder Nuthen in der unteren Fläche des über den Tisch hinweg geführten Werkstücks in bestimmter Tiefe zu erzeugen, und eben so ist es bei manchen Hobelmaschinen, bei denen der Messerkopf oder Theile desselben über die Tischfläche hervorragen. Es ist dann entweder die Höhenlage des Tisches oder diejenige des Messerkopfes oder der Säge einstellbar.

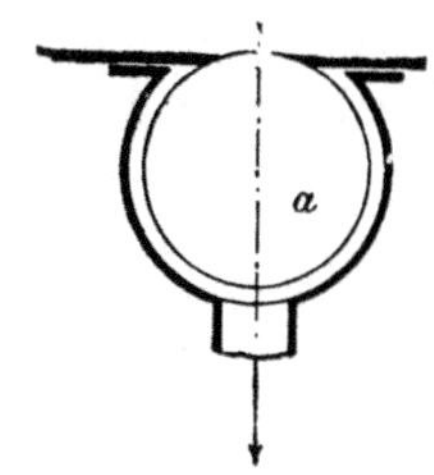

Fig. 160.

Um das Werkstück in möglichster Nähe des Schnittes zu stützen, werden bei Hobelmaschinen wohl den Messerkopf gut umschliessende, auswechselbare Rahmen in die Tischfläche gelegt. Häufiger entschliesst man sich, den Tisch aus zwei Hälften zu machen, die längs genauer, schrägliegender Führungen verschoben oder durch Lenkerwerk geführt werden, und zwar so, dass die Oberflächen der beiden Tischhälften stets zu einander gleichlaufend bleiben. Man ordnet die Führungen der Tischhälften schrägliegend an, damit bei den verschiedenen Höhenlagen der letzteren der Zwischenraum, den ihr nach innen gekehrter Rand und der Messerkopf frei lassen, möglichst klein ausfällt. In Fig. 161 ist die Neigung der Führungen zu 30° angenommen; man findet diesen Neigungswinkel zuweilen kleiner, zuweilen grösser.

Wenn auch der zweitheilige Tisch dem soeben erörterten Zweck dient, so ist doch ein anderer Verwendungszweck wichtiger, nämlich das Abrichten

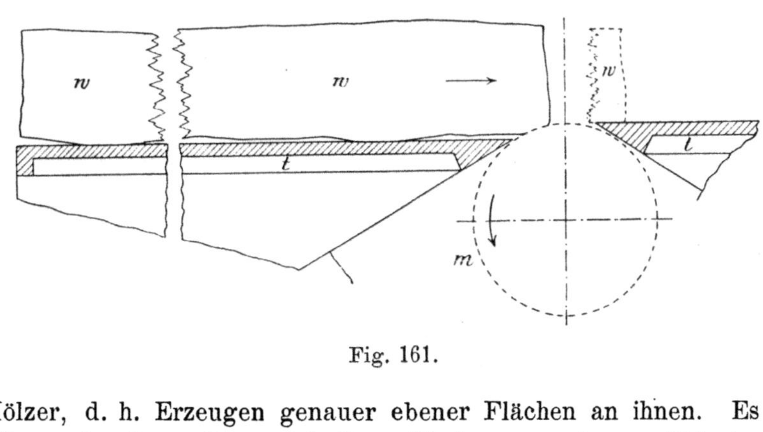

Fig. 161.

der Hölzer, d. h. Erzeugen genauer ebener Flächen an ihnen. Es heissen deshalb auch die mit zwei halben Tischen versehenen Hobelmaschinen insbesondere Abrichthobelmaschinen, obgleich auch andere Maschinen zum Abrichten benutzt werden können.

Behufs Abrichtens des Werkstückes w, Fig. 161, wird die eine Tischhälfte t so eingestellt, dass ihre Oberfläche mit dem Messerkreis m genau abschneidet, die andere Tischhälfte bekommt eine tiefere Lage. Legt man nun das Werkstück auf letztere, so wird es mit zwei oder drei Punkten die Tischfläche berühren. Verschiebt man sonach w in der Pfeilrichtung, so bewegt es sich gleichlaufend zu t und wird durch den Messerkopf mit einer ebenen Fläche versehen, die bald sich auf die höher belegene Tischfläche legt und dadurch die Führung des Werkstücks vervollkommnet. Ist das Werkstück so weit fortbewegt, dass es sich auf den tiefer belegenen Tisch nicht mehr stützt, so liegt es in solcher Ausdehnung auf dem oberen Tisch, dass dieser die Führung allein bewirken kann. Der zweitheilige Tisch gestattet auch eine keilförmige Schicht abzunehmen, indem der vordere

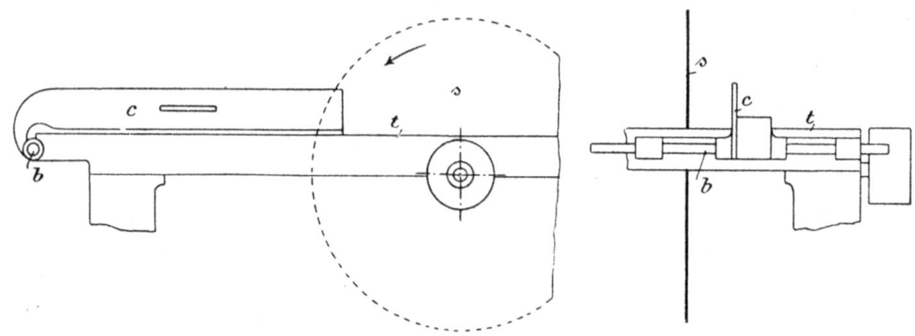

Fig. 162.

Rand des Werkstücks auf die obere, der hintere auf die untere Tischhälfte gelegt und dann das Werkstück einfach vorgeschoben wird. Es giebt noch verschiedene andere Verwendungsweisen dieser Tischverstellung.

Man führt auf Tischen die Werkstücke seitlich durch Führungs-Leisten, -Backen oder -Winkel, die in geeigneter Weise auf den Tischen befestigt werden. Fig. 162 zeigt ein Beispiel eines solchen Führungswinkels c für eine Kreissäge. Er ist an dem am Tisch t oder am Maschinengestell festen Bolzen b genau verschiebbar, so dass seine Führungsfläche mit der Sägenblattebene stets gleichlaufend bleibt, und um denselben Bolzen b ausschwenkbar, um die Tischoberfläche frei zu machen.

Es werden diese Winkel oder Backen c auch so eingerichtet, dass die Führungsfläche

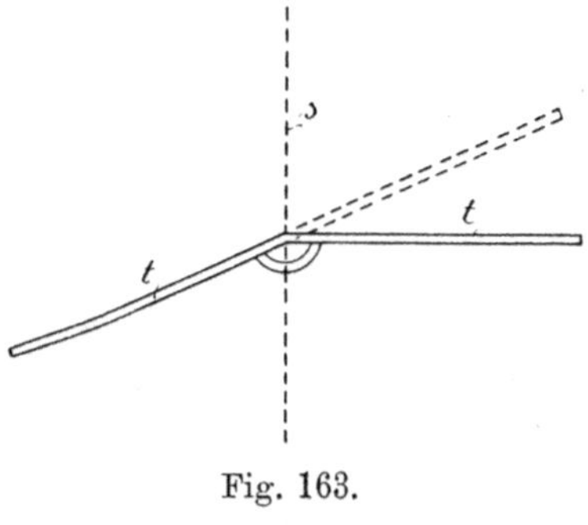

Fig. 163.

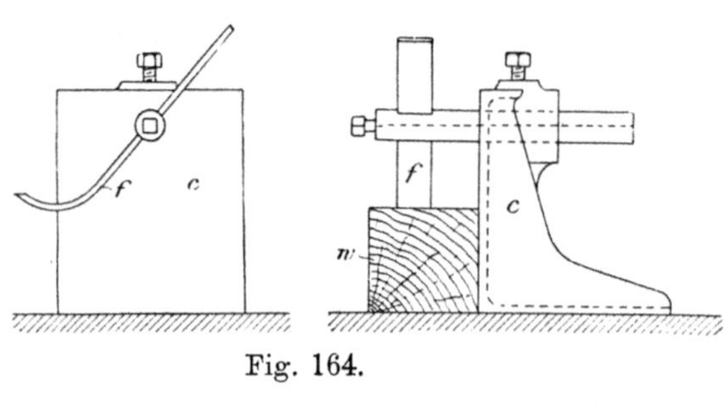

Fig. 164.

mit der Tischfläche einen kleineren Winkel als 90^0 einschliesst; häufiger aber richtet man den halben oder auch ganzen Tisch nach Fig. 163 kippbar ein, um andere als rechtwinklig liegende Schnitte auszuführen.

Der Arbeiter ist bei Benutzung dieser Führungen genöthigt, das Werkstück gegen zwei Führungsflächen — den Tisch und den Winkel — zu drücken. Diese Thätigkeit wird erleichtert durch einstellbare Druckfedern *f*, Fig. 164. Man lässt diese Federn das Werkstück entweder von oben nach unten drücken — wie in Fig. 164 vorgesehen — oder auch gegen den Führungswinkel. Für letzteren Zweck werden die Federn *f* auch wohl nach Fig. 165 ausgeführt. Die Feder sitzt an einem Klotz, der in einer Aufspannnuth des Tisches *t* sich führt und hier befestigt wird; ein Pfeil der Abbildung giebt die Bewegungsrichtung des Werkstückes *w* an.

Die mit Fig. 162—165 beschriebenen Einrichtungen finden sich sowohl bei Kreis- und

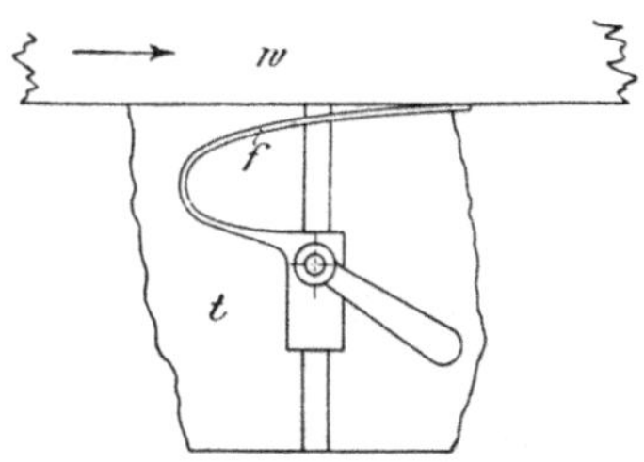

Fig. 165.

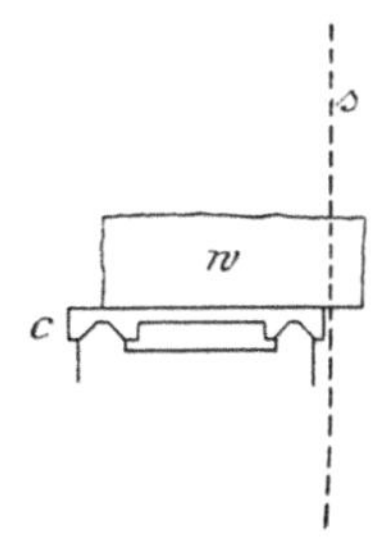

Fig. 166.

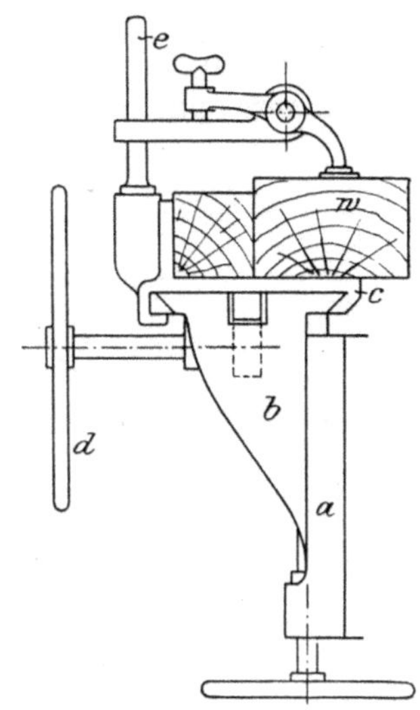

Fig. 167.

Bandsägen als auch bei manchen Kehlmaschinen und Tischfräsen.

Für geradlinige Führung längs nicht sehr langer Wege wird vielfach ein Schlitten eingeschaltet, z. B. nach Fig. 166. Es bezeichnet *s* das Sägenblatt und *c* den Schlitten, auf welchem das Werkstück in geeigneter Weise befestigt wird. Ein zweites Beispiel stellt Fig. 167 dar; es ist einer Langlochbohrmaschine mit liegendem Bohrer entnommen. An dem Maschinengestell *a* ist zunächst, mittels Schraube und unten liegenden Handrades der Winkel *b* lothrecht zu verschieben. Der obere Theil dieses Winkels enthält die Führung des Werkstückschlittens *c* und die Lagerung für die Welle des Handrades *d*. Diese Welle ist innerhalb des Winkels *b* mit einem Stirnrädchen versehen, welches in eine unter dem Schlitten *c* befestigte Zahnstange greift und zum Hin- und Herschieben des Werkstücks *w* in der Längenrichtung des zu erzeugenden Loches dient. Die Klemmstange *e* ist mit dem Schlitten *c* fest verbunden.

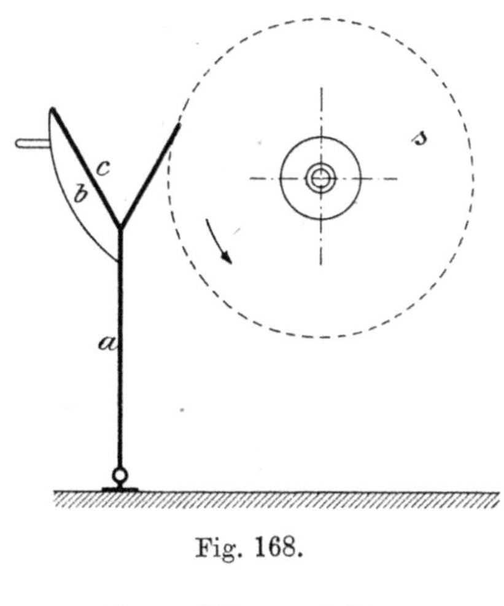

Fig. 168.

Längere Gegenstände, welche quer zu ihrer Längenrichtung zugeschoben werden sollen, sind mit den bisher angegebenen Führungsmitteln nicht bequem zu handhaben. Man verwendet deshalb regelmässig ein gut geführtes Zwischenmittel, z. B. eine Art Mulde *c*, Fig. 168, die mittels der Stiele *a* um, am Maschinengestell feste Bolzen zu schwingen vermag. Der in Fig. 168 mit *b* bezeichnete Ansatz soll den bedienenden Arbeiter vor Verletzungen durch die Säge *s* schützen. Gleichen Zwecken, insbesondere wenn die Verschiebung der Werkstücke genau geradlinig stattfinden muss, dienen eigenartige Schlitten. Da die Länge des zurückzulegenden Weges meistens kleiner als die Werkstücklänge ist, so pflegt man nur das eine Schlittenende an einem schmalen Stabe zu führen, während das andere nur in lothrechter Richtung gestützt wird. Fig. 169 bis 171[1]) zeigen derartige Beispiele; sie sind von Zapfenschneide und Schlitzmaschinen entnommen. *b* bezeichnet den soeben erwähnten am Maschinen-

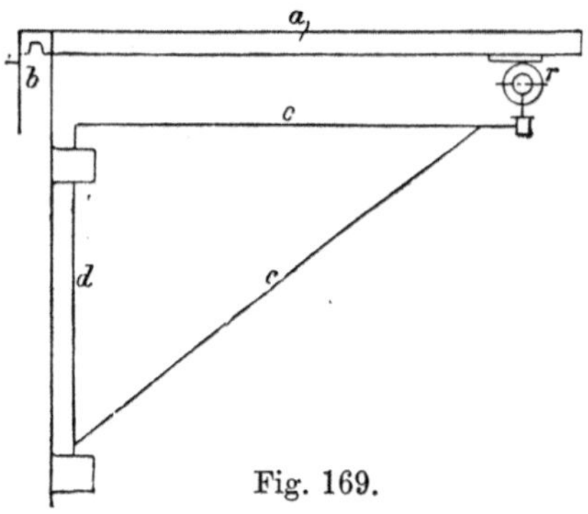

Fig. 169.

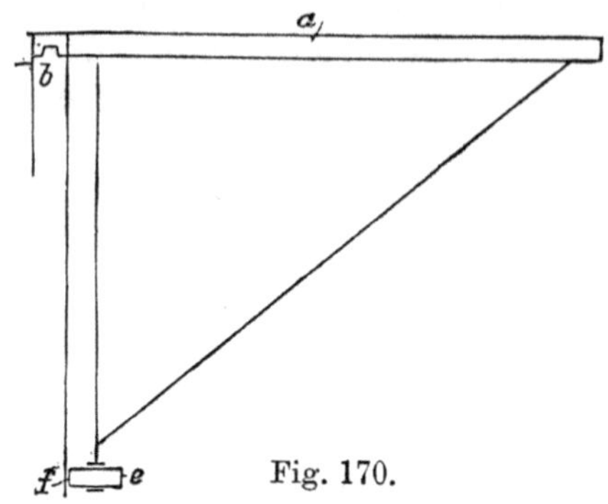

Fig. 170.

gestell festen Führungsstab, welcher mit seinen beiden Enden das Maschinengestell überragt. Er wird von einer Furche des Schlittens *a* übergriffen. Das rechtsseitige Ende wird bei der durch Fig. 169 dargestellten Bauart durch eine Rolle *r* getragen, deren Bolzen in einer am Krahn *c d* drehbaren Gabel steckt. Nach Fig. 170 ist an *a* mit gehöriger Absteifung ein

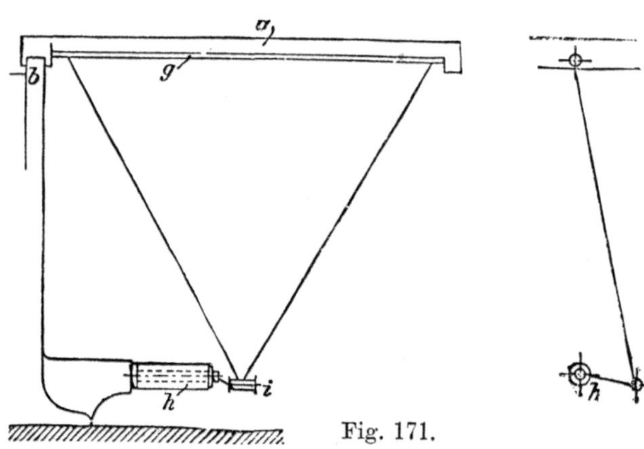

Fig. 171.

Zapfen befestigt, um welchen sich die Rolle *e* frei dreht. Letztere legt sich gegen die am Maschinengestell feste Leiste *f* und stützt dadurch das freie Ende des Tisches *a*. Recht hübsch ist die Anordnung, welche Fig. 171 in zwei Ansichten zeigt; sie wird von der Fay & Egan Co. in Cincinnati ausgeführt. Es ist an dem Schlitten *a* eine Welle *g* mit Dreieck gut gelagert. Die untere Ecke des letzteren steckt auf dem Zapfen *i*; indem dieser in wagerechter Richtung gegen das Dreieck drückt, stützt er den Schlitten *a* an seinem freien Ende. *i* ist eine Art Kurbelzapfen und kann sich um den am Maschinengestell festen Zapfen *h* frei drehen.

[1]) Zeitschr. d. Ver. deutscher Ingen. 1894, S. 662, mit Abb.

B. Zuschieben der Werkstücke durch mechanisch bethätigte Mittel.

Das mechanische Zuschieben findet statt, wenn die Werkstücke für die Handzuschiebung zu gross sind, oder wenn der Widerstand gegen das Zuschieben ein sehr grosser ist, oder endlich, wenn eine grosse Zahl gleichartiger Stücke nach einander in gleicher Weise den Werkzeugen entgegengeführt werden soll. Die betreffende Einrichtung hat immer drei Aufgaben zu lösen: das Werkstück vorwärts zu bewegen, es in bestimmtem Weg dem Werkzeug zu nähern und es so zu stützen, dass es den auftretenden Widerständen nicht ausweicht.

1. Diese Aufgaben werden zuweilen in sehr einfacher Weise gelöst, z. B. indem durch zwei gleichlaufende, in einen Tisch versenkte endlose Ketten, die sich mit gleicher Geschwindigkeit bewegen, die Werkstücke über die Tischfläche hinweggeschoben oder diese auf eine sich drehende Trommel gelegt und durch diese gegen die Werkzeuge geführt werden. Weiter unten finden sich hierfür Beispiele.

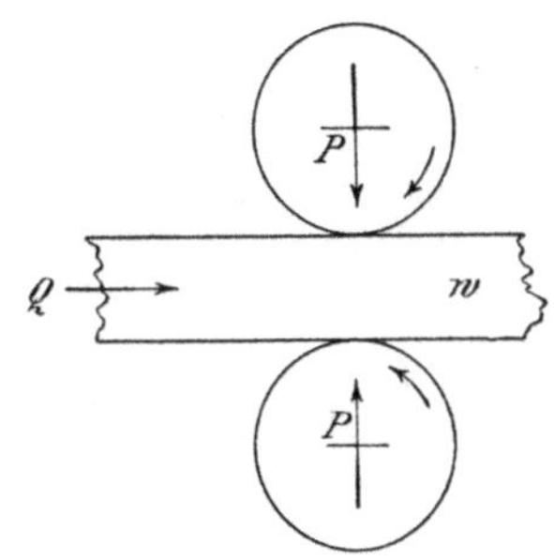

Fig. 172.

2. Mehr ist über das Zuschieben mittels Walzen zu sagen.

α) Soll das Werkstück w, Fig. 172, unter Ueberwindung des Widerstandes Q von zwei einander gegenüber liegenden Walzen fortgeschoben werden, so muss der Andruck P dieser Walzen betragen:

$$2 \cdot P \cdot f = Q, \text{ oder}$$

$$P = \frac{Q}{2f} \quad \ldots\ldots\ldots \quad (30)$$

wenn f die Reibungswerthziffer bezeichnet.

Für mässig glatte eiserne Walzen und trockne Flächen wird man $f = 0{,}25$ setzen können, bei feuchten Flächen, insbesondere wenn feuchte Sägespäne zwischen Walzen und Werkstück gelangen, ist f zweifellos kleiner. Man rauht deshalb die Walzenoberflächen, z. B. nach Fig. 173; auch die Riefung nach Fig. 174 kommt häufig und zwar mit verschieden breiten Balkenbreiten vor. Durch derartige Riefungen vergrössert sich die Reibungswerthziffer erheblich und verringert sich sonach der erforderliche Druck P, allein es wird die von den Walzen getroffene Oberfläche des Holzes beschädigt. Man verwendet deshalb solche geriefte Walzenflächen bei Sägemaschinen, bei welchen eine mässige Verletzung der Holzoberfläche nicht schadet und zum Einschieben des Holzes in Hobelmaschinen, sofern die betreffenden Holzflächen noch behobelt werden, passt aber den Grad der Rauhung den Umständen an. Zuweilen wünscht man zeitweise an einer Stelle, wo geriefte Speisewalzen sich befinden, jede Verletzung der Holzoberfläche vermeiden. Dann werden die gerieften Walzen gegen glatte ausgetauscht, oder mit Gummischläuchen überzogen, oder auch Walzen mit

Fig. 173.

Fig. 174.

herausschiebbaren Schienen[1]) verwendet. Der Walzenkörper *a*, Fig. 175, ist mit Schlitzen versehen, in denen die Flachschienen *b* nach der Halbmesserrichtung verschoben werden können. An den Enden der Schienen sind Zähne ausgebildet, welche in spiralige Nuthen zweier Scheiben *c* greifen, die auf der Walzenwelle drehbar stecken. Dreht man *c* gegenüber *a*, so werden die Schienen *b* entweder zurückgezogen und es entsteht eine glatte Walze, oder es treten die Schienenränder nach aussen hervor und sind demnach befähigt, in die Holzoberfläche einzugreifen.

Es darf nun nicht übersehen werden, dass auch glatte Walzen die Holzoberfläche zu beschädigen vermögen, wenn sie nämlich zu derb angedrückt werden bezw. einen geringen Durchmesser haben. Man giebt daher da, wo die Schonung der Werkstücke eine Rolle spielt, den Speisewalzen einen möglichst grossen Durchmesser und passt sich dem erforderlichen Q (Gl. 30, S. 79) dadurch an, dass man nur eine Walze des Paares oder beide antreibt, dass man nur ein Paar oder mehrere Paare anwendet.

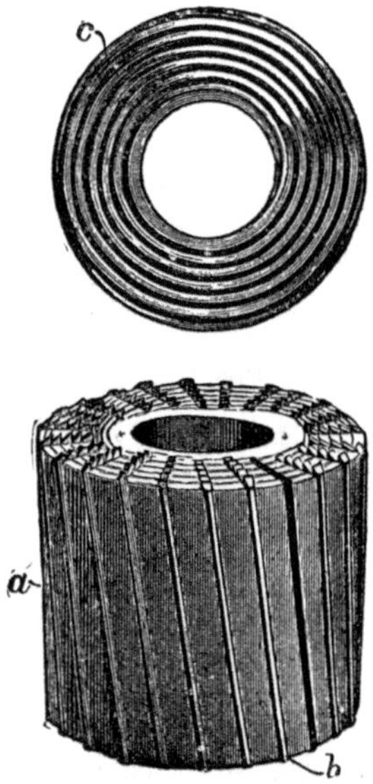

Fig. 175.

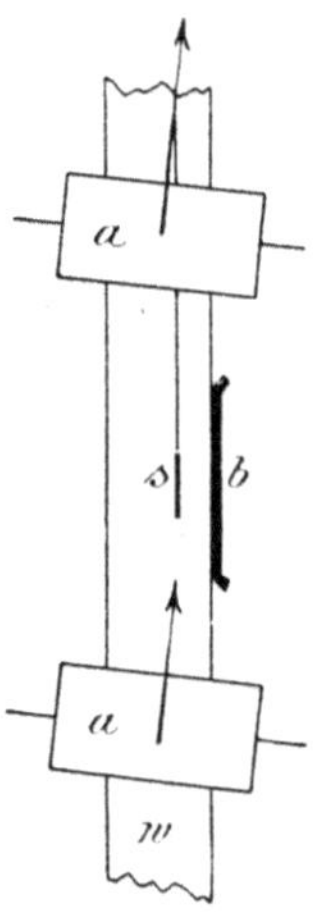

Fig. 176.

Die Speisewalzen müssen, so weit sie mit dem Holz in Berührung kommen, überall gleiche Halbmesser haben, wenn sie das Werkstück in gerader Linie verschieben sollen. Sie verschieben das Holz rechtwinklig zu ihrer Drehaxe. Wenn letztere nicht genau rechtwinklig zur Längenrichtung des Holzes liegt, so wird letzteres auch nicht genau in dieser Richtung verschoben. Daraus folgt, dass die Lagerung der Speisewalzen mit aller Sorgfalt ausgeführt und erhalten werden muss.

Da eine völlige Genauigkeit sowohl der Walzen als auch deren Lagerungen nicht dauernd zu erhalten ist, so benutzt man zuweilen eine mässig schiefe Lage der Walzenaxen, um durch sie eine genaue Führung des Werkstücks zu erzwingen.

In Fig. 176 sind die Walzen *a* in übertriebenem Grade schrägliegend gezeichnet, um die von ihnen angestrebte Bewegungsrichtung deutlicher hervorzuheben. Sie würden das Werkstück allmählich nach rechts ausweichen lassen, wenn nicht der Führungsbacken *b* solches hinderte. Es legt sich *w* fest gegen *b* und gleitet zwischen den Walzenpaaren *a* in dem Grade, wie die Schräglage der letzteren bedingt. Man verwendet diese Führung z. B. bei Trennsägen, um eine genau gleiche Brettdicke zu erzielen, aber auch bei anderen Holzbearbeitungsmaschinen dient der vorliegende Umstand zum festen Andrücken des Holzes an die Führungsflächen.

Weitere Einzelheiten über die Führung bei Walzenzuschiebung sollen an Hand von Beispielen erörtert werden.

β) Die Walzenzuschiebung für rohe Baumstämme kommt fast ausschliesslich bei den Bundgattern vor.

[1]) Zeitschr. d. Ver. deutscher Ingen. 1894, S. 661, mit Schaubild.

Es werden regelmässig zwei Walzenpaare *a d*, Fig. 177, angeordnet, die man aus leicht ersichtlichen Gründen den Sägen *s* möglichst nahe legt; die Walzen *a* drehen sich in festen Lagern, während die, Druckwalzen genannten, oberen Walzen *d* so gegen den Block *w* gedrückt werden, dass die für das Zuschieben des letzteren erforderliche Reibung entsteht.

Die Frage: mit welcher Kraft muss der Block gegen die Säge geschoben werden? ist wie folgt zu beantworten:

Es handle sich um ein Bundgatter mit 12 Stück 1,2 mm dicken Sägenblättern, $h = H = 800$ mm, $\varDelta = 1{,}7$ mm und 130 minutlichen Hüben. Dann ist — nach Gl. 20, S. 41 der Schnittwiderstand eines Sägenblattes für mittelhartes Holz:

$$P = (17) \cdot 1{,}2 \cdot 800 \cdot \frac{1{,}7}{800} = 34{,}7 \text{ kg}$$

und, wenn angenommen wird, dass bei sämmtlichen Sägen die gleiche Schnitthöhe vorliegt, der gesammte Schnittwiderstand:

$$W_1 = \text{rund } 416 \text{ kg.}$$

Nach Früherem (Bd. I, S. 14) ist dieser Widerstand demjenigen W_2 gleichzusetzen, welcher rechtwinklig zur Schnittrichtung auftritt, es ist also $W_2 = W_1$ ein Theil des von den Speisewalzen zu überwindenden Wider-

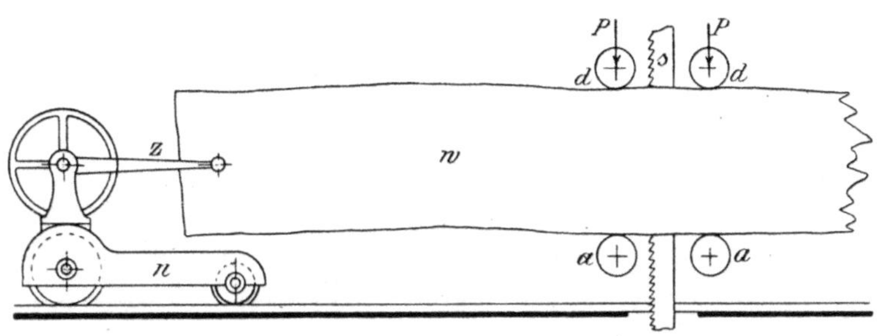

Fig. 177.

standes. Hierzu kommt, wenn der Block nach demselben Gesetz bewegt werden soll wie die Säge (vergl. S. 36), die Kraft für die Beschleunigung der Masse. Es wiege der Block nebst seinen Karren (s. w. u.) rund 2800 kg und es sei seine Masse $= \frac{2800}{9{,}81}$ zu 280 angenommen. Die grösste Zuschiebungsgeschwindigkeit beträgt: $\varDelta \cdot \pi \cdot 2 \cdot \frac{n}{60} = 0{,}023$ m, also die für Massenbeschleunigung erforderliche Kraft:

$$\frac{280 \cdot 0{,}023^2}{0{,}00085} = 168 \text{ kg.}$$

Ferner sind noch Reibungswiderstände zu berücksichtigen, deren Beträge jedoch gegenüber den beiden obigen verschwinden. Es ergiebt sich hiernach als durch die Walzen auszuübende Kraft Q (Gl. 30, S. 79) rund 600 kg. Grössere Zuschiebung entspricht selbstverständlich erheblich grösserem Widerstande. Diese Kraft ist zeitweise von einem der Walzenpaare auszuüben, woraus sich ergiebt, dass der Druck P ein sehr beträchtlicher sein muss. Selbst wenn man für geriefte Walzen die Reibungswerthziffer $f = 0{,}5$ annimmt, — was viel ist, da nicht ganz vermieden werden kann, dass feuchte Sägenspäne zwischen Walzen und Block kommen, so würde für das vorliegende Beispiel:

$$P = \frac{Q}{2f} = 600 \text{ kg}$$

betragen, und sobald die oberen oder Druckwalzen nicht angetrieben werden, sogar das Doppelte.

Um den Einfluss der Späne auf den Reibungswiderstand zwischen Speisewalzen und Block möglichst auszuschalten, schützt man oft die Walzen,

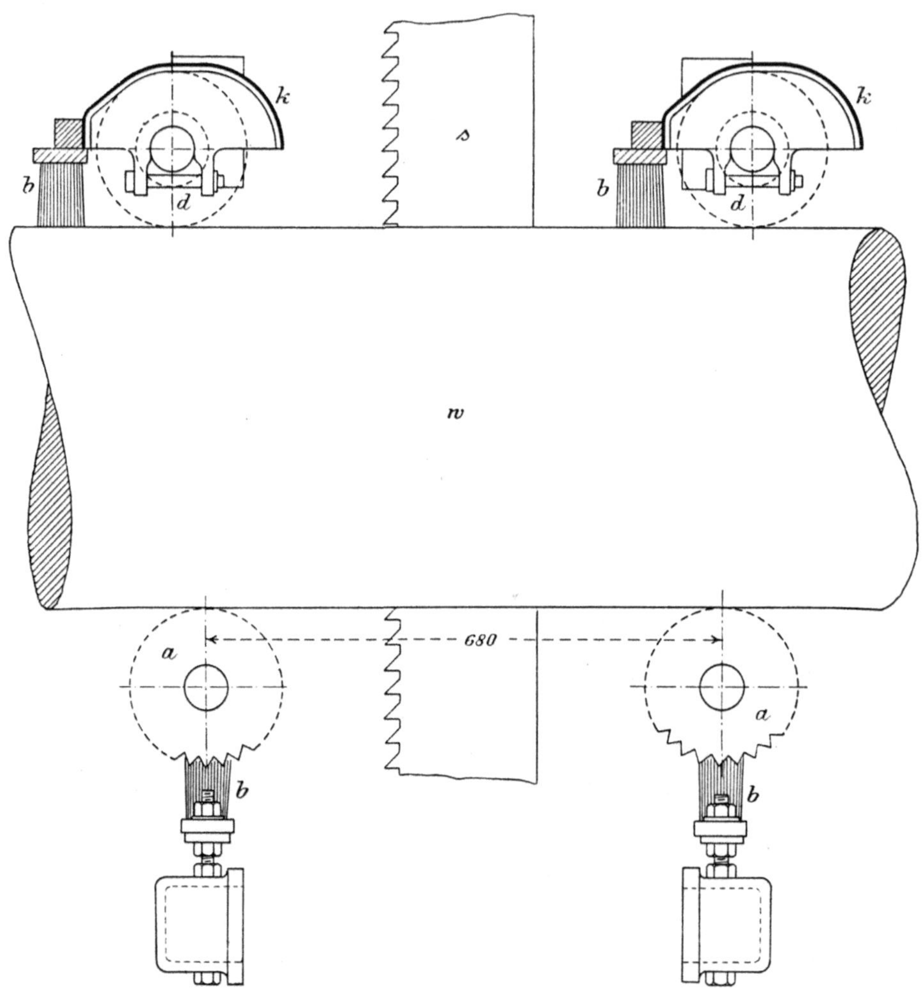

Fig. 178.

namentlich die oberen, vor dem Auffallen der Späne und bringt auch Bürsten an, welche die Späne beseitigen. Fig. 178 zeigt die Anordnung, welche J. Heyn in Stettin anwendet. Es sind über die Druckwalzen *d* Blechkappen *k* gelegt. Diese reiten auf den Wellen der Walzen und sind an den Lagern der Walzen so befestigt, dass sie sich nicht zu drehen vermögen. Vor den Walzen *d* sind ferner Bürsten *b* angebracht, welche auf dem Block abgelagerte Späne abkehren. Unterhalb des Blockes werden staubförmige Späne gegen die Walzen *a* geworfen und kleben dort fest.

Sie werden durch unter den Walzen *a* angebrachte Bürsten *b* unschädlich gemacht.

Man findet auch Sägen, bei denen nur die unteren Walzen angetrieben werden, aber 4 untere Walzen vorhanden sind, um jede einzelne nur mässig zu belasten.

Wenn nur die unteren Walzen angetrieben werden, so kann man die oberen durch Lenker führen,[1]) wenn dagegen auch die oberen Walzen an-

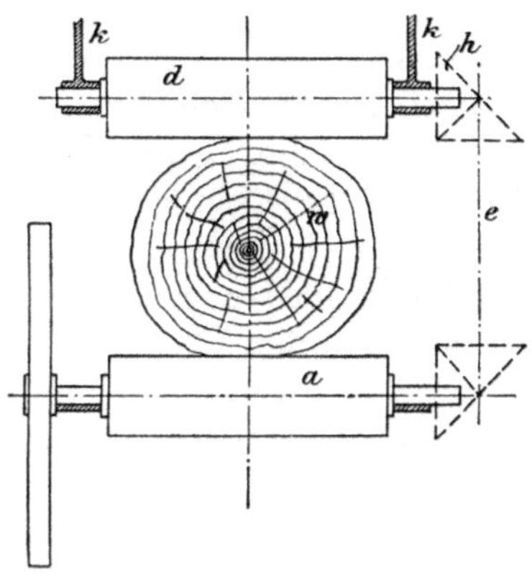

Fig. 179.

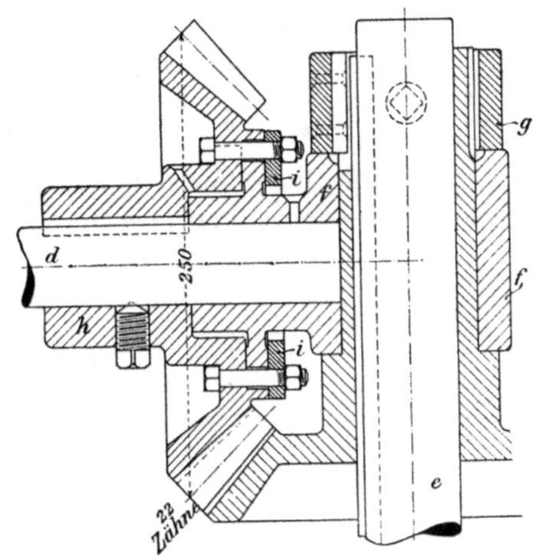

Fig. 180.

getrieben werden, was jetzt die Regel bildet, so führt man die Lager der oberen Walzen an lothrechten Flächen des Maschinengestelles. Meistens wird die untere Walze *a*, Fig. 179, zunächst angetrieben und von hier aus durch zwei Kegelradpaare die Druckwalze *d*. Die stehende Welle *e* ist lang genuthet und durch Kupplung des oberen auf ihr steckenden Kegelrades mit der Welle der Walze *d* der Eingriff der oberen Kegelräder für jede Höhenlage von *d* gesichert. Fig. 180 zeigt die erwähnte Kupplung in ihren Einzelheiten so, wie sie J. Heyn in Stettin ausführt. Die Nabe des oberen, auf der stehenden Welle *e* steckenden Kegelrades ist lang und mit einem Stellring *g* versehen, so dass sie sich in dem Körper *f* um ihre Axe wohl frei drehen kann, aber sich mit diesem Körper *f* verschieben muss. *f* ist nun ein Lager der zur Druckwalze gehörenden Welle *d*; auf dieser sitzt das Kegelrad *h*, welches mit einem angeschraubten zweitheiligen Ringe *i* einen an *f* festen Kragen umgreift und dadurch ein Ausweichen des Rades *h* gegenüber dem an *e* verschieblichen verhindert. Die Welle von *d*, Fig. 179, steckt im übrigen in zwei, am Maschinengestell gut geführten Lagern, die mittels der Stangen *k* nach unten gedrückt werden.

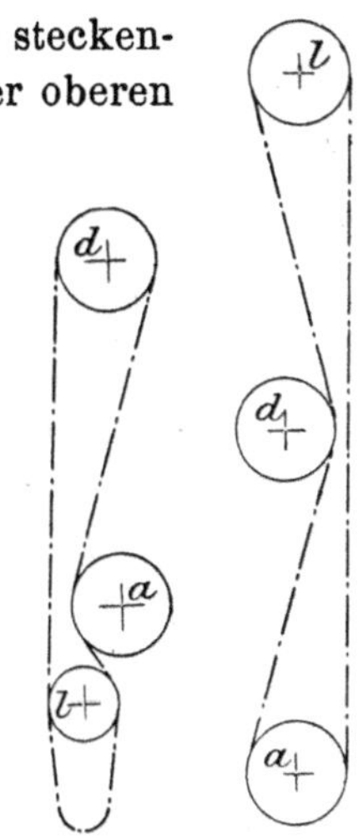

Fig. 182. Fig. 181.

Statt dieses Räderbetriebs ist nach Fig. 181 vorgeschlagen, auf die über ihre Lager hinausragenden Enden der Walzen die Kettenrollen *a* und *d* zu befestigen, und eine dritte *l* als Leitrolle am Maschinengestell anzubringen,

[1]) Zeitschr. d. Ver. deutscher Ingen. 1863, S. 315, mit Abb. Mitth. d. Gewerbevereins f. Hannover 1871, S. 90, mit Abb.

so dass d im verlangten Grade sich lothrecht auf und ab bewegen kann. Es ist auch nach Fig. 182 die Leitrolle tiefer gelagert als die beiden Kettenrollen a und b und die Kette so lang gemacht, dass sie nur in oberster Lage von d angespannt wird. Ferner erwähne ich die durch Fig. 183 dargestellte Anordnung, nach welcher die Kettenrollen a und d beider Walzenpaare zwei Leitrollen l und eine antreibende Kettenrolle m von einer endlosen Kette gemeinsam umspannt sind.

Die Speisewalzen sind grob gerieft, und die Aussenfläche des Werkstücks w, Fig. 179, ist so uneben, wie der Wald sie geliefert hat. Es bietet daher diese Walzenführung allein nicht die nöthige Sicherheit für die zutreffende Lage des Werkstückes; letzteres kann bei der unregelmässigen Folge der Unebenheiten längs der Walzen sich verschieben. Sonach muss der Block w noch durch geeignete Vorrichtungen gegen solche Verschiebungen geschützt werden. Man lässt solche Vorrichtungen an die Enden des Blockes w, Fig. 177, greifen. Diese Enden bewegen sich auf und nieder, weil der unregelmässig gestaltete Block mit den Walzen a stets in Fühlung bleibt, und schreiten in der Zuschiebungsrichtung vorwärts. Es dienen deshalb zur seitlichen Stützung des Blockes Zangen z, welche um wagerechte, in den Karren n winkelrecht zur Zuschiebungsrichtung gelagerte Axen schwingen. Die Sägen sind genau lothrecht eingehängt, so dass der Block w nur in lothrechter Ebene schwingen darf, und das sichern die wie angegeben angebrachten Zangen. Gleichzeitig aber folgen die Zangen der von den Speisewalzen ausgehenden Blockzuschiebung, da die Karren auf ihren Laufschienen sich frei fortbewegen können. Nur unmittelbar nach dem Vorlegen des Blockes und ferner, wenn dieser mit seinem hinteren Ende zwischen die Speisewalzen kommt, fehlt es an Raum für die betreffende Zange; sie ist aber auch dann nicht mehr nöthig, indem für kurze Zeit die Sägenblätter im Stande sind, den Block in richtiger Lage zu erhalten.

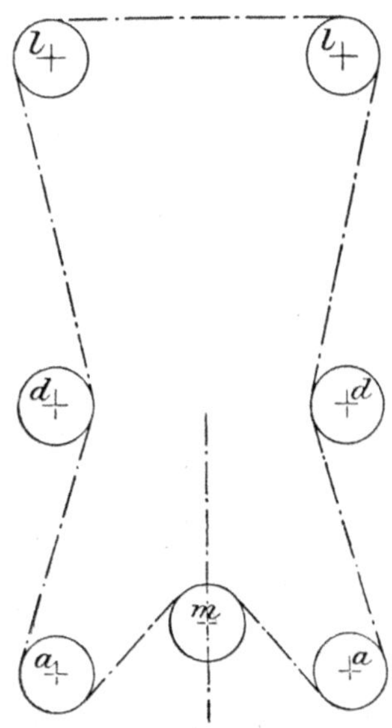

Fig. 183.

Fig. 184 u. 185 stellen einen sehr einfachen derartigen Karren mit Zange dar. Ein aus gutem harten Holz zusammengefügter Rahmen n ruht auf zwei Axen, deren Spurräder auf den Schienen o laufen. In diesem Rahmen ist die Zange z gelagert. Das Einspannen des Blockendes geschieht mittels der Schrauben p. An den Spitzenden dieser Schrauben drehbar angebrachte, mit Zacken versehene Scheiben legen sich gegen das Werkstück und vermitteln die Drehbarkeit zwischen letzterem und der Zange. Die Walze q stützt das Blockende, wenn es von den Speisewalzen weit entfernt ist; ihre Drehbarkeit lässt den Karren verhältnissmässig leicht unter das Blockende schieben.

Fig. 186 u. 187 stellen einen vor vielen Jahren[1]) von mir mehrfach ausgeführten Karren dar. Es ist der Rahmen des Karrens aus zwei gusseisernen Seitenschildern n, einem gusseisernen und zwei schmiedeeisernen

[1]) Mitth. d. Gewerbevereins f. Hannover 1871, S. 92.

Querstücken *s* und *q* zusammengefügt. Die Zangenarme *z* sind mittels der Schraube *p* — die zur Hälfte mit linksgängigem, zur anderen Hälfte mit rechtsgängigem Gewinde versehen ist — anzuspannen; der Balken *r*, an welchem die Zangenarme *z* verschiebbar sind, ist durch zwei um den Bolzen *s* schwenkbare Arme diesem angeschlossen. Aus dem Vergleich der Fig. 186 mit Fig. 184 erkennt man sofort, dass in ersterer die Schwingungsaxe der Zange günstiger, weil höher liegt als in letzterer. Es lässt sich nun die ganze Zange *zpr* mit Hilfe des im Handrad *u* ausgebildeten Gewindes längs des Bolzens *s* verschieben (im vorliegenden Falle um 200 mm), was zum seitlichen Einstellen des Blockes, zuweilen aber auch beim Zerschneiden krumm gewachsener Hölzer (s. w. u.) benutzt wird. Die Arme *t*

Fig. 184.

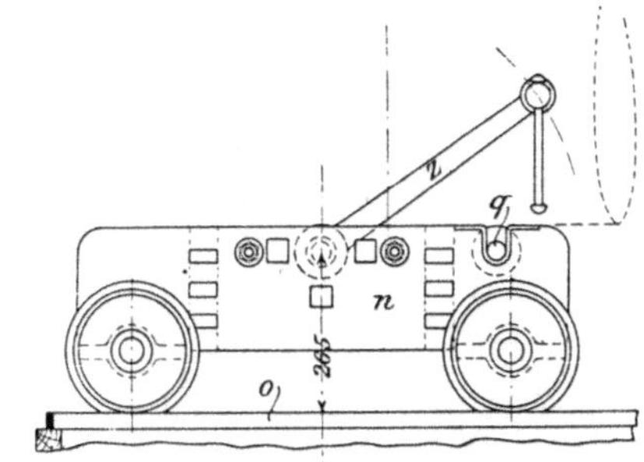

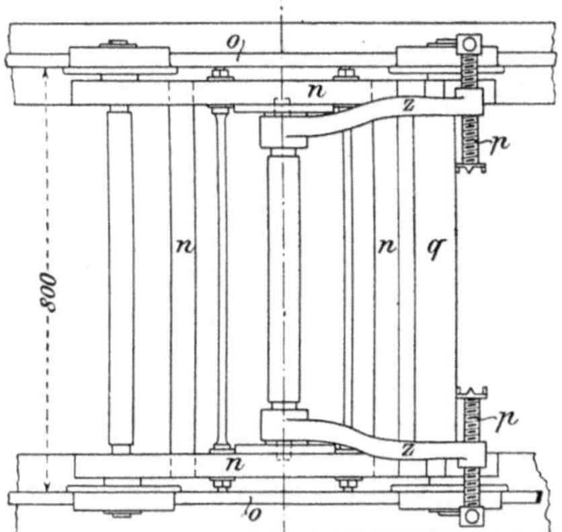

Fig. 185.

Fig. 186.

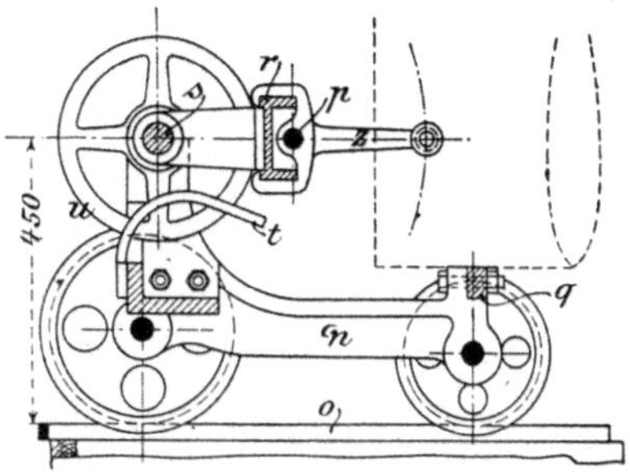

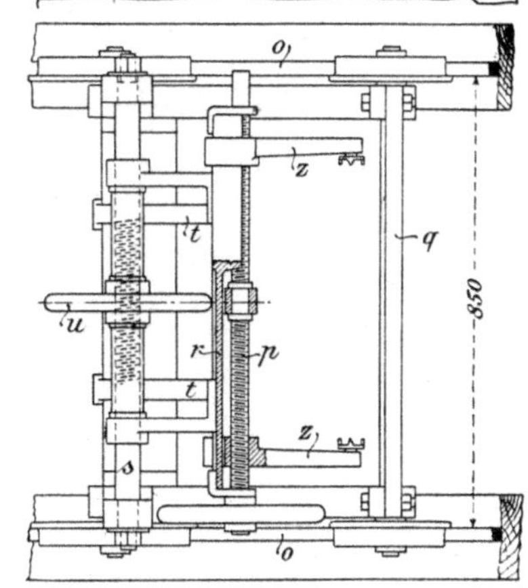

Fig. 187.

stützen die Zange in ihrer tiefsten Lage, und das Querstück *q* trägt das Blockende, wenn dieses von den Speisewalzen weit entfernt ist.

Die gezackten Scheiben, welche sich unmittelbar an den Block legen, müssen sich an den Schrauben *p*, Fig. 185, beziehungsweise den Zangenarmen *z*, Fig. 186 u. 187, drehen und zwar unter dem vollen Anspannungsdruck. Der hieraus erwachsende Reibungswiderstand wird noch durch den Umstand erheblich vergrössert, dass die Scheiben zweifellos an einer Seite eher auf die unebene Holzfläche treffen als auf der anderen. Es ist sogar möglich, dass durch letzteren Umstand der Angriffsort der Scheiben sich eigenmächtig ändert. Man beseitigt diese Mängel dadurch, dass man auf dem Block zunächst einen Rahmen mit zwei Zapfen befestigt, und diese Zapfen durch zwei Arme führen lässt, welche an Stelle jener Zangenarme treten. Fig. 188 u. 189 stellen einen dementsprechend ausgebildeten Karren in einer Seitenansicht und einer halben Endansicht dar. *c* bezeichnet einen schmiedeisernen oder stählernen Rahmen, der mit seinem unteren Querstück unter den Block *w* greift, während im oberen Querstück die Mutter der Schraube *e* gelagert ist, die mit ihrem unteren Ende von oben auf den Block drückt. Hierdurch wird *c* mit *w* fest verbunden; der Querstab *d* führt das untere Ende der Schraube *e* gegenüber dem Rahmen *c*. An diesem sitzen zwei Zapfen, welche in den Enden der Arme *z* frei drehbar sind. Die Arme *z* sind auf einer Röhre befestigt, die sich um die Spindel *a* zwischen einem festen Bund und einem Stellring frei drehen lässt.

Die Spindel *a* ist an einem Ende mit einer Leiste versehen, welche in eine Nuth der betreffenden Gestellbohrung greift, so dass *a* sich nicht

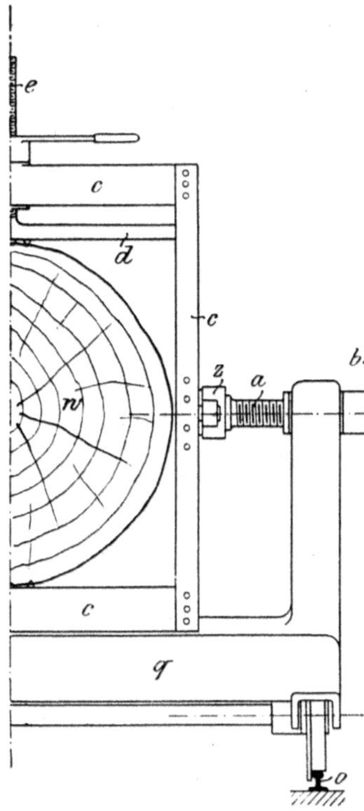

Fig. 188.

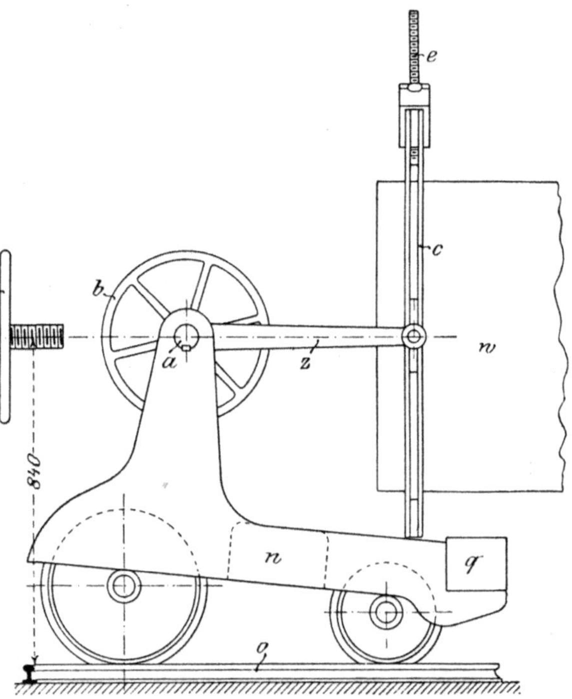

Fig. 189.

drehen kann; an ihr anderes Ende ist Gewinde geschnitten, in welches das Muttergewinde des Handrades *b* greift. Dieses dient zum seitlichen Einstellen des Blockes.

Diese seitliche Einstellbarkeit, wie sie bei den Karren, Fig. 186 bis 189 vorgesehen ist, wird, wie bereits erwähnt, zuweilen zum Erzeugen krummer Schnitte verwendet. Werden krumm gewachsene Blöcke durch gerade Schnitte in Bretter zerlegt, so entsteht sehr viel Abfall; zerlegt man diese Blöcke durch Schnitte, welche sich der Krümmung der Blöcke gut anschleissen, so geht nicht mehr für Abfälle verloren als bei gerade gewachsenen Hölzern. Zwar werden die Bretter krumm; das ist aber bei der grossen Biegsamkeit derselben für manche Verbrauchszwecke ohne Bedeutung. Es ist nun möglich, mittels der in Rede stehenden Einstellbarkeit den Block entsprechend zu führen, allein nur bei grosser Geschicklichkeit und Aufmerksamkeit des Arbeiters. Der Zweck wird durch krumme Gleise viel einfacher und sicherer erreicht.

Bolinder[1]) ordnet die Gleise, auf denen die Karren laufen, so an, dass sie ohne Umstände geradlinig oder in mässigen Grenzen beliebig krumm gemacht werden können.

S. 35 wurde hervorgehoben, dass die Gattersägen entweder nur in einer, oder in beiden Bewegungsrichtungen schneiden. In Bezug auf die nur in einer Richtung schneidenden Sägen wird nun die Zuschiebung bethätigt: a) durch ein Schaltwerk, während die Säge arbeitet, b) durch ein Schaltwerk während des Rückgangs der Säge, c) stetig. Zunächst wird man das letztere Verfahren zu bevorzugen geneigt sein, da jedes ruckweise Bewegen, insbesondere so schwerer Stücke, wie die zu zersägenden Holzblöcke es sind, die betreffenden Maschinentheile verhältnissmässig rasch verschleisst. Allein dieses stetige Zuschieben der Werkstücke ändert das Verhältniss der Zuschiebungsgeschwindigkeit v zur Schnittgeschwindigkeit V in recht ungünstiger Weise, bedingt überdem das Einhängen der Säge in „halbem Busen". Wenn man nach b) den Block während des Sägerückganges um den Betrag $\varDelta$ des Zuschiebens für jeden Schnitt der Säge nähert, so muss die Säge in „ganzem Busen" hängen, d. h. der Winkel γ um welchen die Zahnspitzenlinie gegen die Schnittrichtung geneigt ist, nach Gl. 9 durch:

$$\operatorname{tg} \gamma = \frac{\varDelta}{H}$$

ausgedrückt werden. Alsdann behält während des Schneidens das Verhältniss $\frac{v}{V}$ überall denselben Werth. Daraus folgt aber ohne weiteres, dass mit dem Aendern von $\varDelta$ auch γ grösser oder kleiner werden muss. Würde bei gegebenem γ eine geringere als die zugehörige Zuschiebung angewendet, so würde die Säge während des ersten Theils ihres Arbeitswegs nicht schneiden, dagegen jeder arbeitende Zahn, nachdem er mit der Schlitzsohle in Berührung getreten ist, denselben Betrag δ abschneiden, den er bei $\varDelta = H \cdot \operatorname{tg} \gamma$ beseitigt. Das Zuschiebungsverfahren b) bedingt also für zweckentsprechendes Regeln des Zuschiebungsgrades die bequeme Regelung des „Busens", die trotz mannigfacher Versuche bisher nicht gefunden ist. Das Zuschiebungsverfahren a) wird durch ein Schaltwerk ausgeführt, welches vom Gatter aus oder von einer mit der Hauptkurbel gleichliegenden Nebenkurbel bethätigt wird. Bei Aenderung des Zuschiebungsbetrages $\varDelta$ bleibt das Geschwindigkeitsgesetz, also auch $\frac{v}{V}$ unverändert. Es ist also das Regeln des Zuschiebungsbetrages $\varDelta$ ohne Störung dieses Verhältnisses leicht durchführbar und deshalb dieses Zuschiebungsverfahren das am häufigsten vorkommende. Es setzt übrigens voraus, dass jeder todte Gang und jede elastische Nachgiebigkeit im Gestänge nach Möglichkeit vermieden wird, damit die Speisewalzen das Gesetz, nach welchem die Geschwindigkeit v sich ändern soll, möglichst genau wiedergeben.

Man hat auch vorgeschlagen, die Speisewalzen durch Daumen und Sperrwerk zu bethätigen, um in Nähe der todten Punkte der Hauptkurbel

---

[1]) Zeitschr. d. Ver. deutscher Ingen. 1901, S. 686, mit Abb.

jede Zuschiebung zu vermeiden. Ich halte solche Feinheiten für werthlos, weil sie nicht dauernd die nöthige Pflege finden.

Wenn die Säge in beiden Richtungen schneiden soll, so kann man den Block stetig verschieben lassen, wobei dieselben Umstände eintreten, die soeben unter c) genannt sind oder ein Schaltwerk verwenden, welches sowohl bei dem Hin- als auch dem Hergange die Zuschiebung bethätigt. Man findet aber auch doppelte Sperrwerke, welche in beiden Schnittrichtungen den Block nach a) in genau richtiger Weise zuschieben.

γ) Die Walzenzuschiebung für geschnittene Hölzer giebt zu besonderen Bemerkungen nur insofern Anlass, als sie für Dickenhobelmaschinen verwendet wird.

Es besitzen diese geschnittenen Hölzer zwar regelmässige Gestalten, sind aber mit nicht unwesentlichen Ungenauigkeiten behaftet. Dahin gehören: Verschiedenheiten der Dicke wegen mangelhafter Führung des Holzes in der Sägemaschine; Krümmungen in der Breite, welche durch das Trocknen der Bretter entstehen; Krümmungen in der Länge, rechtwinklig zur Breite, als Folge der im Block vorhandenen inneren Spannungen (S. 73) oder des Zerlegens durch krumme Schnitte.

Um aus solchen ungenauen Werkstücken genaue zu erzeugen, kann man erstere mit einem gut geführten Schlitten verbunden an den Werkzeugen entlang führen. Das geschieht auch (s. w. u.), jedoch nur in den Fällen, in denen weitgehende Genauigkeit von so grossem Werth ist, dass sich die kostspielige, zeitraubende Anwendung solcher Schlitten lohnt. Für eine grosse Zahl von Gegenständen genügt: Glätte der Oberfläche, sowie in ganzer Länge gleiche Breite und Dicke. Für diese verwendet man die Dickenhobelmaschine, welche stetiges Arbeiten gestattet und demgemäss grosse Leistungsfähigkeit besitzt.

Für gewöhnlich wird das geschnittene Brett oder die Bohle zunächst den Speisewalzen übergeben, welche es, wenn nur die obere und die beiden Seitenflächen bearbeitet werden sollen, über eine ebene Tischfläche hinwegführen. Der über dem Werkstück befindliche Messerkopf beseitigt alles Holz, was ihm in den Weg kommt, erzeugt also eine glatte Fläche, welche überall gleich weit von den Erhabenheiten der unteren Brettfläche entfernt ist. Folgen dann zwei aufrechte Messerköpfe, so wird die Breite des Brettes überall gleich; die Geradheit der Seitenflächen hängt aber theils von der seitlichen Führung einer noch unbearbeiteten Fläche an einer Leiste ab. Ist das Brett in der Breitenrichtung krumm und einigermassen dünn, so drücken die Speisewalzen es gerade; ebenso wirkt der Druck der unmittelbar vor dem Messerkopf befindlichen Druckleiste (auch Spanbrecher genannt) und der dem Messerkopf gegenüberliegenden, das Werkstück führenden Druckfläche. In der Querschnittsgestalt, welche dem Werkstück durch diese Druckflächen gegeben wird, findet seine Bearbeitung auf der Breitseite statt. Nach dieser federt das Brett zurück, so dass die gehobelte Fläche ähnlich, wenn auch weniger krumm wird, als sie vor dem Hobeln war. Das ist insbesondere von Bedeutung, wenn die Schmalflächen genuthet werden sollen. Man erkennt aus Fig. 190 sofort, dass die Brettwänder niedergedrückt werden müssen, um den richtigen Abstand der Nuthen von der Breitfläche des Brettes zu gewinnen. Es ist also an dieser Stelle eine die Brettränder in entsprechendem Grade niederdrückende Führung nöthig.

Für einfache Dickenhobelmaschinen verwendet man nur ein Paar Speisewalzen, welches vor dem die obere Fläche des Werkstücks bearbeitenden Messerkopf liegt. Die obere Speisewalze ist gerieft, die untere glatt; letzteres um zu verhüten, dass das Werkstück durch die untere Walze eine unruhige Lage erhält. Als Druckleiste dient der untere Rand der gebogenen Platte *c*, Fig. 191,[1]) welche durch zwei angegossene Lappen an zwei im Maschinengestell festen Bolzen *e* geführt wird. Der dem Messerkopf *m* zugekehrte Rand der Druckleiste soll der Arbeitsstelle so nahe wie möglich liegen, was durch die Führung von *c* an *e* erleichtert wird. Den Druck bringen das Eigengewicht von *c* und zwei Hilfsgewichte *d* hervor. Damit die Druckleiste, wenn kein Werkstück *a* unter ihr liegt, nicht zu weit nach

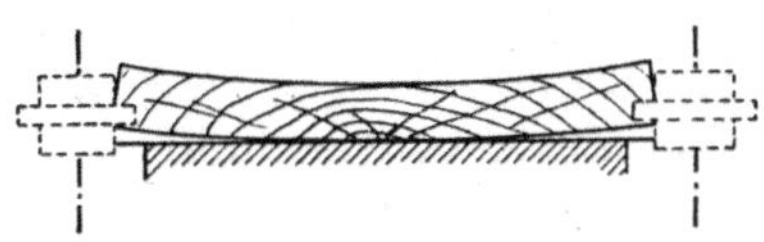

Fig. 190.

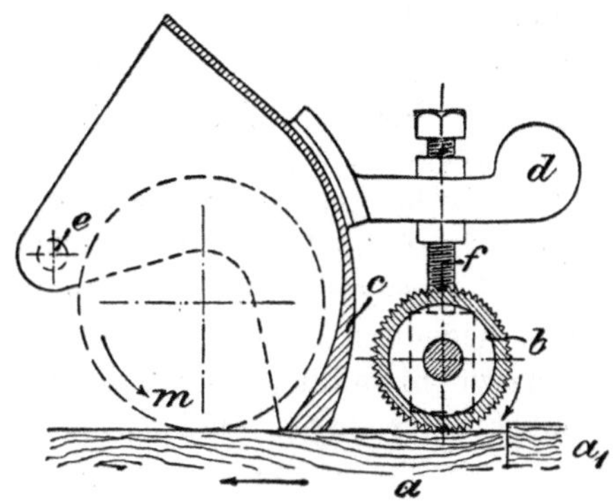

Fig. 191.

unten sinkt, sind zwei einstellbare Schrauben *f* angebracht, die sich auf die lothrecht verschiebbaren Lager der oberen Speisewalze stützen. So wird erreicht, dass ein auf ein dünneres Brett *a* folgendes dickeres Brett a_1 mit Hilfe der oberen Speisewalze die Druckleiste so viel hebt, als für den Eintritt von a_1 unter die Druckleiste nöthig ist. Richards empfiehlt,[2]) die eigentliche Druckleiste *i*, Fig. 192, aus einer biegsamen Stahlplatte herzustellen, die mit der schweren Platte *p* geeignet verbunden ist. Es wird

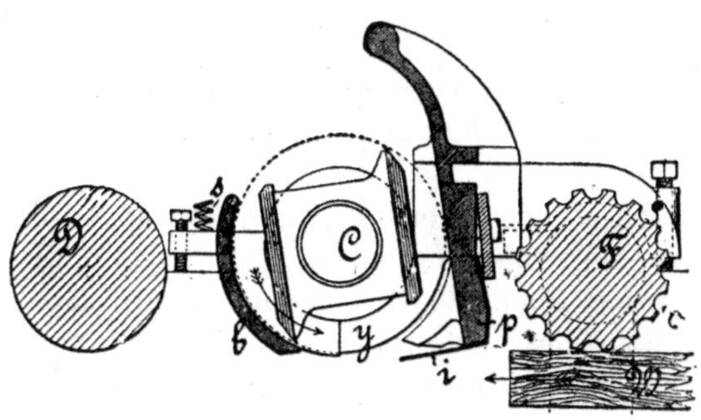

Fig. 192.

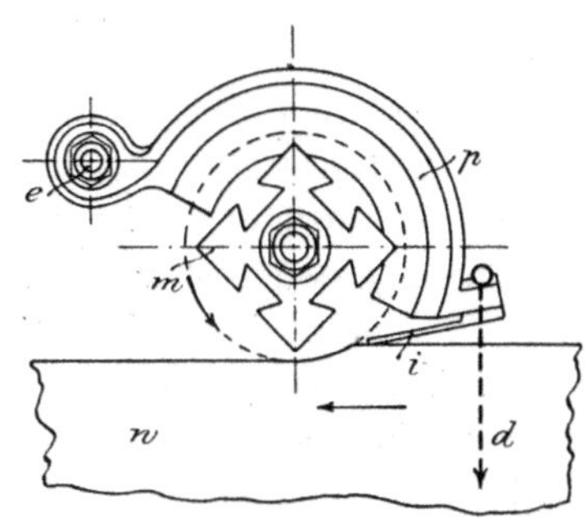

Fig. 193.

hiermit ein innigeres Anschmiegen der Druckleiste an die unebene Oberfläche des Werkstücks *W* angestrebt. *p* ist mit zwei bogenförmigen Leisten *y* behaftet, die in bogenförmige Nuthen des Maschinengestelles greifen, so dass *p* und mit ihr die Druckleiste *i* um die Axe des Messerkopfes *C* zu schwingen vermag. Hinter dem Messerkopf befindet sich eine ebenso geführte Druckleiste *b*, welche mittels der Federn *s* niedergedrückt wird, während vor dem Messerkopf nur das Eigengewicht von *p* wirkt. *F* bezeichnet eine geriefte, *D* eine glatte obere Speisewalze.

[1]) Zeitschr. d. Ver. deutscher Ingen. 1897, S. 1053.
[2]) Zeitschr. d. Ver. deutscher Ingen. 1885, S. 775, mit Abb.

Zuweilen werden auch für die seitlich arbeitenden Messerköpfe Druckleisten angewendet. Fig. 193 ist der Grundriss einer derartigen Anordnung. Ein ziemlich langer Stift *e* sitzt am Lager des Messerkopfes *m* fest. Auf ihm führt sich der halbtopfförmige Körper *p*, an welchem die eigentliche Druckleiste *i* befestigt ist. Das über eine Rolle geleitete und belastete Seil *d* drückt *i* gegen das Werkstück *w*.

Die bisher ins Auge gefassten Dickenhobelmaschinen bearbeiten die untere Werkstückfläche überhaupt nicht, weshalb die Führung des Werkstücks an der Tischfläche der Hobelmaschine unvollkommen ist. Andere Hobelmaschinen bearbeiten zunächst die untere Werkstückfläche und gewähren demnach dem Werkstück eine bessere Führung. Es muss alsdann die Tischfläche, auf welche das Werkstück zunächst gelegt wird, um die Dicke der hinweg zu räumenden Schicht tiefer liegen als die Tischfläche, über welche die behobelte Holzfläche weiter geschoben wird (vergl. das zu Fig. 161 Gesagte). Nun will man die Speisewalzen vor dem ersten, hier unten liegenden Messerkopf anbringen, woraus folgt, dass auch die unteren, im Tisch befindlichen Speisewalzen um die Dicke der zu zerspanenden Schicht tiefer liegen müssen, als die hinter dem Messerkopf befindliche Tischfläche. Soll also die wegzuschneidende Schicht veränderlich sein, so muss auch der Höhenunterschied der beiden in Frage kommenden Tischflächen eingestellt werden können, und wollte man etwa durch den unten befindlichen Messerkopf dem Werkstück eine gleichförmige Dicke geben, so müsste der vor dem Messerkopf befindliche Tisch nebst in diesem liegenden Speisewalzen eben so nachgiebig sein wie die vorhin beschriebenen Druckleisten. Das würde den Bau der Maschine sehr erschweren. Man pflegt daher den ersten unten liegenden Messerkopf nur zum Glätten der unteren Brettfläche zu benutzen, die vordere Tischfläche gegenüber der hinteren nur um wenige Millimeter tiefer, aber fest zu legen und unmittelbar vor dem Messerkopf eine einstellbare Platte anzubringen, welche eine geringe Veränderlichkeit der wegzunehmenden Spanschichtdicke gestattet. Das Werkstück muss unter Umständen an dieser Stelle sich eine geringe Durchbiegung gefallen lassen.

Fig. 194 stellt eine gebräuchliche Zuschiebungseinrichtung und den unteren Messerkopf in lothrechtem Schnitt dar. *a* bezeichnet eine mit dem Maschinengestell fest verbundene Platte, den tiefer belegenen Führungstisch, über welchen das Werkstück *w* hinweggeschoben wird. Zwei untere Zuschiebungswalzen *b* ragen ein wenig über die Oberfläche von *a* empor, so dass sie das zu bearbeitende Holz tragen. Die Umflächen dieser Walzen *b* sind glatt, die oberen Walzen *c* dagegen sind gerieft, was durch Strichelung des umgebenden Kreises angedeutet sein soll. Es werden die Walzen *b* so angetrieben, dass ihre Umflächen sich eben so rasch bewegen, wie die der oberen oder Druckwalzen *c*. Diese sind in I förmig gestalteten Rahmen *d* gelagert und vermögen mit diesen um die im Maschinengestell feste Spindel *e* zu schwingen. Um diese Spindel dreht sich das die beiden Druckwalzen antreibende Stirnrad *u*, welches demnach mit den an *c* befestigten Stirnrädern stets in gleichem Eingriff bleibt. Die Druckwalzen werden unter Vermittlung ihrer Rahmen *d*, von vier an diese gebolzten Stangen, zwei Querstücken *p* u. s. w. durch die mit Gewichten belasteten Hebel *q* niedergedrückt. An jeden der Hebel *q* greift eine Kette, deren zugehörige Kettenrollen auf der Welle *r* fest sitzen. Diese Ketten begrenzen den Ausschlag der Hebel *q* nach unten, wenn die Welle *r* durch einen an ihr festen Arm und einen am Maschinengestell einstellbaren Anschlag gehindert wird, sich weiter als bis zu einem bestimmten Grade links herum zu drehen. Hierdurch wird die tiefste Lage der Druckrollen *c* begrenzt, während letztere sich beliebig zu heben vermögen.

Die Grösse des Andrucks der Walzen lässt sich aus Gl. 30 berechnen, wenn man den der Zuschiebung entgegengerichteten Widerstand kennt. Letzterer besteht nun aus einer Reihe einzelner Widerstände, deren Grösse, so lange gute Versuche fehlen, nur durch Schätzung bestimmt werden kann. Ich begnüge mich daher mit folgenden thatsächlichen Angaben. Wenn die betreffende Maschine nur einen Messerkopf für die Breitseite und zwei Messerköpfe für die Schmalseiten des Werkstücks enthält, so begnügt man

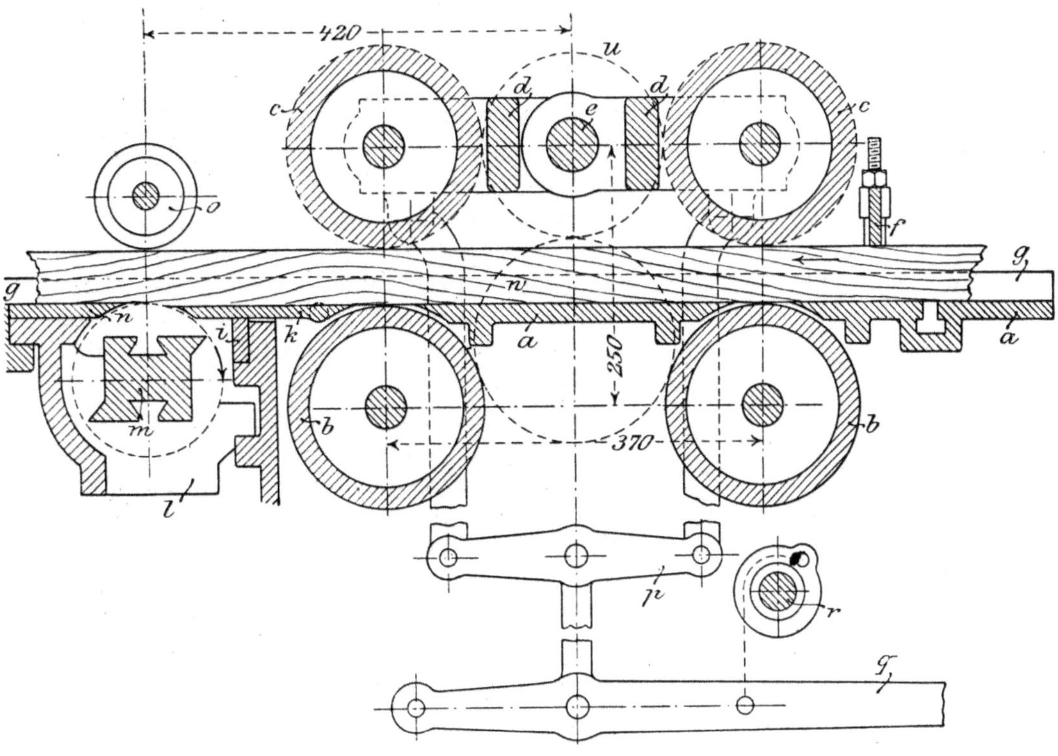

Fig. 194.

sich gewöhnlich mit einem Paar Zuschiebungswalzen; wenn dagegen noch Abziehmesser und ein oder gar zwei Messerköpfe für die Breitseiten hinzukommen, so verwendet man zwei Paar Zuschiebungswalzen, wie z. B. Fig. 194 darstellt, oder auch noch mehr. An einer Zahl von Hobelmaschinen habe ich nun gefunden, dass der thatsächlich angewendete Druck zwischen 5,5 und 10 kg für 1 cm Rollenlänge oder grösster Holzbreite beträgt.

Die Zuschiebungs- oder Speisewalzen führen, wie w. o. angegeben, das Werkstück genau winkelrecht zu ihrer Drehaxe vorwärts. Es ist deshalb grosse Genauigkeit in der Lagerung der Walzen nöthig. Man muss aber ausserdem dem Werkstück von vornherein eine bestimmte Lage geben. Hierzu dienen einerseits eine gerade, einstellbare Leiste *g*, Fig. 194, die am Eintrittsende des Holzes beginnt und so weit als möglich in die Maschine geführt ist, und anderseits nach Fig. 164 und 165, oder ähnlich ausgeführte Druckfedern. Die in Fig. 194 rechts, in *a* angegebene Aufspannnuth dient sowohl zum Befestigen dieser Druckfedern als auch der Führungsleiste *g*.

In Fig. 194 ist links der Messerkopf *m* angegeben, der die Unterseite des Werkstücks bearbeiten soll. Die Oberfläche der Sohle *n*, über welche die gehobelte Fläche hinwegleiten soll, tangirt die von den Schneiden des Messerkopfes beschriebene Trommelfläche. Die *n* gegenüber liegende Tischfläche *k* liegt um die Dicke der abzuhebenden Holzschicht tiefer. Diese Tischfläche ist oft einfach lothrecht verstellbar, oder nahe der Zuschiebungswalze fest und in der Nähe des Messerkopfes so weit lothrecht zu verstellen, wie ihre Biegsamkeit gestattet, oder endlich — wie in Fig. 194 angedeutet, — in der Nähe der Zuschiebungswalze mit Zapfen gelagert, während ein Keil *i* sie in der Nähe des Messerkopfes stützt.

Da der Messerkopf *m* das Werkstück zu heben sucht, so muss ihm gegenüber ein nach unten gerichteter Druck ausgeübt werden. Ferner aber ist das Holz fest gegen den freien Rand der Platte *k*, welcher die Druckleiste oder den Spanbrecher vorstellt, zu drücken. Zu diesem Zweck liegen über dem Messerkopf durch Gewichte oder Federn belastete Druckklötze oder Druckrollen *o*. Fig. 195 stellt beispielsweise eine Druckrollenanordnung dar. Die Rollen *o* drehen sich frei um eine Spindel, an deren Enden die Führungsstücke *v* befestigt sind. Letztere sind an den am Maschinengestell festen Bolzen *t* lothrecht verschiebbar, werden aber durch zwei über *t* geschobene Schraubenfedern stets nach unten gedrückt; die Muttern *x* dienen zum Einstellen der Federn. Unter dem Einfluss des Federdruckes würden nun die Rollen *o* bis auf den Messerkopf hinabsinken, sobald ein Werkstück nicht vorhanden ist, und besonders gehoben werden müssen, um ein neues Werkstück unter sie zu bringen, wenn man sie nicht von vorn herein hinderte, zu weit nach unten zu sinken. Zu letzterem Zwecke sind die Führungsstücke *v* mit dem gegabelten Ende der Schraube *s* verbunden, deren Mutter in die Nabe des Handrades *z* geschnitten ist und sich auf das Querstück *y* legt, sobald die Rollen die tiefste zulässige Lage angenommen haben.

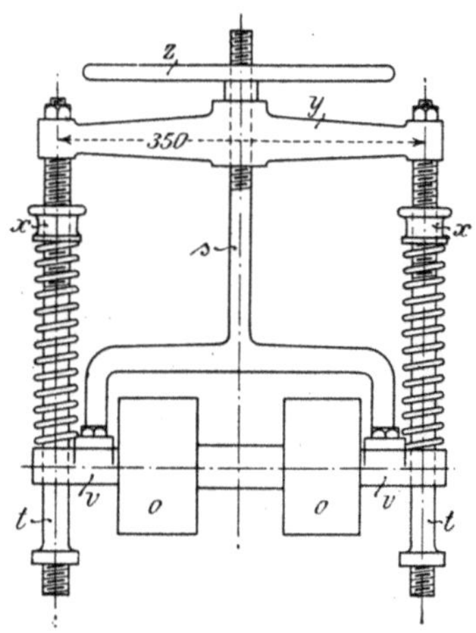

Fig. 195.

Das Befestigen und Ausrichten der Messer am Messerkopf *m*, Fig. 194, würde, wenn es in der Maschine vorgenommen werden müsste, recht unbequem sein. Man pflegt daher die beiden Lager des Messerkopfes in geeigneter Weise so zu vereinigen, dass man sie nebst dem Messerkopf nach Art einer Schublade aus der Maschine ziehen kann. In Fig. 194 bezeichnet *l* diesen, auf zwei Leisten verschiebbaren Lagerkörper. Durch passendes Einstellen der Messer am Kopf ist die von den Schneiden beschriebene trommelförmige Fläche mit der Verlängerung der Oberfläche von *n* in Berührung zu bringen. Es wird diese Einstellung durch Verstellbarkeit der Lager noch erleichtert. Viele Maschinenbauer verzichten auf diese Verstellbarkeit, andere machen die Lager in lothrechten Schlitzen verschiebbar.

Hans Dahl hat vorgeschlagen,[1] die Messerkopflager nebst deren Verbindungstheil um einen wagerechten Bolzen schwenkbar zu machen. Dieser Bolzen steckt in einem ausziehbaren Schlitten, und eine am Maschinengestell sitzende Schraube dient dazu, die eingeschobene Lagerung in die gewünschte Höhe zu bringen.

S. 88 wurde erwähnt, dass in der Breitenrichtung krumme Bretter während des Hobelns der Breitseite gerade gedrückt werden und wieder zurückfedern, sobald sie aus der Zwangslage kommen. Will man nun die Schmalseiten solcher Bretter mit Nuthen versehen oder kehlen, so müssen die Bretter während dieser Arbeit durch neue Zwangsmittel in die richtige Höhenlage gegenüber den seitlichen Messerköpfen gebracht werden. Das geschieht oft durch kurze, feste Leisten, aber auch durch Druckrollen. Fig. 196 zeigt ein Beispiel einer solchen Druckrollenanordnung im lothrechten und theilweise wagerechten Schnitt. Auf dem Führungstisch *t* ist mit Hilfe einer Aufspannnuth der Bock *b* befestigt. An diesem ist das Lager *a* der Druckrolle *r* lothrecht verschiebbar. Die Schraube *c* überträgt den von einer Feder herrührenden Druck auf das Lager *a* und die Rolle *r*. Damit diese nur bis zu einem bestimmten Grade nach unten sinkt, legt sich die Nabe des mit der Schraube *c* festverbundenen Handrades *d* auf das obere Ende des Bockes *b*. Die Anordnung Fig. 197 dient ähnlichen Zwecken, wird aber auch benutzt, um das Brett *w* überhaupt mit dem führenden Tisch in Fühlung zu halten. Die Druckrolle *r* ist hier am Ende einer Blattfeder *f* gelagert, welche an der Welle *a* befestigt ist. Es sind in der Regel mehrere solcher Rollen *r* der Welle *a* angeschlossen. Am Ende der Welle *a* sitzt das Stück eines Wurmrades, in welches ein durch Handrad zu bethätigender Wurm greift, um die Rollen *r* nach unten zu drücken oder zu heben.

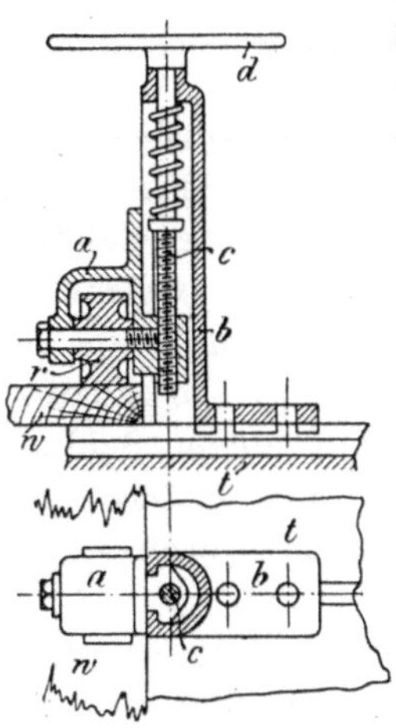

Fig. 196.

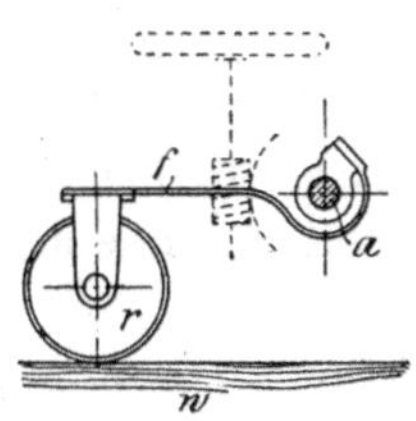

Fig. 197.

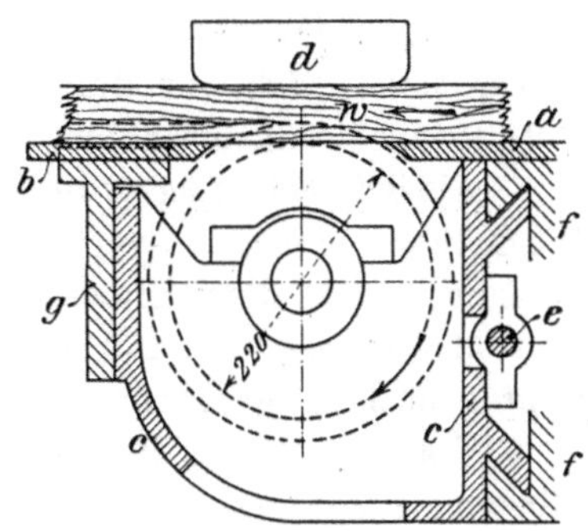

Fig. 198.

Bei Hobelmaschinen mit zwei liegenden Messerköpfen findet man nicht selten einen dritten vorgesehen, welcher an das Austrittsende angeschlossen werden kann. Er hat den Zweck, an der Unterseite des Werkstückes Kehlungen auszubilden. Es liegt die obere Fläche der Druckleiste oder des Spanbrechers *a* Fig. 198 mit der Fläche des Führungstisches in gleicher Höhe. Je nach Art der Kehlung ist die hinterste Führungsfläche *b* höher einzustellen; sie sitzt deshalb an einem lothrecht verschiebbaren Schlitten *g*. Ueber dem Werkstück *w* sind Druckrollen oder Druckklötze *d* angebracht.

[1] D. R.-P. Nr. 87680.

Der Körper *c*, der ausser den genannten Dingen noch die Lager des Messerkopfes enthält, ist in eine Dreiecksführung des Maschinengestells *f* zu schieben und mittels der Schraube *e* genau einzustellen.

3. Das Zuschieben mittels Schlitten, Wagen und dergl. bedingt im allgemeinen vorheriges Verbinden der Werkstücke mit den betreffenden Förderungsmitteln und nachträgliches Abnehmen von letzteren. Auch muss das Förderungsmittel nach seinem anfänglichen Ort zurückgeführt werden, um eine zweite Bearbeitung an demselben oder einem anderen, neu aufgenommenen Werkstück vornehmen zu lassen. Es ist sonach das stetige Arbeiten, was insbesondere bei dem Zuschieben durch Walzen die Regel bildet, bei dem vorliegenden Zuschieben nicht anwendbar; es kann nur während eines Theiles der gesammten Zeit gearbeitet werden. Dagegen ist die Führung der Werkstücke ohne weiteres genauer zu erreichen, indem die Schlitten, Wagen oder andere die Werkstücke aufnehmenden Maschinentheile längs genauer, metallener Bahnen geführt werden können. Es kommen deshalb die genannten Führungsmittel vorwiegend dann zur Anwendung, wenn genaueres Arbeiten verlangt wird, aber auch, wenn die Gestalt der Werkstücke eine derartige Führung verlangt.

Schon bei den Beispielen für die Handzuschiebung wurde (S. 77) auf die Verwendung von Schlitten hingewiesen. Dieselben Schlitten verwendet man für die mechanische Zuschiebung. Die Führung der Schlitten unterscheidet sich nur durch leichtere Bauart von denjenigen, welche für Metallbearbeitungsmaschinen (Bd. 1 S. 47—94) gebräuchlich sind.

Als Beispiele mögen die Abrichthobelmaschinen für grosse und dicke Werkstücke genannt werden. Das Werkstück wird auf einem Schlitten befestigt, der demjenigen der Tischhobelmaschinen (Bd. I, S. 254—262) sehr ähnlich ist, und mit Hilfe desselben an einem oder mehreren Messerköpfen entlang geführt.

Wagen, deren Räder auf Schienen laufen, können nicht so genau führen als Schlitten, sind aber leichter fortzuschieben. Sie kommen fast ausschliesslich bei Sägemaschinen zur Verwendung. Auf die Wagen für Mittelgatter gehe ich, weil sie jetzt ausser Gebrauch sind, hier nicht weiter ein.

Für liegende Gatter und liegende Bandsägen bestehen die Wagen aus einem Rahmen aus Holz, seltener aus Eisen, der mit auf eisernen Schienen laufenden Rädern und an seiner oberen Fläche mit schraubstockartigen Einspannvorrichtungen versehen ist. Es werden weiter unten derartige Wagen bei Erörterung der betreffenden Maschinen beschrieben werden.

Für die — nur noch selten vorkommenden — Seitengatter werden dieselben Wagen verwendet, wie für Block-Kreis- und Block-Bandsägen, nur muss die Befestigung des Blockes besonders sorgfältig sein, weil das Sägenblatt bei seinem Rückgange den Block zu heben versucht.

Für Block-Kreissägen und Block-Bandsägen, bei denen die Sägenzähne nur in der Schnittrichtung und rechtwinklig zu dieser in der Blattebene drücken, verwendet man zuweilen zwei neben einander genau in gleicher Weise verschiebbare, mit einander verbundene Wagenhälften, zwischen denen das Sägenblatt sich befindet. Es sind solche Wagen aber selten. Fast ausschliesslich kommen für die zuletzt genannten Sägen Wagen vor, welche an der Seite des Sägenblattes entlang geführt werden.

Die Grundlage dieser Wagen bilden Querstücke *b*, Fig. 199,[1]) die auf einem aus Holz oder Eisen gemachten, auf Rädern ruhenden Rahmen *a* befestigt sind. Es sind regelmässig nur zwei solcher Querstücke vorhanden, ein drittes würde dazu führen, dass der Block auf dem mittleren und nur

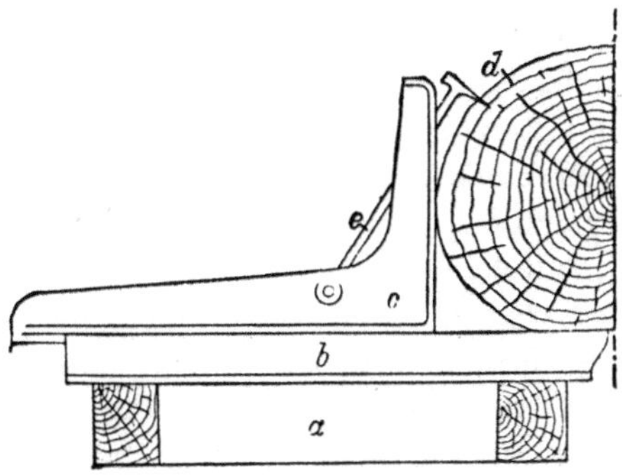

Fig. 199.

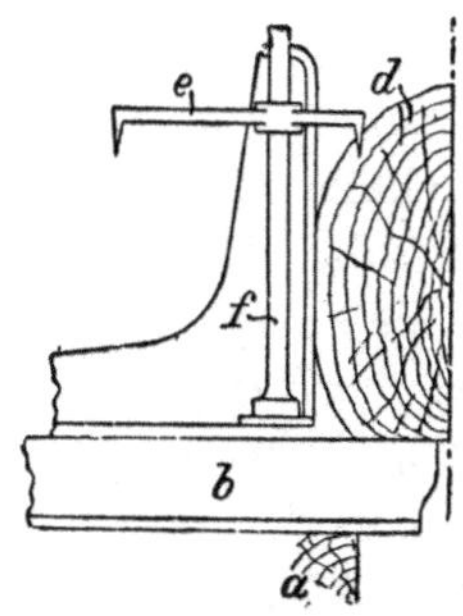

Fig. 200.

einem der äusseren Querstücke oder nur auf den beiden letzteren Stützung fände. Der Block *d* lehnt sich gegen die lothrechten Schenkel der auf den Querstücken einstellbaren Winkel oder Docken *c* und wird mit diesen Winkeln mehr oder weniger vollkommen verklammert, z. B. durch Haken *e*.

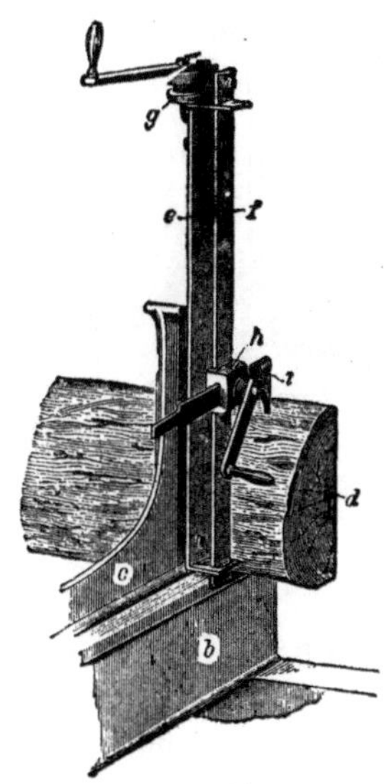

Fig. 201.

Ist ein Brett abgeschnitten, so wird zunächst der Wagen zurückgefahren und dann der Block mit Hilfe der Winkel *c* um die Dicke des nunmehr abzuschneidenden Brettes vorgeschoben. Daraus folgt, dass die Docken *c* genau gleichmässig verschoben werden müssen, um das abzuschneidende Stück auf seiner ganzen Länge gleich dick zu erhalten. Es folgt daraus aber ferner, dass die Auflageflächen des Blockes in einigem Umfange eben sein müssen, damit die Stützung auch nach dem Abschneiden einer Zahl von Brettern tadellos bleibt. Man pflegt deshalb wohl zunächst diese Stützfläche durch dieselbe Säge zu erzeugen und dann den Block um 90⁰ zu wenden.

Fig. 202.

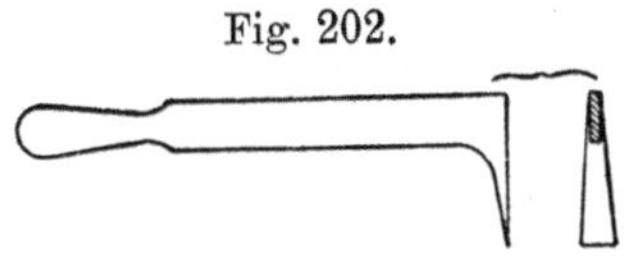

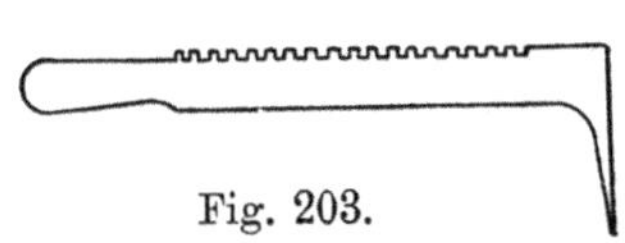

Fig. 203.

Die Anordnung, welche Fig. 200 darstellt, unterscheidet sich von der vorigen nur dadurch, dass der Haken *e* auf der Klemmstange *f* steckt. Fig. 201 zeigt eine Vorrichtung, bei welcher der Haken *l* zunächst in einer Hülse *h* wagerecht und mit dieser an der Stange oder Schiene *f* lothrecht zu verschieben ist, dann an *f* durch eine Druckschraube befestigt werden kann. Die Schiene *f* ist an der am Winkel *c* festgeschraubten Schiene *e* lothrecht zu verschieben und zwar mittels einer sehr kurzen Schraube *g*, welche am Kopf von *e* gelagert ist und in deren Gewindegang ein an *f* fester Stift greift. Hier-

[1]) Zeitschr. d. Ver. deutscher Ingen. 1894, S. 211, mit Abb.

durch wird möglich, den Haken ohne Hammerschläge in den Block zu treiben. Den Stiel des Hakens *t* macht man nach Fig. 202 glatt und sichert ihn durch den Druck der erwähnten Schraube gegen Verschiebungen, oder zahnt ihn nach Fig. 203, wobei in der Hülse *h* ein Zahn vorgesehen ist, der in eine der Zahnlücken greift. Eine sicherere Verklammerung gewährt die Einrichtung Fig. 204. Hier ist an den Winkel *c* eine ähnliche Schiene *e* wie in Fig. 203 befestigt, welche aber zwei Schienen *f* und f_1 führt; *f* ist mit einem Haken *i* versehen, der von oben nach unten, f_1 mit einem Haken i_1 der von unten nach oben in den Block *d* gedrückt werden soll. Die beiden Schienen *f* und f_1 sind mit Stiften behaftet die in spiralige Nuthen der Scheibe *g* greifen, so dass durch Drehen dieser Scheibe die Haken einander genähert werden, also in den Block eindringen, oder umgekehrt sich von einander entfernen, also den Block loslassen.

Bei dem Wagen, von dem Fig. 205 einen Theil darstellt, ist das auf dem Rahmen *a* befestigte Querstück *b* aus Eisen gegossen und rinnenförmig. Die Docke oder der Winkel *c* umgreift die nach innen umgelegten Ränder der Rinne und erfährt hierdurch eine sichere Führung. An dem lothrechten Theil von *c* ist eine Zahnstange *e* lothrecht geführt, die an ihrem unteren Ende einen nach oben gerichteten Haken enthält. An der Zahnstange ist eine Tasche *f* verschiebbar, in welcher der obere Haken *i*, Fig. 206, steckt. Es ist nun, wie die letztere Abbildung erkennen lässt, in der Tasche *f* ein Handhebel *g* gelagert, dessen kurzer Schenkel als Zahn in die Zahnstange *e* greift und der so lang ist, dass er sich, wenn der lange Schenkel gehörig nach unten bewegt wird, gegen *e* klemmt und dadurch die Tasche an *e* festhält. An dem wagerechten Schenkel von *c*, und zwar an der in die Rinne von *b* ragenden Seite, ist eine Zahnstange ausgebildet, in welche ein in *b* gelagertes, aber auf der, hinter dem Wagen (in Fig. 205 rechts) befindlichen lang genutheten Welle verschiebbar steckendes Stirnrad greift. Es dient zum Vorrücken des Blockes. Um das Maass dieses Vorrückens bequem beobachten zu können, ist am Fuss des Winkels *c* ein Maassstab angebracht.

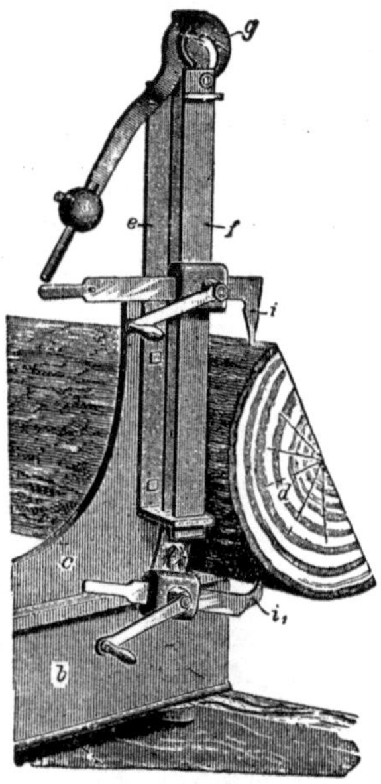

Fig. 204.

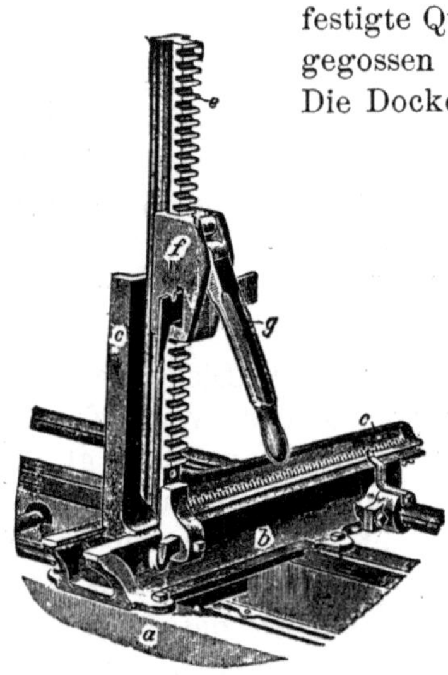

Fig. 205.

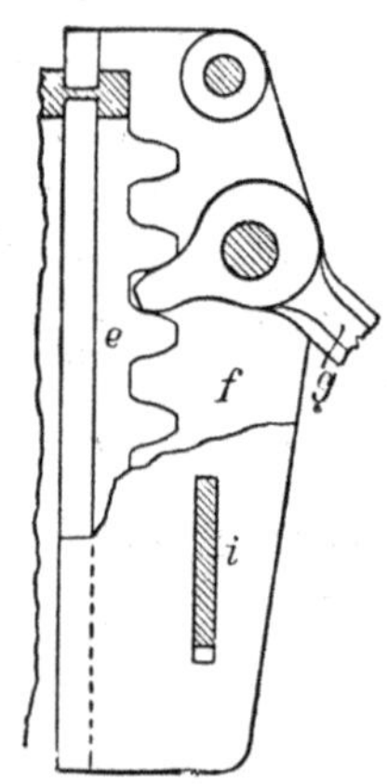

Fig. 206.

Fig. 207 u. 208 stellen das eine Ende eines von E. Kirchner & Co. in Leipzig gebauten Wagens dar. *a* bezeichnet ein gusseisernes Querstück zur Aufnahme der Docke *A*; es ist mit einem fast gleichen Querstück, welches das andere Ende des Wagens bildet, durch die Flachschiene *b*, das Winkeleisen *c* und das U-Eisen *d* fest verbunden. So ist ein fester Rahmen gebildet, der mit den in den Querstücken *a* angebrachten Rollen oder Rädern auf den Schienen *f* hin- und hergefahren werden kann. Ist dieser Wagen zur Aufnahme sehr langer Blöcke bestimmt, so befindet sich zwischen den beiden genannten Endquerstücken noch ein drittes, nach Umständen sind sogar noch zwei Querstücke zwischen die Endquerstücke gelegt. Diese Zwischenstücke sind mit den Längsstücken *b*, *c* und *d* nicht fest verbunden, können vielmehr nach Bedarf angebracht werden. Auf jedem Querstücke befindet sich eine Docke *A*, gegen welche für gewöhnlich der Block *B* gelehnt wird. An der Docke ist das aus U-Eisen gebildete Gestänge *g h*, und zwar lothrecht verschiebbar, angebracht. Der obere Theil dieses Gestänges steckt zu diesem Zweck in einem Loch des oberen umgebogenen Endes der Docke, der untere Theil *h* wird an einer, am Fuss der Docke sitzenden Platte geführt, welche mit einer Nuth ⊥förmigen Querschnittes versehen ist. In diese Nuth greift eine entsprechend gestaltete Hervorragung des Gestängetheils *h*. *g* und *h* sind ferner mittels eines langen Zapfens rechteckigen Querschnittes mit einander verbunden, welcher mit *h* vernietet und in zwei an *g* befestigten Führungen (vergl. Fig. 207) geführt ist.

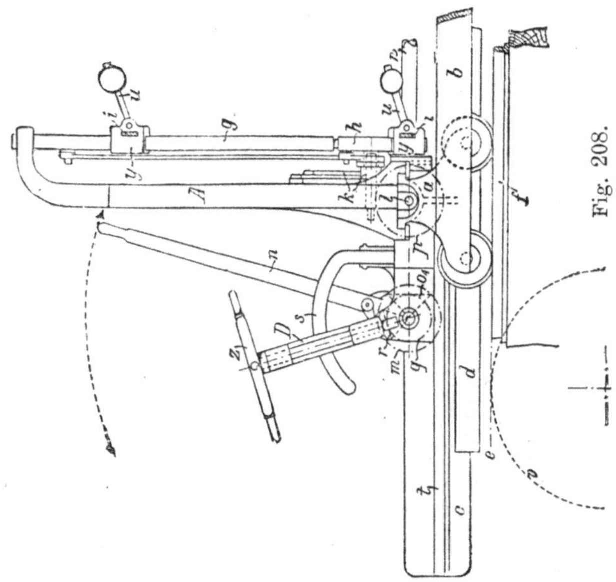

Fig. 208.

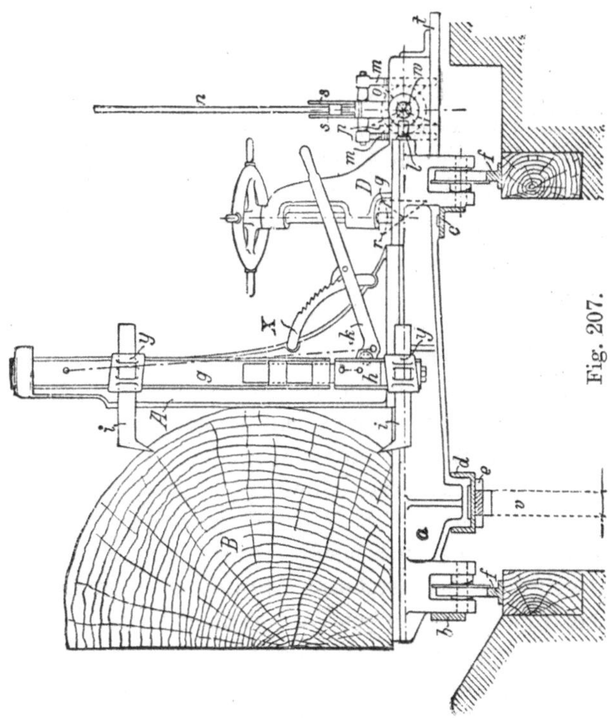

Fig. 207.

An *h* sowohl als an *g* greift je eine Stange (die in Fig. 207 nur durch gestrichelte Linien angegeben sind) und verbindet sie mit dem Hebel *k*. Dieser ist um einen an der Docke befestigten Bolzen drehbar; er ist mit einer Sperrklinke versehen, welche sich gegen Zähne eines Bügels *X* zu legen und dadurch den Hebel *k* am Emporschwingen zu hindern vermag. An dem Gestänge *gh* sind Taschen *y* verschiebbar, in denen die Haken *i* lose stecken. Belastete Hebel *u*, Fig. 208, welche in *y* gelagert sind, besitzen Daumen, mit denen sie gegen die Haken *i* drücken und dadurch diese mit dem Gestänge fest verbinden. Vor dem Auflegen des Blockes *B* bringt man den Hebel *k* in seine höchste Lage, so dass der Gestängetheil *g* so viel als möglich nach oben, der Theil *h* ebenso nach unten geschoben ist. Nachdem dann der Block aufgelegt ist, schiebt man die Haken *i* — unter Lüftung der Hebel *u* — gegen den Block und drückt sodann den Hebel *k* nieder, so dass die Spitzen der Haken entsprechend in das Holz eindringen und den Block festhalten.

Die Schrauben, welche zum Vorrücken der Docken dienen, sind hier mit *l* bezeichnet. An jeder Schraube sitzt ein Kegelrad *p*, in welches ein an der Welle *w* sitzendes greift. Diese auch den anderen Docken dienende Welle wird durch das Kegelrad *o* bewegt, in welches zwei mit den Sperrrädern *m* verbundene Kegelräder o_1 greifen. Die Sperrräder sind entgegengesetzt verzahnt, so dass bei der Bewegung des Handhebels *n* das eine oder andere Sperrrad in der ihm gebührenden Richtung, die Welle *w* aber immer in derselben Richtung gedreht wird. Man befestigt nun an den Bügeln *s*, zwischen denen der Sperrklinkenhebel *n* schwingt, Anschlagsstücke, welche seinen Ausschlag begrenzen und zwar so, dass jede Hebelschwingung die Docken um ein bestimmtes Maass verrückt. Sollen die Docken zurückgezogen werden, so hebt man die Klinken der Sperrräder *m* aus und dreht an dem Spillrad *z*. Dieses sitzt auf einer Welle, welche im Bock *D* gelagert ist und unten durch das Kegelradpaar *qr* diejenige Welle treibt, auf der eins der beiden Sperrräder *m* festsitzt.

Für diese Thätigkeit wie für das Vorrücken der Docken ist dem Arbeiter ein Standort auf dem Wagen angewiesen. Das Winkeleisen *c* ist nämlich um etwa 1,45 m von der Mitte des Querstücks *a* nach links, Fig. 208, verlängert, und gleichzeitig ist an dem seitlichen, zur Aufnahme der Sperrräder *m* dienenden Ausbau des Querstückes ein zweites Winkeleisen befestigt, welches mit jenem zusammen den Brettfussboden *t* trägt.

Der Wagen wird durch die an dem U-Eisen *d* befestigte Zahnstange *e* und das Zahnrad *v* bewegt.

Zu Fig. 205 u. 207/208 wurde angegeben, dass das Vorrücken und Zurückziehen der Docken durch eine längs des Wagens gelagerte Welle stattfinde, bei letzteren Abbildungen auch der Antrieb dieser Welle beschrieben. Es mögen hier zunächst noch einige andere Antriebsarten dieser Welle beschrieben werden.

Fig. 209' u. 210 sind zwei Ansichten eines solchen Antriebes von Farquhar.[1]) *A* bezeichnet einen Theil des hölzernen Rahmens des Wagens, *w* die an ihm gelagerte Welle, welche so, wie S. 96 beschrieben, die Docken durch Zahnräder und Zahnstangen verschiebt. Auf *w* sitzt das Sperrrad *e*, gegen welches sich 9 Klinken *d* legen, deren Länge so bemessen ist, dass

[1]) Zeitschr. d. Ver. deutscher Ingen. 1894, S. 214, mit Abb.

zwei auf einander folgende um $^1/_9$ der Zahntheilung von einander verschieden sind (vergl. Bd. I, S. 208); es wird daher der Ausschlag des Hebels sehr genau auf das Sperrrad übertragen, ohne dass letzteres zu kleine Zahntheilung erhält. Eine Reihe Klinken *g*, Fig. 209, hindert das Sperrrad,

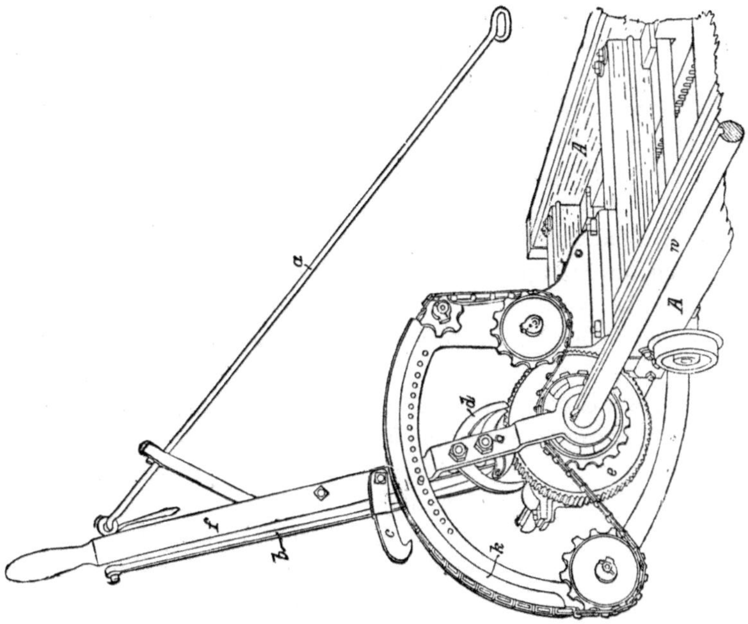

Fig. 210.

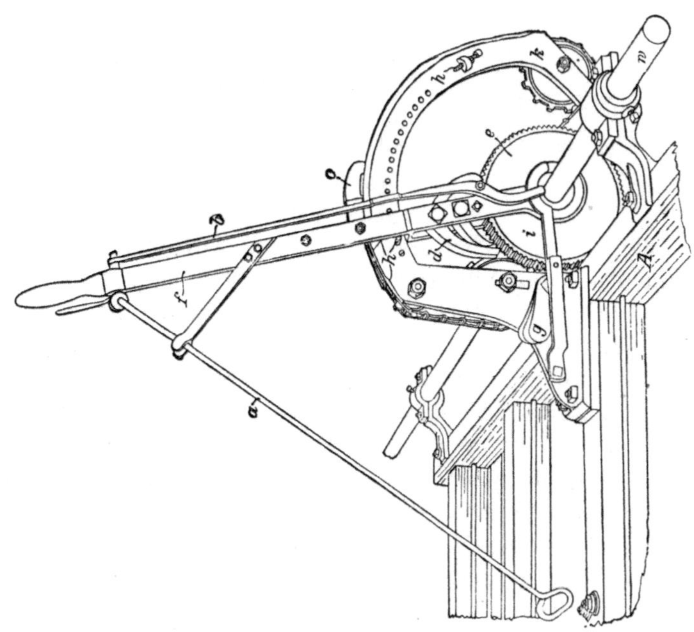

Fig. 209.

eigenmächtig zurückzugehen. Der Handhebel *f*, an welchen die Klinken *d* gebolzt sind, wird längs eines Bügels *k* hin- und herbewegt, welcher mit einstellbaren Anschlägen *h*, Fig. 209, versehen ist, um den Ausschlag des Hebels genau zu begrenzen. Ein Hebelspiel entspricht einer Brettdicke; man überwacht das Vorschieben entweder an einem Maassstabe, wie in

Fig. 205 angegeben ist, oder verbindet mit dem Sperrrade oder der Welle *w* eine eingetheilte Scheibe, um grössere Theilungen zu bekommen, als jener Maassstab gestattet.

Das rasche Rückziehen der Docken erfolgt durch die hakenförmige, dem Handhebel *f* angebolzte Sperrklinke *c*. Diese fasst in eine über den Bügel *k*, zwei Leitrollen und eine am Sperrrad *e* feste Kettenrolle gelegte Bandkette. Zuvor müssen die Klinken *d* und *q* ausgehoben und die Klinke *c* eingelegt werden. Hierzu dient eine kleine Kurbel, welche nahe dem Handgriff des Hebels *f* gelagert ist. Von hier aus erstreckt sich eine Stange *b* bis zur Welle *w*, welche die Klinken *d* und *q* aushebt und *c* einfallen lässt, sobald sie nach unten geschoben wird, und bei entgegengesetzter Verschiebung *c* aushebt und die anderen Klinken einfallen lässt. Die erwähnte kleine Kurbelwelle wird entweder durch eine an ihr feste Handhabe oder durch die Stange *a* bewegt, und mittels letzterer kann auch der Hebel *f* geschwenkt werden, so dass der Arbeiter im Stande ist, auch von der Blockseite aus das Vorrücken und Zurückziehen der Docken zu bewirken.

Eine von De Loach[1]) angewendete Einrichtung, Fig. 211, besteht in dem auf der Welle festsitzenden beidrechten Sperrrad *e*, dem Hebel *b* mit Klinken *d* und der durch den Arbeiter zu bethätigenden Stange *a*. An einem seitlich an *a* angebrachten Stift ist ein Kettchen *c* angebracht, welches weiter unten einem Hebelchen sich anschliesst. Indem man *a* plötzlich etwas dreht, wird das Hebelchen nach der anderen Seite umgeworfen und werden die Klinken *d* durch innerhalb des Schlitzes von *b* an der Welle des Hebelchens sitzende Stifte an der einen Seite ausgehoben und nach der anderen Seite zum Eingriff hinüber geschwenkt. Diese sehr einfache Einrichtung gestattet kein rasches Zurückziehen der Docken.

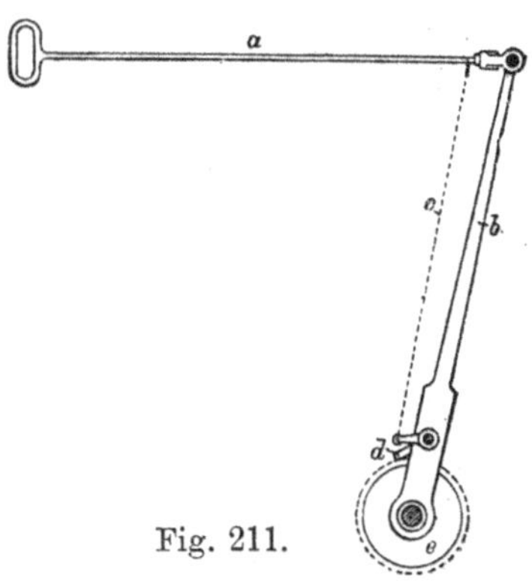

Fig. 211.

In anderer Weise löst die vorliegende Aufgabe der durch Fig. 212 bis 214 zum Theil abgebildete Wagen. Fig. 212 ist ein Schnitt durch den Wagen, Fig. 213 zur Hälfte ein Grundriss, zur Hälfte ein wagerechter Schnitt eines Wagentheils, Fig. 214 zur Hälfte eine Vorder-, zur Hälfte eine Rückansicht desselben Wagentheiles. Der Rahmen des Wagens besteht aus den vier Winkeleisen *a*, mit denen die Querstücke *b* durch Niete verbunden sind. Links und rechts von jedem Querstückpaar sind die Rollen *r* gelagert; sie laufen auf einer Seite auf einer schlichten, auf der anderen Seite auf einer schweinsrückenartigen Schiene. Auf den Querstücken *b* sind die Docken *cd* verschiebbar; letztere umgreifen den oberen Bord von *b* (vergl. Fig. 214 links), wodurch sie vor dem Umkippen geschützt werden. Die lothrechten Theile *d* der Docken sind im Querschnitt winkelförmig (vergl. Fig. 213, unten) und dienen zur Führung der Taschen *e*. Zwischen *d* befinden sich zwei lothrechte Schrauben *i*, von denen die eine die obere, die andere die untere Tasche *e* zu bewegen vermag. Es lassen sich daher die in *e* steckenden Klauen unabhängig von einander gegen den

[1]) Zeitschr. d. Ver. deutscher Ingen. 1894, S. 214.

Block *w* drücken. Das Verschieben der Docken auf den Querstücken geschieht mit Hilfe der Schrauben *f*. Auf jeder dieser Schrauben sitzt

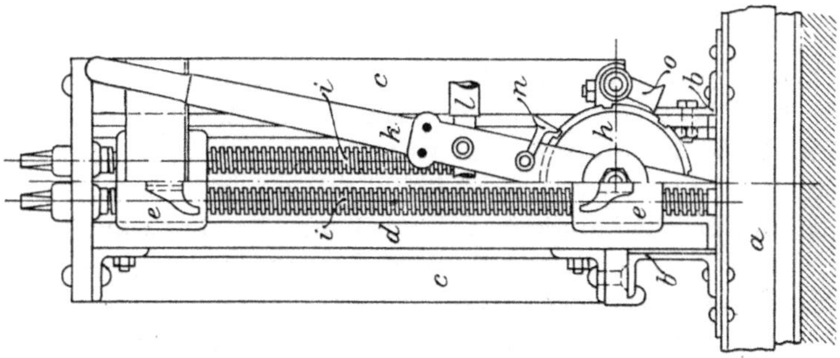

Fig. 214.

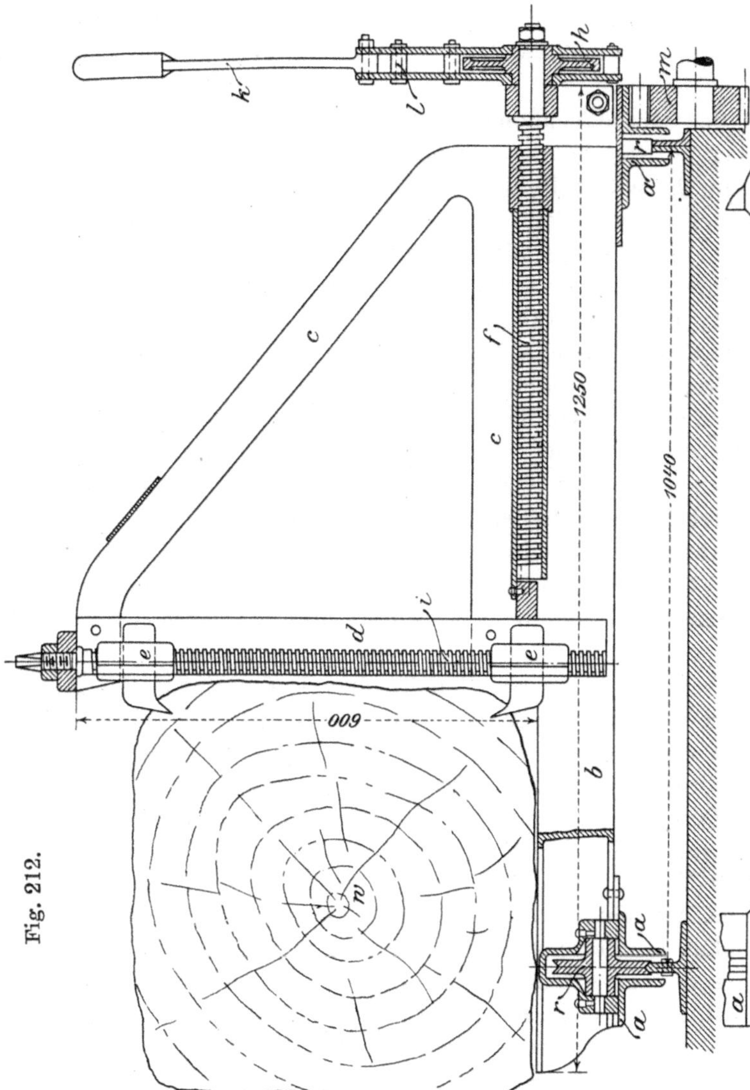

Fig. 212.

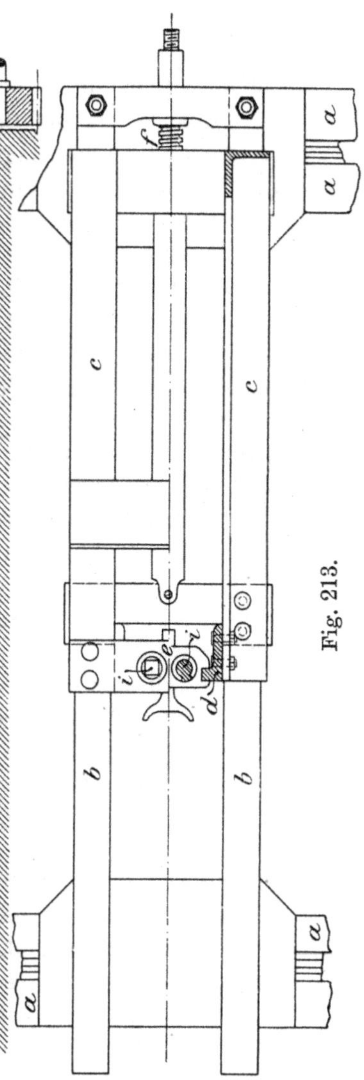

Fig. 213.

ein Sperrrad *h*, welches durch die Sperrklinke *n* des Hebels *k* bethätigt wird. Die Sperrklinke *o* hindert das Rad *h* am eigenmächtigen Rückgange.

Die Sperrklinken *n* und *o* können nach der entgegengesetzten Seite umgelegt werden, um *f* in der zweiten Richtung zu drehen. Eine Stange *l*, die da, wo sie freiliegt, aus einer Röhre besteht, verbindet die Hebel *k* unter einander, so dass die Schrauben *f* nur um gleiche Beträge gedreht werden können. Rad *m* nebst Zahnstange sollten unter dem Block liegen.

Die Bethätigung der Wagen ist mit derjenigen der Tischhobelmaschine für Metall (Bd. I, S. 196) insofern verwandt, als die Massenwirkung an den Endpunkten des Weges eine Rolle spielt. Es beträgt die sekundliche Zuschiebungsgeschwindigkeit bis zu 1 m, die Rücklaufgeschwindigkeit aber bis zu 2 m,[1]) so dass — da das Gewicht des Wagens nebst auf ihm befestigten Blockes ziemlich gross ist — an jedem Wegesende eine grössere lebendige Kraft vernichtet und eine grössere Arbeit für das Erzeugen der neuen Geschwindigkeit aufgewendet werden muss, wenn der Wechsel der Bewegungsrichtung rasch von Statten gehen soll. Um sich vor Brüchen zu schützen, verwendet man regelmässig Antriebe, die durch Reibung vermittelt werden; es kommen aber auch Dampfdruck- und Luftdruckantriebe vor.

Ebenso wie bei den Metalltischhobelmaschinen findet bei den Wagen für Sägen die Schaltung vor Beginn des Arbeitsweges statt. Aus mancherlei Gründen überlässt man diese Schaltung, das Vorrücken der Docken um die Dicke des nunmehr abzuschneidenden Brettes, der Hand des Arbeiters. Ebenso wird die Umkehr des Wagens nicht selbstthätig, sondern durch den Arbeiter bewirkt, so dass dieser in der Lage ist, die Zeit für das Stillstellen des Wagens und ebenso diejenige für das Hervorbringen der neuen Geschwindigkeit, d. h. die Kräfte, welche für diese beiden Vorgänge gebraucht werden, nach seinem Ermessen zu regeln. Aber auch während des Arbeitens ist vielfach erwünscht, die Geschwindigkeit des Wagens zu ändern, wenn astreiche Stellen im Holz vorkommen, die Zuschiebungsgeschwindigkeit zu mindern und demnächst wieder zu vergrössern. Bei der im allgemeinen grossen Zuschiebungsgeschwindigkeit liegt das Bedürfniss vor, diese Aenderungen rasch vornehmen zu können. Im ganzen ist demnach die Steuerfähigkeit der Wagenbewegung mit Sorgfalt zu behandeln, wenn man der selbstverständlichen Forderung möglichster Leistungsfähigkeit der Säge gerecht werden will.

Soweit der Antrieb des Wagens von dem Triebwerk der Maschine aus abgeleitet wird, schaltet man nach Fig. 306—313, Bd. I, S. 151—152, angeordnete Reibräder da ein, wo grosse Umdrehungszahlen vorliegen. Die Aenderung der Geschwindigkeit mittels dieser Vorgelege erfordert einen ziemlichen Kraftaufwand, weil die Reibflächen an einander entlang geschoben werden müssen. Man verwendet für dieses Verschieben wohl Schrauben. Allein diese wirken bei Wagen, die einige Geschwindigkeit haben, viel zu langsam. Es gelingt das Verschieben mittels Handhebels, wenn gleichzeitig der Druck zwischen den Reibflächen vermindert oder ganz aufgehoben wird. Sofern beide Hände des Arbeiters hierfür verfügbar sind, so findet sich bald eine den örtlichen Verhältnissen angepasste Lösung: die eine Hand hebt den Druck auf, die andere bringt die Verschiebung hervor. Man findet aber auch Anordnungen, bei welchen beide Thätigkeiten durch ein und dieselbe Hand, gewissermassen gleichzeitig ausgeführt werden.

---

[1]) Zeitschr. d. Ver. deutscher Ingen. 1894, S. 256.

Fig. 215 ist der Grundriss des Antriebes einer von der De Loach Mill. Mfg. Co. in Atlanta, Ga.,[1]) ausgeführten Blockkreissäge, Fig. 216 ein Querschnitt und Fig. 217 stellt eine Einzelheit dar. Auf einem aus gutem Holz hergestellten Rahmen ist die Kreissägenwelle *a* gelagert. Durch Reibscheiben wird von hier aus die Welle *b* und weiter die Welle *c* angetrieben, und die Stirnräder *d* und *e* übertragen die Bewegung auf das in die Zahnstange des Wagens greifende Zahnrad *f*. Es wird nun die Aenderung der Geschwindigkeit und die Umkehr durch Verschieben der Reibrolle *g* mittels des Handhebels *m* herbeigeführt. Der untere Drehpunkt von *m* befindet sich an einer Kurbel *l*, die mit der Kurbel *k* gemeinsam auf einer liegenden Welle befestigt ist. *k* wirkt auf die Kurbel *i*, in deren aussenaxig gebohrter Nabe *h* das eine Ende der Welle *c* gelagert ist. *h* ist in einem

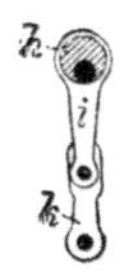

Fig. 217.

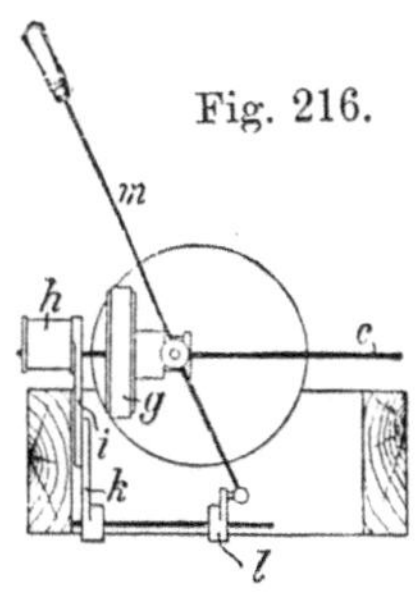

Fig. 216.

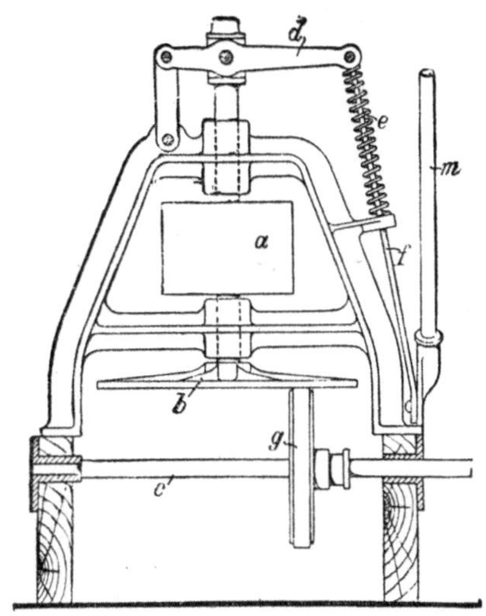

Fig. 218.

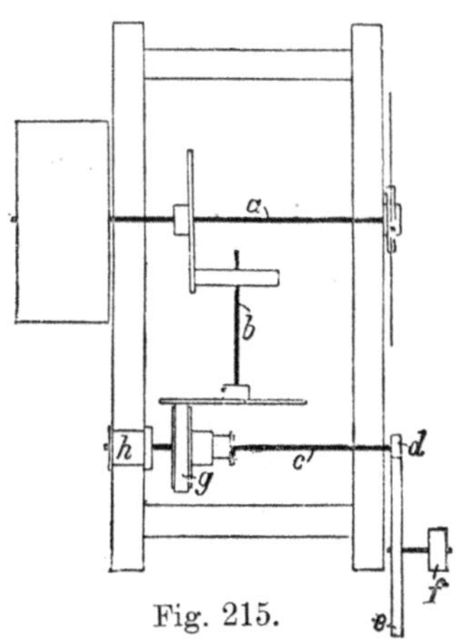

Fig. 215.

am gemeinsamen Rahmen festen Lager drehbar. Wenn nun die Handhabe des Hebels *m* gegen die Kreissägenwelle gedrückt wird, so zieht *h* die Rolle *g* von der zugehörigen Reibscheibe ab, so dass *g* sich leicht verschieben lässt; bei entgegengesetztem Druck auf die Handhabe von *m* wird dagegen *g* gegen seine Reibscheibe gedrückt. Bei gewandter Handhabung wirkt diese Einrichtung recht gut. Fig. 218 zeigt die Einrichtung der Farquhar Co. Lim. York, Pa.[2]) Eine lothrechte Welle wird durch halbgeschränkten Riemen von der Kreissägenwelle aus angetrieben. Sie ist in ihren Lagern ein wenig verschiebbar, enthält an ihrem unteren Ende die Reibscheibe *b* und wird unter Vermittlung eines Halsringes und des Hebels *d* von der Schraubenfeder *e* getragen. An *d* ist eine Stange *f* gebolzt, welche unten auf einem Zapfen steckt, der seitwärts vor der wagerechten Drehaxe des Handhebels *m* steckt. Bewegt man *m* nach vorn nieder, so wird *b* gegen *g* gedrückt. Das untere Ende von *m*

[1]) Zeitschr. d. Ver. deutscher Ingen. 1894, S. 255, mit Abb.
[2]) Vorige Quelle.

ist auch um einen am Rahmen des Antriebes festen lothrechten Zapfen zu drehen und steht durch Hebelwerk mit dem Halsring der Reibrolle g in geeigneter Verbindung, so dass durch Drehen des Handhebels in wagerechter Richtung die Rolle g auf ihrer Welle c verschoben wird. c überträgt dann weiter seine Drehbewegung auf das in die Zahnstange des Wagens greifende Rad. Bei der vorliegenden Einrichtung bedarf der Arbeiter also auch nur einer Hand, um die Geschwindigkeit und Bewegungsrichtung des Wagens und den Andruck der Reibrolle zu ändern.

Das Bethätigen des Wagens durch angekuppelten Dampfkolben ist von Prescott vorgeschlagen.[1]) Nach Fig. 219 liegt ein sehr langer Dampfstiefel unter dem Wagen; sein Kolben ist dem Wagen unmittelbar angeschlossen. Bei R liegt ein Schieberkasten, und in ihm befindet sich ein von r aus gesteuerter Schieber, der den Dampf diesseits oder jenseits des Kolbens treten lässt. Diese Anordnung dürfte bedeutenden Dampfverlust herbeiführen. In Werken, in denen Pressluft für den Betrieb von Krahnen u. s. w. verwendet wird, dürfte zweckmässig sein, diese statt des Dampfes zu verwenden.

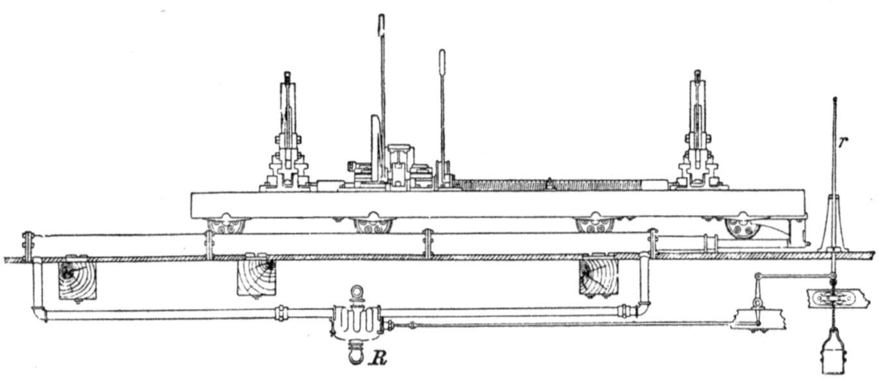

Fig. 219.

Da die Herstellung eines so langen Stiefels, wie Fig. 219 ihn andeutet, ziemlich kostspielig ist, so hat man vorgeschlagen, den Kolbenhub kleiner zu machen, als die Wegeslänge des Wagens beträgt, und ihn durch Flaschenzüge — ähnlich wie bei Wasserdruckkrahnen — zu vervielfachen.

Der Arbeitswiderstand P beträgt nach Gl. 20, S. 41:

$$P_{kg} = (10 \text{ bis } 24)\ s_{mm} \cdot h_{mm} \cdot \frac{v}{V}.$$

Aus früher genannten Gründen darf man annehmen, dass rechtwinklig zur Schnittrichtung etwa der gleiche Widerstand auftritt. Bei Bandsägen liegt der Wagenweg rechtwinklig zur Schnittrichtung, weshalb für diese als gewissermassen nützlichen Widerstand jene Kraft P in Rechnung zu stellen ist. Es ist ihr noch der von Reibungen herrührende Widerstand p hinzuzurechnen, welcher, wenn Q das Gewicht des Blockes nebst Wagens bezeichnet, zu etwa:

$$\mathfrak{P} = 0{,}006 \cdot Q \quad . \; . \; . \; . \; . \; . \; . \; . \quad (31)$$

angenommen werden kann.

---

[1]) Minutes of Proceedings of the Institution of Civil-Engineers, Bd. 90, Sitzungen 1886/1887.

Für Kreissägen setzt sich ein Theil des Arbeitswiderstandes dem Vorschieben des Blockes entgegen. Man kann den in die Richtung des Wagenweges fallenden Widerstand (vergl. Fig. 220)

$$= P(\cos\alpha + \sin\alpha) + \mathfrak{P} = \text{im Mittel } 1{,}25\,P + 0{,}006\,Q \quad . \quad (32)$$

setzen.

Der Widerstand des Wagenrückganges beträgt bei beiden Sägenarten:

$$\mathfrak{P} = 0{,}006\,Q \quad . \; . \; . \; . \; . \; . \; . \; . \; . \quad (31)$$

Während der Umkehr des Wagens fällt P bezw. 1,25 P hinweg; $\mathfrak{P}$ kann vernachlässigt werden. Um den Wagen zum Stillstand zu bringen, muss sonach ein gleitender Widerstand q längs eines Weges $\mathfrak{W}$ in m aufgewendet werden, deren gegenseitiges Verhältniss durch:

$$\frac{Q}{g} \cdot \frac{v^2}{2} = \mathfrak{W} \cdot p$$

oder rund

$$\frac{Q \cdot v^2}{20} = \mathfrak{W} \cdot p \quad . \; . \; . \; . \; . \; . \; . \; . \; . \quad (33)$$

dargestellt wird, wenn Q das Gewicht des Wagens nebst seiner Last in kg, v seine bisherige sekundliche Geschwindigkeit in m bezeichnet. Das Produkt aus Kraftaufwand und Weg zum Hervorbringen der neuen Geschwindigkeit v gleicht demselben Ausdruck. Wenn man nun verlangt, dass diese z. Z. der Umkehr aufzuwendende Kraft p eben so gross sein soll, wie die ist, welche für die Wagenbewegung während des Schneidens erforderlich ist, so bedarf man für die Umkehr die Wegeslänge:

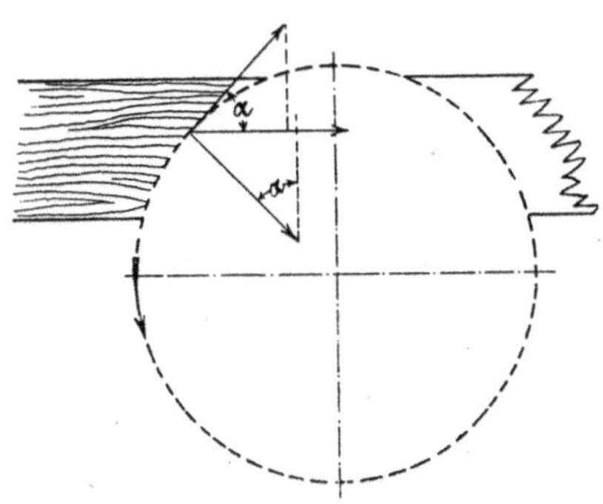

Fig. 220.

$$\mathfrak{W} = \frac{Q \cdot v^2}{20\,P\,(1 \text{ bezw. } 1{,}25)} \quad . \; . \; . \; . \; . \; . \quad (34)$$

Beispielsweise sei für eine Blockkreissäge $P = 220$ kg, $Q = 1200$ kg, v (Rücklaufgeschwindigkeit) $= 1{,}5$ m. Dann wird:

$$\mathfrak{W} = \frac{1200 \cdot 2{,}25}{20 \cdot 1{,}25 \cdot 220} = \text{rund } 0{,}5 \text{ m}$$

Will man mit geringerer Länge dieses verlorenen Weges auskommen, so muss man ein entsprechend grösseres p anwenden, also auch die Betriebseinrichtungen des Wagens kräftiger ausgestalten, als für das Ueberwinden des Widerstandes beim Arbeiten nöthig ist.

4. Werkstücke, die kreisen sollen, befestigt man an ebenen Scheiben, in Futtern oder zwischen Spitzen.

Ausnahmsweise werden Werkstücke an ebene Scheiben geschraubt; es ist diese Befestigungsweise im allgemeinen zu zeitraubend. Häufiger klemmt man die Werkstücke zwischen zwei Scheiben. Die eine der letzteren sitzt wie eine Planscheibe auf der Arbeitsspindel, die andere wird durch eine Art Reitstockspitze angedrückt oder ist am freien Ende des Reitnagels gelagert. Diese zweite Scheibe ist oft erheblich kleiner als die erstere, um das Werkstück genügend zugänglich zu machen. Die auf der Arbeitsspindel sitzende Scheibe nimmt das Werkstück durch Reibung mit, oder ist mit hervorragenden Spitzen versehen, welche in das Werkstück eindringen. Diese Spitzen haben bei nicht ebenen Flächen des Werkstücks auch den Zweck, die Unebenheiten auszugleichen, indem sie verschieden tief in das Holz eindringen. Zu gleichem Zweck wird auch die zweite Scheibe mit Spitzen versehen. Ist grosse Ungleichheit der Werkstücke zu erwarten, so macht man die Spitzen federnd nachgiebig.

Die Befestigung hölzerner Werkstücke in Futtern unterscheidet sich von der Befestigung metallener Gegenstände hauptsächlich durch leichtere Bauart der Futter. Im übrigen verweise ich auf früher (Bd. I, S. 124) über Futter angegebene Quellen.

Die Spitzen für hölzerne Gegenstände sind viel schlanker als die für Metalle, weil sie weniger beansprucht werden, auch ohne weiteres in

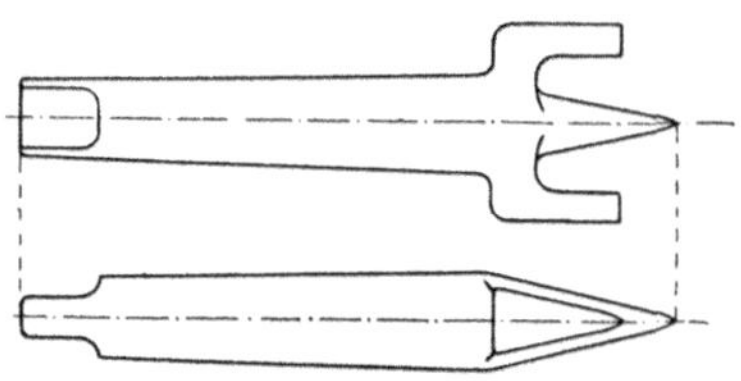
Fig. 221.

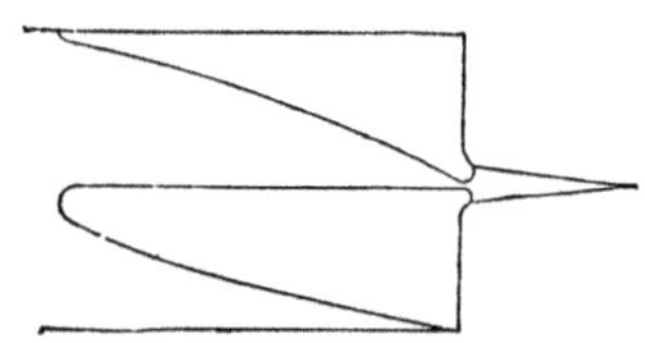
Fig. 222.

das Holz eindringen sollen; die an der Spindel sitzende Spitze hat ferner die Eigenthümlichkeit, dass sie gleichzeitig als Mitnehmer wirkt. Die Spindelspitze ist zu diesem Zweck als Dreizack, Fig. 221, gestaltet und ihr Schaft wird so in die Spindel gesteckt, dass er sich mit letzterer drehen muss. (Vergl. Bd. I, S. 107.) Statt zwei seitwärts von der eigentlichen Spitze belegenen Zacken als Mitnehmer zu verwenden, bildet man vier Zacken nach Fig. 222 aus.

Durch das Eintreiben der Spitze in das Holz wird versucht, das Holz zu spalten. Gegen diese Gefahr schützt man sich zuweilen durch einen die Spitze umgebenden messerartig zugeschliffenen Ring, Fig. 223, und lässt dann nicht selten die als Mitnehmer wirkenden Seitenzacken weg, da die Reibung des Ringes am Werkstück gross genug ist, um letzteres dem Werkzeug entgegen zu bewegen. Für nicht runde Gegenstände, z. B. Schuhleisten, wird dem Ring eine andere als die kreisrunde Gestalt gegeben, wie Fig. 224 darstellt, wobei besondere Mitnehmer selbstverständlich entbehrlich sind.

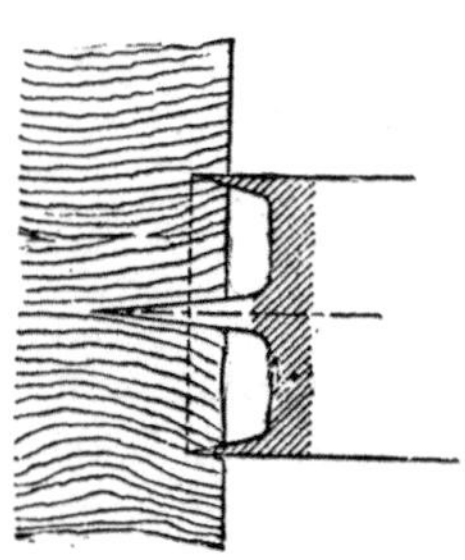
Fig. 223.

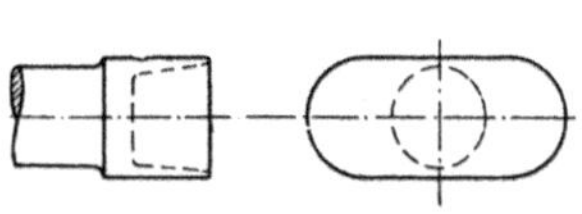
Fig. 224.

Bei Fig. 224 fehlt die eigentliche Spitze, weil sie bei den in Rede stehenden Gegenständen für das Ausrichten nicht verwendet werden kann. Kommt aber das Ausrichten in Frage, was bei kreisrunden Gegenständen fast immer der Fall ist, so muss die Spitze mehr hervorragen als die Mitnehmer, um sie zunächst genau in die Mitte des Werkstückes schieben zu können. Sie dringt deshalb auch tiefer in das Werkstück als die Mitnehmer, und ein grösserer Theil des Werkstückes muss weggeschnitten werden, als wenn man nur die Spuren der Mitnehmer zu beseitigen hätte. Es ist daher vorgeschlagen, [1]) die eigentliche Spitze federnd nachgiebig zu machen, so dass sie anfänglich hervorragt, aber nur in geringem Grade in das Holz dringt.

Die Reitstockspitze ist regelmässig, einfach, schlank kegelförmig. Man lässt aber zuweilen, sicherer Führung halber, die Reitstockspitze mit dem Werkstück kreisen. In Fig. 225 bezeichnet *a* die eigentliche Spitze, *b* einen Ring, der auf mässige Tiefe in das Holz eindringt und diesem dadurch eine reichlichere Stützflächengrösse darbietet als die Spitze *a*, *c* einen an *a* und *b* festen Schaft, der in der Büchse *d* sich frei drehen kann. Am rechtsseitigen Ende von *c* ist eine Verdickung ausgebildet, welche *c* am Herausschlüpfen hindert, und deshalb ist die Büchse *d* in ihrer Längenrichtung getheilt. Sie steckt in dem Reitnagel *e* und wird in ihm durch ein Gewinde festgehalten, welches nahe am Rande der Reitstockbohrung sich befindet. Der Druck, den die Reitnagelspitze in der Axenrichtung erfährt, wird von ihrem Schwanzende auf die in *e* fest eingedrückte Spurplatte *f* aufgenommen.

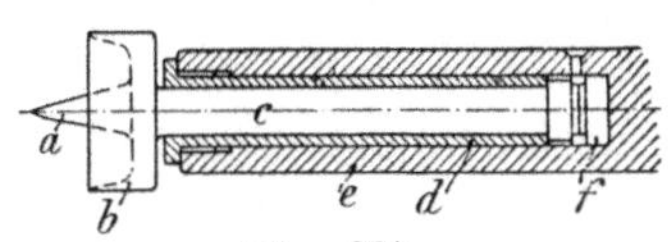

Fig. 225.

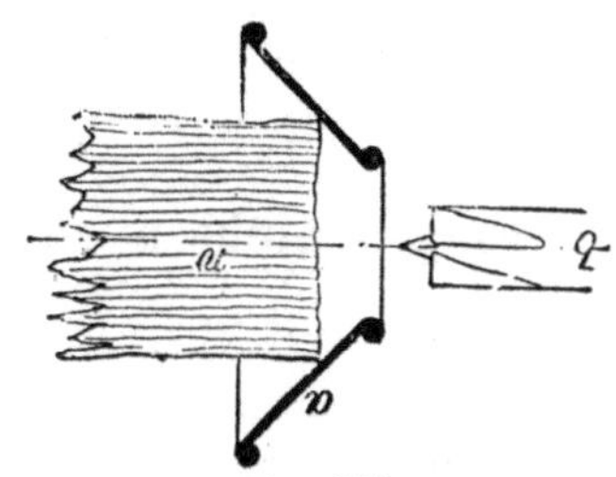

Fig. 226.

Wenn die Spindeln sich nur langsam drehen, so lassen sich die Werkstücke ohne Stillstellung der ersteren auswechseln. Rasch kreisende Spindeln erfordern dagegen diese Stillstellung, also erheblichen Zeitverlust, es sei denn, dass man besondere Vorrichtungen anwendet, welche das Auswechseln während des Betriebes gefahrlos machen. Dahin gehört das Zuführen runder, oder überhaupt stangenförmiger Gegenstände durch die hohle Arbeitsspindel, welches man — wie bei Metalldrehbänken — auch bei Holzdrehbänken findet. Es ist dann im Kopf der Spindel ein selbst ausrichtendes Futter angebracht, welches man durch Verschieben einer Hülse auf der Spindel schliessen und öffnen kann. Fig. 226 erläutert eine andere, dem angegebenen Zweck dienende Vorrichtung. [2]) *b* bezeichnet die Mitnehmerspitze, *a* einen Trichter und *w* das Werkstück. Es ist *a* längs guter Führungen wagerecht verschiebbar, wird aber durch Gegengewicht oder Feder nach rechts geschoben, wenn man ihn nicht zurückhält. Verschiebt man nun das Werkstück *w*, welches mit dem linksseitigen Ende im Trichter *a* ruht, rechts auf der Reitstockspitze steckt, mit Hilfe letzterer nach links, so richtet der Trichter *a* zunächst das linksseitige Ende von *w* aus, wird dann aber nach links verdrängt und führt dabei das Werkstück in richtiger Weise gegen die Mitnehmerspitze *a*. Man schiebt dann den Trichter *a* ganz zurück und befestigt ihn in geeigneter Weise. Soll das Werkstück fortgenommen werden, so lässt man *a* wieder in Thätigkeit treten und zieht die Reitstockspitze zurück.

Als Hohldocken oder Brillen dienen kegelförmige (Bd. I, S. 134, Fig. 269) und trommelförmige stählerne Ringe, denen man die Werkstücke anpasst. Soll die Brille dem Stichel folgen, wie bei dem Erzeugen walzen-

[1]) D. R.-P. Nr. 100805.
[2]) Zeitschr. d. Ver. deutscher Ingen. 1894, S. 665, mit Abb.

förmiger Gestalten gebräuchlich ist, so fügt man an den trommelförmigen Theil der Brille einen sich allmählich erweiternden und legt den Stichel so in einen Schlitz des letzteren, dass die Stichelschneide dem Längenschnitt der Brillenerweiterung sich gut anschliesst. Man gewinnt so eine Stützung des Werkstückendes, sobald der Stichel überhaupt in Thätigkeit tritt.

C. Zuführen der Werkzeuge.

Den Werkzeugen, welche die Arbeitsbewegung vollziehen, pflegt man selten auch die Schaltbewegung zuzuweisen. Eine Ausnahme findet sich bei Trum- oder Quersägen. Es sind das gerade Steifsägen, die zum Fällen der Bäume und zum Zerlegen der Baumstämme in bequemer zu handhabenden Längen dienen, und Kreissägen, welche zum Querabschneiden langer Gegenstände geringerer Dicke benutzt werden. Letztere werden als Pendelsägen gebaut und dann nach Fig. 287, Bd. I, S. 145 angetrieben, oder geradlinig dem Werkstück entgegen geschoben, wobei der Antrieb nach Fig. 291, Bd. I, S. 146 erfolgt. W. u. folgen hierfür Beispiele.

Man findet endlich bei manchen Fräs- und Schnitzmaschinen die Zuschiebungsbewegung bei dem Werkzeuge, insbesondere bei denjenigen, welche unregelmässige Gestalten nachbilden.

Die Drechslerwerkzeuge, welche man mittels der Hand zuschiebt, mögen nur angeführt werden. Sie erfordern an Einrichtungen nur eine einstellbare, zum Stützen der Werkzeuge dienende Leiste, die Vor- oder Auflage. W. u. sind Sonderheiten angegeben.

D. Entgegenführen von Werkzeugen und Werkstücken nach Lehren und Modellen.

Die hierher gehörenden Beispiele sind ausserordentlich mannigfaltig. Sie gehören Maschinen an, die je nur ein kleines Anwendungsbereich haben. Ich werde mich deshalb begnügen, die massgebendsten Gesichtspunkte hervorzuheben.

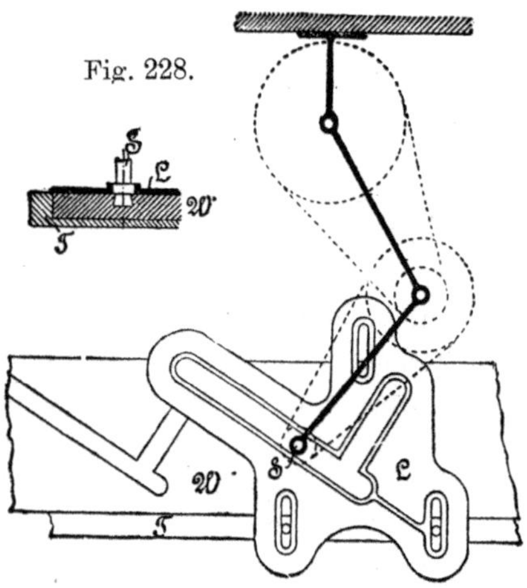

Fig. 228.

Fig. 227.

Es handelt sich darum, den gegensätzlichen Wegen von Werkzeug und Werkstück bestimmte Gestalten, die regelmässig weder geradlinig noch kreisbogenförmig sind, zu geben.

Diese Wege können:

1. In einer Ebene, 2. in einer irgendwie gekrümmten Seitenfläche, oder 3. in der irgendwie gekrümmten Umfläche eines Körpers liegen.

1. Die Führungen der ersten Gruppe können durch Lehren gewonnen werden. S. 74 mit Fig. 159 wurde bereits erwähnt, wie man mittels der Hand ein Brett so einem Fräser entlang führt, dass der Rand des Brettes eine beliebig verlaufende bestimmte Längengestalt erhält. In dem Beispiel wurde angegeben, dass man die Lehre an dem Werkstück, dem Brett, befestige und an einem mit dem Fräser gleichaxig liegenden Ring entlang führe.

Fig. 227 u. 228 erläutern ein Beispiel für das Einfräsen von Nuthen in eine ebene Fläche.[1]) Es ist Fig. 227 ein Grundriss der betreffenden Maschine und Fig. 228 ein Querschnitt durch Werkstück *W*, Lehre *L* und Maschinentisch *T*. Man verwendet als Maschine eine Langbein'sche Bohrmaschine (Bd. I, S. 379, Fig. 727). An einer Wand ist der mit Gelenk versehene Ausleger um eine lothrechte Axe schwenkbar gelagert. Er enthält in seinem äussersten Ende die Lager für den lothrechten Fräser *S*. Das Werkstück *W*, im vorliegenden Falle eine Treppenwange, ist auf den Tisch *T* gelegt und über ihm die Lehre *L* befestigt. In den Schlitzen dieser Lehre findet nun der Hals des Fräsers oder Langlochbohrers die verlangte Führung, während seine Verschiebung mittels der Hand stattfindet. Dieser von Perry angegebenen Einrichtung ist eine andere, von J. Royle & Sohn,[2]) sehr nahe verwandt. Man kann sie selbstverständlich für jede beliebige Gestalt solcher Nuthen anwenden, so lange der kleinste Krümmungshalbmesser der Seitenflächen nicht kleiner ist als der Fräserhalbmesser.

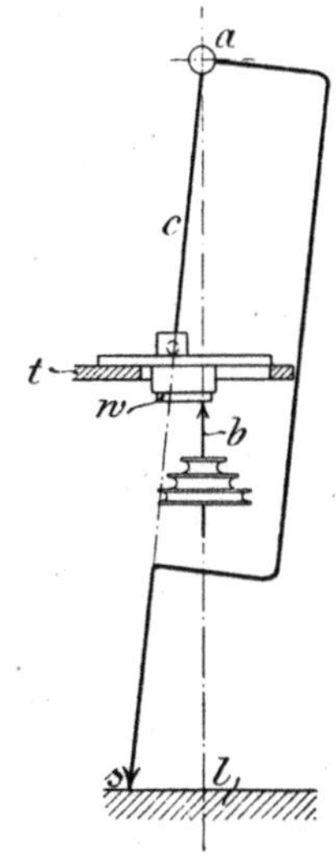

Fig. 229.

Nicht selten soll die zu erzeugende Nuth oder dergl. die Gestalt der Lehre verkleinert oder vergrössert wiedergeben.

Diese Aufgabe lässt sich für kleine Abmessungen, z. B. Schriftstempel, dadurch lösen, dass man[3]) einen Führungsstift *s*, Fig. 229, an einem um den festen Punkt *a* (unter Vermittlung eines Kreuzgelenkes) schwenkbaren Rahmen befestigt, und einen an dem Rahmen festen Arm *c* zur Verschiebung des Schlittens benutzt, an dem das Werkstück *w* befestigt ist. Der Schlitten ist auf dem festen Tisch *t* gut geführt. Die Spindel *b*, an welcher der bohrerartige Fräser sitzt, verlässt ihren Ort nicht. Man verschiebt nun den Führungsstift *s* längs der Formen der Lehre *l*.

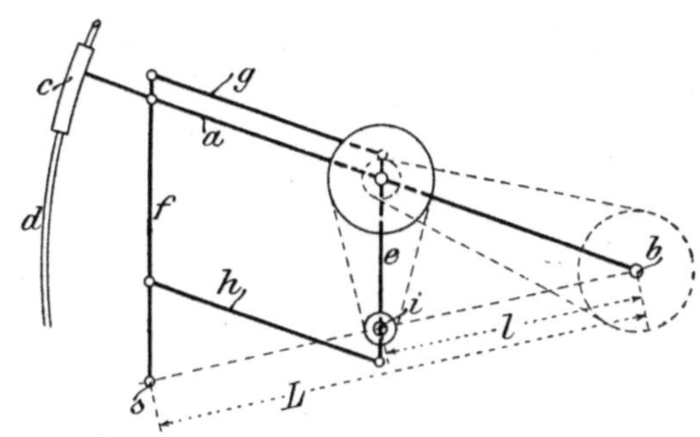

Fig. 230.

Die Grösse des Werkstücks ist weniger beschränkt, wenn man Führungsstift und bohrerartigen Fräser an einem Storchschnabel (Pantographen) anbringt[4]) Ein Arm *a*, Fig. 230, ist um einen lothrechten Zapfen *b* schwenkbar; eine Art Schlitten *c* stützt das freie Ende von *a* auf einer bogenförmigen Bahn *d*. Zwei Arme *e* und *f* sind um die lothrechten Zapfen zweier an *a* zu verschiebender und festzuklemmender Hülsen schwenkbar. Die Arme *e* und *f* sind noch durch die Stangen *g* und *h*, die ausgewechselt werden können, so verbunden, dass sie stets zu einander gleichlaufend sein müssen. An *f* ist der Führungsstift *s*, an *e* das Lager des Fräsers *i* so an-

---

[1]) Zeitschr. d. Ver. deutscher Ingen. 1891, S. 168, mit Abb.
[2]) Revue générale de mécanique appliqué 1891, S. 9, mit Schaubild.
[3]) Benton, Dingl. polyt. Journ. 1887, Bd. 263, S. 20, mit Abb.
[4]) Blackmann, Dingl. polyt. Journ. 1878, Bd. 227, S. 429, mit Schaubild.

gebracht, dass *s*, *i* und *b* in einer geraden Linie liegen. Es verhält sich dann — wenn der Durchmesser des Führungsstiftes *s* das $\frac{L}{l}$fache vom Durchmesser des Fräsers beträgt — die Grösse der erzeugten Form zu derjenigen des vom Führungsstift umschriebenen der Lehre wie $\frac{l}{L}$.

2. Bd. I, S. 30 u. s. f. wurde ein Verfahren zur Nachbildung einer irgendwie gestalteten Fläche beschrieben; es bietet die Grundlage für die hierher gehörigen zur Zeit gebräuchlichen Maschinen, so lange je nur eine Seitenfläche des Werkstücks zu bearbeiten ist.

Am angezogenen Orte ist schon nachgewiesen, dass der Einzelstichel sich sehr wenig zur Bearbeitung unregelmässig gestalteter Flächen eignet, ich werde deshalb hierher gehörige Maschinen mit Einzelsticheln gar nicht erwähnen.

Der radförmige Fräser ist frei von vielen Mängeln des Einzelstichels. Längs seines Hauptweges überträgt er die Muster- oder Modellfläche mit beliebiger Schärfe, so weit sein Halbmesser nicht grösser ist als der kleinste Krümmungshalbmesser der im Modell vorkommenden Höhlungen. Es liegt aber in der Arbeitsweise des Fräsers oder Messerkopfes (vergl. S. 9), dass die von ihm erzeugte Fläche in der Richtung des Hauptweges wellenförmig ist und diese Wellenform unter sonst gleichen Umständen um so deutlicher hervortritt, je kleiner der Fräserdurchmesser ist. Man muss daher, wenn kleine Krümmungshalbmesser vorkommen, eine grosse Schnittzahl anwenden, um in der Richtung des Hauptwegs einige Glätte zu gewinnen. In der Richtung des Schaltwegs sind Stufen ebenso wenig zu vermeiden wie bei dem Einzelstichel. Man legt daher die einzelnen Hauptwege möglichst nahe zusammen, wenn in der Richtung des Schaltwegs Glätte verlangt wird. Daraus folgt, dass einigermassen glatte Flächen auf diesem Wege nur unter grossem Zeitaufwand gewonnen werden können. Man zieht daher meistens vor, mittels der Maschine zu schruppen und mittels der Handwerkzeuge zu vollenden.

In Fig. 31, S. 30 des Bd. I, ist der Ersatz des Einzelstichels durch einen radförmigen Fräser vorgesehen. Das findet man angewendet. Da aber häufig sehr kleine Krümmungshalbmesser vorkommen, so pflegt man allgemein für die vorliegenden Maschinen bohrerartige Fräser (Fig. 51—54, S. 25) den radartigen vorzuziehen. Es fällt dann die an dem Modell gleitende Fühlfläche als Ende eines Stiftes aus.

Es werden nun die Maschinen so gebaut, dass Führungsstift und Fräser gegenüber dem ruhenden Modell und Werkstück sich in allen drei Richtungen verschieben [1]) oder Fräser und Führungsstift gemeinsam in der Richtung der Fräseraxe, Werkstück und Modell quer hierzu verschoben werden [2]), oder Modell und Werkstück sämmtliche Verschiebungen ausführen. [3])

Legt man, nach Fig. 231, Führungsstift *s* und Fräser *f* einander genau gegenüber und Modell *m* sowie Werkstück *w* zwischen sie, verbindet man erstere ferner durch Hebel und Gestänge so mit einander, dass ihre

---

[1]) Tylor & Vesian, D. R.-P. Nr. 70552.
[2]) Jordan, Dingl. polyt. Journ. 1871, Bd. 199, S. 14.
[3]) Hirsch & Tiede, D. R.-P. Nr. 62411. O. Lademann, D. R.-P. Nr. 64958.

in Richtung der Fräseraxe fallenden Verschiebungen entgegengesetzt aber gleich gross sind, so erzeugt der Fräser an *w* das Spiegelbild von *m*, wenn *s* mit *m* in Fühlung gehalten und Modell nebst Werkstück auf dem Tisch gehörig hin und her verschoben wird.[1]) Bei vorliegender Maschine, welche der Patentnehmer Linkskopirmaschine nennt, wird der Führungsstift *s* mit Hilfe des Tretschemels *a* angedrückt, während die Hände des Arbeiters zum Verschieben von Modell und Werkstück dienen. Der Antrieb des Fräsers erfolgt durch den Wirtel *b* mit langer im Maschinengestell gelagerter Nabe.

Bei den Maschinen, welche bisher kurz geschildert sind, ist die Axenrichtung des Führungsstiftes und des Fräsers unveränderlich, wie die Fig. 31 u. 32, S. 30, Bd. I, darstellt. Es fallen deshalb die Schaltwege mehr oder weniger stufenförmig aus, und steile Abhänge werden mit diesen Maschinen nur unvollkommen wiedergegeben, sogar in dem Hauptwege. Das hat die Milwaukee Carwing Co. durch eine sehr sinnreiche Einrichtung[2]) vermieden. Den Fräser *f*, Fig. 232, hält das Futter einer Spindel fest, die in der langen Hülse *a* gelagert ist. Der untere Theil von *a* ist aussen gerauht, um als Handhabe zu dienen; der obere Theil ist mit Schraubengewinde versehen und

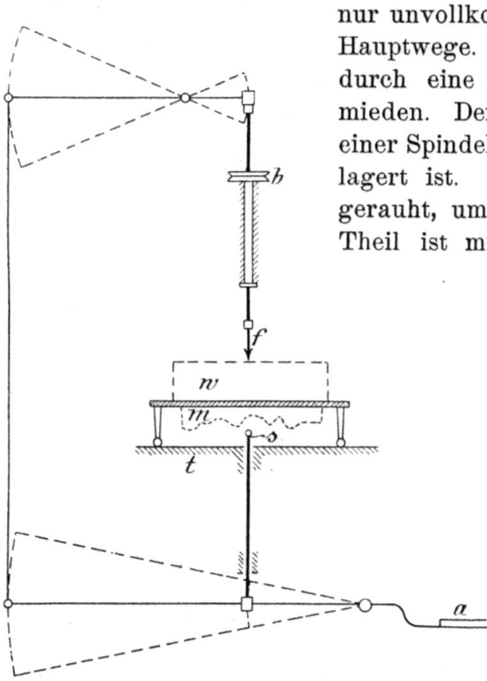

Fig. 231.

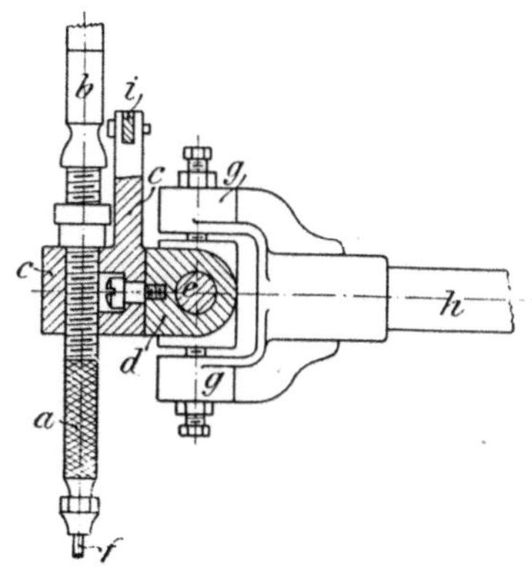

Fig. 232.

dient zum Befestigen, beziehungsweise Einstellen in dem Körper *c*. Dieser ist an dem Körper *d* rechtwinklig zur Bildfläche drehbar. *d* sitzt auf der Welle *e* fest und ist mit dieser in der Bildfläche drehbar, indem *e* an beiden Enden in Lagerbüchsen steckt, die in den Gabeln *g* zwischen den Spitzen zweier Schrauben sich befinden. Es ist daher die Fräserspindel in zwei sich rechtwinklig kreuzenden Ebenen willkürlich schräg zu stellen. Genau dieselben Stellungen muss der Führungsstift einnehmen, da er, ähnlich wie *c* und *d* der Welle *e* und mittels der Stange *i* dem Körper *c* der Fräserspindel angeschlossen ist. Fig. 233 ist eine Gesammtansicht der Maschine. *s* bezeichnet den Führungsstift; links und rechts von ihm befindet sich je ein Fräser *f*, und diese sind in der angegebenen Weise der Welle *e* angeschlossen. Die Stange *i* verbindet Fräser und Führungsstift

---

[1]) P. Hosemann, D. R.-P. Nr. 31224.
[2]) D. R.-P. Nr. 58766.

weiter oben ein zweites mal. Die Gabeln *g* sind an den Armen *h* ausgebildet, welche in dem Rahmen *k* zwischen Spitzen um lothrechte Axen schwingen können, der Rahmen *k* liegt zwischen Spitzen des Rahmens *l* und ist demnach um eine wagerechte Axe zu schwingen, und der Rahmen *l* endlich schwingt zwischen den am Maschinengestell festen Spitzen *n*. Es lässt sich sonach die Welle *e* nebst den mit ihr verbolzten Fräserlagern und dem Führungsstift in der Richtung von *e*, quer gegen *e* in lothrechter und quer gegen *e* in wagerechter Richtung bewegen. Man erfasst mit der Hand den Führungsstift oder den gerauhten Theil einer der Lagerhülsen *a*, Fig. 232, und lässt den Führungsstift langsam über das Modell *m* hinweggleiten, giebt dabei dem Führungsstift eine lothrechte oder geneigte Lage, je nachdem der betreffende Flächentheil das Eine oder Andere zweckmässig erscheinen lässt, und veranlasst dadurch die beiden Fräser *f*, Fig. 233, sich den Werkstücken *w* gegenüber in genau dieselben Lagen zu begeben. Der Tisch *t* dient zur Aufnahme von Modell und Werkstücken und der Antrieb der Fräserspindeln erfolgt z. B. durch biegsame Wellen *b*.

Ryland & Bird[1]) haben Aehnliches dadurch erreicht,

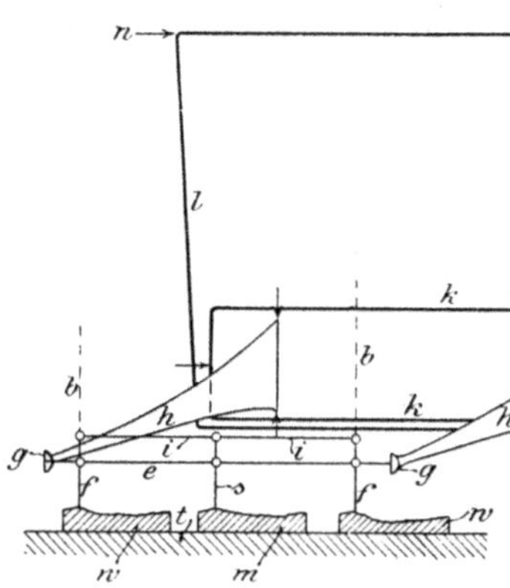

Fig. 233.

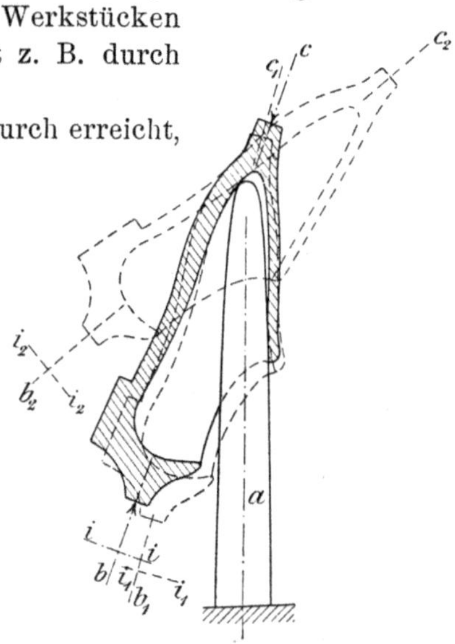

Fig. 234.

dass sie Fräserspindeln und Führungsstift nur quer zu ihrer Längenrichtung verschiebbar, Werkstücke und Modell wagerecht und lothrecht verschiebbar und um eine wagerechte Axe schwenkbar machen. Es wird hierdurch der Antrieb erleichtert, aber die Verwendbarkeit vermindert, indem eine gegensätzliche Schrägstellung von Fräser und Werkstück nur in einer Ebene möglich ist.

Es sind auch Fräsmaschinen der vorliegenden Gruppe gebaut, welche verkleinerte oder vergrösserte Nachbildungen des Modelles liefern;[2]) dem Storchschnabel ähnliche Einrichtungen übertragen die Abmessungen der drei Richtungen etwa in gleichem Verhältniss.

Für das Nachbilden hohler Flächen möge noch folgendes Beispiel angeführt werden;[3]) es betrifft das Aushöhlen der Holzschuhe. Der Stift *a*, Fig. 234 sitzt am Maschinengestell fest. Hinter und vor ihm befindet sich

[1]) D. R.-P. Nr. 73600.

[2]) First & Pryibil, Dingl. polyt. Journ. 1878, Bd. 230, S. 17, mit Schaubild. Keeves & Auty, D. R.-P. Nr. 68999.

[3]) Le Génie Civil, Mai 1884, S. 36, mit Schaubild.

je ein Fräser. Die Axen dieser Fräser liegen zu der Axe des Führungsstiftes *a* gleichlaufend und die von den Fräserschneiden beschriebene Fläche gleicht der Oberfläche von *a*. Links von *a* ist das Modell und ebenso sind links von den Fräsern die Werkstücke befestigt, und zwar zwischen Spitzen an einem kippbaren Rahmen, der in wagerechter und lothrechter Richtung verschiebbar ist. Modell und Werkstücke sind gemeinsam zunächst um ihre Axen *bc* in einigem Grade drehbar, dann um die Queraxen *ii* schwenkbar, ferner mit dem nicht gezeichneten Rahmen in der Ebene der Bildfläche schwenkbar und endlich — wie bereits erwähnt — mit dem Rahmen in lothrechter und wagerechter Richtung verschiebbar, so dass der Führungsstift *a* mit allen Punkten der Höhlung im Vordertheil des Modelles in Berührung gebracht werden kann. In der Abbildung sind drei Lagen des Modelles, bezw. der Werkstücke angegeben.

3. Wenn die Umfläche eines Körpers zu bearbeiten ist, so müssen Modell und Werkstück gegenüber der Führung und dem Werkzeug ganz gedreht werden. Beispiele von hierher gehörenden Drehbänken, die man Patronendrehbänke nennt, finden sich in den unten angegebenen Quellen.[1]) Wegen der Mängel des Einzelstichels gegenüber wechselnden Lagen der zu bearbeitenden Flächen (vergl. Bd. I, S. 30) verwendet man z. Z. statt ihrer wohl ausschliesslich Fräser, und zwar entweder radartige oder bohrerartige.

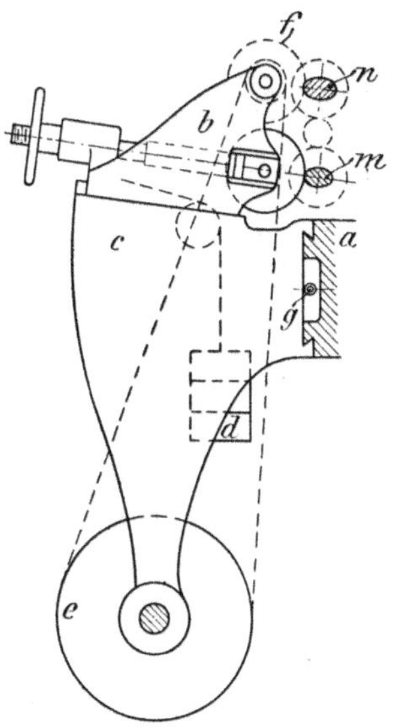

Fig. 235.

Bei der Ausführungsform, welche Fig. 235 darstellt,[2]) sind auf einem Bett *a* ein Spindelstock und ein Reitstock angebracht, welche das Modell *m* und das Werkstück *n* zwischen sich aufnehmen. Auf den Spindeln sitzen Stirnrädchen, in welche ein Zwischenrädchen greift, so dass *m* und *n* sich mit gleicher Geschwindigkeit und in gleichem Sinne drehen. Im Bock *b* ist gegenüber dem Modell *m* eine Führungsrolle, gegenüber dem Werkstück *n* der Fräser *f* gelagert. *b* ist auf dem Winkel *c* verschiebbar und wird durch ein Seil nebst Gewicht *d* so beeinflusst, dass die Führungsrolle mit dem Modell *m* stets in Fühlung bleibt. *c* wird mittels der Schraube *g* am Bett entlang geführt. Zum Antrieb des Fräsers dient die Riemenrolle *e*; sie steckt auf einer lang genutheten Welle und nimmt an den Verschiebungen von *c* theil. Dieser Maschine sind sehr ähnlich diejenigen von Johnston, Hewitson & Wilson[3]) und von der Egan Mfct. Co.[4])

Bei einer zweiten Gruppe vorliegender Maschinen[5]) sind Modell und Werkstück an derselben Spindel befestigt, so dass sie sich ohne weiteres mit gleicher Geschwindigkeit um die gemeinsame Axe drehen. Die Spindel,

---

[1]) Besson, Theatrum instrumentorum machinarum, Lugdum 1578, Blatt 7. Plumier, L'art de tourner, Paris 1706, S. 60 bis 110, mit Abb. Engineering, Juni 1886, S. 613; Oktober 1886, S. 437, August 1892, S. 227, mit Abb. und Schaubildern.

[2]) Robinson, Dingl. polyt. Journ. 1885, Bd. 256, S. 65, mit Abb.

[3]) Industries, Juni 1889, S. 608, mit Schaubild.

[4]) Engineering, Juli 1891, S. 64, mit Schaubild.

[5]) Jahrbücher d. Wiener polyt. Instit. 1824, Bd. V, S. 330, mit Abb. Dingler's polyt. Journ. 1854, Bd. 131, S. 1, mit Schaubild.

sowie die beiden zugehörigen Spitzen sind in einem hängenden Rahmen angebracht, der um seine Aufhängungsaxe zu pendeln vermag. Der radförmige Fräser sowie die Führungsrolle sind auf einem Schlitten gelagert und werden mittels Schraube am Werkstück, bezw. Modell entlang geführt.

Hiermit nahe verwandt ist die durch Fig. 236 und 237 in ihren wesentlichen Theilen abgebildete Maschine.[1]) Im Grundriss Fig. 237 ist rechts ein Modell *m* und ein Werkstück *w* eingezeichnet, auf der anderen Seite nicht. Fig. 236 ist ein lothrechter Schnitt nach der Linie *x y*. Die Maschine enthält zwei Rahmen *b*, die durch Gelenke der Spindel *c* angeschlossen sind. Die Spindeln, die an einem Ende den Dreizack für das Werkstück, am anderen Ende eine Zange für das Befestigen des Modells enthalten, sind auf den breiten, mittleren Querstücken der Rahmen *b* gelagert, die Reitspitzen sind an den verstellbaren Querstücken *h* befestigt. Unter der Spindel *c* liegt eine langgenuthete Welle *d*. Auf dieser steckt ein Stirnrädchen, welches ein um *c* frei drehbares Stirnrad, und durch dieses sowie einige Zwischenräder die Spindeln von *m* und *w* betreibt. Die Spindel *c* ist an einem Ende mit Gewinde versehen, und dessen Mutter im Maschinengestell *a* unverschieblich gelagert, so dass durch Drehen dieser Mutter die beiden Rahmen *b* in der Axenrichtung verschoben werden. Es wird diese Mutter von derselben Welle *d* aus gedreht, welche das Umdrehen von Modellen und Werkstücken vermittelt.

Fig. 236.

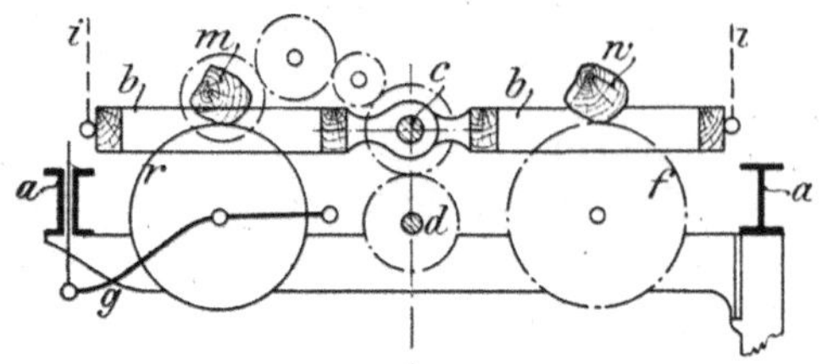

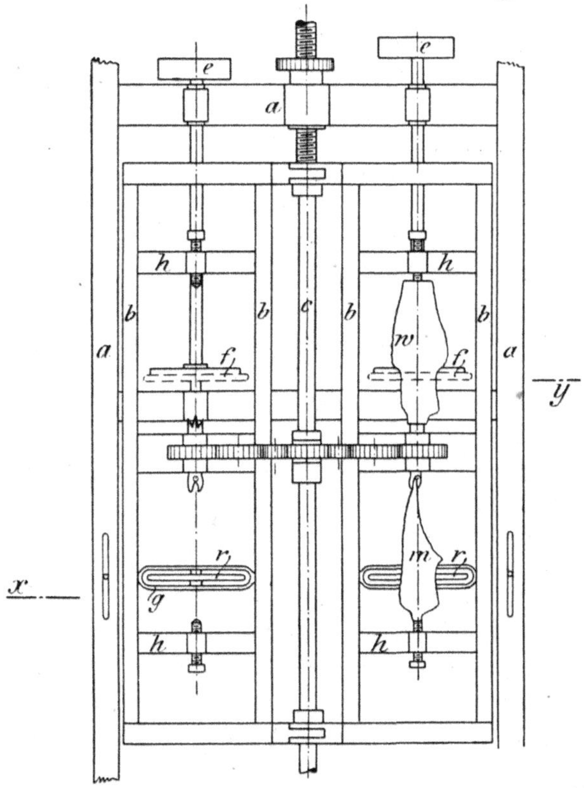

Fig. 237.

Unter den Modellen befinden sich die tragenden Führungsrollen *r*; sie sind in Armen *g* gelagert und können mit diesen gleichlaufend zu *c* und in lothrechter Richtung verstellt werden. Unter den Werkstücken sind die Messerköpfe oder Fräser *f* angebracht; sie werden mit Hilfe der auf ihren Wellen sitzenden Riemenrollen *e* angetrieben. An den Rahmen *b* sind dünne Seile *i* befestigt, die weiter oben auf Rollen liegen und zum

[1]) Mitth. d. Gewerbevereins für Hannover, 1862, S. 97, mit Abb.

Heben der Rahmen beziehungsweise Entlasten der Rollen *r* dienen. Es ist ausserdem an der Aussenseite jedes Rahmens eine — nicht gezeichnete — herausklappbare Rolle vorhanden, welche, wenn herausgeklappt und *b* entsprechend gehoben ist, auf dem Maschinengestell *a* zu laufen vermögen.

Bei der Maschine von A. Lohmann[1]) drehen sich Modell und Werkstück, die neben einander aufrecht angebracht sind, mit gleicher Geschwindigkeit, während ein Führungsstift und ein radartiger Messerkopf lothrecht verschoben werden.

Von Manchen wird die Axe des radartigen Messerkopfes quer gegen die Drehaxe des Werkstückes gelegt. Es ist dieses Verfahren nur dann als zweckmässig anzuerkennen, wenn die zu erzeugende Oberfläche in der Richtung der Drehaxe nur ziemlich grosse Krümmungshalbmesser enthält, was z. B. bei Radspeichen der Fall ist. In Fig. 238 bezeichnet *w* eine solche Radspeiche;[2]) es liegen vier derselben neben einander, und zwei Modelle schliessen sich an. Die Spindeln, mit denen sie verbunden sind, drehen sich in am Tisch *t* festen Lagern und werden durch Kegel- und Stirnräder vom Rade *b* aus angetrieben. Das zweite Ende der Werkstücke und Modelle stützen die Reitstöcke *r*, die mit Hilfe von in *t* ausgesparten Aufspannnuthen an diesem Tisch befestigt werden. *t* ist gleichlaufend zu

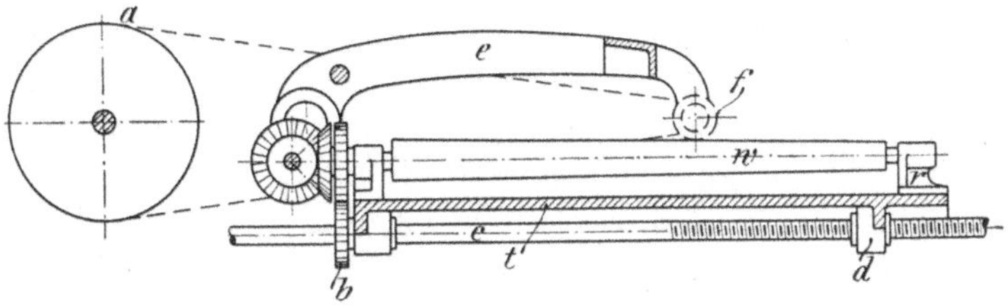

Fig. 238.

den Axen der Werkstücke auf Schweinsrückenführungen des Maschinengestelles zu verschieben, und zwar mit Hilfe der Schraube *c*, derenMutter *d* am Tisch festsitzt. *c* ist weiter links im Maschinengestell unverschieblich gelagert, und wird hier angetrieben. Es ist *c* lang genuthet und dreht das am Tisch *t* unverschieblich gelagerte, zum Antriebe von Werkstücken und Modellen dienende Rad *b*. Ueber den Werkstücken *w* sind die Fräser *f* gelagert, und zwar in dem Rahmen *e*, der sich auf die beiden Modelle stützt, und demgemäss die Fräser so hebt und sinken lässt, wie die jedesmalige Querschnittsgestalt der Modelle es erfordert. Die Fräser werden von der Riemenrolle *a* aus angetrieben.

Mit dieser Maschine ist diejenige von Guilliet[3]) verwandt. Guilliet's Maschine benutzt aber bohrerartige Fräser und kann gleichzeitig dreizehn gleichartige Werkstücke bearbeiten.

Man baut auch hierher gehörige Maschinen, welche die Gestalt des Modelles vergrössert oder verkleinert wiedergeben. Eine hübsche, die Abmessungen aller Richtungen in gleichem Grössenverhältniss übertragende Maschine, ist in der unten verzeichneten Quelle[4]) sehr gut dargestellt. Sie

---

[1]) D. R.-P. Nr. 62386.
[2]) Le Génie Civil, Mai 1884, S. 33, mit Abb.
[3]) Dingl. polyt. Journ. 1872, Bd. 206, S. 5, mit Abb.
[4]) Armengand, Publ. industr. 1857, Bd. X, S. 501, mit Abb.

benutzt einen bohrerartigen Fräser, welcher in einem Storchschnabel gelagert ist (vergl. Fig. 230). Sie ist wenig leistungsfähig und eignet sich deshalb nur für bessere Bildhauerarbeiten.

Meistens begnügt man sich, die Werkstücke nur dicker oder dünner als das Modell zu machen. Dazu dient bei den unter 3. beschriebenen Maschinen die Verstellung der Führungsrolle, bezw. des Führungsstiftes. Die Länge der Werkstücke wird zuweilen dadurch vergrössert oder vermindert, dass man, wenn Werkstück und Modell verschoben werden, dass eine rascher wie das andere verschiebt. Aehnlich wird verfahren, wenn die gegensätzliche Verschiebung dem Messerkopf und der Führungsrolle zufällt.

III. Beispiele spanabhebender Holzbearbeitungsmaschinen.

A. Sägemaschinen.

1. Die geradlinig hin- und hergeführte Steifsäge kommt nur noch als Trumsäge oder Quersäge vor und wird auch als solche nur selten verwendet. Sie ist für sehr dicke Hölzer geeigneter als die Kreissäge und lässt sich so bauen, dass sie bequem von einem Ort zum andern geschafft werden kann. Man findet sie als Baumfäll- und Abkürzsäge in Wäldern, und zwar mit unmittelbar an die Kolbenstange gekuppeltem Sägenblatt,[1]) oder — auf Holzhöfen und in Werkstätten — durch Kurbel betrieben.[2])

Fig. 239 und 240 zeigen in Seitenansicht und Grundriss eine unmittelbar durch Dampf angetriebene Trumsäge. Ihr Dampfstiefel *a* ruht mit zwei Schildzapfen in den Böcken *b*. Am hintern Deckel von *a* sitzt ein Zahnbogen, in welchen ein durch das Handrad *c* zu bethätigender Wurm greift. Hierdurch können dem Stiefel *a* — innerhalb gewisser Grenzen — beliebige Neigungen gegeben werden. Zwei an *a* feste Stangen *i* dienen zum Führen des Kreuzkopfes *d*. Dieser umfasst die gewundene Steuerstange *g*, welche durch Stangen und Hebel den Steuerschieber bethätigt. Durch den einen Schildzapfen tritt der Dampf ein, durch den anderen entweicht der gebrauchte Dampf. Mit dem Kreuzkopf *d* ist nun das Sägenblatt *s* verschraubt; letzteres erhält durch *d* die hauptsächlichste Führung. Das die Stangen *i* und die Steuerstange *g* an deren freien Enden stützende Querstück *f* ist zu einer zweiten Führung des Sägenblattes ausgebildet. Einen gewissen Beitrag erhält die Standhaftigkeit der Säge dadurch, dass sie nur schneidet, während sie gezogen wird. Das quer zu durchschneidende Holz wird — ausser durch sein eigenes Gewicht — durch die Haken der Arme *h* festgehalten.

2. Kreissägen.

α) Das Querschneiden längerer Hölzer erfordert besondere Mittel zum geradlinigen Zuschieben der Werkstücke. S. 77—78 ist hiervon ausführlicher die Rede gewesen. Hier folgen einige Beispiele derartiger Maschinen.

---

[1]) Ransome, Dingl. polyt. Journ. 1878, Bd. 227, S. 345, Bd. 230, S. 196. Revue industrielle, Dec. 1892, S. 483, mit Schaubild. Der Techniker, 1892, Nr. 10, S. 145, mit Schaubild. Arbey, Zeitschr. des Ver. deutscher Ingen. 1888, S. 1004, mit Schaubild; Industries, Jan. 1891, S. 29, mit Abb.

[2]) Dingl. polyt. Journ. 1880, Bd. 236, S. 202; 1885, Bd. 257, S. 11; 1887, Bd. 265, S. 292, mit Abb. Industries, Febr. 1891, S. 192, mit Schaubild.

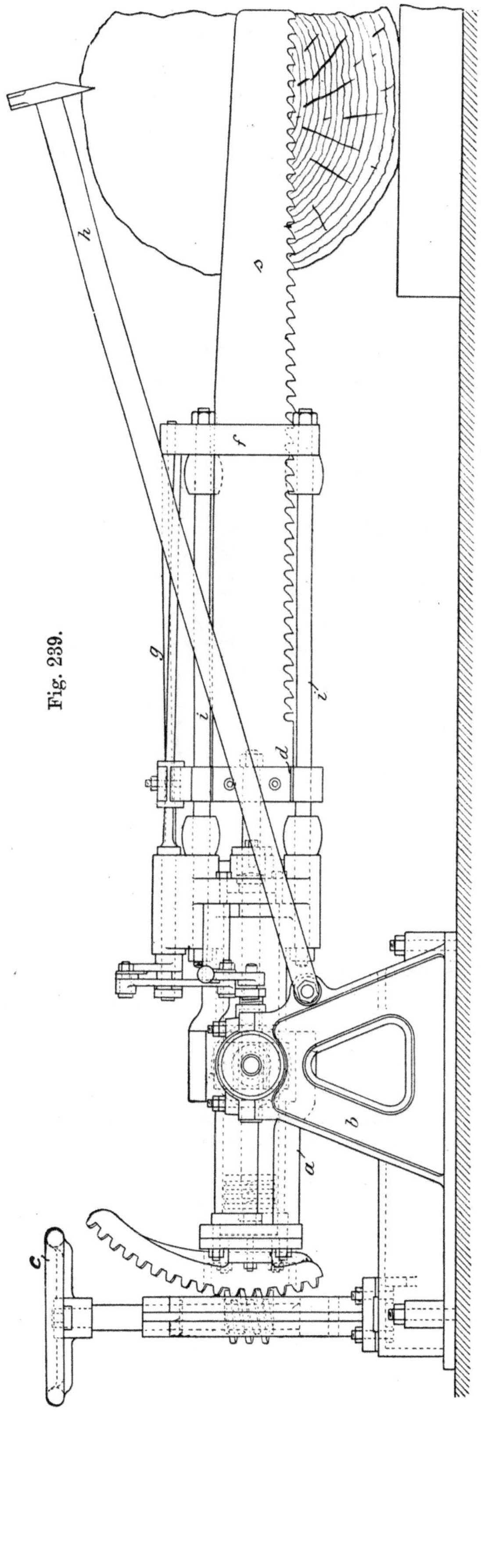

Fig. 239.

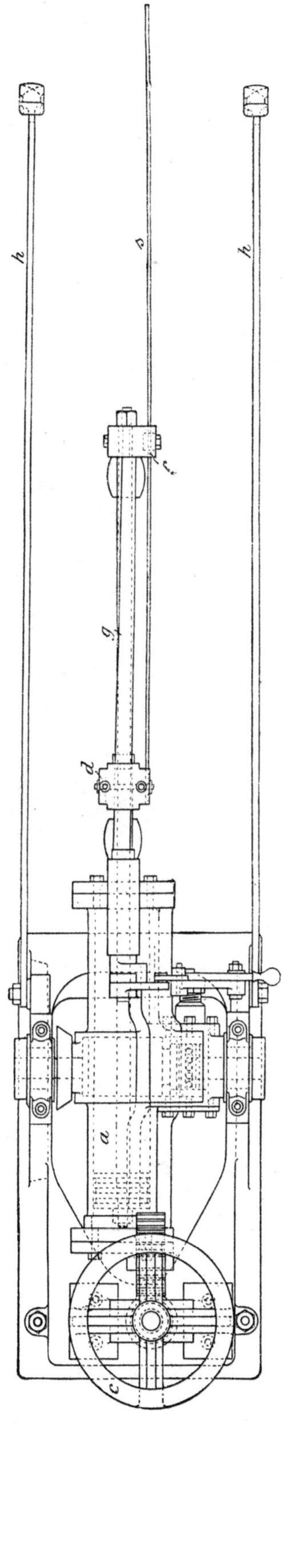

Fig. 240.

Das Schaubild Fig. 241 zeigt eine doppelte Quersäge.[1]) Auf einem kräftigen Bett stehen verschiebbar zwei Gestelle mit festen Tischen. Die Antriebswelle ist am Bett gelagert; die Riemenrollen, welche die Drehung auf die Kreissägenwellen übertragen, sind auf ihr verschiebbar und werden von den Maschinengestellen mitgenommen, wenn man diese verschiebt.

Um die Sägen zum Erzeugen von Schnitten, welche eine ganz bestimmte Tiefe haben sollen (Nuthen) benutzen zu können, werden die Sägenblätter höher oder tiefer eingestellt, zu welchem Zweck die zugehörigen Lager auf geneigten Bahnen verschieblich sind. Die Neigung dieser Bahnen ist so gewählt, dass die Spannung der Riemen durch die Verschiebung nicht nennenswerth geändert wird. Jede Sägenspindel kann zwei Sägenblätter aufnehmen. Für das gewöhnliche Querschneiden wird in der Regel nur ein Sägenblatt auf jede Spindel gesteckt und werden die Gestelle so verschoben, dass durch das gleichzeitige Arbeiten der zwei Sägenblätter

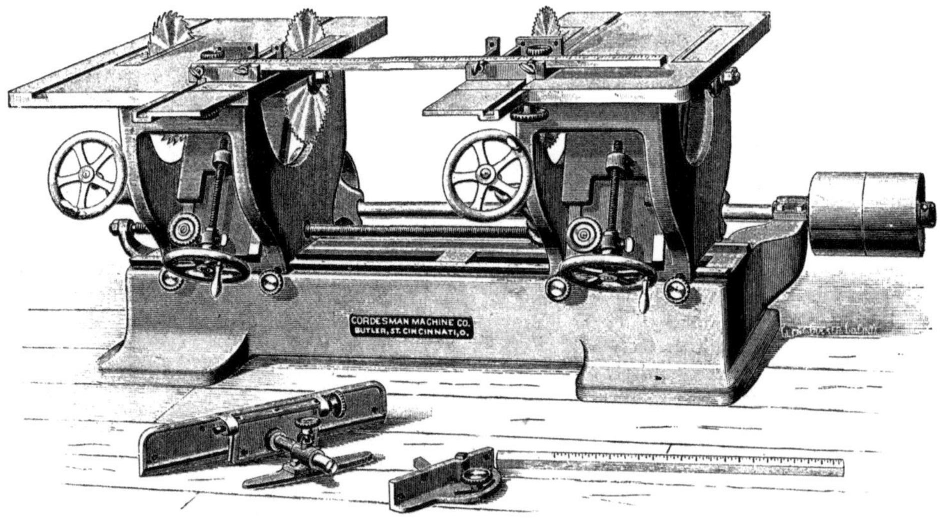

Fig. 241.

die gewünschte Länge des Werkstücks gewonnen wird. Das Zuschieben des letzteren geschieht durch zwei in Nuthen der Tische gut geführte Stangen, die durch eine Querstange mit einander fest verbunden sind. Diese Stange dient gleichzeitig als Maassstab. Der geringste Abstand zweier Sägenblätter beträgt 100 mm, der grösste 2 m.

Die Seitenführungen der Sägenblätter bestehen aus Holzklötzchen, welche fortgenommen werden, wenn die Sägenblätter behufs Erzeugens von Nuthen weniger über die Tischfläche hervorragen sollen. Jedes einzelne Sägengestell kann auch für sich benutzt werden, zu welchem Zweck nach Bedarf die am Fussboden liegend gezeichneten Führungsvorrichtungen angebracht werden.

Fig. 242 bis 246 stellen eine Dauben-Abkürz-Säge, die gleichzeitig die sogenannte Kröse erzeugt, in Vorderansicht, Grundriss, zwei Querschnitten und im Schaubild dar; in Fig. 242 ist auch die Welle des Deckenvorgeleges abgebildet.

---

[1]) American Machinist, 19. Mai 1892, S. 3, mit Schaubild.

Auf gemeinsamem Bett stehen zwei Maschinenständer, von denen einer in der Längenrichtung des Bettes um 600 mm verschoben werden kann, so dass die Maschine für 1000 bis 400 mm lange Dauben benutzt werden kann. In jedem Ständer ist zunächst eine Spindel mit Kreissägenblatt *s*

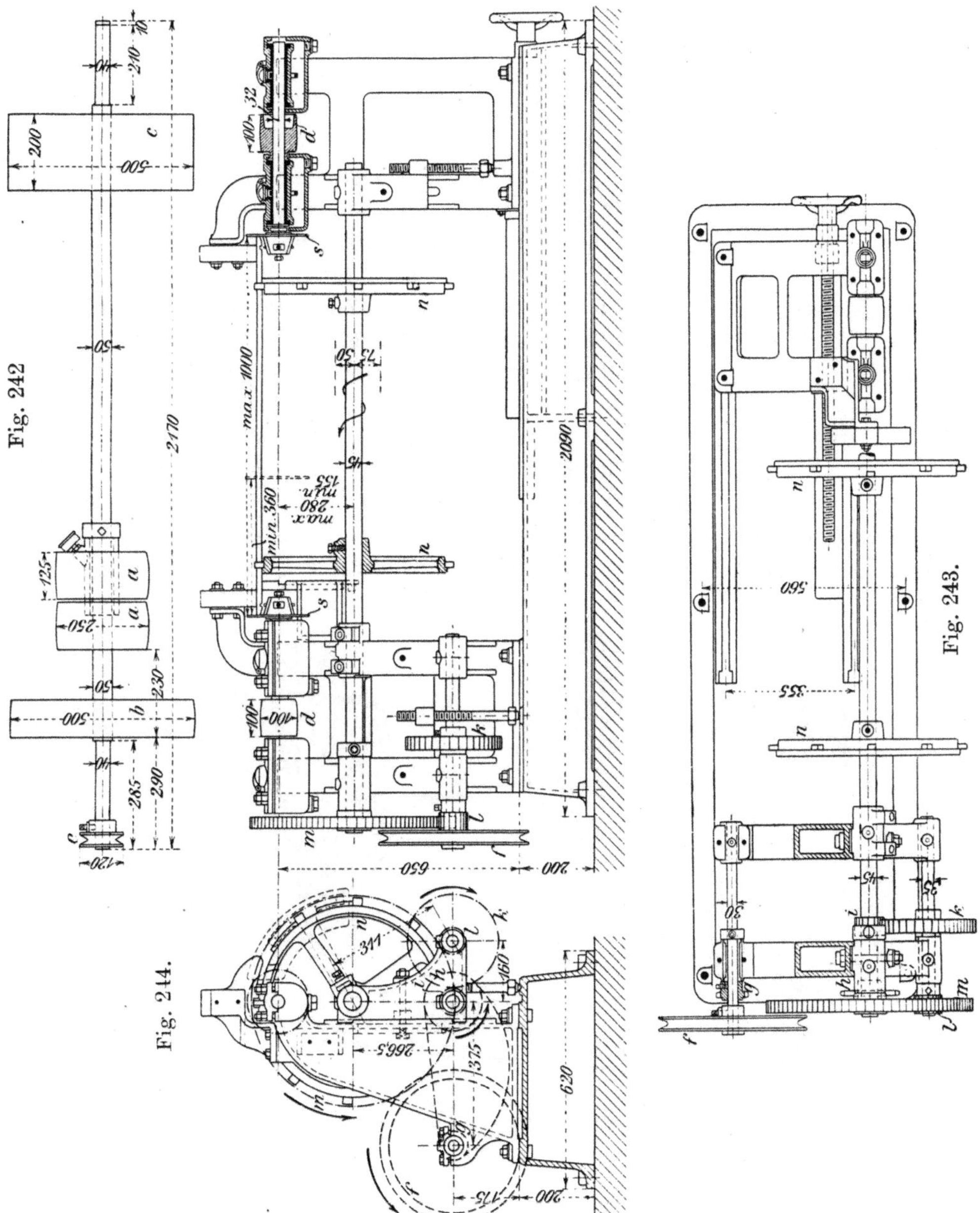

Fig. 242. Fig. 243. Fig. 244.

gelagert. Man erkennt aus der rechten Seite von Fig. 242, dass die Lager der Spindeln sehr lang sind, und die Oelzufuhr durch Ringe stattfindet. Neben den Sägenblättern *s* sitzen auf den freien Spindelenden Messerköpfe, welche die Abschrägung der Daubenenden und die, „Kröse“ genannten, Nuthen erzeugen.

Unter den genannten Spindeln ist eine Welle gelagert, auf der zwei Sternräder *n* sitzen. Sie führen die Dauben den Werkzeugen mittels der Hervorragungen ihrer Aussenfläche entgegen, nachdem die Dauben mittels der Hand aufgelegt sind. Eine in Fig. 246 links erkennbare bogenförmige, einstellbare Platte dient dem Arbeiter als Anhalt für die richtige Lage der Dauben. Letztere werden während ihrer Bearbeitung durch die Sägen und Messerköpfe durch über ihnen liegende, auswechselbare Führungsstücke gestützt. Nach der Bearbeitung fallen die Dauben hinter der Maschine frei hinab.

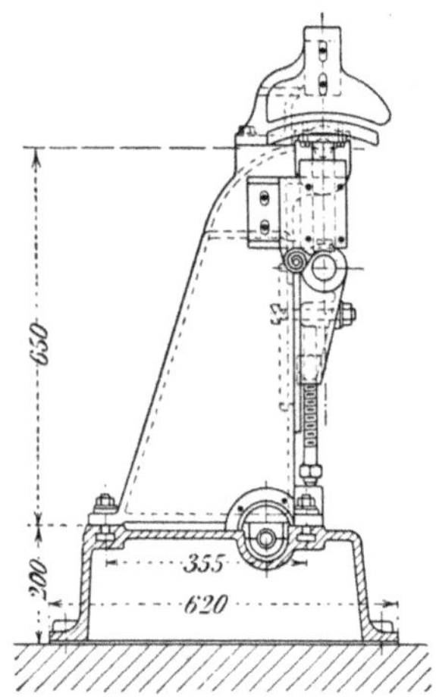

Fig. 245.

Die Rollen oder Sternräder *n* sind auswechselbar, um sie dem Fassdurchmesser — wegen der Kröse — anpassen zu können; aus gleichem Grunde sind die Rollen *n* mit ihrer Welle und deren Lagern lothrecht einstellbar. Zum Betriebe der Rollen *n* dient das auf deren Welle sitzende Stirnrad *m* mit 100 Zähnen, welches sich minutlich 2,5 Mal drehen soll. Es wird durch die Räder *l*, *k*, *i* und den Kettenbetrieb *h*, *g*, von der Schnurrolle *f* aus bethätigt. Zu letzterer gehört die Schnurrolle *e* des Deckenvorgeleges. Die Riemenrollen *d* der Sägenspindeln sollen minutlich 2500 bis 3500 Drehungen machen, der Sägenblattdurchmesser beträgt 170 mm und die erforderliche Betriebskraft ist zu etwa $2^1/_2$ Pferden angegeben.

Fig. 246.

Statt Zuschiebens der Werkstücke wird häufig das Zuschieben der Säge für das Querschneiden längerer Hölzer verwendet, weil die Lagerung der Kreissäge leichter in festen Bahnen zu verschieben ist als Werkstücke verschiedener Abmessungen.

Um bei dieser Verschiebbarkeit der Kreissägenlager die Spannung des Antriebsriemens nicht zu ändern, bringt man z. B. die Lager in Pendeln an, die um die antreibende Welle zu schwingen vermögen. Das Schaubild Fig. 247 stellt eine solche Pendelsäge dar, bei welcher die Vorgelegswelle an der Decke oder an hochgelegenen Balken gelagert ist. An dem pendelnden Rahmen ist ein Stirnrädchen mit Gegengewicht gelagert. Ersteres greift in einen an einem der Lagerböcke festen verzahnten Bogen, so dass das Pendel mit der Säge durch das Gegengewicht selbstthätig zurückbewegt wird, sobald der Arbeiter es gestattet. Das Heranziehen des Pendels findet durch den Arbeiter unmittelbar mittels der Hand statt, oder es wird eine Zugstange eingeschaltet, die dem Arbeiter ermöglicht, in grösserer Entfernung von der Säge sich aufzustellen.

Man findet die Pendelsäge auch so angeordnet, dass das Sägenblatt mit dem Pendel auf- und abbewegt wird.

Um mit kleineren Sägen breitere Hölzer durchschneiden zu können, ist erwünscht, das Sägenblatt geradlinig zu verschieben. Das kann geschehen, indem man nach Fig. 248[1]) die Antriebswelle *b* lothrecht verschiebbar macht, und den Pendelarm *P* durch einen Lenker *L* beeinflussen lässt. *a* bezeichnet in dem Bilde das Kreissägenblatt.

Fig. 247.

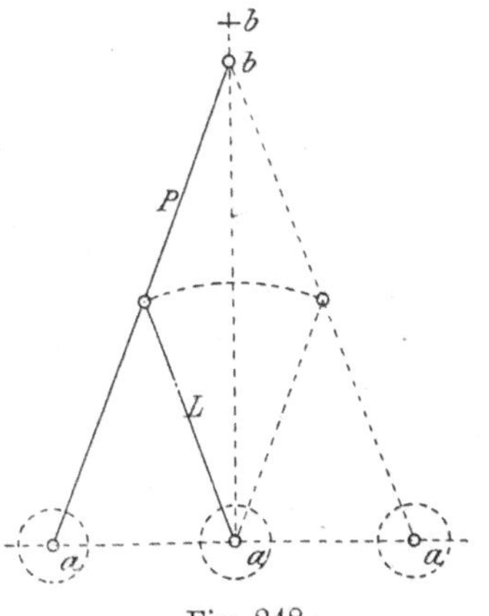

Fig. 248.

Es wird ferner die Kreissägenlagerung an wagerechten oder lothrechten, geraden Bahnen verschoben. Der Antrieb erfolgt dann durch Riemen nach Fig. 289, S. 145, Bd. I, oder nach Fig. 291, S. 146, Bd. I. Letztere Riemenführung ist z. B. bei der von Greenle Br. & Co. in Chicago gebauten, durch das Schaubild Fig. 249 dargestellten Quersäge für Eisenbahnschwellen u. dergl. angewendet. Hinter der Maschine liegt die antreibende Welle, an der vorderen Seite der Maschine befindet sich die eine

[1]) American Machinist, 7. Juli 1892, S. 5, mit Schaubild.

Leitrolle, die verstellt werden kann, um den Riemen anzuspannen. An dem Schlitten, welcher die Lager der Kreissägenwelle enthält, ist die andere Leitrolle frei drehbar. Die Verschiebung des Schlittens längs des Quer-

Fig. 249.

bettes erfolgt selbstthätig, und zwar stehen drei verschiedene Geschwindigkeiten für die Zuschiebung, eine grössere für den Rückgang zur Verfügung. Ein an der Vorderseite der Maschine sichtbarer Tretschemel dient zum Aus-

Fig. 250.

rücken der Verschiebung. Am vorderen Rande des Tisches befinden sich zwei einstellbare Leisten, gegen welche die Werkstücke gelehnt werden. Die Leisten sind mit Maassstab versehen. In diesen Leisten sind Stangen mit Anschlagstiften verschiebbar, um grössere Längen, als die Maassstäbe der Leisten abzulesen gestatten, ohne besonderes Messen ablesen zu können. Die Säge kann um 400 mm verschoben werden und vermag bei 800 mm Durchmesser 350 mm dicke und 350 mm breite, oder 25 mm dicke und 400 mm breite Hölzer zu zerschneiden.

β) Blockkreissägen sind in Deutschland wenig gebräuchlich; es möge deshalb die Anführung eines amerikanischen Beispiels genügen, welches den Hauptvorzug dieser Maschinen, ihre Förderbarkeit, deutlich hervortreten lässt. Links befindet sich in Fig. 250 die Antriebsrolle; sie sitzt auf der Sägenwelle fest. Zwischen den Lagern der letzteren sitzt eine Reibscheibe, die eine Querwelle betreibt. An der vorderen Reibscheibe der letzteren ist eine Rolle in der Weise zu verschieben, wie durch Fig. 215 bis 217 S. 103 erläutert wurde. Von der Welle dieser Rolle aus wird, unter Vermittlung von Zahnrädern der im Hintergrunde des Bildes sichtbare Wagen bewegt; die Zuschiebung beträgt bis zu 300 mm für eine Sägendrehung. Die Lager dieser Antriebe sind an einem hölzernen Rahmen angebracht; auch die Sägenführung und die den Spaltkeil vertretende Scheibe befinden sich an diesem Rahmen. Die zur Befestigung des Blockes dienenden Winkel

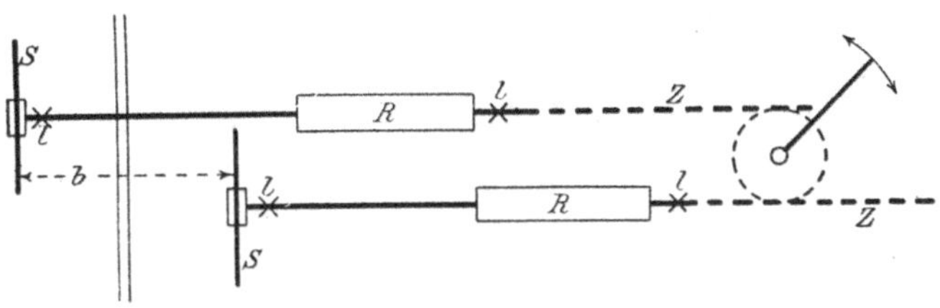

Fig. 251.

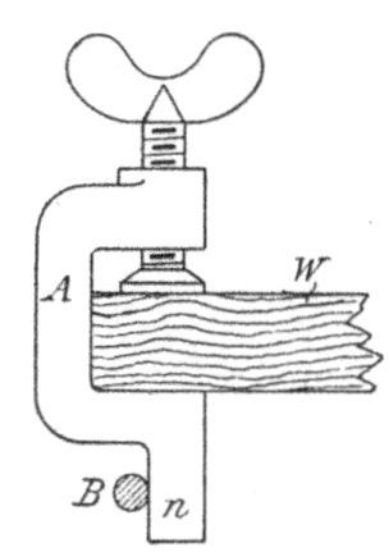

Fig. 252.

sind nach Fig. 205 S. 96 ausgerüstet, und zum Vorrücken des Blockes dient die durch Fig. 211 S. 100 dargestellte Einrichtung. Mit einem Sägenblatt von 1400 mm Durchmesser und 15 kg Betriebsarbeit soll die Maschine in zehn Stunden bis zu 3000 m Schnittlänge liefern.

γ) Trennkreissägen sind viel häufiger. Sie dienen zum weiteren Zerlegen solcher Hölzer, die mittels anderer Sägen bereits eine regelmässige Gestalt erhalten haben.

Wenn die Stücke nur zwei zu einander gleichlaufende Flächen, oder gar nur eine obere Seitenfläche besitzen, so werden sie mittels Walzen (S. 79) der Säge entgegen geführt, die wagerecht liegen, oder mit der ebenen Fläche über eine wagerechte Tischfläche hinweggeschoben. Dahin gehören die Besäum- und Lattensägen. Erstere bezwecken, die Ränder der aus einem Block geschnittenen Bretter und Bohlen gerade zu machen, letztere sollen das Werkstück in der Längenrichtung durch eine grössere Zahl von Schnitten zerlegen. Die fraglichen Sägen sind deshalb meistens mit mehreren Sägenblättern ausgerüstet.

Nach Fig. 251 sind zwei Sägenblätter *S* vorhanden, welche je ihre eigene Welle besitzen. Die Wellen sind bei *l l* in bügelartigen Rahmen gelagert und mit diesen längs gleichlaufend zu den Wellen gerichteten Bahnen zu verschieben. Die Verschiebung der Lager bewirken zwei Zahnstangen *z* und ein in beide greifendes Zahnrad, so dass das eine Sägen-

Fig. 253.

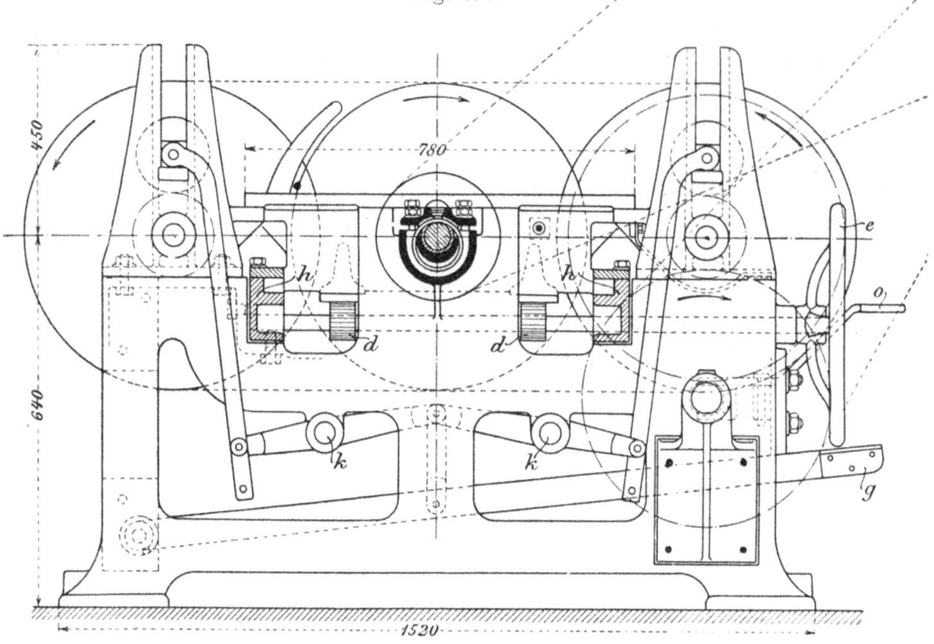

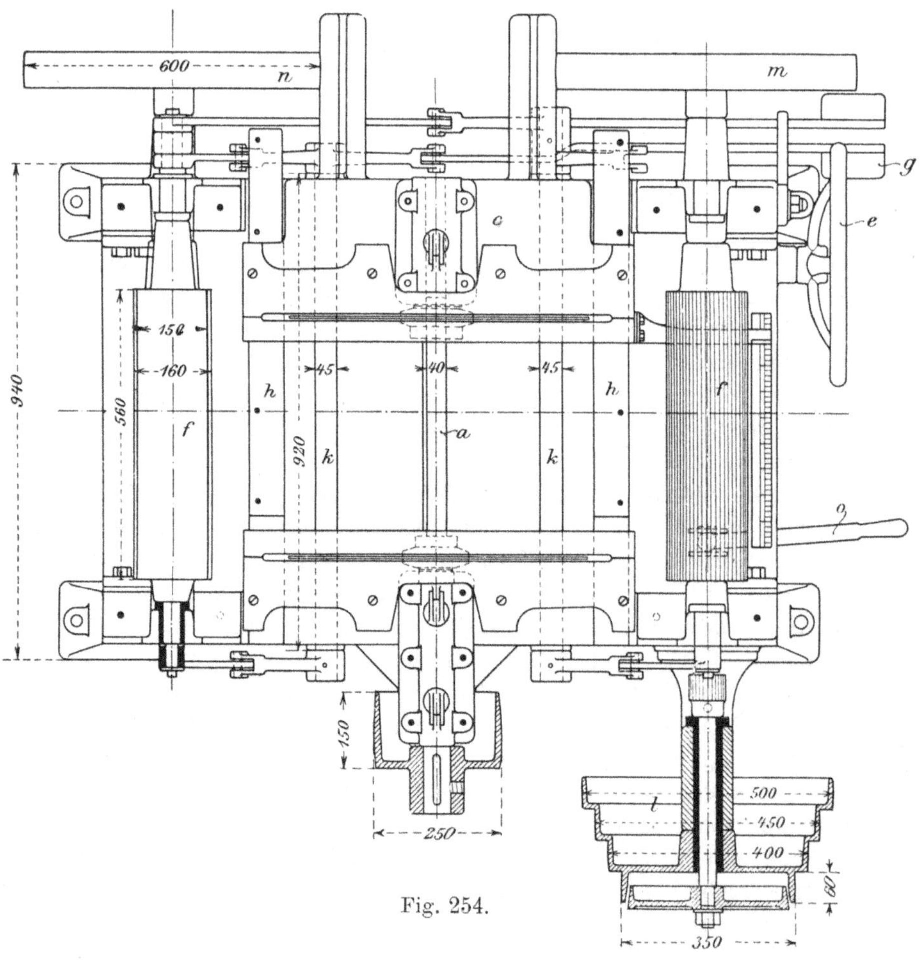

Fig. 254.

blatt genau so weit nach links verschoben wird, wie das andere in entgegengesetzter Richtung. Mitten zwischen den beiden Sägenblättern befindet sich eine Nuth, an deren Sohle eine endlose Bandkette sich bewegt. Man befestigt in der Mitte des ungesäumten Brettes *W*, Fig. 252, Zwingen *A*,

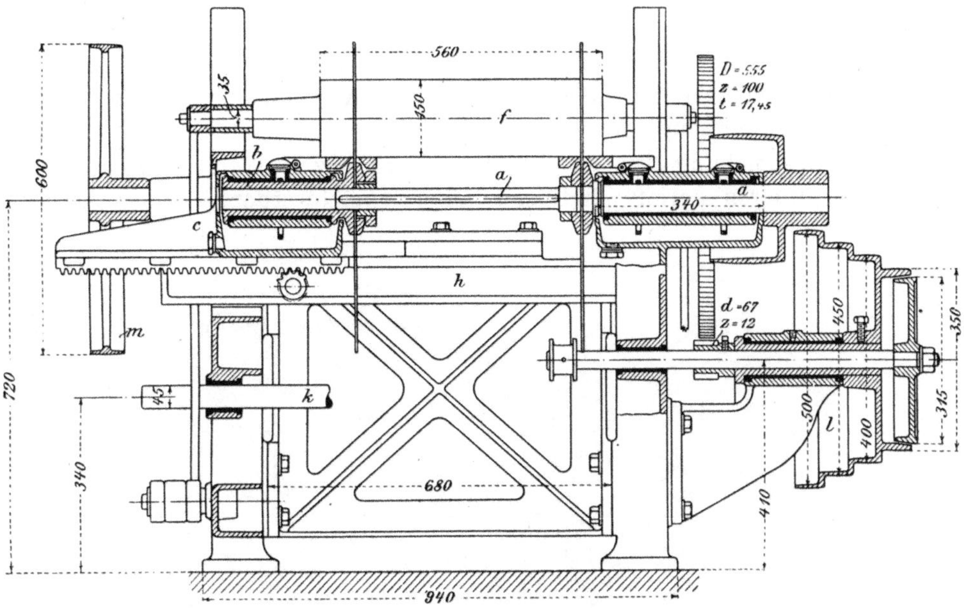

Fig. 255.

benutzt deren Untertheil zunächst zum Führen, aber auch zum Fortbewegen des Brettes, indem eine der Zwingen mit einer Verlängerung *n* sich gegen einen Bolzen *B* der Kette legt. *R*, Fig. 251, bezeichnet die Antriebsrollen der Sägen. Die weitere Handhabung der Maschine, bezw. der Werkstücke

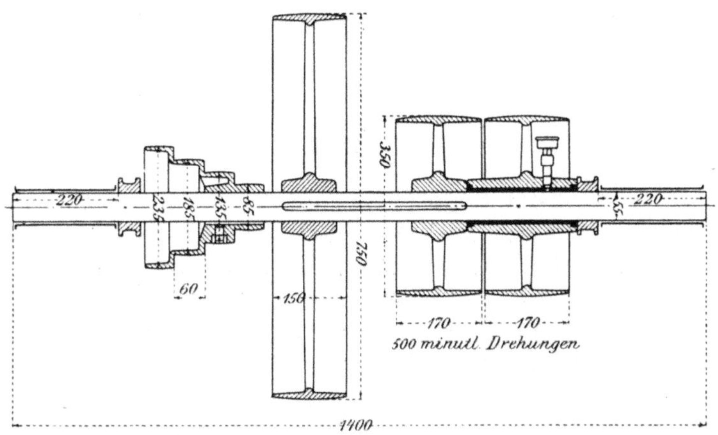

Fig. 256.

dürfte ohne Weiteres verständlich sein. Die Maschine gewährt den Sägenwellen eine sehr sichere Lagerung.

Häufiger werden die Sägenblätter gleichaxig gelagert. Bei der von F. W. Hofmann in Breslau gebauten Säge, Fig. 253—257, sitzt das eine Sägenblatt fest auf der Welle *a*, das andere ist mit der hohlen Welle *b* verbunden. Diese steckt mit langen Lagerflächen drehbar in dem Schlitten *c*, Fig. 255, welcher auf quer zur Maschine liegenden Führungsbalken *h* mit Hilfe zweier Zahnstangen und in diese greifender Räder *d*, Fig. 253, durch das Handrad *e* verschoben werden kann. Der Schlitten *c* nimmt dabei das Sägenblatt mit. Die Welle *a* ist lang genuthet, die Welle *b* in ihrer Bohrung mit einer festen Leiste versehen, welche in die Nuth von *a* greift, so dass *b* an den Drehungen von *a* theilnehmen muss. Jedes der Sägenblätter ist von einer schmalen, zum Stützen der Werkstückränder dienenden Tischfläche versehen. Der grösste Abstand der beiden Sägenblätter beträgt 500 mm, der kleinste 85 mm.

Die Zuschiebung der Werkstücke bewirken zwei Paar Walzen *f*, von denen die unteren gerieft sind und angetrieben werden. Dieser Antrieb

Fig. 257.

geht von der vierstufigen Rolle *l* aus, welche durch ein Stirnradpaar die Zuschiebungswalze dreht. An dieser sitzt eine Riemenrolle *m*, welche auf eine gleiche *n* der Abzugswalze wirkt. Es dreht sich die Stufenrolle *l* mit einer langen Hülse zunächst frei um ihre Welle. Eine Kegel-Reibkupplung verbindet *l* mit ihrer Welle, wenn der Handhebel *o*, Fig. 253 und 254, entsprechend bethätigt wird. Die kleinste sekundliche Zuschiebungsgeschwindigkeit beträgt 85 mm, die grösste 340 mm. An die Zapfen der lothrecht verschiebbaren oberen Walzen *f* greifen Stangen, welche unten mit Hebeln der Wellen *k* verbolzt sind, an diese Wellen schliesst sich aus den Abbildungen leicht erkennbares anderes Gestänge, und dieses läuft in die beiden Tretschemel *g* aus, von denen der eine zum Heben der vorderen, der andere zum Heben der hinteren oberen Walze dient.

Vor den Zuschiebungswalzen (Fig. 254 rechts) befindet sich ein Maassstab, nach welchem das verschiebbare Sägenblatt eingestellt wird. Im übrigen wird vor und hinter der Maschine je ein hölzerner Tisch gestellt, von denen der eine das Vorlegen der Hölzer erleichtert, und der andere diese so lange stützt, bis sie die Abzugswalzen verlassen haben.

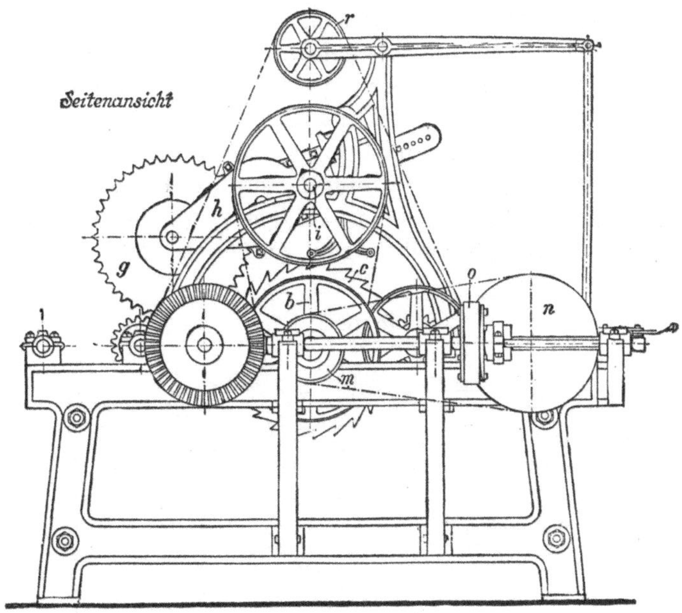

Fig. 258.

Fig. 256 stellt die Deckenvorgelegswelle dar.

Sägen von 600 mm Durchmesser sollen sich minutlich 1500mal drehen, was 47 m sekundlicher Schnittgeschwindigkeit entspricht. Die grösste zu-

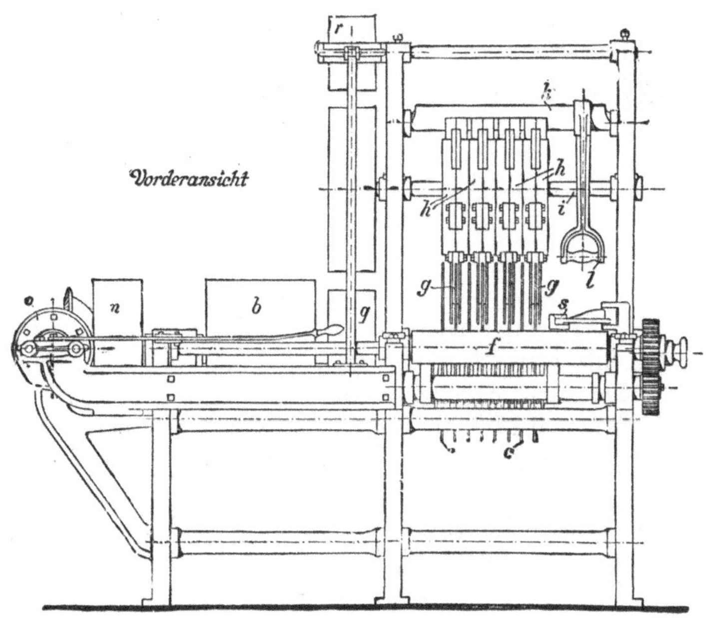

Fig. 259.

lässige Holzdicke beträgt 200 mm und die Betriebsarbeit ist zu rund zehn Pferdekräften angegeben.

Die Lattensäge von W. E. Hill in Kalamazoo, Mich.,[1]) Fig. 258—261, arbeitet mit acht, auf gemeinsamer Welle *a* sitzenden Sägenblättern *c*, Fig. 258 und 261; der Antrieb erfolgt durch die Riemenrolle *b*. Zwischen je zwei Sägenblättern liegen die Brücken *d*, welche gewissermassen einen Tisch bilden, insbesondere das Herabfallen abgelöster Splitter hindern. Vor und hinter den Sägen liegen geriefte Walzen *e*, welche angetrieben werden; die glatten Walzen *f* sind in ihren Lagern nur frei drehbar. Gleichzeitig mit den gerieften Walzen *e* dienen die vier Sternscheibenpaare *g* zur selbstthätigen Zuschiebung der Bretter. Sie bestehen je aus zwei kreisförmigen, am Rande gezahnten Stahlblechen mit dazwischen gelegtem Stirnrad und sind einzeln in Taschen *h* gelagert, welche um die zu ihrem Antrieb dienende Welle *i* zu schwingen vermögen. Die Taschen enthalten

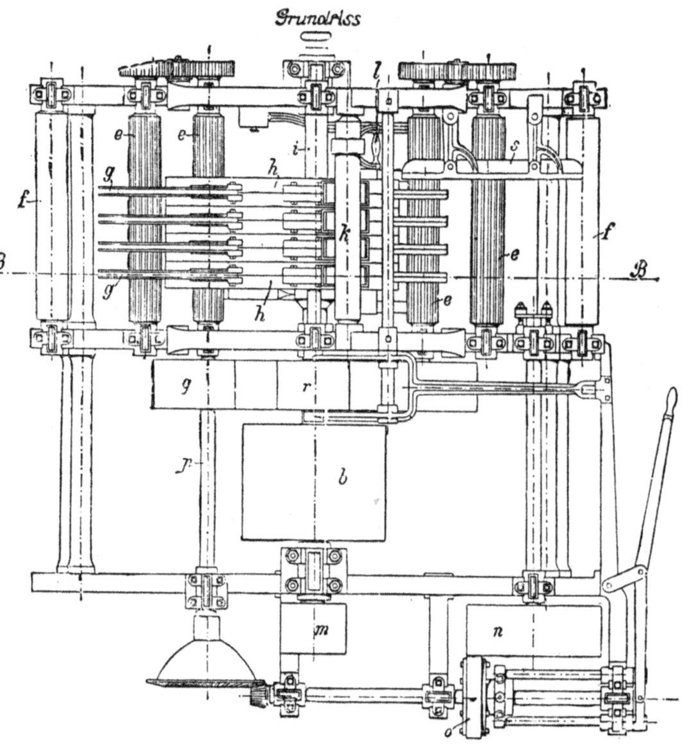

Fig. 260.

nach Fig. 261 je ein auf *i* sitzendes Antriebs- und ein Zwischenrad. In Fig. 261 sind rechts von der Welle *i*, im Schwanzende der Tasche Löcher erkennbar, welche zum Anhängen eines Gegengewichtes bestimmt sind, und über der Tasche liegt eine ausseraxig gelagerte Welle *k*, welche durch die Handhabe *l* bethätigt werden kann, um sämmtliche Sternscheiben *g* zu heben.

Sämmtliche Zuschiebungsvorrichtungen bethätigt die auf der Kreissägenwelle sitzende Riemenrolle *m*, indem sie zunächst die Rolle *n* antreibt, die an ihrer Seite als Reibscheibe auf die verschiebbare Rolle *o* wirkt. Durch ein Kegelradpaar wird zunächst die Welle *p* und eine der abziehenden gerieften Walzen *e* gedreht, und von dieser aus die andere abziehende

---

[1]) Zeitschr. d. Ver. deutscher Ingen. 1894, S. 646, mit Abb.

Walze, sowie von *p* aus durch die Riemenrolle *q* die Welle *i* und die vorderen gerieften Walzen *e*. *r* ist eine Spannrolle für den zugehörigen Treibriemen. Es ist bemerkenswerth, dass zunächst die abziehenden, und von diesen erst die zuschiebenden Walzen angetrieben werden. Es ist das eine Massregel, die zur Sicherheit der bedienenden Arbeiter getroffen ist.

Um dem zu zerschneidenden Brett beim Vorlegen die zutreffende Richtung geben zu können, ist eine einstellbare Leiste *s*, Fig. 259, 260, 261, angebracht. Vor und hinter der Maschine sind noch das Vorlegen und Abnehmen der Werkstücke erleichternde Tische angeschlossen.

Wenn die in der Längenrichtung zu zerschneidenden Bohlen und Bretter auch an ihrer Schmalseite bereits eben sind, so wird auch diese mit zur Führung des Holzes verwendet.

Fig. 262[1]) zeigt eine solche Säge, die auch als Tischkreissäge verwendet werden kann. Sie ist von Th. Robinson & Sohn in Rochdale gebaut. Der einstellbare — auch wegnehmbare — Führungsbacken enthält Rollen, um die Reibung des Werkstückes recht klein zu machen. Gegenüber liegen geriefte Speisewalzen, die im freien Ende eines einstellbaren Armes gelagert sind; sie werden durch ein Seil und ein hinter der Maschine befindliches Gewicht gegen das Werkstück gedrückt, und durch eine Bandkette angetrieben. Die Antriebsrolle der letzteren sitzt am oberen Ende einer lothrechten Welle, um deren Axe der soeben genannte einstellbare Arm zuschwingen vermag. Unter dem Tisch treibt ein Kegelradpaar die stehende Welle an, und das Vorgelege der zugehörigen liegenden Welle ist mit vierstufigen Riemenrollen versehen, um die Zuschiebungsgeschwindigkeit ändern zu können.

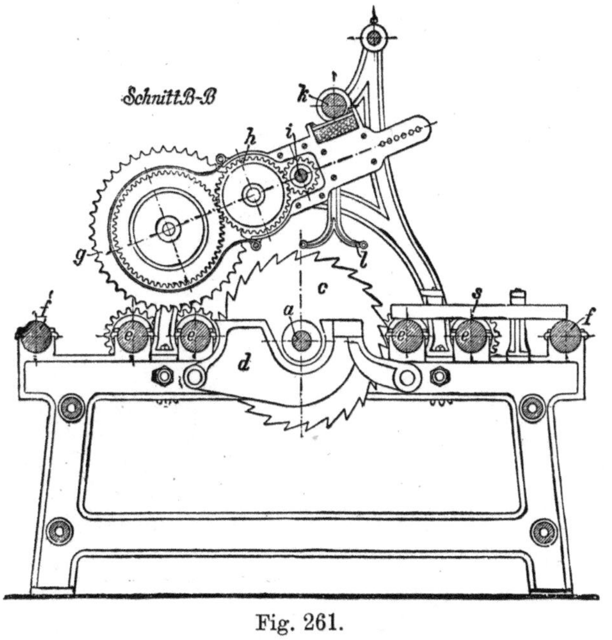

Fig. 261.

Diese Maschine eignet sich besonders für das Zerlegen hoher Werkstücke, während für niedrige, flache die durch Fig. 263[2]) dargestellte brauchbarer ist.

Auch diese Maschine ist als gewöhnliche Tischkreissäge zu verwenden; es lässt sich sogar die Tischplatte heben, um das Sägenblatt weniger weit über sie hervorragen zu lassen. Die Tischplatte ruht zu diesem Zweck auf vier Lenkern und ebensoviel Hebeln, die paarweise an zwei mit einander gekuppelten Wellen sitzen. Ein ganz rechts sichtbarer Handhebel dient zum Bethätigen der Wellen.

[1]) Zeitschr. d. Ver. deutscher Ingen. 1892, S. 1545, mit Schaubild.
[2]) Zeitschr. d. Ver. deutscher Ingen. 1894, S. 647, mit Schaubild.

Fig. 262.

Fig. 263.

Für das Trennen, Zerlegen der Werkstücke in deren Längenrichtung ist eine einstellbare Führungsleiste und eine wegnehmbare Zuschiebungsvorrichtung angebracht. Sie besteht aus einem um die Axe der Antriebswelle *a* in lothrechter Ebene schwenkbaren Rahmen *b*, der durch die Schraube *f* eingestellt werden kann. Der Rahmen *b* erfährt an dem Bock *g* gute Führung. Es ist an *b* die Welle *d* mit dem Zuschiebungsrädchen *e* gelagert; ausserdem ihm aber ein Arm *i* angelenkt, der die Lagerung für die Abzugsrädchen *h* enthält. Es werden daher die Werkstücke auch dann fortgeschoben, wenn sie aus dem Bereich des Zuschiebungsrädchens gekommen sind, was für die Sicherheit der Arbeiter von grosser Bedeutung ist. Die Rädchen *e* und *h* werden durch Bandketten von der Welle des Kettenrades *c* aus betrieben, und dieses durch eine Kettenrolle, welche mit der Riemenrolle *a* zusammenhängt. Der Betrieb der letzteren geht, unter Vermittelung eines nahe dem Fussboden belegenen Vorgeleges, von der Kreissägenwelle aus.

Manches Eigenartige enthält die Trennkreissäge, welche J. & C. G. Bolinders mec. Verkstads Act. Bolag in Stockholm baut.[1]) Fig. 264 und

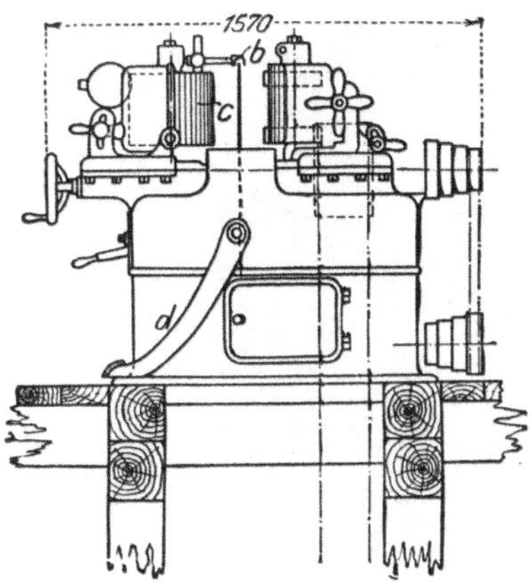

Fig. 264.

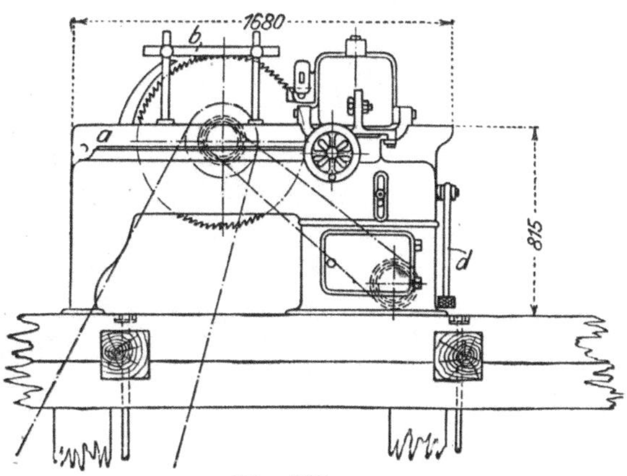

Fig. 265.

265 sind zwei Ansichten, Fig. 266 ist ein Schaubild dieser Maschine, wobei zu bemerken ist, dass die ersten beiden Abbildungen eine Säge mit einem Blatt, das Schaubild aber eine doppelte Säge darstellen. Das Maschinengestell ist kastenartig im ganzen gegossen, vorstehende Schrauben sind vermieden und die sich bewegenden Theile so viel als möglich verdeckt.

Auf der Sägenwelle sitzt eine Riemenrolle von 320 mm Durchmesser und 200 mm Breite, die minutlich 1500 Drehungen macht, so dass bei 750 mm Blattdurchmesser die sekundliche Schnittgeschwindigkeit 60 m beträgt. Diese grosse Geschwindigkeit des Sägenblattes und seine vorzügliche Führung (nach Fig. 85 S. 44) gestatten sehr geringe Sägenblattdicken und sehr kleine Schnittweiten. Es wird angegeben, dass bei richtiger Handhabung bis zu 250 mm Schnitthöhe der Schnittverlust höchstens 2 mm bis herab zu 1 mm betrage! Grössere Holzdicken (bis 325 mm) erfordern grössere Schnittweiten.

Die Sägenblätter sind hohl geschliffen (S. 33) sonst in gewöhnlicher Weise mit der Welle verbunden. Um bequem zur Befestigungsstelle des

[1]) Zeitschr. d. Ver. deutscher Ingen. 1901, S. 687.

Sägenblattes kommen und letzteres leicht auswechseln zu können, ist der Tischtheil *a*, Fig. 265, nebst der Schutzleiste *b* aufzuklappen, wie Fig. 266 darstellt. Die selbstschmierenden Lager der Sägenwelle sind quer zu letzterer zu verstellen, um für verschiedene Blattdurchmesser den Sägenrand nahe an die Speisewalzen zu bringen. Die Lager der Vorgelegewelle sollen verstellbar sein, damit man dem Antriebriemen die richtige Spannung geben kann, ohne seine Länge zu ändern. Es können dann gewebte Bänder ohne Naht, die Erschütterungen der Sägenwelle vermeiden, verwendet werden.

Durch ein vierstufiges Rollenpaar wird die Zuschiebung von der Sägenspindel abgeleitet. Ein in dem hohen Fuss des Maschinengestelles untergebrachtes Räderwerk treibt die geriefte Speisewalze *c*, Fig. 264, so an, dass sie das Holz mit 300—750 mm sekundlicher Geschwindigkeit vorschiebt. Die Walze *c* wird durch einen belasteten Hebel gegen das Holz

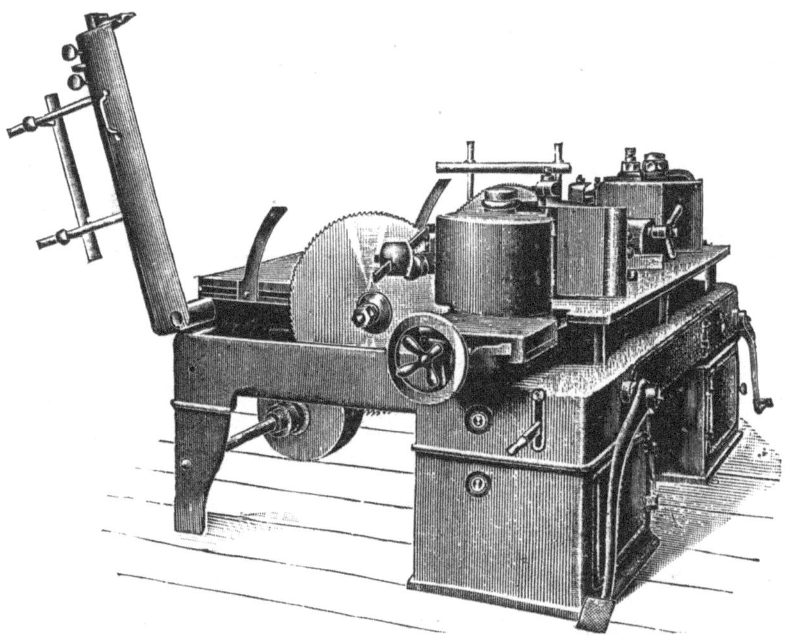

Fig. 266.

gedrückt, man kann durch Treten auf den Hebel *d*, Fig. 264 und 265, die Speisewalze *c* zurückziehen und dadurch die Zuschiebung unterbrechen. Gegenüber von *c* befinden sich zwei gegen einander verstellbare schmale Rollen, die den Gegendruck bieten; sie sind durch eine Handschraube in der Richtung der Sägenblattebene zu verstellen, um den Weg des Werkstückes zu regeln. Die Speisewalze und die aus zwei Rollen bestehende Gegendruckwalze sind mit ihren Gehäusen schräg zu stellen, um auch andere als rechteckige Querschnitte mittels der Maschine bearbeiten zu können. Unmittelbar vor dem Sägenblatt, links und rechts von ihm, befinden sich einstellbare Walzen, welche das Werkstück festhalten, während die Speisewalze zurückgezogen ist.

Es möge hier die Feinsäge mit liegendem Blatt angereiht werden. Sie ist zum Schneiden kurzer, dünner Brettchen, Schindeln u. s. w. bestimmt. Das Sägenblatt ist nach Fig. 86 S. 44 nach dem Rande zu nach einem sehr flachen Kegel geschliffen, so dass der Schnittverlust oft nur $^1/_4$ mm beträgt und die Schnittfläche einer gehobelten ähnlich sieht. Durch handliche Vorlege- und Zuschiebeinrichtungen für das zu zerlegende Holz ist die Maschine sehr leistungsfähig gemacht.

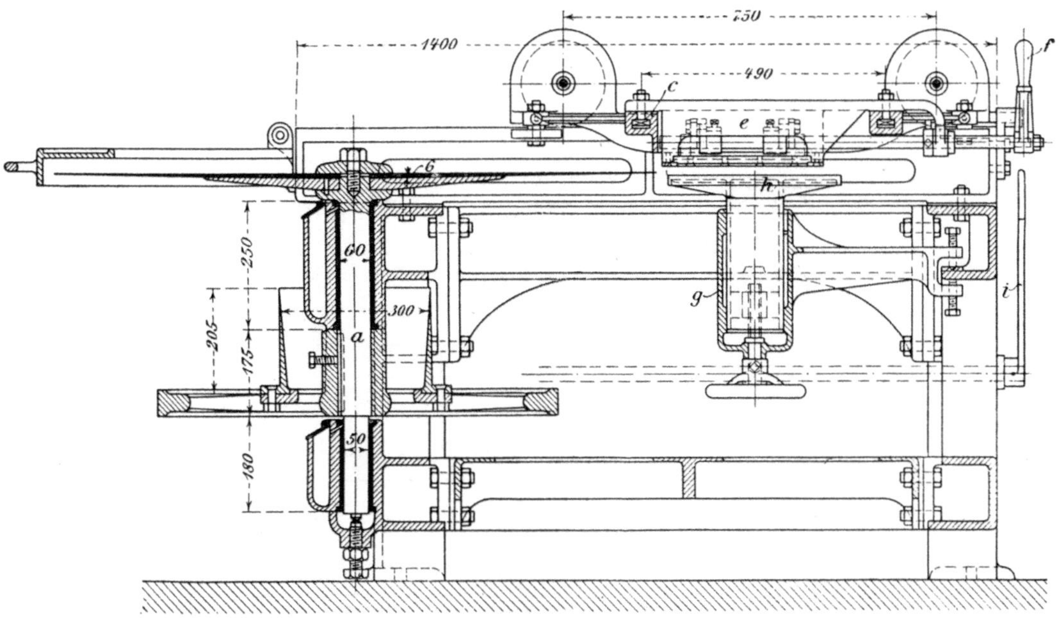

Fig. 267.

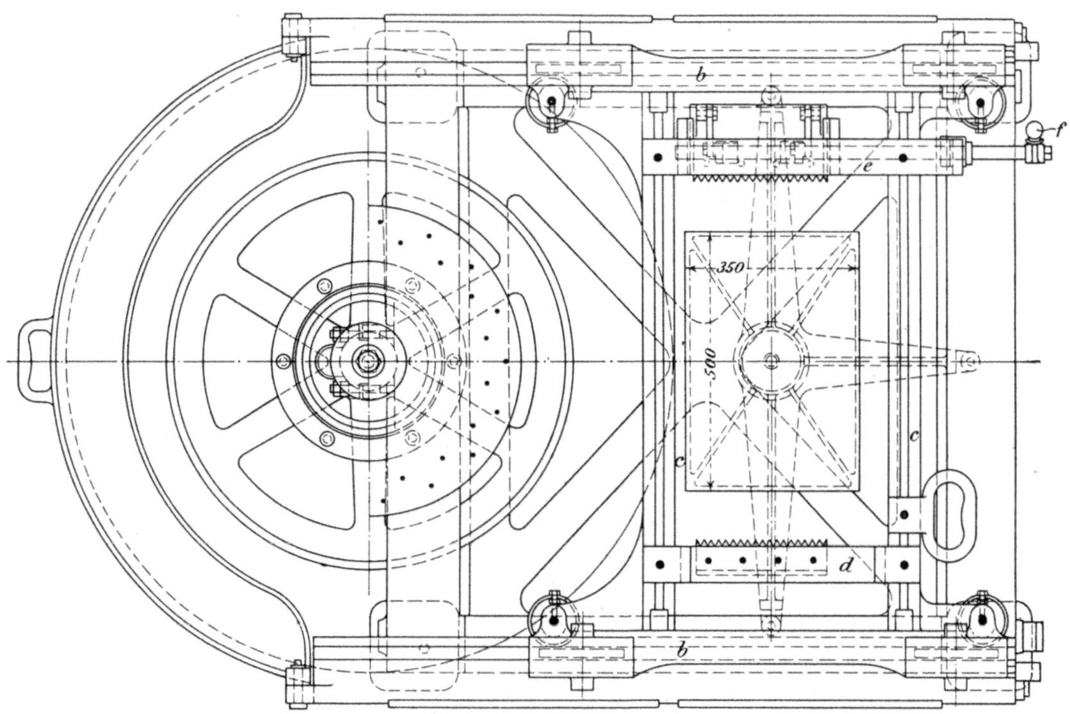

Fig. 268.

Fig. 267 ist ein Längenschnitt, Fig. 268 ein Grundriss, Fig. 269 eine Endansicht, Fig. 270 ein Querschnitt und Fig. 271 ein Schaubild der Säge, wie sie von F. W. Hofmann in Breslau ausgeführt wird. Das 1200 mm grosse

Sägenblatt sitzt am Kopfe der stehenden Welle *a*, Fig. 267. Durch sehr lange Lager und Oelkammern, welche dem regelmässigen Oelumlauf dienen, ist die Welle gegen starke, zum Warmwerden führende Reibungen geschützt. Die auf *a* sitzende Antriebsrolle ist mit einem Schwungrad versehen, um

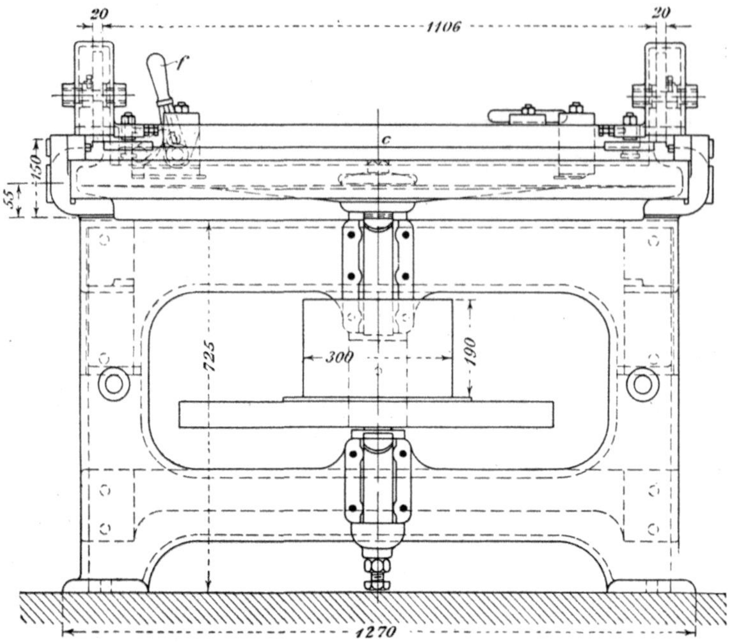

Fig. 269.

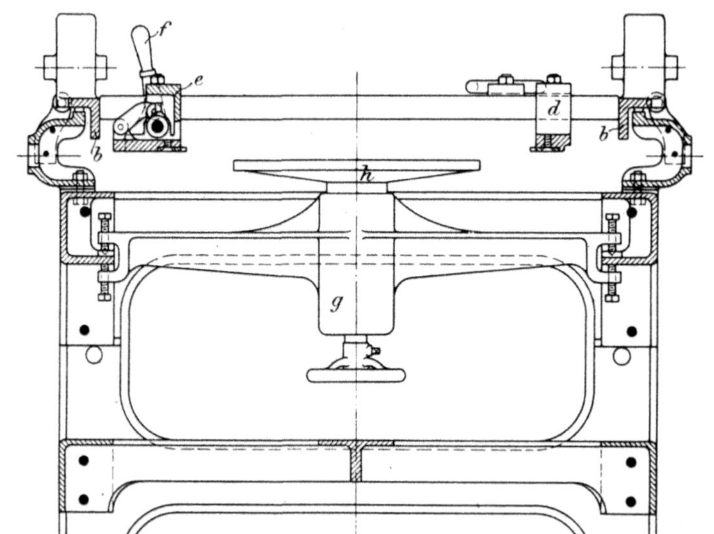

Fig. 270.

bei etwaigem ruckweisen Vorschieben des Werkstückes Störungen im gleichförmigen Lauf der Säge zu verhüten. Das Zuschieben des Holzes erfolgt mittels der Hand. Ein Wagen, der aus den beiden Langstücken *b*, den beiden Querstücken *c*, vier Laufrädern und vier Leiträdern besteht, nimmt das Werkstück zwischen gezahnte, an den einstellbaren Querstücken *d* und *e* sitzende Backen auf und wird auf genau gehobelten Bahnen der Säge entgegengeführt. Die an *e* sitzende Zahnleiste ist an diesem Querstück verschiebbar und wird behufs Festlegens des Werkstücks von dem Handhebel *f* aus gegen dieses gedrückt. Man erkennt aus Fig. 270 und 268, dass auf der Welle von *f* zwei Hebel sitzen, welche mittels krummer Stangen die Zahnleiste verschieben.

Wenn der Wagen zurückgezogen ist, so befindet sich seine Mitte über dem Tisch *h*. Dieser ist in dem Gehäuse *g* in lothrechter Richtung genau zu verschieben. Das Gehäuse ist durch drei Arme (vergl. Fig. 267 u. 268) so mit dem Maschinengestell verbunden, dass man es genau einzustellen vermag. Die Tischplatte *h* dient nun zum raschen Einstellen der Dicke

Fig. 271.

des abzuschneidenden Brettchens. Sobald der Wagen über dem Tisch angelangt ist, zieht man die an *e* befindliche Zahnleiste zurück, lässt das Werkstück auf *h* hinabsinken und presst dann die Zahnleiste wieder an. Es liegt dann die Unterfläche des Werkstückes um die Dicke des abzuschneidenden Brettchens unter dem Sägenrande, und es ist nur nöthig, den Wagen gegen die Säge zu verschieben. Sollen die Brettchen keilförmigen Querschnitt haben, so befestigt man auf *h* eine keilförmige Holzplatte, die eine entsprechend schrägliegende Fläche darbietet.

Der Handhebel *i*, Fig. 267, gehört zu dem Riemenführer der über dem Fussboden gelagerten Vorgelegswelle.

Es soll das Sägenblatt minutlich 950 Umdrehungen machen, so dass die Schnittgeschwindigkeit rund 60 m sekundlich beträgt.

Die Säge schneidet 200 mm breite Bretter auf 800 mm Länge und 400 mm breite auf 400 mm Länge. Als erforderliche Betriebsarbeit sind etwa 8 Pferdekräfte angegeben.

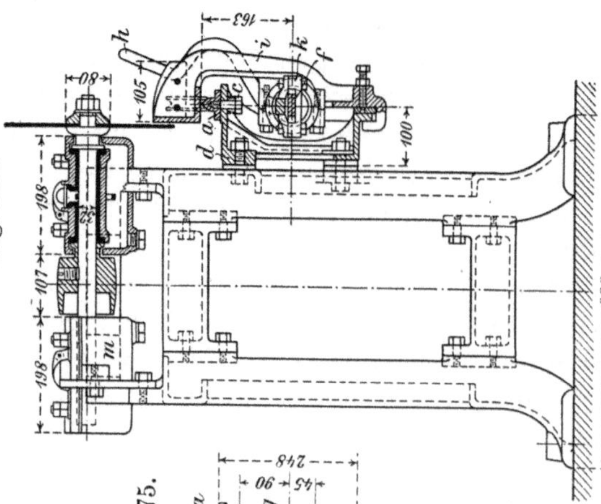

Fig. 274.

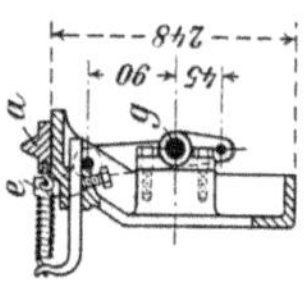

Fig. 275.

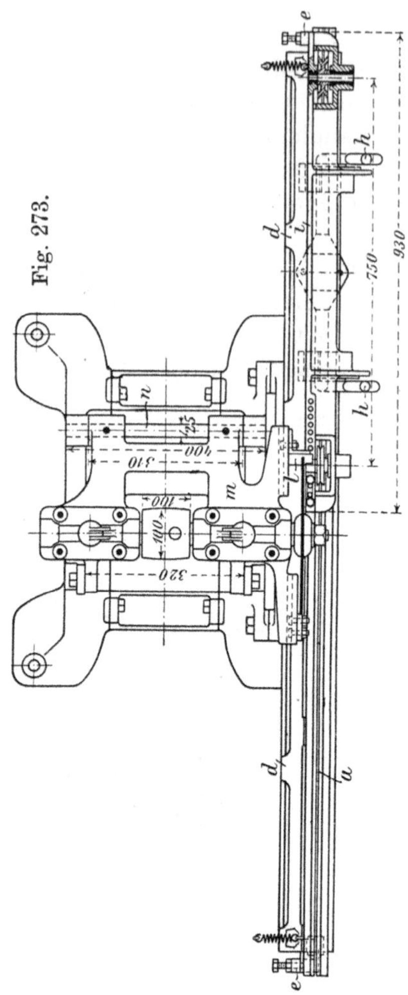

Fig. 273.

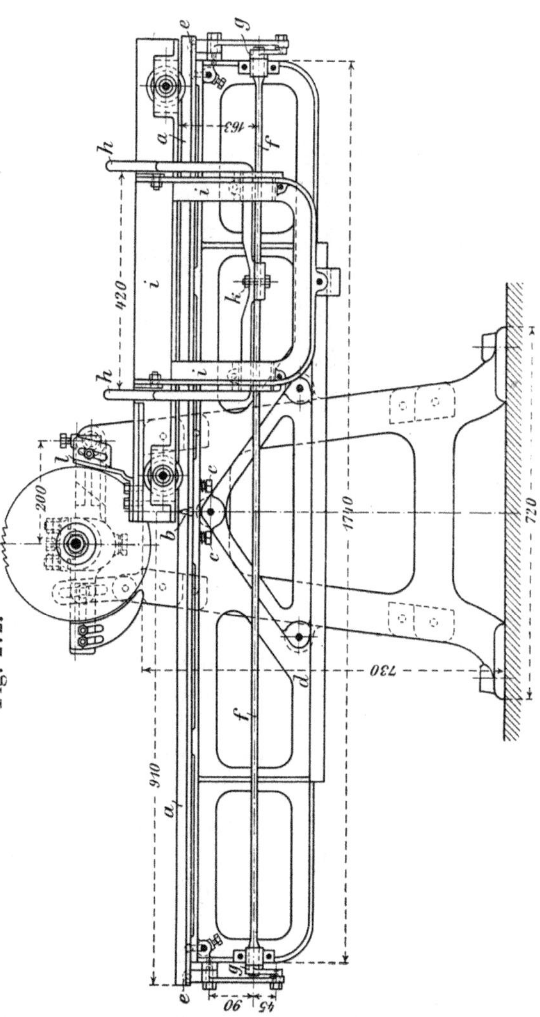

Fig. 272.

Wegen einer verwandten Sägemaschine verweise ich auf die unten[1]) angegebene Quelle.

Eigenartig ist auch die **Daubenfügesäge** von **F. W. Hofmann** in Breslau, Fig. 272 bis 276. Sie soll die Fugenflächen von Dauben für Cementfässer und andere trockene Stoffe erzeugen. Die Fugenfläche ist eben, sobald die Daube einen Theil des Fasses bildet, aber windschief, so lange die Daube nicht gebogen ist. Man pflegt deshalb die Daube in gebogenem Zustande so gegen eine Kreissäge zu

[1]) Zeitschr. d. Ver. deutscher Ingen. 1892, S. 811, mit Abb.

führen, dass die Ebene der letzteren durch die Axe des betreffenden Fasses geht.[1])

Um den Zeitaufwand für das Biegen und Aufspannen zu sparen, ist bei vorliegender Säge der Daube eine eigenartige Bogenführung gegeben. Man legt die zu fügende Daube oben auf den Rahmen *i*, und zwar auf eine gerade Längsleiste, sowie zwei rechtwinklig zu dieser liegende gekrümmte Querleisten und stützt sie seitlich gegen die Hebel *h*. Der Rahmen *i* enthält zwei Rollen, die auf der Schiene *a* laufen; er wird ausserdem am unteren Rande des festen Rahmens *d* geführt. Ist die Schiene *a* gerade und liegt sie rechtwinklig zur Kreissägenaxe, so entsteht beim Verschieben des Rahmens *i* mit der aufgelegten Daube eine ebene Fläche. Es besteht nun die Schiene *a* aus zwei bei *b*, Fig. 272, zusammenstossenden Hälften, welche mittels der Schrauben *c* so festgehalten werden, dass jede in wagerechter Ebene um ihre Schraube eine kleine Schwenkung auszuführen vermag. In der Nähe ihrer äusseren Enden werden die Schienenhälften *a*

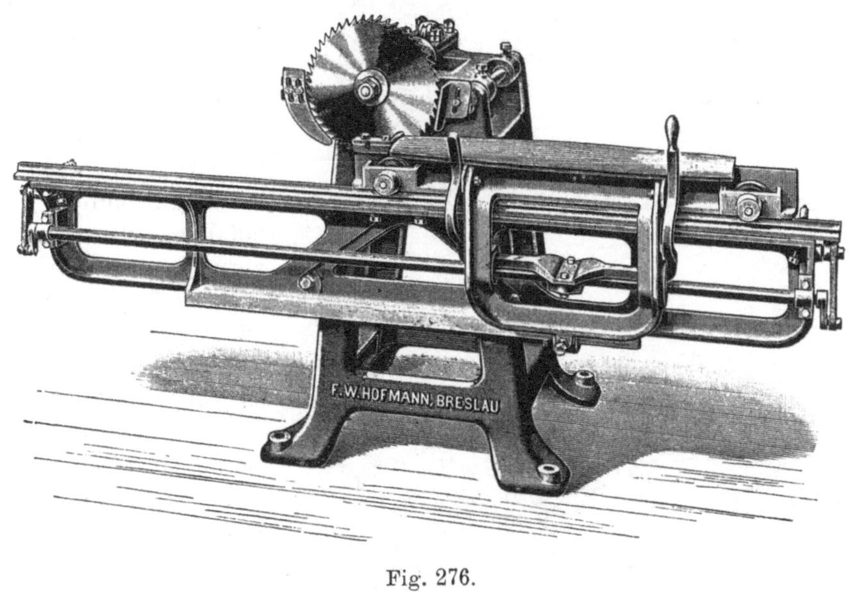

Fig. 276.

durch zwei Schraubenfedern nach hinten gezogen, aber durch zwei Hebel *e* mit Stellschraube nach vorn gedrückt, so dass ihre Lage von derjenigen der Hebel *e* abhängt. Die doppelarmigen Hebel *e* sind unten den Hebeln *g*, Fig. 272 u. 275, angelenkt, welche an der Flachschiene *f*, Fig. 272 u. 274, festsitzen. Letztere steckt verschiebbar in der Tasche *k*, welche im Rahmen *i* drehbar und mit den Hebeln *h* fest verbunden ist, so dass *f* mit *h* schwingen muss, also auch die Lage von *a* sich mit derjenigen der Hebel *h* ändert. Stellt man die Schrauben in *e* so ein, dass die Schienenhälften *a* eine gerade Schiene bilden, sobald das obere Ende von *h* für eine Daube keinen Platz mehr bietet, so werden die Schienenhälften bei *e* zurückgedrängt, sobald man auf *i* eine Daube legt und zwar um so mehr, je breiter die Daube ist. Da nun die eine Rolle des Rahmens *i* beim Vorschieben auf der einen, die zweite Rolle auf der anderen Schienenhälfte

[1]) Vergl. Arbey, Daubenfügesäge, in Dingl. polyt. Journ. 1877, Bd. 226, S. 34, mit Abb.

läuft, so entsteht ein gekrümmter Schnitt, welcher bei gut gewählten Verhältnissen der verlangten Fugenfläche genau genug sich anschliesst. Etwa über dem Buchstaben *b* in Fig. 272 bemerkt man auf dem Rahmen *i* einen nach oben vorspringenden Anschlag, gegen welchen das vordere Ende der Daube gelegt wird, um ihr die richtige Lage in ihrer Längenrichtung zu geben. *l* bezeichnet eine einstellbare Schutzplatte. Die Lagerung *m* der Kreissäge ist um den Bolzen *n*, Fig. 273, drehbar und kann demnach in der Höhenrichtung so eingestellt werden, dass nur ein kleiner Bogen der Kreissäge mit dem Werkstück in Berührung tritt, also die durch Schränkung der Zähne herbeigeführte Erweiterung des Schnittes genügt, um die ebene Säge in ihm freizuhalten. Es wird angegeben, dass die Säge täglich bis zu 8000 Schnitte auszuführen vermöge und etwa zwei Pferdekräfte zu ihrem Betriebe gebrauche.

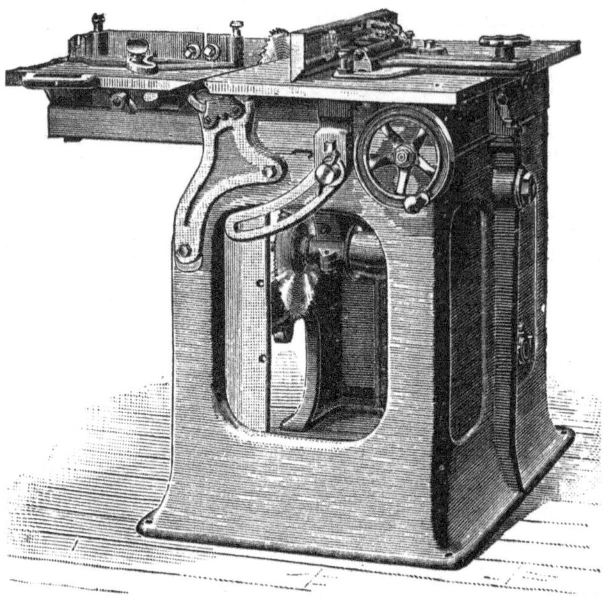

Fig. 277.

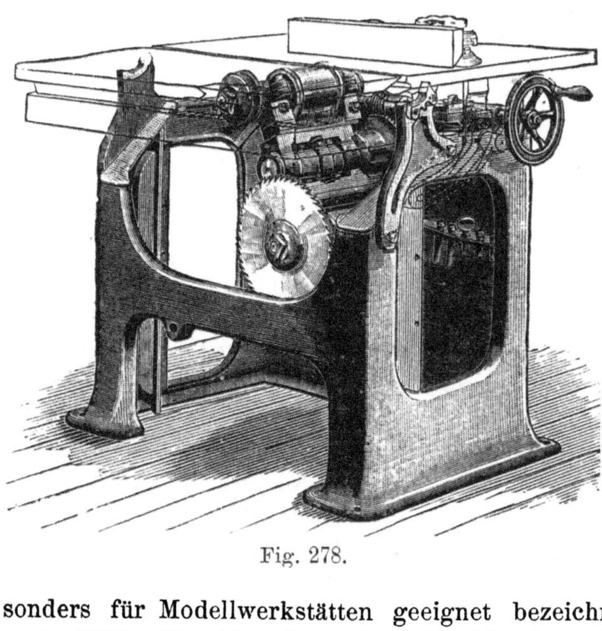

Fig. 278.

δ) Andere Kreissägen.

Die soeben beschriebene Säge gehört nur insofern noch zu den Trennkreissägen, als sie die Werkstücke stets in deren Längenrichtung zerschneidet.

Abweichend hiervon dient die Tischkreissäge, welche Baker Brothers in Toledo, O., bauen,[1]) zum Zerschneiden in irgendwelchen Richtungen. Sie wird ihrer Vielseitigkeit halber als besonders für Modellwerkstätten geeignet bezeichnet, ist aber ebenso eine vortreffliche Maschine für andere Tischlereien.

Fig. 277 ist ein Gesammtbild der Maschine, Fig. 278 ist so gezeichnet, dass ein Einblick in ihr Inneres gewährt wird (man hat den Tisch nur in

[1]) Zeitschr. d. Ver. deutscher Ing. 1901, S. 688. Revue industrielle, Juli 1895, S. 262, mit Schaubildern.

Linien angedeutet), Fig. 279 lässt den Antrieb der Sägenspindel erkennen und Fig. 280 zeigt den Tisch in aufgekippter Lage.

In einem drehbaren Rahmen sind zwei Sägenspindeln gelagert; mit dem Lagerrahmen ist ein Wurmrad verbunden, dessen Wurm durch ein Handrad gedreht werden kann, um die eine oder andere Säge über den Tisch hervorragen zu lassen und den Betrag dieses Hervorragens nach Bedarf einzustellen.[1]) Auf der linken Seite von Fig. 277 befindet sich ein 970 mm langer und 360 mm breiter Schlitten, dessen Oberfläche mit derjenigen des rechts gelegenen Tisches genau zusammenfällt. Er ist auf Rollen gleichlaufend zur Sägenblattebene zu verschieben. Eine unter beliebigem Winkel nach einem Gradbogen einstellbare Leiste gestattet, den Schnitt in dem an diese Leiste gelegten Werkstück genau in verlangter Neigung auszuführen. Die Bahnen des Schlittens kann man um einen mässigen Betrag seitwärts verschieben, um die Weite des Spaltes zwischen dem Schlitten und dem in Fig. 277 rechts belegenen Tisch einstellen zu können, wenn z. B. dickere oder dünnere Sägenblätter oder ein schmaler Messerkopf verwendet werden sollen. Auf dem in Fig. 277 rechts befindlichen Tisch ist eine Führungsleiste zu befestigen (sie ist in Fig. 280 deutlicher zu erkennen als in Fig. 277), die lothrecht zur Tischfläche oder bis zu 45° geneigt gegen letztere, aber auch in der Tischfläche schräg gegen die Säge eingestellt werden kann. Es ist endlich Tisch und Schlitten bis zu 45° gegen die Wagerechte geneigt zu verwenden, wie Fig. 280 darstellt.

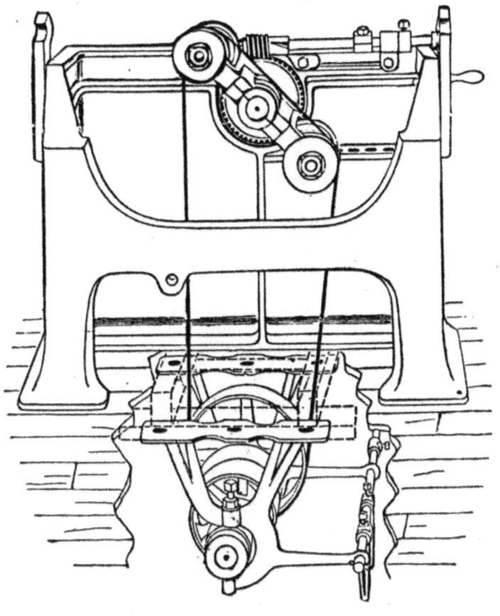

Fig. 279.

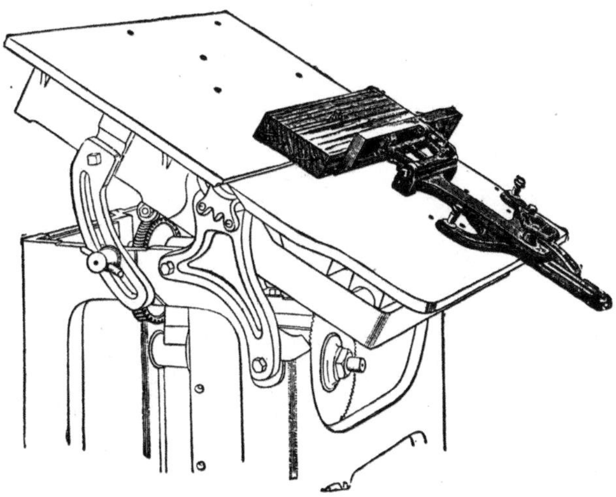

Fig. 280.

Soll die Schnittfläche einfach schräg gegen die Längsrichtung des Werkstücks sein, so kann hierfür die Schrägstellung der auf dem Schlitten einstellbaren Leiste oder die schräge Lage von Tisch und Schlitten verwendet werden, je nachdem die Schräge des Schnittes in der Breite oder Dicke des Holzes liegt. Für doppelt

[1]) Vergl. Richards, Zeitschr. d. Ver. deutscher Ingen. 1885, S. 775.

schräge Schnitte wird beides benutzt. Um z. B die Seitenflächen einer Nuth schwalbenschwanzförmigen Querschnittes zu schneiden, kippt man den Tisch nach Fig. 280 und bringt die Führungsleiste, die sich sonst auf dem Tisch befindet, auf dem Schlitten an. Bemerkenswerth ist noch das Erzeugen

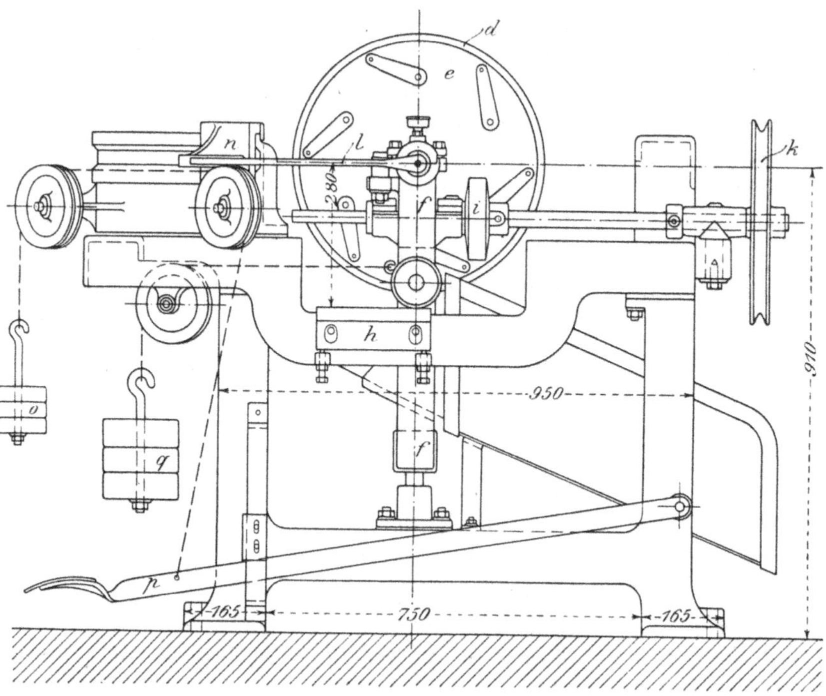

Fig. 281.

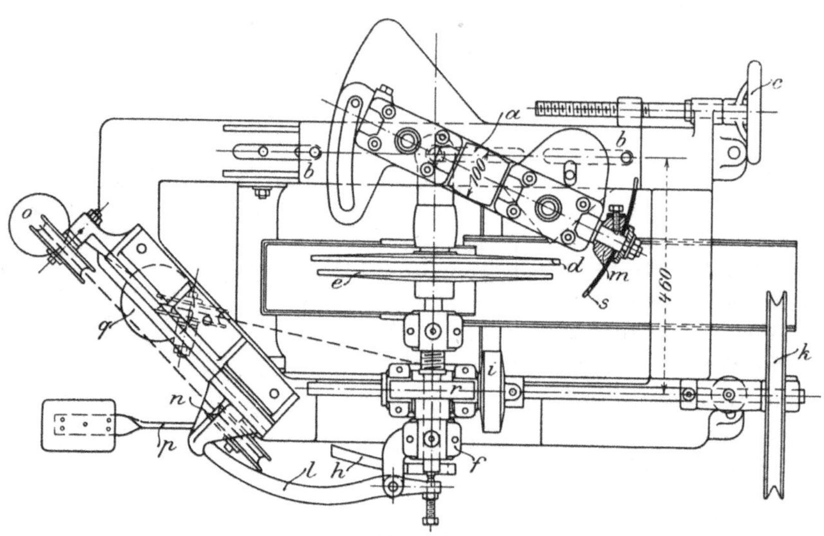

Fig. 282.

muldenförmiger Vertiefungen. Tisch und Schlitten befinden sich dabei in der Lage, die Fig. 277 angiebt, die Führungsleiste des Tisches liegt in dessen Ebene schräg, und das Werkstück wird an dieser entlang geschoben. Die Tiefe der entstehenden Mulde ist gleich der Pfeilhöhe des über den Tisch hervorragenden Sägenabschnittes, die unterste Weite der Mulde gleich der Sehne dieses Sägenabschnittes mal dem Sinus des Winkels zwischen Führungsleiste und Sägenblattebene. Das sind wenige Beispiele der Verwendungsarten der vorliegenden Säge.

Beide Sägenblätter haben je 300 mm Durchmesser oder die eine 220 mm, während die andere bis zu 380 mm erhalten kann u. s. w. Es haben die auf den Sägenwellen sitzenden Riemenrollen 100 mm Durchmesser und 125 mm Breite; sie drehen sich minutlich 2800 mal.

Das angeführte Beispiel einer Tischkreissäge kann als Grundlage für Tischkreissägen, deren Aufgaben einfacher sind, dienen, aber auch durch Erweiterung noch mehr vervollkommnet werden.

Es möge ferner die bemerkenswerthe Boden-Rundschneidemaschine von F. W. Hofmann angeführt werden. Fig. 281 stellt sie in Vorderansicht, Fig. 282 im Grundriss, Fig. 283 und 284 in zwei Querschnitten, Fig. 285

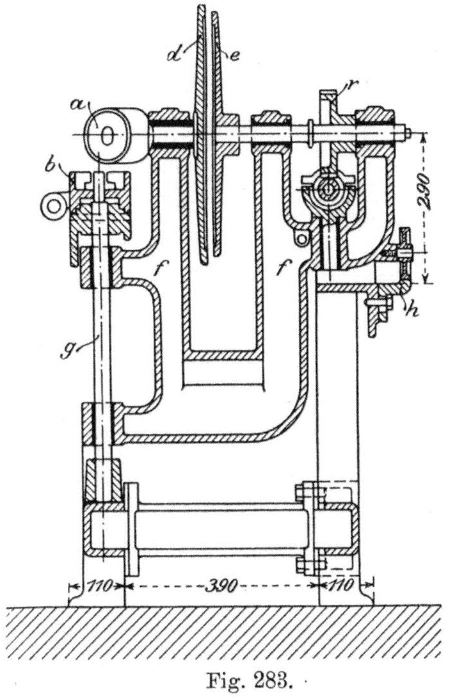

Fig. 283.

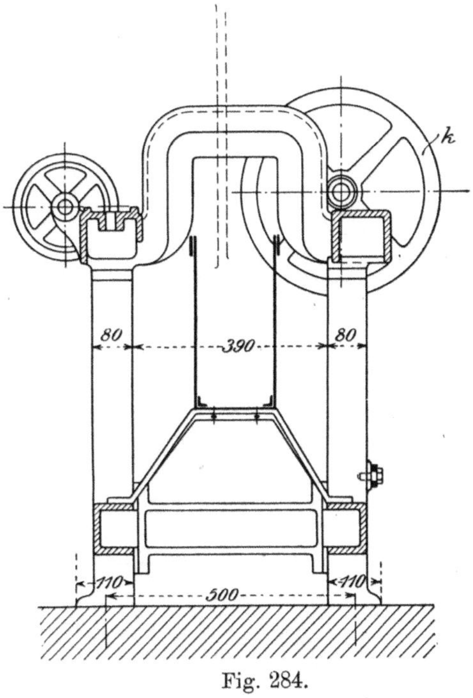

Fig. 284.

im Längenschnitt und Fig. 286 schaubildlich dar. Das Sägeblatt *s* Fig. 282 ist nach dem Ausschnitt einer Kugelfläche gestaltet, so dass die Rundung des zwischen die Scheiben *d* und *e* gespannten Werkstückes sich so gut als möglich der Sägenfläche anpasst. Die stählerne Welle des Sägenblattes dreht sich in zwei sehr langen, mit Ringschmiervorrichtung ausgestatteten Lagern, die auf gemeinsamer Platte sitzen und mit dieser auf dem Schlitten *b* eingestellt werden können. Der Schlitten *b* ist mittels einer Schraube und des Handrades *c* an dem Maschinengestell zu verschieben. Durch diese Einstellungen wird möglich, verschieden grosse Böden mit ein und derselben Säge zu bearbeiten. Dicht neben dem Sägenblatt sitzt ein Messerkopf *m*, welcher die zweite Abschrägung des Bodenrandes herstellt. *a* bezeichnet die Antriebsriemenrolle der Sägenwelle.

Der zu rundende Boden ist aus Brettern mittels Dübbel zusammengefügt; er wird zwischen die Scheiben *d* und *e* gelegt und durch Andrücken der Scheibe *e* festgehalten. *e* ist mit spitzen Stiften versehen, welche in das Holz eindringen und als Mitnehmer wirken. Sie gestatten ausserdem eine gewisse Ungleichheit in der Dicke des Holzes (vergl. S. 106). Bei grösserer Ungleichheit werden die Stifte elastisch nachgiebig angeordnet. Es dreht sich nun *d* mit seinem Zapfen lose in einem Kopf des Rahmens *f* (Fig. 283). Die längere Welle von *e* steckt in zwei an *f* ausgebildeten Lagern und ist in ihnen verschiebbar und durch ein Wurmrad *r* drehbar. Eine Schraubenfeder (vergl. Fig. 282) sucht die Scheibe *e* immer zurückzuziehen; mittels des Hebels *l* wird sie gegen *d* verschoben.

Der Rahmen *f*, Fig. 283, ist nun um die lothrechte Welle *g* zu schwenken; seine freie Seite stützt sich mittels einer Rolle auf der gekrümmten Bahn *h*, und das Gewicht *q*, Fig. 281, sucht den Rahmen *f* in Bezug auf Fig. 281

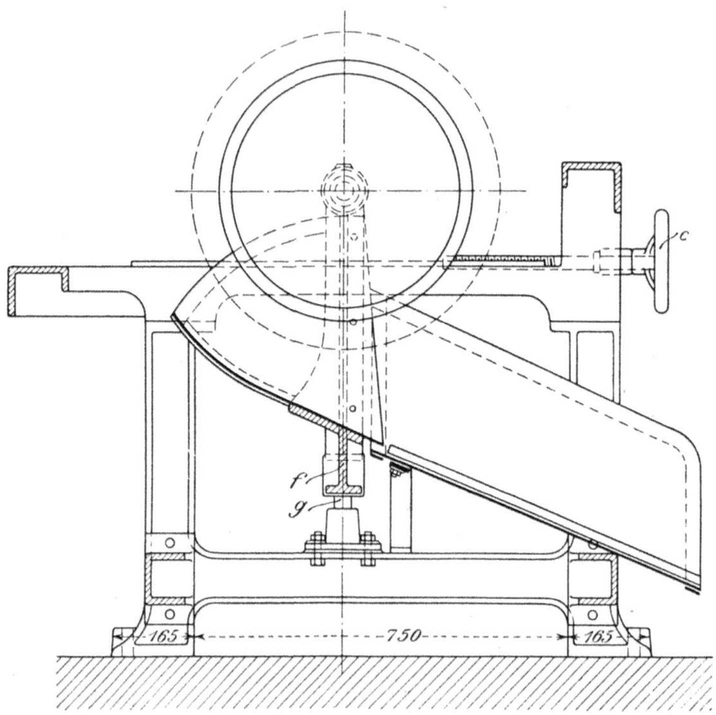

Fig. 285.

und 282 stets nach links zu drehen. Ein Schlitten *n* ist längs einer am Maschinengestell festen Bahn wagerecht verschiebbar; die Kette des Gewichts *o* ist mit *n* verbunden, und sucht letzteren in Bezug auf Fig. 281 und 282 nach links zu schieben, während der ebenfalls mit dieser Kette verbundene Trethebel *p* zum Verschieben des Schlittens nach rechts dient. Wenn der Schlitten *n* in seiner äussersten Stellung nach links sich befindet, so liegt das mit dem Hebel *l* behaftete Ende des Rahmens *f* ebenfalls links, und das zwischen die Scheiben *d* und *e* gelegte Werkstück befindet sich ausserhalb des Bereichs der Säge *s*. Tritt man nun *p* nieder, so trifft der Schlitten *n* gegen den Hebel *l* und nähert zunächst die beiden Scheiben *d* und *e* einander, d. h. spannt das zwischen sie gelegte Werkstück ein. Tritt man *p* noch mehr nieder, so schiebt *n* den Rahmen *f* in die Lage, welche Fig. 282 und 281 angeben und die Säge kommt zum Angriff. Gleichzeitig ist aber die Welle des zum Wurmrad *r* gehörigen Wurmes nach rechts bewegt und greift mit dem an ihm festen Kuppelstück in die Reibkupplung *i*. Durch die Schnurrolle *k* wird *i* langsam gedreht, folglich jetzt auch die Scheibe *e* und das eingeklammerte Werkstück. Während des

Fig. 286.

Arbeitens hält man den Trethebel *p* durch einen Vorsteckstift in seiner tiefsten Lage. Nachdem *e* sich einmal gedreht hat, ist der Boden fertig, man zieht den Vorsteckstift heraus, und es bewegen sich die Theile *n* und *f* in die Anfangslage zurück, wobei der gerundete Boden niederfällt und durch eine Rinne (vergl. Fig. 284 und 285) nach aussen rollt.

Die Maschine bearbeitet Böden für Cementfässer u. dergl. von 200—615 mm Durchmesser, es dreht sich die Kreissäge minutlich 3500 mal und es ist der Arbeitsaufwand zu etwa zwei Pferdekräften angegeben.

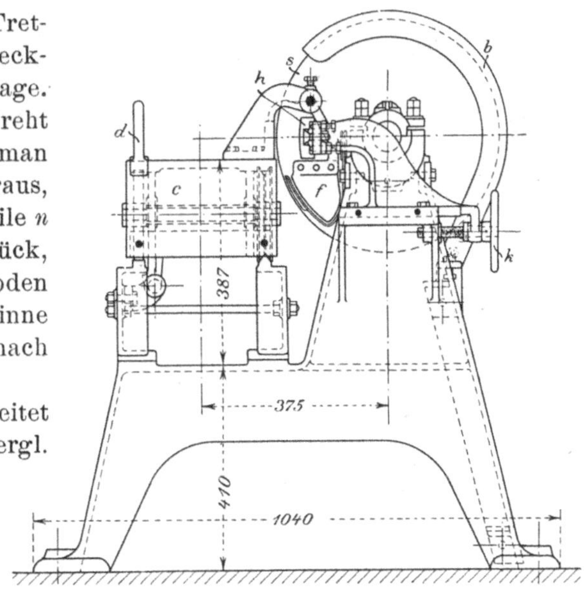

Fig. 287.

3. Trommelsägen.

Sie werden nur in beschränktem Maasse verwendet, nämlich zum Zerlegen des Holzes in Fassdauben, Eimerdauben u. s. w., weshalb hier nur ein Beispiel angeführt werden soll.

Fig. 287 ist die Endansicht, Fig. 288 die Vorderansicht, Fig. 289 der Grundriss und Fig. 290 ein Schaubild der sehr gut ausgebildeten Trommelsäge von F. W. Hofmann in Breslau. Die röhrenförmige Säge *s* ist an

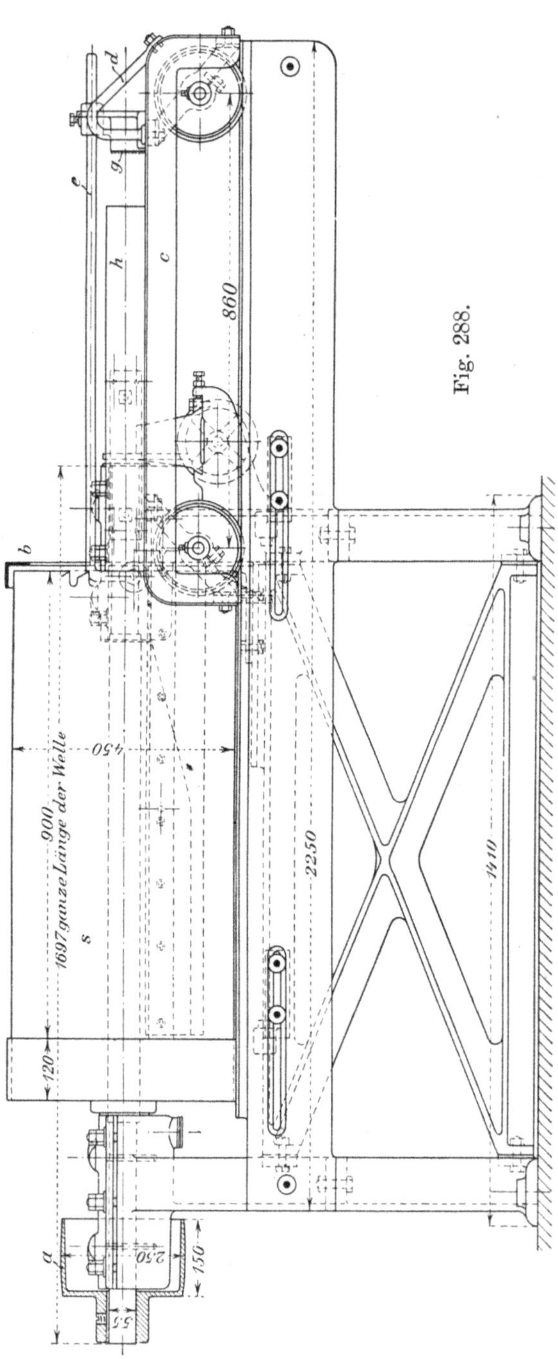

Fig. 288.

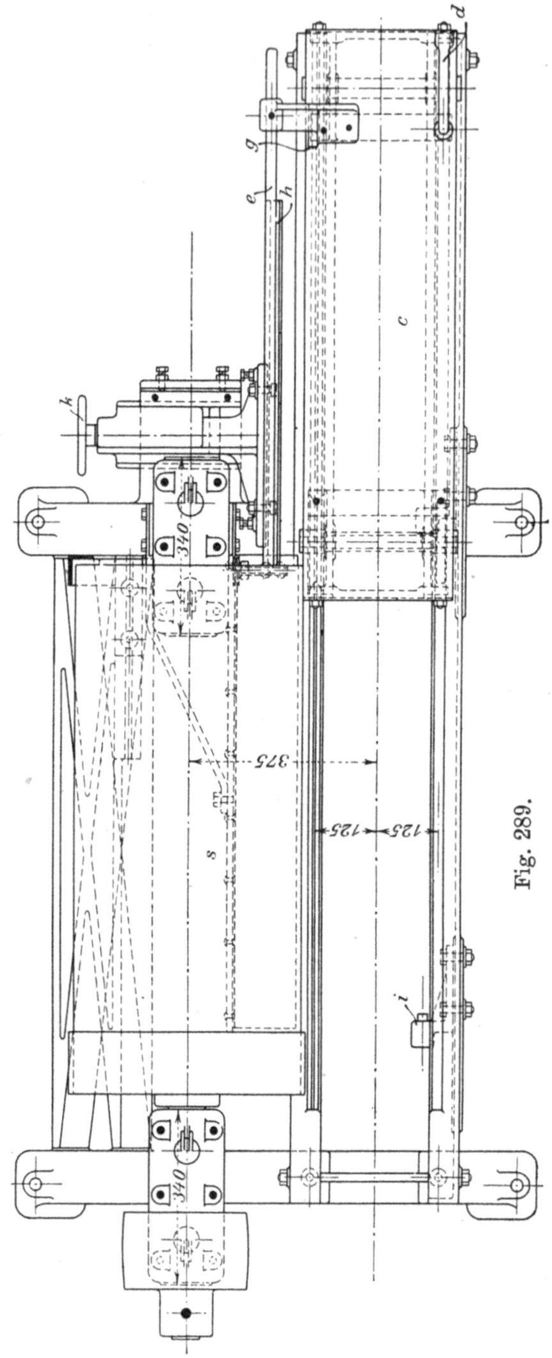

Fig. 289.

einem Rande mit Zähnen versehen (vergl. Fig. 288), an dem anderen Rande mittels eines topfartigen Körpers auf ihrer Welle befestigt. Letztere ruht in zwei je 340 mm langen Lagern mit Ringschmiervorrichtung und wird durch die Riemenrolle *a* angetrieben; sie dreht sich minutlich 1200mal. Der Schutzring *b* deckt die Zähne so viel als möglich.

Seitwärts von der Säge ist am Maschinengestell ein langes Bett befestigt, auf dessen gehobelten Bahnen sich der leichte, aus Schmiedeeisen hergestellte Wagen *c* verschieben lässt, und zwar mittels der Handhabe *d*. Zwei einstellbare Anschläge *i* begrenzen den Weg des Wagens.

Das zu zerschneidende Holz wird mit der linken Hand auf den Wagen gelegt, mit seinem hinteren Ende gegen die Zahnleiste *g* gestützt und mit der Fläche, welche beim Abtrennen der vorigen Daube entstand, gegen die einstellbare Leiste *h* gelehnt. *h* wird mittels des Handrades *k* so eingestellt, dass beim Vorschieben des Holzes die Säge eine Daube bestimmter Dicke abtrennt. Diese Daube fällt, nachdem sie abgetrennt ist, in eine innerhalb der Sägentrommel hängende Mulde (vergl. insbesondere Fig. 287). Um die Daube herauszufördern, ist an den Wagen eine Stange *e* geklammert, die anderseits an einem auf dem Rande der Mulde fahrbaren Karren nebst

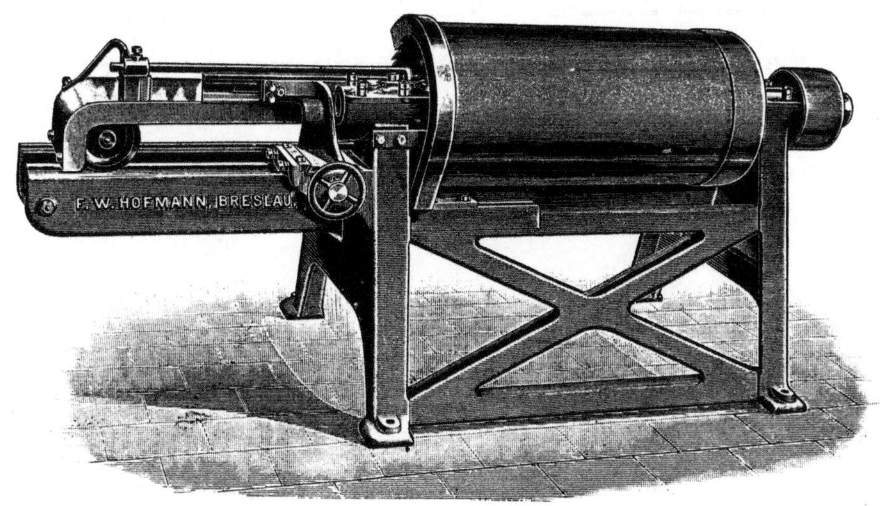

Fig. 290.

Räumplatte *f* sitzt. Diese Räumplatte wird mit dem Wagen zunächst vorwärts geschoben und dann zurückgezogen, wobei sie die abgeschnittene Daube mitnimmt. Beachtenswerth ist die gute Versteifung des Maschinengestelles, die hier nöthig ist, weil Trommelsägen eher Zitterungen des Gestelles veranlassen als Kreissägen.

Die vorliegende Säge liefert Dauben für 450 mm weite und 900 mm lange Fässer, bedarf zu ihrem Betriebe etwa 5—7 Pferdekräfte und liefert im Tage bis zu 5000 Dauben.

4. Bandsägen.

a) Blockbandsägen scheinen insbesondere für sehr dicke Blöcke gebaut zu werden. Die durch Fig. 291, 292 und 293 in zwei Seitenansichten und einem Grundriss dargestellte, von der Allis Co. in Milwaukee, Wisc., gebaute Sägemaschine lässt bis 1800 mm Schnitthöhe zu. Die Bandrollen haben 2800 mm Durchmesser und 300 mm Breite. Die untere, angetriebene Rolle besteht aus Gusseisen und hat geschränkte Arme (vergl. S. 51), während die obere Rolle schmiedeeiserne, schrägstehende Arme

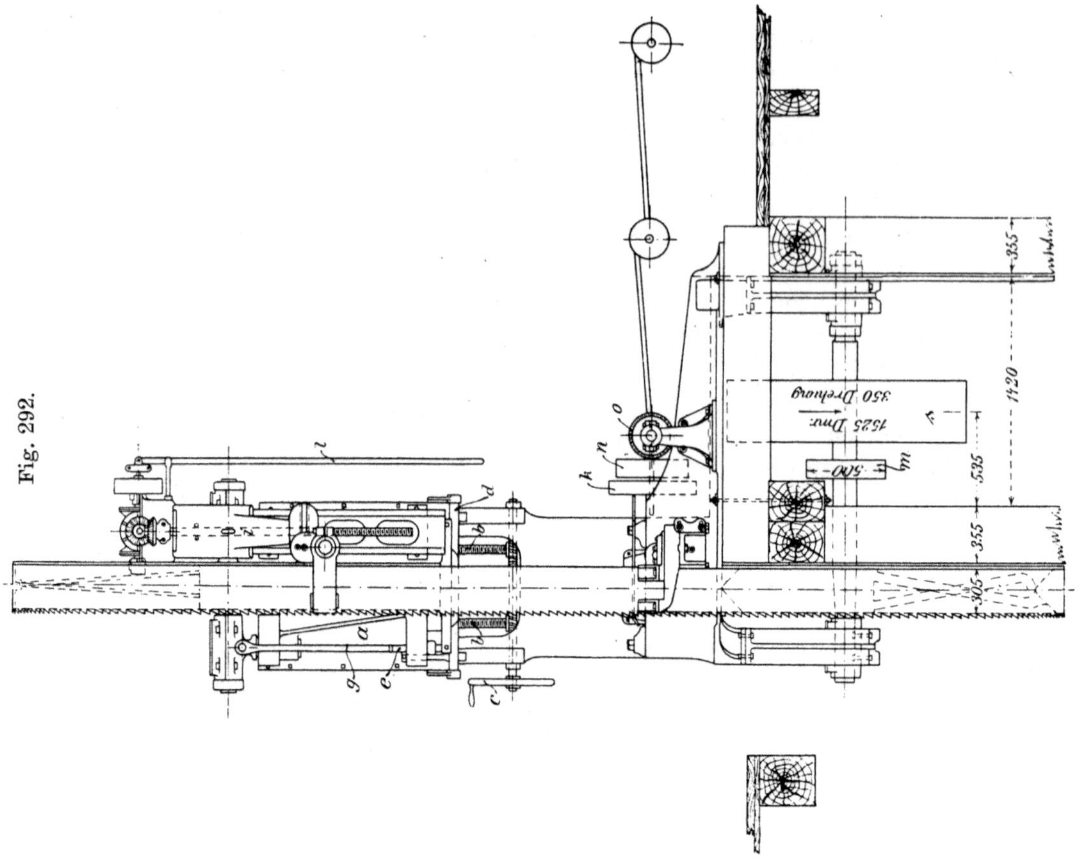

Fig. 292.

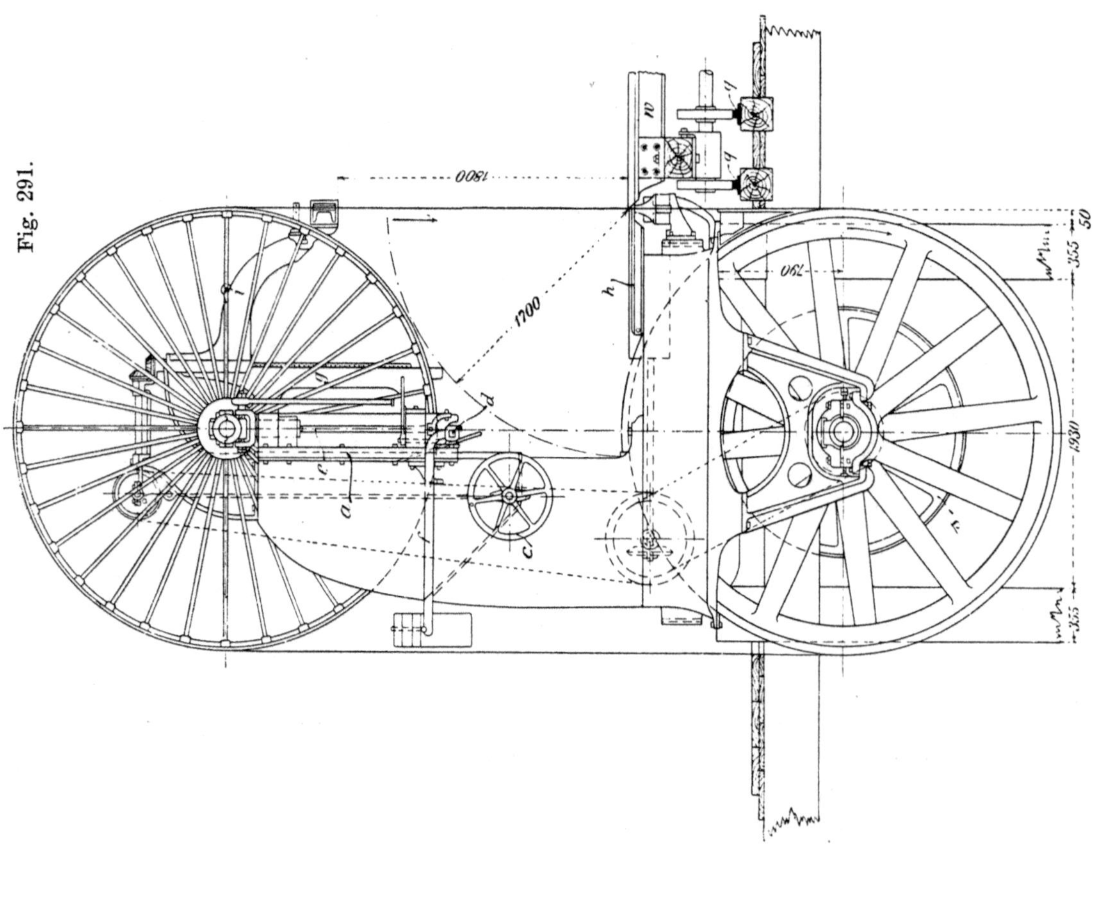

Fig. 291.

enthält. Beide zugehörige Wellen sind zweiseitig gelagert. Die Lager der unteren Welle hängen am Fuss des Hauptmaschinenbockes, während die Lager der oberen Welle an diesem Bock lothrecht zu verschieben sind. An den Bahnen des Bockes lässt sich zunächst die Platte *a* verschieben, und zwar mittels der zwei Schrauben *b*, an deren unteren Enden sich Wurmradvorgelege befinden, die durch das Handrad *c* bethätigt werden. Auf zwei Vorsprüngen dieser Platte ruht, gewissermassen so, wie der Wagbalken einer Wage auf seiner Pfanne, der vierkantige Stab *d*, so dass er auf den Vorsprüngen rechtwinklig zu seiner Länge zu pendeln vermag. Er stützt auf der anderen Seite seiner Mitte die lothrecht verschiebbaren Stangen *e*, während zwei an ihm feste Hebel *f*, Fig. 291, durch ein gemeinsames Gewicht belastet sind. Die Stangen *e* tragen an ihrem oberen Ende je ein langes Lager. Diese sind gegenüber den Stangen *e*, beziehungsweise

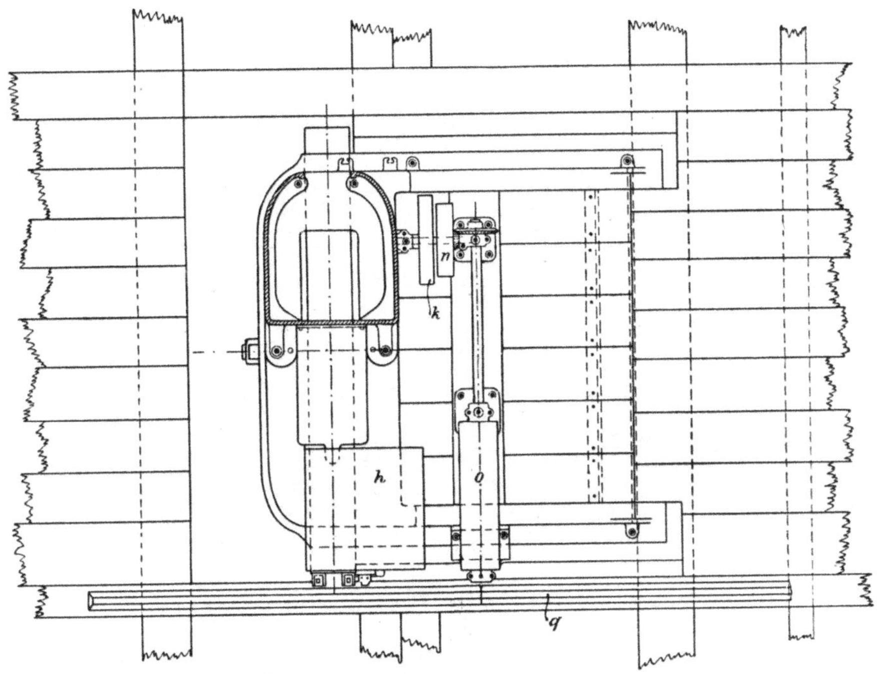

Fig. 293.

der oberen, dicken Führungsstücke um eine wagerechte Axe drehbar, auch mit den runden Führungsstücken um deren lothrechte Axe zu drehen, so dass sich die langen Lager den Zapfen ohne weiteres anschmiegen. Das in Fig. 292 links belegene Lager ist ausserdem rechtwinklig zur Bildfläche zu verschieben, und zwar durch eine Schraube mit Sperrrad und Ratschenhebel *g*, so dass ohne Umstände ein Nachstellen der Lage der oberen Welle gegenüber derjenigen der unteren Welle stattfinden kann.

Die untere Blattführung sitzt am Maschinengestell fest; es schliesst sich ihr eine Kappe *h*, Fig 291 und 293, an, welche herabfallende Späne von der unteren Rolle möglichst fern hält. Die obere Blattführung ist an dem Arm *i* einstellbar und mit diesem längs einer lothrechten Bahn mittels einer Schraube zu verschieben. Um diese Verschiebung rasch vollziehen, also die Lage der oberen Blattführung der Blockdicke in kurzer Zeit anpassen zu können, wird die betreffende Schraube unter Vermittlung eines Kehrgetriebes durch einen Riemen von der Riemenrolle *k*, Fig. 292 und 293, aus angetrieben. Der Hebel *l*, Fig. 292, dient zum Steuern des Kehrgetriebes.

Auf der Hauptwelle Fig. 292 sitzt eine Riemenrolle *m*, welche die Riemenrolle *n*, Fig. 292, und 293 dreht und damit die bereits genannte Riemenrolle *k*. Die Welle von *n* dreht ausserdem durch ein Kegelradpaar die zum Weiterführen der abfallenden Bretter dienende Walze *o*. Nach Umständen wird eine Zahl solcher Walzen angeordnet, wie in Fig. 292 angedeutet ist, um die Bretter selbstthätig abzuführen.[1])

Die Antriebsriemenrolle *p* hat 1525 mm Durchmesser und 305 mm Breite; sie soll sich minutlich 350mal drehen, so dass die sekundliche Schnittgeschwindigkeit etwas über 30 m beträgt.

Von dem Blockwagen *w* enthält Fig. 291 einen kleinen Theil; in Fig. 293 ist eine der Schienen *q* angegeben.

Fig. 294.

Andere aufrechte Blockbandsägen sind an unten verzeichneten Stellen beschrieben.[2])

Ausser der aufrechten Anordnung der Blockbandsägen benutzt man auch die liegende. Es wird der zu zerlegende Block auf einen Wagen gelegt und dort befestigt, während ein Trum der Bandsäge in wagerechter Richtung schneidet.

Landis[3]) ordnet die Lager der Bandrollen über dem Wagen an und baut demnach die Maschine im ganzen über dem Fussboden auf. Kirchner

---

[1]) Vergl. Schneidemühlenanlage von Smith & Co. in Minniapolis, Zeitschr. d. Ver. deutscher Ingen. 1894, S. 1175, mit Abb.

[2]) Dingl. polyt. Journ. 1873, Bd. 209, S. 464, mit Abb. Prakt. Masch.-Constr. 1887, S. 47, mit Schaubild. Revue générale des machines outils 1888, S. 167, mit Abb. Iron, März 1891, S. 269, mit Schaubild. Zeitschr. d. Ver. deutscher Ingen. 1891, S. 167, mit Schaubild. Industries, 20. Mai 1892, S. 492, mit Schaubild. Zeitschr. d. Ver. deutscher Ingen. 1901, S. 690, mit Schaubild. Fahrbare, Portef. économique des maschines 1874, Taf. 19 u. 20; Prakt. Masch.-Constr. 1875, S. 146, mit Abb.

[3]) Zeitschr. d. Ver. deutscher Ingen. 1896, S. 552, mit Schaubild; 1901, S. 689, mit Schaubild.

& Co. in Leipzig bringen statt dessen die Bandrollen links und rechts vom Wagen an.[1])

Fig. 294 ist ein Schaubild der Kirchner'schen Säge, Fig. 295 eine Vorderansicht, Fig. 296 ein Grundriss und Fig. 297 u. 298 sind Seiten-

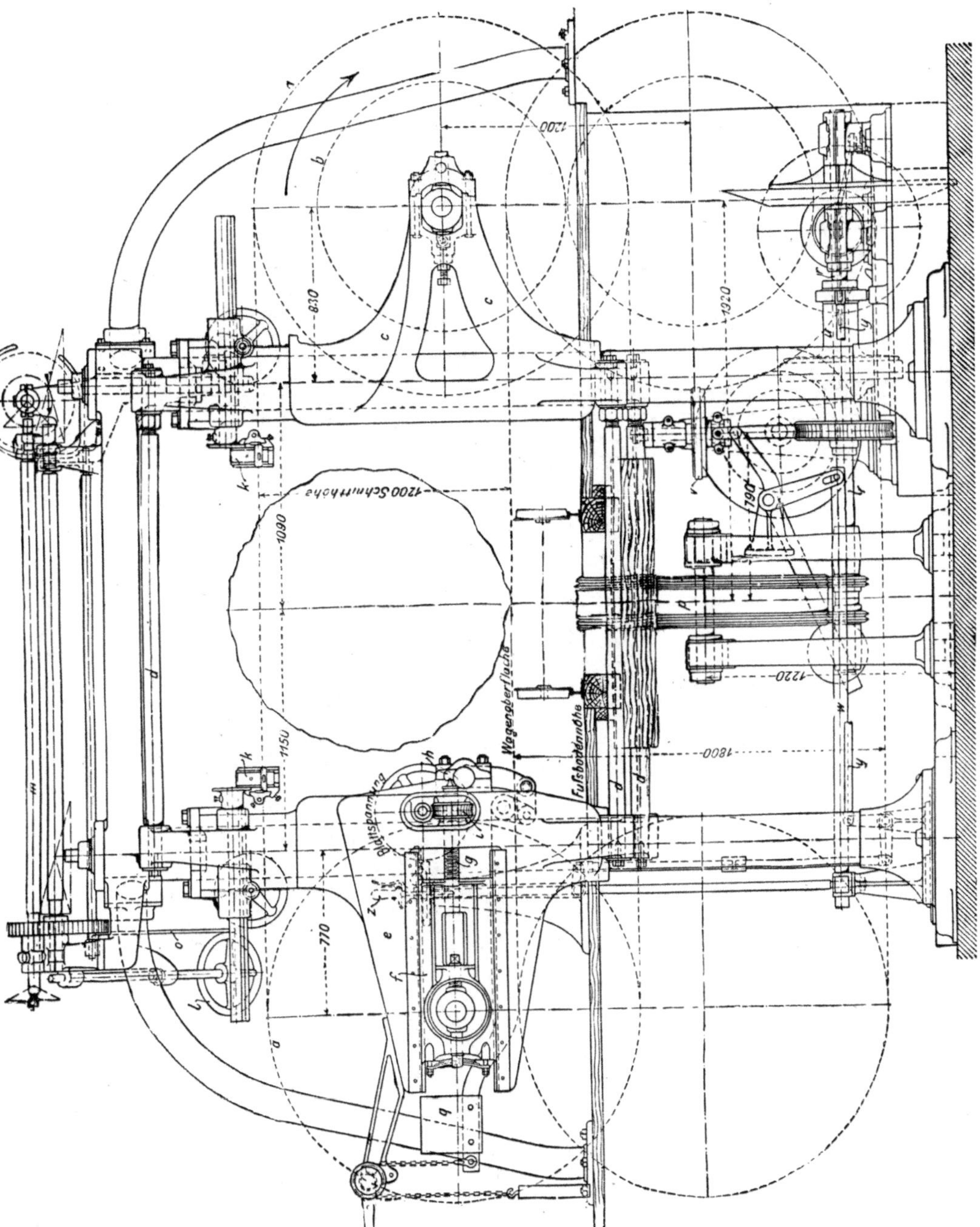

Fig. 295.

ansichten derselben. Die Bandrollen haben 1800 mm Durchmesser und können 130 mm breite Sägenblätter aufnehmen Die grösste zulässige Block-

[1]) Zeitschr. d. Ver. deutscher Ingen. 1900, S. 481, mit Abb.

dicke in wagerechter Richtung beträgt 1300 mm und das arbeitende Sägentrum befindet sich höchstens 1200 mm über der Wagenoberfläche. Erheblich dünnere Blöcke können paarweise neben einander auf den Wagen gelegt werden.

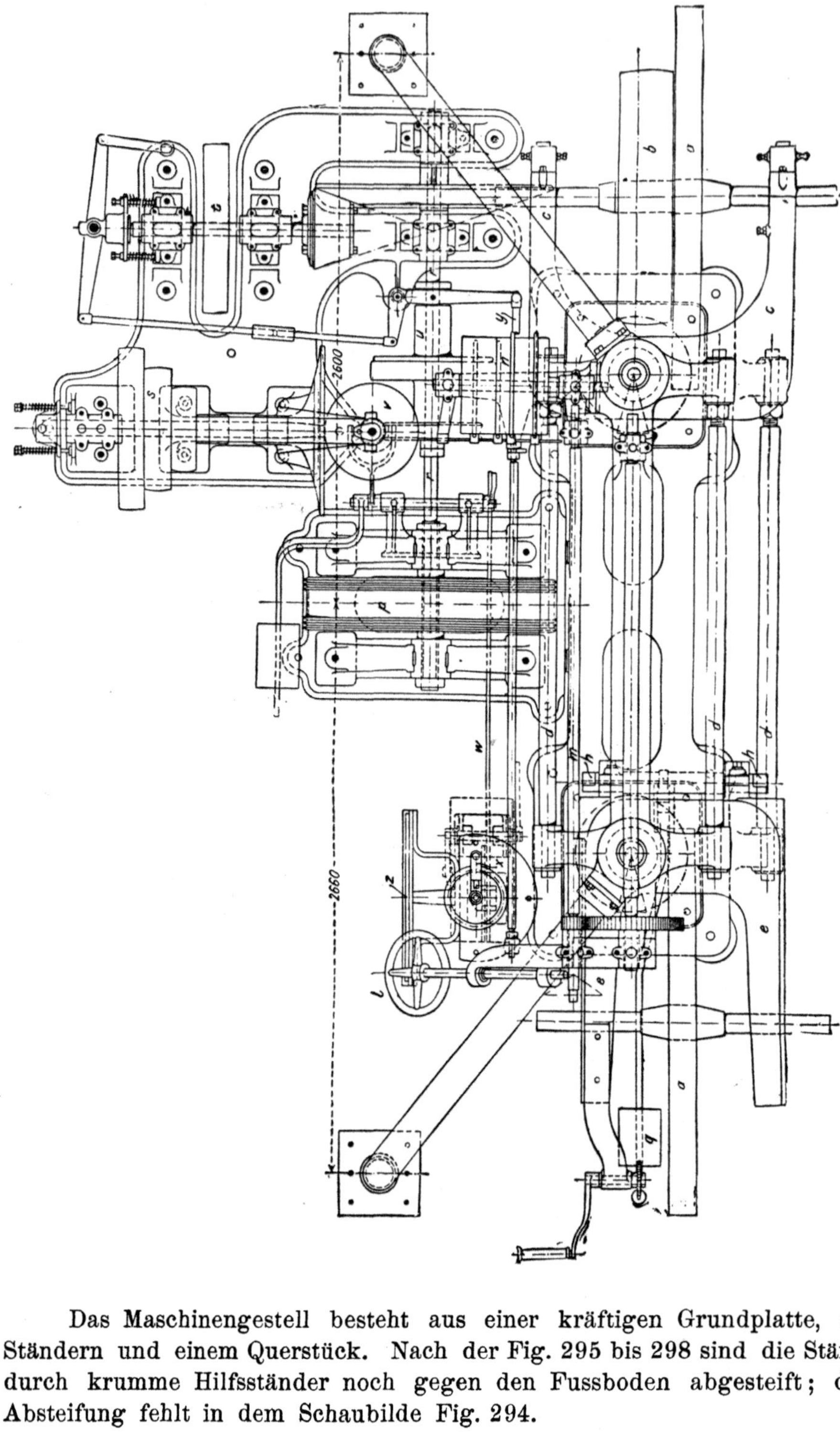

Fig. 296.

Das Maschinengestell besteht aus einer kräftigen Grundplatte, zwei Ständern und einem Querstück. Nach der Fig. 295 bis 298 sind die Ständer durch krumme Hilfsständer noch gegen den Fussboden abgesteift; diese Absteifung fehlt in dem Schaubilde Fig. 294.

An den lothrechten Ständern sind die beiden, durch vier starke Bolzen *d* zu einem Ganzen vereinigten Lagergestelle lothrecht zu verschieben, und zwar durch Schrauben, die in den Ständern angebracht sind. Die Schrauben sind an ihrem oberen Ende mit Kegelrädern versehen und werden mittels dieser von einer über ihnen liegenden Welle in genau gleichem Grade gedreht. Diese Welle wird durch ein Stirnradpaar von der Welle *m* bethätigt, und *m* kann entweder durch das Handrad *l* oder die Riemenrolle *n*, Fig. 296 u. 298 gedreht werden. Das Handrad *l* benutzt man, um die Höhenlage des Sägenblattes genau einzustellen, während die Riemenrolle *n* die Rollenlager rasch nach oben oder unten verschiebt. Zu dem Zwecke liegen neben *n* lose Rollen doppelter Breite und auf diesen ein offener und ein gekreuzter Treibriemen, die nach Bedarf mittels des Handhebels *o*, der den Riemenführer bethätigt, auf *n* geschoben werden. In Fig. 295 ist die oberste und unterste Lage der Säge und ihrer Rollen durch gestrichelte Linien angegeben.

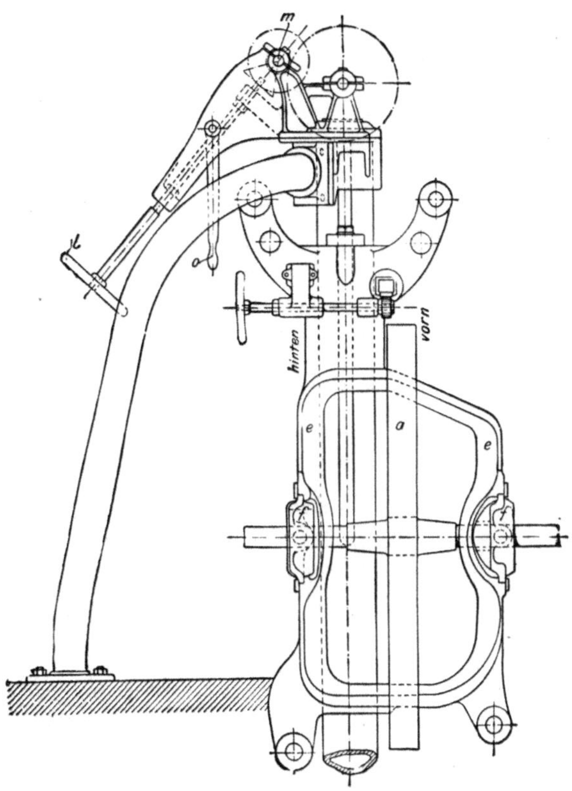

Fig. 297.

Die Bandrollen *a*, Fig. 295, 296 u. 298, sind zweiseitig gelagert und zwar in langen Lagerbüchsen, die um eine Queraxe in den Lagergestellen schwingen können. Auf der in Fig. 295 u. 296 rechts belegenen Bandrollenwelle sitzt die Antriebsrolle *b* fest. Sie wird von einem seitlich liegenden Vorgelege aus betrieben; um den Treibriemen in den verschiedenen Höhenlagen der Rolle *b* in unveränderter Spannung zu erhalten, wirkt eine Spannrolle auf ihn ein. Das rechts belegene Lagergestell *c* bedarf keiner besonderen Erläuterung. In dem links liegenden befindet sich die Vorrichtung zum Anspannen des Sägenblattes. Es sind die Rollenlager in wagerecht an *e* verschiebbaren Schlitten *f* untergebracht. Jeder dieser Schlitten ist mit einer Schraube *g* versehen, deren Mutter in dem Lagergestell gedreht und auch in der Axenrichtung verschoben werden kann. Gegen das rechts hervorragende Ende jeder dieser Muttern legt sich ein kurzer Hebel *h*, Fig. 295, beide Hebel *h* sind an gemeinsamer Welle ausgebildet und werden unter Vermittlung weiteren Hebelwerks durch das Gewicht *q* belastet. Eine kleine Winde gestattet, das Gewicht *q* zu heben, um die Säge zu entspannen. Wegen ihrer Kürze können die Hebel *h* sich nur geringen Verschiebungen der zugehörigen Lager anpassen, grössere Verschiebungen müssen durch Aendern des Abstandes zwischen dem Angriffspunkt von *h* und dem Lager hervorgebracht werden. Hierzu dienen die Schraube *g* und ihre Mutter. Mit letzterer ist ein Wurmrad *i* so verbunden, dass die Verschieblichkeit der Mutter nicht behindert wird, letztere aber sich mit dem Wurmrade drehen muss. Die zu den beiden Wurmrädern *i* gehörenden Wurme sitzen auf gemeinsamer Welle fest und werden durch ein Handrad gedreht.

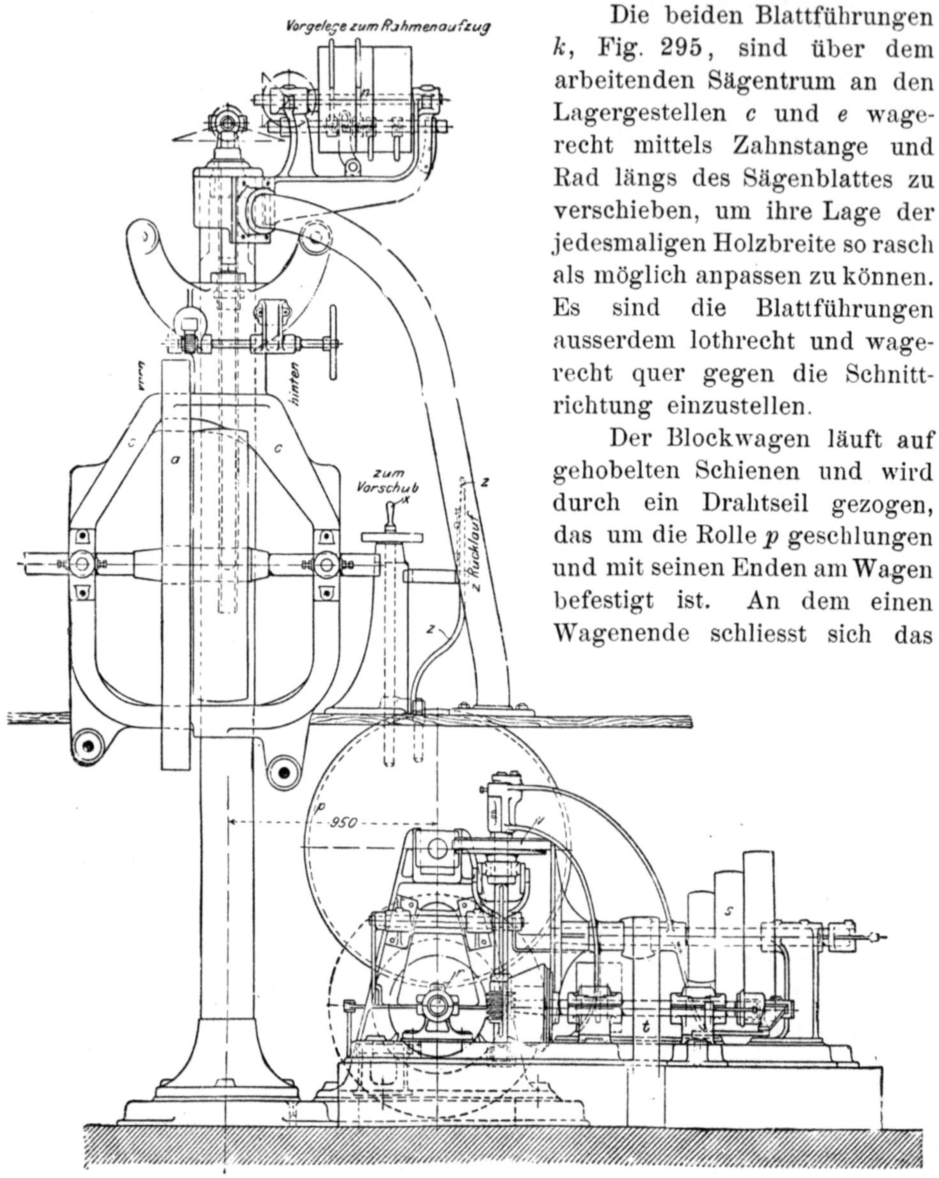

Fig. 298.

Die beiden Blattführungen *k*, Fig. 295, sind über dem arbeitenden Sägentrum an den Lagergestellen *c* und *e* wagerecht mittels Zahnstange und Rad längs des Sägenblattes zu verschieben, um ihre Lage der jedesmaligen Holzbreite so rasch als möglich anpassen zu können. Es sind die Blattführungen ausserdem lothrecht und wagerecht quer gegen die Schnittrichtung einzustellen.

Der Blockwagen läuft auf gehobelten Schienen und wird durch ein Drahtseil gezogen, das um die Rolle *p* geschlungen und mit seinen Enden am Wagen befestigt ist. An dem einen Wagenende schliesst sich das Seil einer Walze an, die durch Wurm und Wurmrad so zu drehen ist (vergl. Fig. 294 rechts), dass das Seil die erforderliche Anspannung erfährt. Die Rolle *p* nebst zugehörigem Antrieb liegt unter dem Fussboden der Schneidemühle. *p* wird, wie aus Fig. 295 ersichtlich, durch Reibräder von der Welle *r* aus angetrieben, und *r* erfährt seine Drehung für den langsamen Arbeitsgang von der dreistufigen Rolle *s*, Fig. 296 u. 298, aus, für den raschen Rücklauf von der Riemenrolle *t* aus. *s* und *t* werden durch das seitwärts liegende, nicht gezeichnete Hauptvorgelege der Sägemaschine angetrieben. Auf der Welle von *s* sitzt eine Reibscheibe, welche die lothrecht verschiebbare Reibrolle *v* dreht, und auf der zu dieser gehörigen Welle befindet sich ein Wurm, welcher mit einem auf der Welle *r* frei drehbaren Wurmrade im Eingriff steht. Rechts von dem Wurmrade steckt auf der Welle *r* ein Kupplungskegel, welcher das Wurmrad mit *r* zu verbinden gestattet.

Die Riemenrolle *t* sitzt mit einem Reibkegel gemeinsam auf einer verschiebbaren Welle. Dieser Reibkegel kann gegen einen auf der Welle *r* festsitzenden geschoben werden, so dass *r* von *t* aus gedreht wird. Die Verschiebung der in Rede stehenden Welle und ihres Reibkegels erfolgt durch ein in Fig. 296 leicht erkennbares Hebelwerk mit Hilfe der Zugstange *y*. Der Hebel, mit dem die Zugstange *y* verbolzt ist, greift in den Halsring des auf der Welle *r* verschiebbaren Reibkupplungskegels *u*, so dass dieser und der mit *t* verbundene Reibkegel gleichzeitig verschoben werden. Zieht man die Stange *y* nach links, so wird das oben erwähnte Wurmrad mit der Welle *r* gekuppelt und der Wagen langsam gegen die Säge geführt; bewegt man *y* nach rechts, so wird zunächst diese Kupplung gelöst und der Wagen in Ruhe versetzt, und nach weiterem Verschieben von *y* treten die Reibkegel in Thätigkeit, die den raschen Rückgang bewirken. Die Stange *y* hängt durch einen Winkelhebel und eine zweite Stange mit dem Handhebel *z* zusammen. Dieser ist mit einer Klinke versehen, die über einem, drei Kerben enthaltenden festen Bügel verschoben werden kann und durch Eingreifen in eine dieser Kerben den Hebel in seiner Mittellage oder seinen Endlagen festhält.

Die Reibrolle *v*, welche die Zuschiebung vermittelt, wird durch Hebel und die Stange *w* längs ihrer Welle verschoben. *w* ist an seinem linksseitigen Ende mit einer Zahnstange ausgerüstet, in die ein auf einer stehenden Welle sitzendes Zahnrad greift. Diese Welle wird durch einen Handhebel *x* gedreht.

Es liegen demnach die Steuerungsmittel: Hebel *x* für die Zuschiebungsgrösse, Hebel *z* für die Bewegungsrichtung des Wagens, beziehungsweise dessen Ruhe, Handrad *l* für die genaue und Hebel *o* für die rasche lothrechte Verschiebuug der Säge sehr nahe und handlich bei einander.

β) Andere Bandsägen dienen als Trennsägen, oder sind insbesondere für das Schneiden windschiefer Flächen der Schiffshölzer eingerichtet, oder als Tischbandsägen für mannigfache Zwecke im Gebrauch.

Die Trennsägen unterscheiden sich von den sonstigen Bandsägen im wesentlichen nur durch die Zuschiebung des Holzes durch Walzen.[1]) Es ist aber auch vorgeschlagen, sie mit mehreren Bandsägenblättern auszurüsten, um gleichzeitig mehrere Schnitte zu erzeugen.[2])

Das Schneiden windschiefer Flächen erreicht man durch allmähliches Schwenken der Bandsägenrollenlager gegenüber dem zur Füh-

---

[1]) Dingl. polyt. Journ. 1879, Bd. 232, S. 306, mit Schaubild. American Machinist, 28. Juli 1892, S. 1, mit Schaubild.

[2]) Dingl. polyt. Journ. 1881, Bd. 240, S. 180, mit Abb.; 1883, Bd. 250, S. 61, mit Abb.; 1885, Bd. 258, S. 9, mit Schaubild. Engineering, Juni 1885, S. 649, mit Schaubild. The Engineer, März 1889, S. 197, mit Schaubild. Industries, Mai 1890, S. 461, mit Schaubild.

rung des Holzes dienenden Tisches. Eine hübsche Zusammenstellung dahin gehöriger Anordnungen findet man in unten verzeichneter Quelle.[1])

Von den Tischbandsägen ist S. 47 bereits ein Beispiel angegeben. Sie enthalten häufig für die Stützung und Zuschiebung der Werkstücke nur

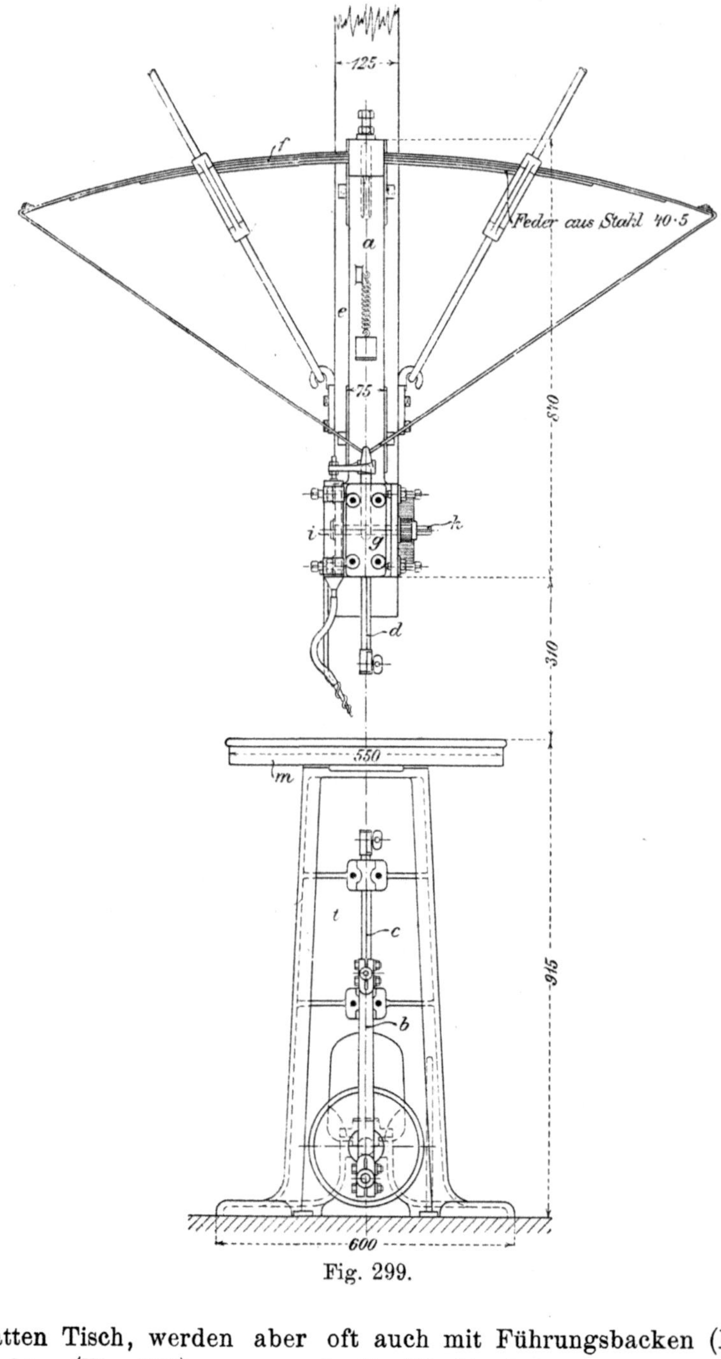

Fig. 299.

den glatten Tisch, werden aber oft auch mit Führungsbacken (Fig. 162), Speisewalzen (Fig. 262) u. s. w. wie die Tischkreissägen ausgerüstet.

---

[1]) Industries and Iron, 23. August 1895, S. 158, mit Schaubildern.

5. Schweifsägen.

Tisch-Bandsägen mit schmalen Blättern sind in erster Linie als Schweifsägen geeignet und als solche allgemein gebräuchlich. Sie lassen sich aber nicht verwenden für solche krumme Schnitte, welche den Rand des Brettes nicht erreichen. Für diese ist der Ausgangspunkt des Schnittes ein gebohrtes Loch. Man muss das Sägenblatt durch dieses hindurchstecken, also ein Sägenblatt beschränkter Länge anwenden, dessen Enden von der Einspannvorrichtung bequem gelöst werden können.

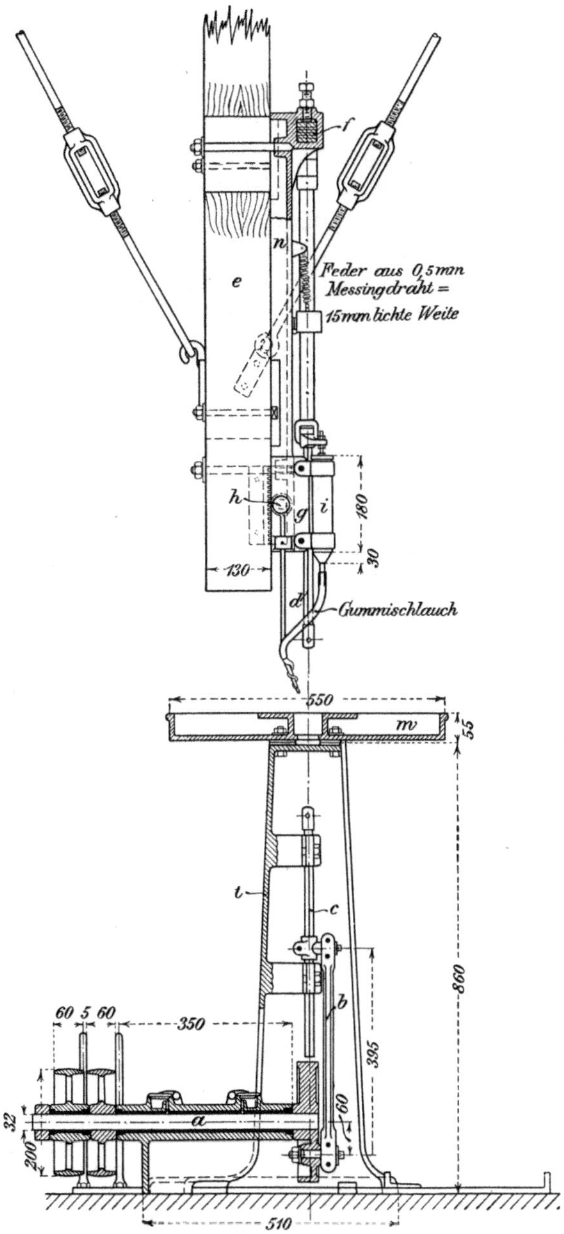

Fig. 300.

Die betreffenden Sägen führen allgemein den Namen Laubsägen.

Das Werkstück wird auf einem wagerechten Tisch geführt und das lothrechte Sägenblatt oben und unten eingeklemmt, und zwar entweder nach Art der Seiten- oder Bügelgatter (S. 59) oder häufiger, indem das obere Sägenblatt durch eine Feder nach oben gezogen wird, während die Angel des unteren Sägenblattendes, durch Kurbel und Lenkstange bethätigt, die auf- und abgehende Bewegung des Sägenblattes bewirkt. Fig. 299 bis 302 stellen eine Ausführung von F. W. Hofmann dar. Im Fusstheil des Maschinengestelles *t* ist die Kurbelwelle *a* gelagert; sie dreht sich minutlich 450 mal. Die Lenkstange *b* überträgt den Kurbelhub auf die vierkantige Führungsstange *c*, an deren oberem Ende das Sägenblatt festgeklemmt wird. Ueber dem Gestell *t*, beziehungsweise dem Tisch *m* ist an der Decke der Werkstatt ein hängendes Holz *e* befestigt; Spannstangen schützen *e* gegen seitliche Schwankungen. An *e* sitzt die gusseiserne Platte *n*, an deren unterem Ende sich die Führung *g* für die obere Führungsstange *d* befindet. Am oberen Ende von *n* ist die Blattfeder *f* angebracht, welche durch einen Riemen mit *d* in Verbindung steht. Es kann *n* nebst *g* nach Bedarf um 100 mm an *e* in lothrechter Richtung verschoben werden und zwar — nach Lösen der Befestigungsschrauben — mittels eines, an der Welle *h* sitzenden Zahnrades, welches in eine an *e* feste Zahnstange greift. Ebenso vermag man die Führungsstange *c* gegenüber der Lenkstange *b* zu verschieben. Beide Verschiebungen haben den Zweck, die gegensätzliche Lage der Führungsstangen der Sägenblattlänge anzupassen. An *g* ist eine kleine, von der oberen Führungsstange *d* bethätigte Luftpumpe *i* angebracht, welche unter Vermittelung eines Gummischlauches das auf dem Tisch *m* liegende Werkstück von Sägespänen befreit. Die Stange des Riemenführers liegt platt auf dem Fussboden und wird durch den Fuss des Arbeiters gesteuert.

Nicht selten macht das Anbringen des Holzes *e*, Fig. 299 und 300, Schwierigkeiten; auch

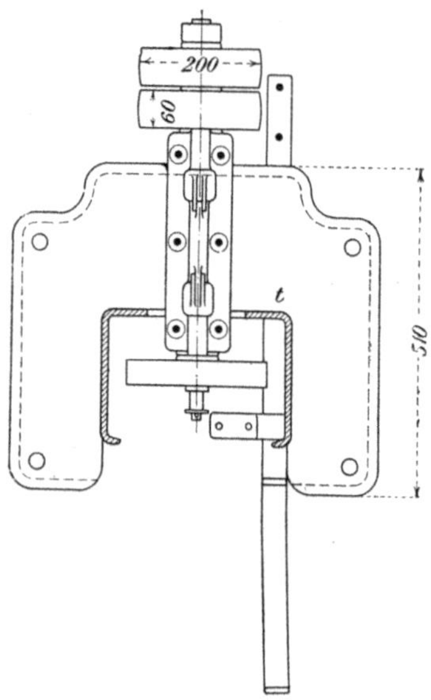

Fig. 301.

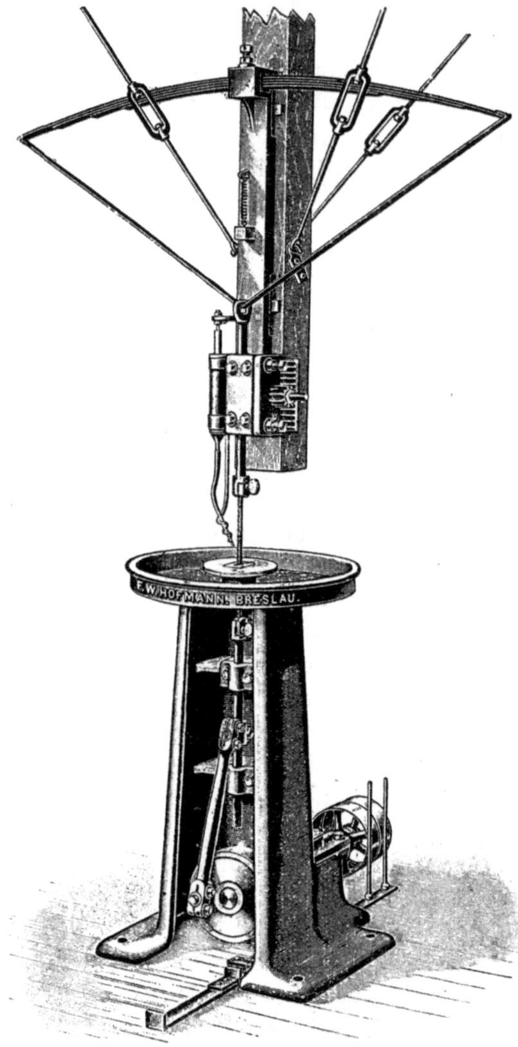

Fig. 302.

leidet die Beleuchtung der Werkstatt durch die herabhängenden Gerüste. Man verbindet deshalb die Feder und die obere Führung wohl durch einen Bügel mit dem am Fussboden befestigten Gestell. Um auch das Sperrige der gewöhnlichen Blattfeder zu vermeiden, verwendet man statt ihrer eine Spiralfeder.[1])

6. Gattersägen.

Von den Gattersägen mit einem Blatt verdienen nur noch die liegenden Gatter grösseres Interesse.

[1]) Dingl. polyt. Journ. 1885, Bd. 258, S. 202, mit Abb.

Fig. 303 zeigt ein solches im Schaubild, nach der Ausführung von A. Goede in Berlin N. Wie schon früher (S. 37) angegeben, wird das eigentliche Gatter längs schrägliegender Bahnen hin- und herbewegt, welche

Fig. 303.

an gemeinsamer Platte sitzen. Diese Platte wird an Ständern in lothrechter Richtung verschoben, um die Dicke des abzuschneidenden Holzstückes einzustellen. Auch die Blattführungen sitzen an der Platte.

Demgemäss befindet sich der Zapfen, an welchen die Lenkstange greift, in sehr verschiedenen Höhen, und ist nöthig, die Lenkstange sehr lang zu machen, um den Druck auf die Führungen des Gatters in zulässigen Grenzen zu halten. Die grosse Länge der Stange ist aber auch nöthig, um zu verhüten, dass sie mit dem Werkstück in Berührung tritt. Letzterer Umstand hält auch davon ab, den Zapfen genau in Mitte der Gatterlänge zu legen, obgleich durch die einseitige Lage die Gatterführungen ungleiche Belastung erfahren.

Da die Massenwirkung des Gatters an den Hubenden beträchtlich grösser ist, als der grösste Schnittwiderstand beträgt, so soll der Zapfen in der Mitte der Gatterhöhe liegen,

Fig. 304.

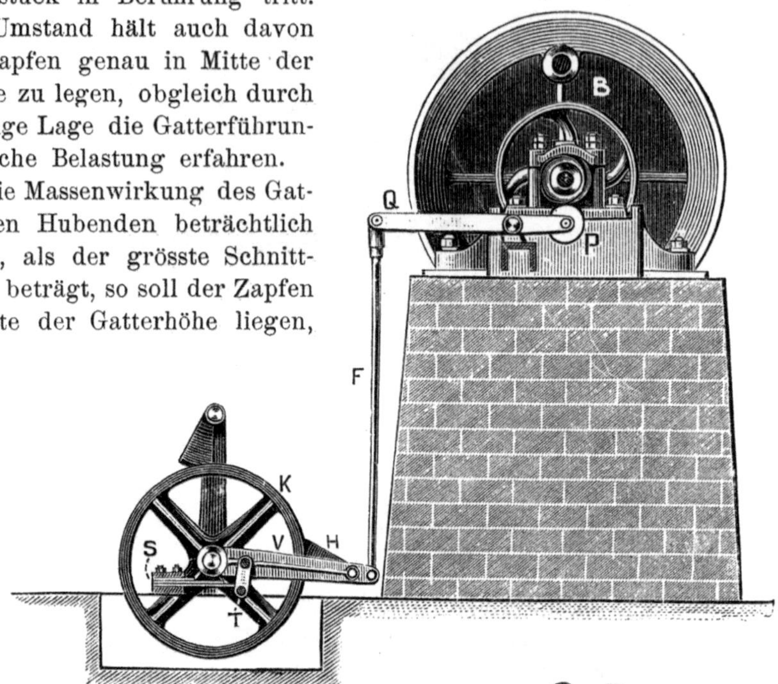

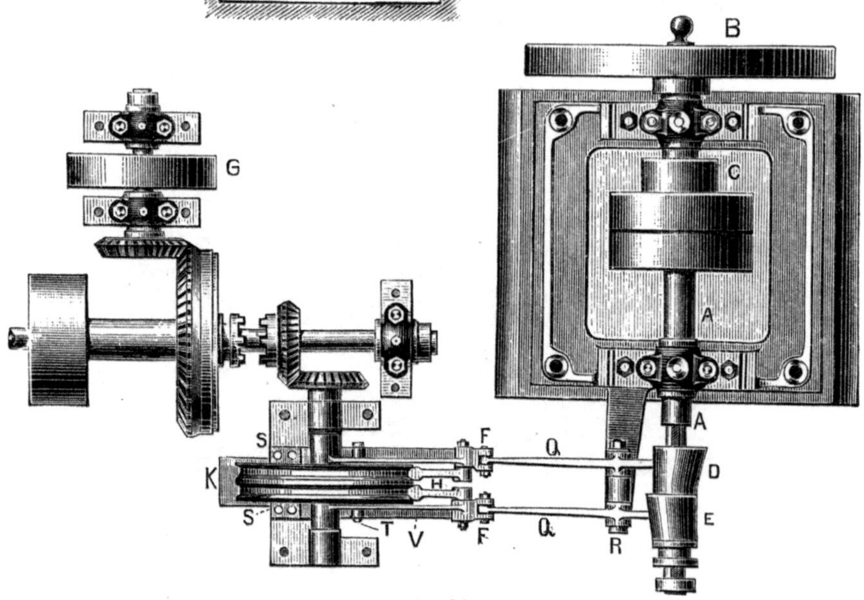

Fig. 305.

damit die Massenwirkung unmittelbar auf die Lenkstange übertragen wird. Es ist ferner nöthig, die Masse des Gatters und der Lenkstange an der Kurbel, dem Kurbelzapfen möglichst gegenüber, auszugleichen, da andernfalls die Kurbelwellenlager kaum dauernd festzulegen sind.

Der Blockwagen bietet nichts Bemerkenswerthes. Klauen, die durch Schrauben angedrückt werden, halten den Block fest, der Wagen wird auf Schienen möglichst genau geführt und durch Zahnstange und Rad hin- und herbewegt. Zur Bethätigung des zuletzt genannten Rades dient nun die Einrichtung, welche die Fig. 304 und 305 im Aufriss, bezw. Grundriss darstellen.[1]) Am Schwanzende der Kurbelwelle *A* sitzen verschiebbar zwei Daumen *D* und *E*, welche auf die Rollen *P* der doppelarmigen Hebel *Q* wirken und mittels der Stangen *F* die zum Sperrrade *K* gehörigen Klinken *H* heben. Blattfedern *S* unterstützen das Gewicht der Stangen *F* und der mit ihnen verbundenen Theile, um die Rollen *P* mit den Daumen stets in sicherer Fühlung zu erhalten. Das Rad *K* dreht zunächst ein auf der Welle *J* lose steckendes Kegelrad. Auf *J* sitzt das in die Zahnstange des Wagens greifende Zahnrad, so dass nach Kupplung des soeben erwähnten Kegelrades mit der Welle *J* die Daumen *D* und *E* den Wagen ruckweise verschieben. Durch Wahl der Gestalt dieser Daumen ist theoretisch möglich, den Wagen genau in geradem Verhältniss zur Sägengeschwindigkeit zu verschieben (vergl. S. 37), und indem man den Daumen verschiedene Querschnitte giebt, weiter möglich, dieses gerade Verhältniss für alle Zuschiebungsbeträge zu erreichen, indem man die Daumen mit den zugehörigen Querschnitten über die Rollen *P* bringt.

Mit der losen Rolle der Kurbelwelle ist eine Rolle *C* verbunden, welche die Rolle *G* betreibt. Von hier aus wird ein auf *J* lose steckendes Kegelrad gedreht, welches, wenn mit *J* durch den Reibkegel *L* gekuppelt, den Wagen rasch zurückführt.

Das Verschieben der Daumen *D* und *E* sowie das Steuern des auf *J* verschiebbaren Kuppelstückes geschieht vom Standorte des Arbeiters aus, an der linken Seite der Fig. 305. Daselbst sieht man auch ein Handrad, welches zum Drehen der auf dem Maschinengestell liegenden Welle dient. Diese dreht durch Kuppelräder zwei zum Heben und Senken der Gatterführung dienende Schrauben. Man benutzt das Handrad für das Senken der Gatterführung und für das genaue Einstellen. Behufs Hebens wird die oben liegende Welle durch einen von der Rolle *M*, Fig. 305, bethätigten Riemen gedreht.

A. Goede giebt für seine Sägen folgende Verhältnisse an:

Grösste Weite zwischen den Blattführungen	720,	1000,	1200,	1550	mm
Sägenhub	520,	630,	785,	950	„
Minutliche Kurbeldrehungen	330,	280,	230,	140	„
Betriebsarbeit	3	6	8	10	Pferdekräfte.

Fig. 306 bis 310 stellen ein Bundgatter mit Unterbetrieb von F. W. Hofmann dar. Nach Fig. 306 und 307 liegt die Hauptkurbelwelle in vier Lagern; ausserhalb des einen äusseren Lagers ist die Kurbel *b* aufgesteckt, welche die Zuschiebungswalzen bethätigt. Nach der Theilfigur 309 sind nur zwei Lager für die Hauptkurbel vorhanden, und die Zuschiebung ist von der Gegenkurbel *b* abgeleitet. Nach dem Schaubilde Fig. 310 sind ebenfalls nur zwei Hauptwellenlager vorhanden, die Zuschiebung bewirkt ein auf der Welle sitzendes Excenter. Das bedeutet, dass Hofmann jede dieser drei Formen ausführt. Im übrigen gleichen

[1]) D. R.-P. Nr. 36232, 37458, 41950 und 46390.

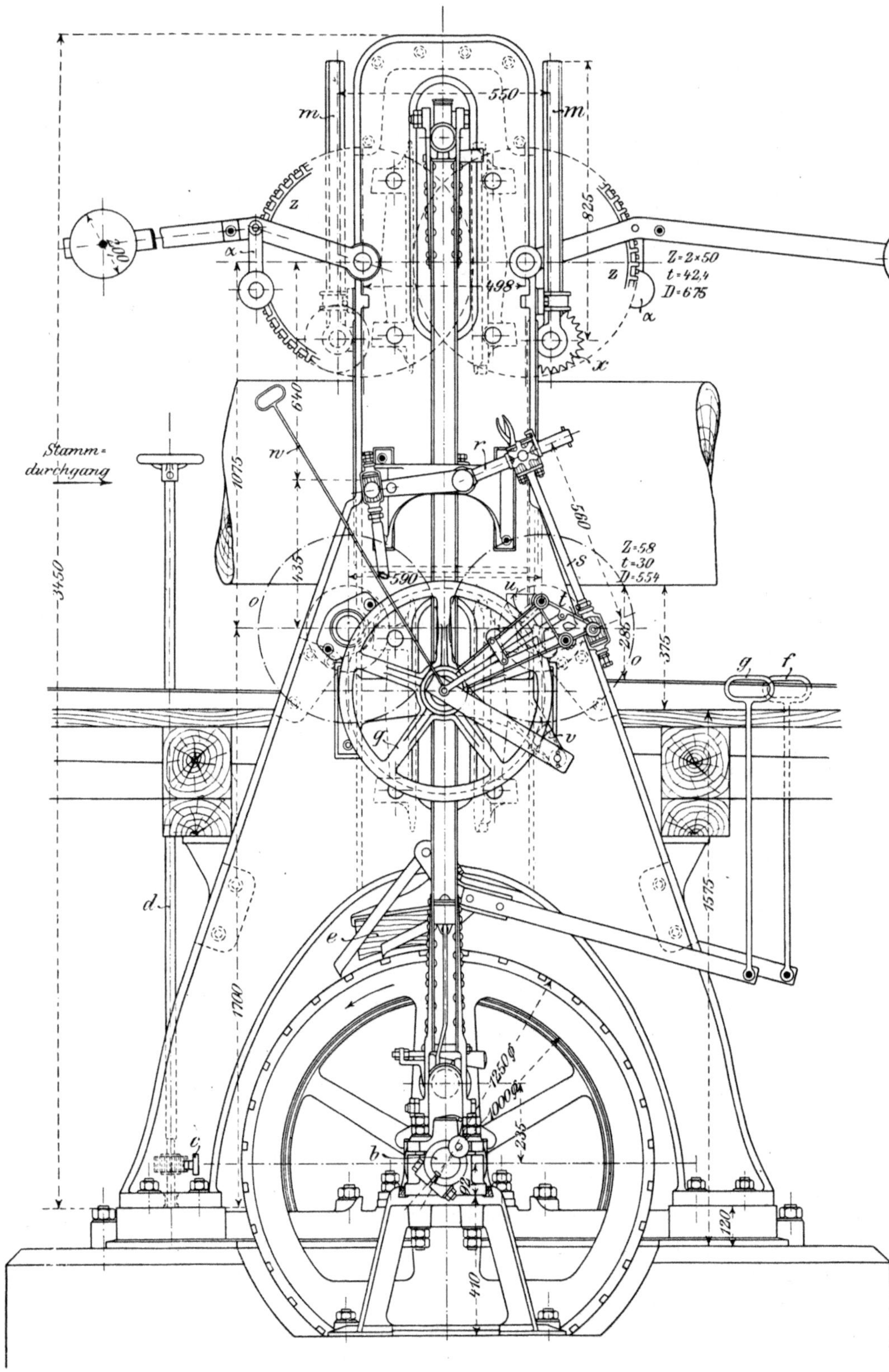
Stamm-
durchgang
550
825
498
Z=2×50
t=42,4
D=675
640
1075
435
390
560
Z=58
t=30
D=554
375
3450
1700
1575
1250 ⌀
1000 ⌀
235
120
410

Fig. 306.

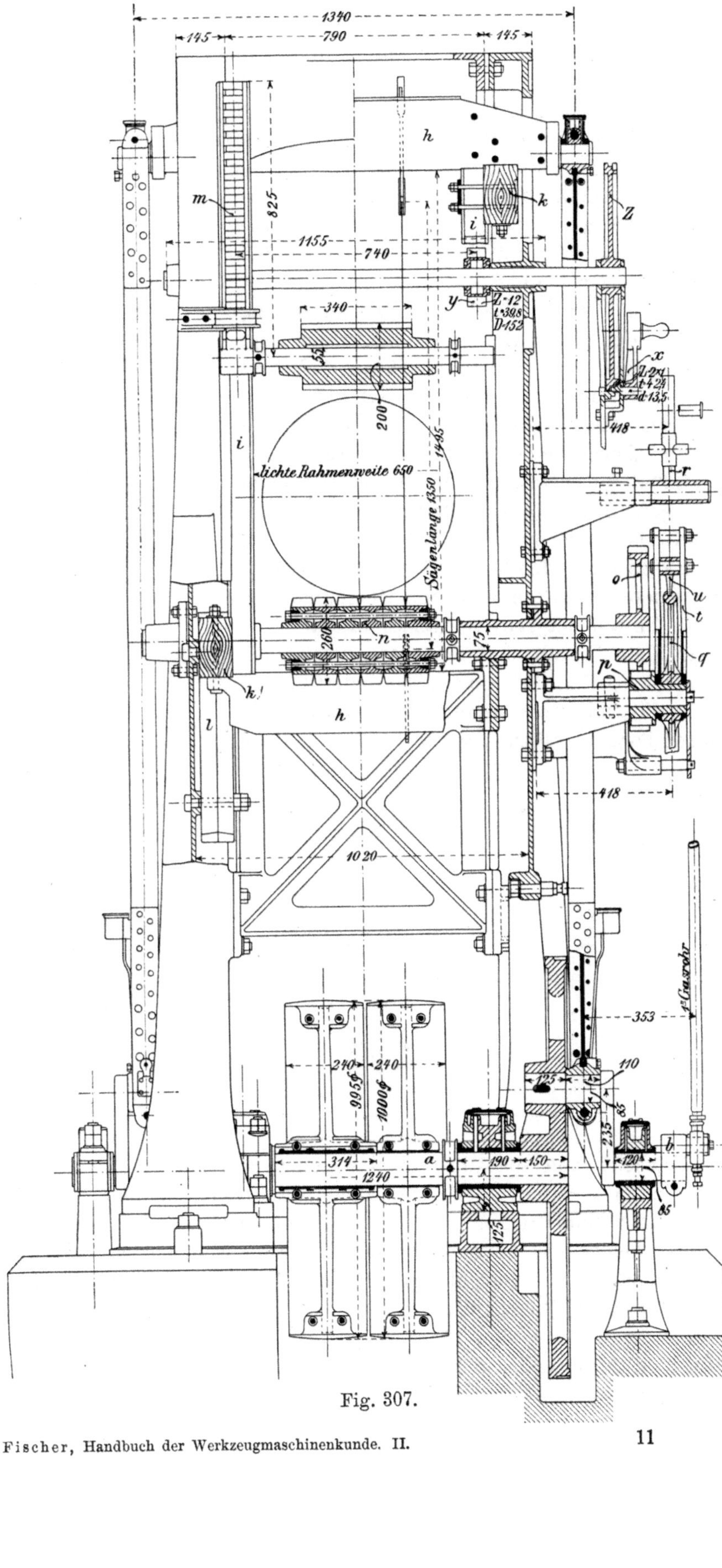
1340
145
790
145
h
m
825
k
i
Z
1155
740
y
340
x
200
i
418
lichte Rahmenweite 650
1485
Sägenlänge 1350
r
o
u
t
260
n
75
q
p
k
h
l
418
1020
1" Gasrohr
353
240
240
995 ⌀
1000 ⌀
110
125
85
235
b
45
314
a
190
150
120
1240
85
125

Fig. 307.

sich die abgebildeten Einrichtungen. Zum Betriebe dient eine feste und eine lose Riemenrolle. Erstere hat 1000 mm, letztere nur 995 mm Durchmesser, so dass der Riemen, wenn er auf der losen Rolle liegt, weniger gespannt ist, als wenn er arbeitet. Die Nabe der losen Rolle ist 314 mm lang und mit Weissmetall ausgegossen. Beide Rollen sind zweitheilig und ihre Hälften durch je acht Schrauben zusammengehalten. Die Riemenführerstange *c*, Fig. 306 unten links, ist verzahnt, in die Verzahnung greift ein auf der stehenden Welle *d* sitzendes Rad. Die Welle *d* enthält in handlicher Höhe über dem Fussboden ein Hand-Rad, mit dessen Hilfe man den Riemenführer verschieben kann.

Um die Kurbelwelle rasch still zu stellen, presst man den Bremsklotz *e* mit Hilfe der Zugstange *f* gegen den Schwungradkranz. Mittels einer zweiten Zugstange *g* werden Klinken gegen Kerben des einen Schwungrades geschoben und damit die Kurbelwelle gefahrlos gedreht. Die beiden Ständer des Gestelles sind auf einer breiten und langen Grundplatte befestigt, ihre Standhaftigkeit ist noch gesteigert durch ein hohes Querstück zwischen den Kopfenden und zwei unter den Zuschiebungswalzen belegene Querstücke, so dass das Gestell ein starres Ganzes bildet.

An dem Gestell sind die acht gusseisernen Gleitbahnen *l*, Fig. 307 und 308, befestigt, an welchen die mit dem eigentlichen Gatter verbundenen Pockholzklötze *k* geführt werden. Zwei

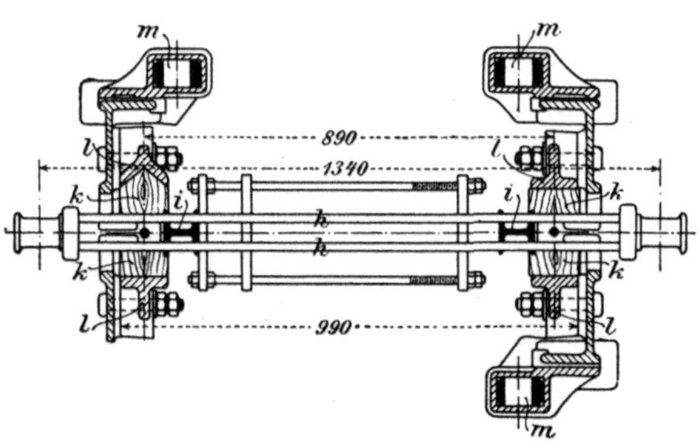

Fig. 308.

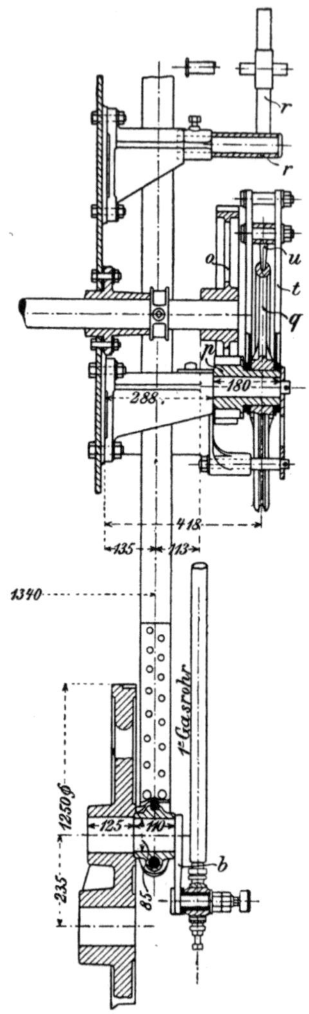

Fig. 309.

dieser Klötze haben schweinsrückenartigen Querschnitt, um ein seitliches Verschieben des Gatters oder Sägenrahmens zu verhüten. Der Sägenrahmen besteht aus Stahlplatten *h* und den Iförmigen Stielen *i*. Zwischen die Platten *h*, welche das obere Querstück des Sägenrahmens bilden, sind die Zapfen genietet, an welche die sehr langen Lenkstangen greifen. Letztere haben Iförmigen Querschnitt.

Nur die unteren, den Block tragenden Walzen *n* werden angetrieben. Da diese erfahrungsgemäss in der Mitte sehr stark abgenutzt werden, so sind sie, nach Fig. 307, aus einzelnen, auswechselbaren Theilen zusammengesetzt. An den frei herausragenden Enden der Walzenwellen sitzen die Stirnräder *o* und in diese greift das mit dem Sperrrade *q* verbundene Zahnrad *p*. Von der unten belegenen Kurbelwelle aus wird durch eine Lenkstange der Hebel *r* bethätigt, welcher um einen am Maschinengestell festen Zapfen frei zu schwingen vermag. Auf ihm ist der Zapfen der Stange *s* zu verschieben und festzustellen. Die Stange *s* wirkt auf die Schwinge *t*, in welcher die thätigen Klinken *u* gelagert sind. Mit Hilfe

Fig. 310.

der Stange *w* können die Klinken *u* ausgehoben werden, um die Zuschiebung plötzlich zu unterbrechen. Die auf einem festen Bolzen steckende Klinke *v* hindert eigenmächtiges Zurückdrehen des Rades *q*. Durch Verschieben des zu *s* gehörigen Zapfens auf dem Hebel *r* kann der Zuschiebungsbetrag für jeden Schnitt von 1 mm bis 10 mm geändert werden.

Die Druckwalzen *x* sind in den unteren Enden der Zahnstangen *m* frei drehbar gelagert und werden durch die in *m* greifenden Zahnräder *y* nach unten gedrückt oder empor gezogen. Zu diesem Zweck sitzen auf den Wellen von *y* die grossen, eigenartig verzahnten Räder *z*, in welche

Fig. 311.

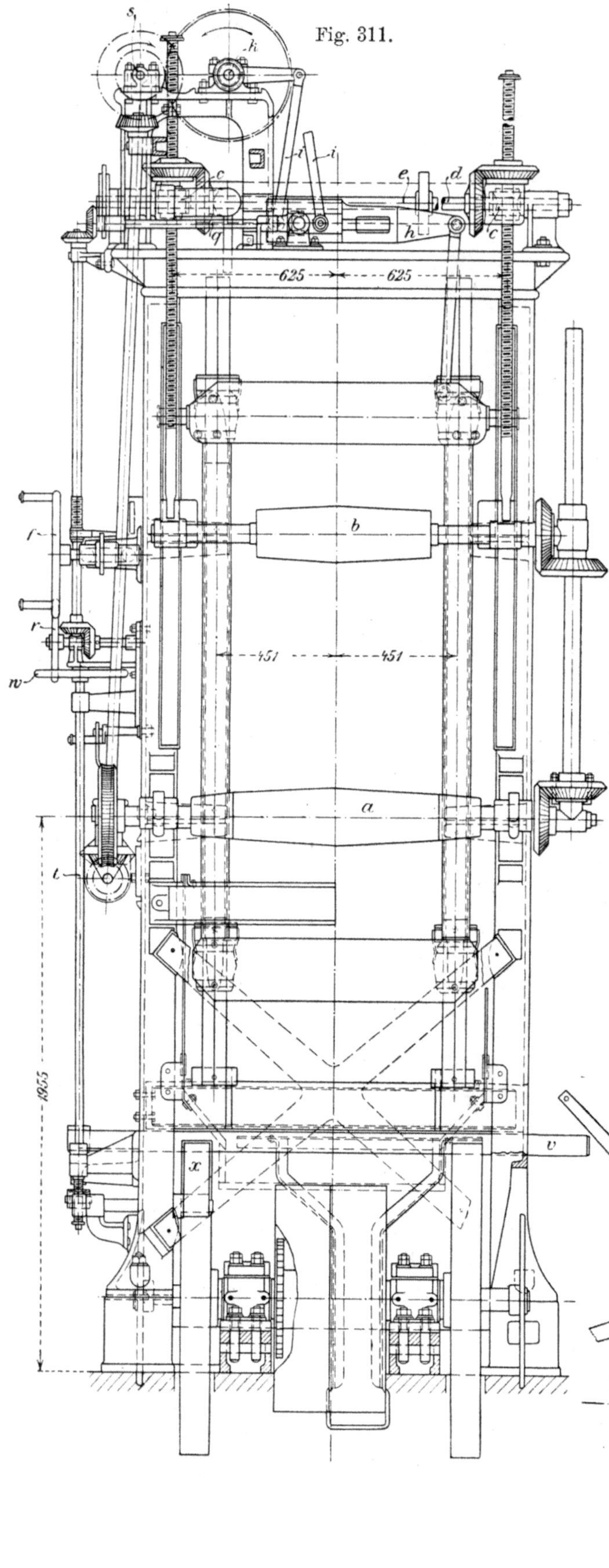

Fig. 312.

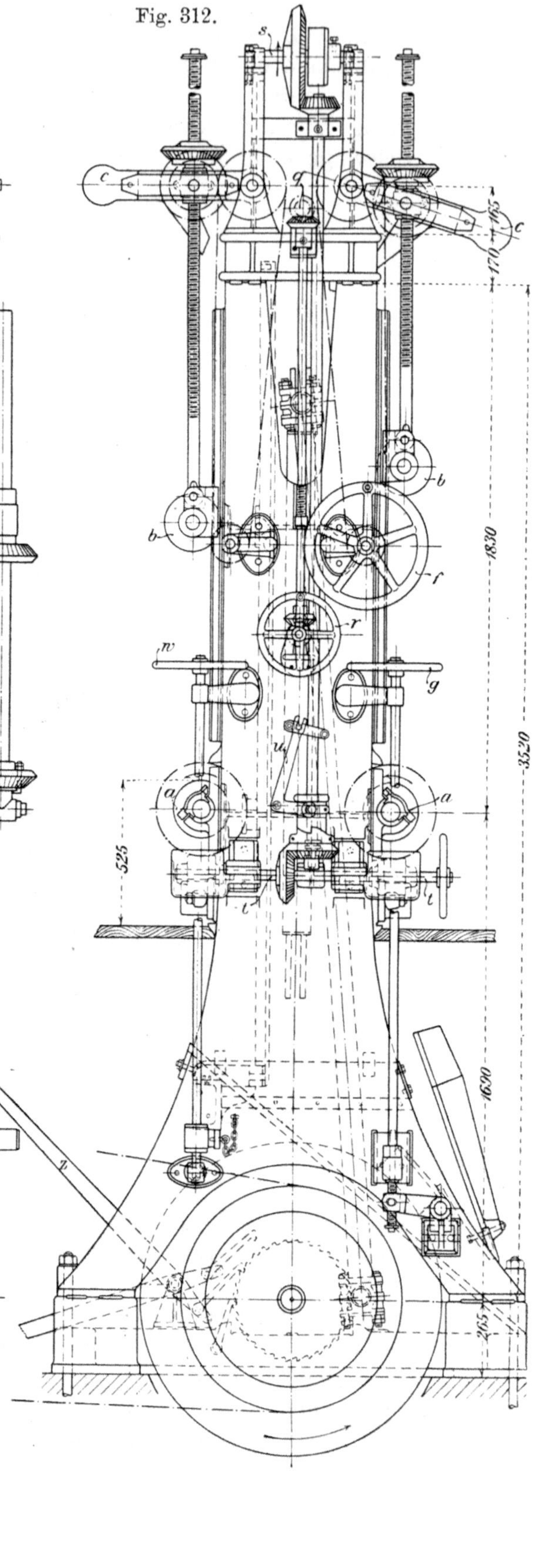

zwei Einzahnräder greifen, welche mittels der Kurbeln *a* bethätigt werden. Die Wellen der Einzahnräder sind in den belasteten Hebeln gelagert, welche

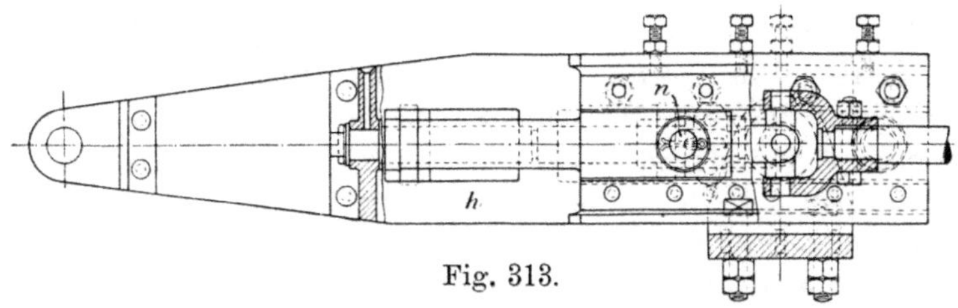

Fig. 313.

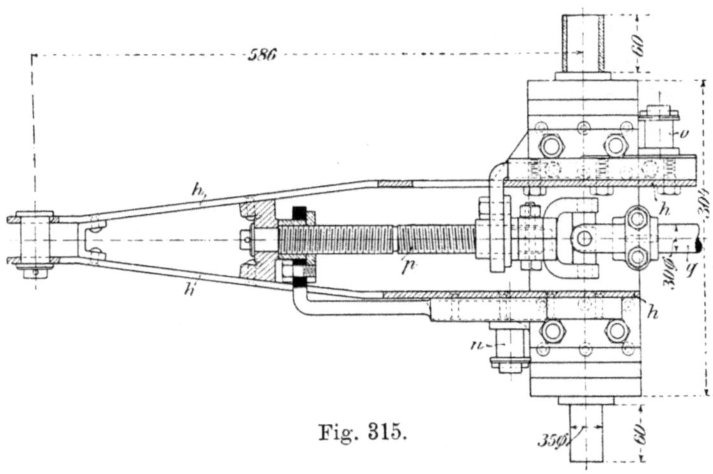

Fig. 315.

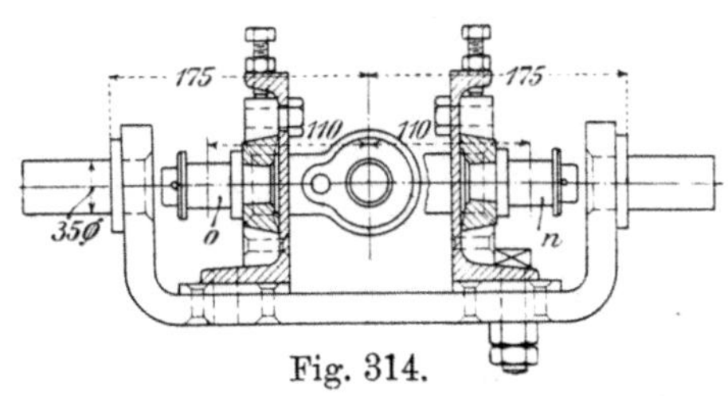

Fig. 314.

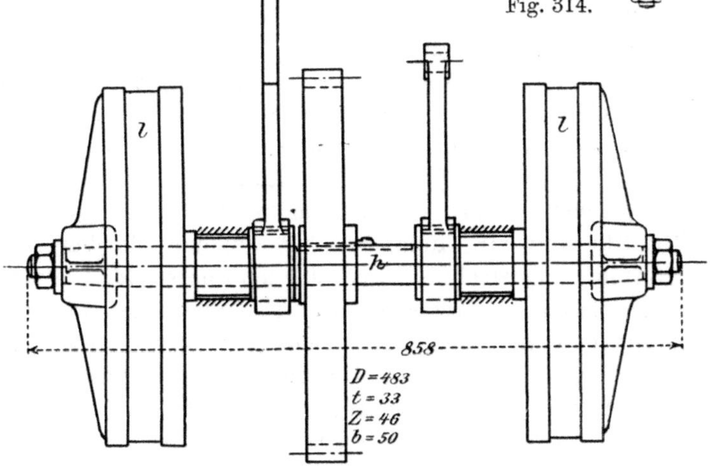

Fig. 316.

die Walzen *x* niederdrücken sollen. Durch Verwendung der eigenartigen Uebersetzung der Hebelbelastung auf die Räder *z* wird dem Arbeiter leicht, die Druckwalzen x stets gehörig belastet zu erhalten; durch das an jeder Kurbel a angebrachte Gewicht wird ein eigenmächtiges Zurückdrehen der beiden Einzahnräderpaare verhindert.

Die ebenfalls von unten angetriebene, sogenannte Hercules-Feinsäge von J. Heyn in Stettin, Fig. 311—322, unterscheidet sich von der vorigen zunächst dadurch, dass die Sägen in beiden Bewegungsrichtungen schneiden und ferner durch Antrieb auch der Druckwalzen. Das Bundgatter enthält ausserdem sehr beachtenswerthe Einzelheiten. Sowohl die unteren Zuschiebungswalzen a als auch die Druckwalzen b sind gerieft. Letztere werden durch eine eigenartige Hebelanordnung[1]) niedergedrückt. Auf die Zapfen von b drücken zwei Schrauben, deren Muttern in den Belastungshebeln c gelagert und durch Kegelräder von den Wellen d aus zu drehen sind. Diese Wellen d werden durch Stirnräder von den Wellen e, die mit den Schwingungsaxen der Belastungshebel zusammenfallen, gedreht und letztere mittels endloser Ketten durch die Handräder f. Dem Arbeiter ist

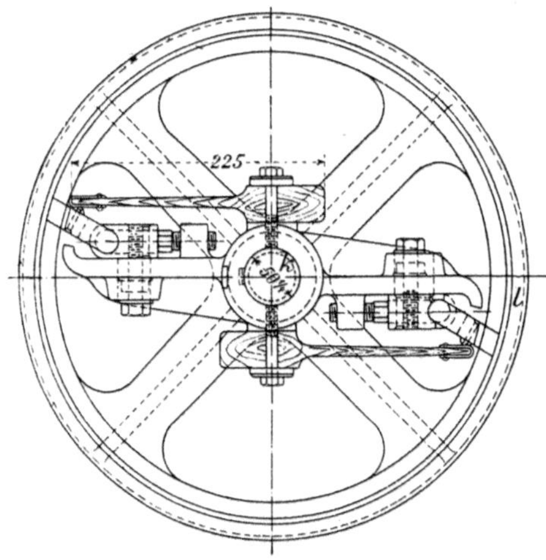

Fig. 317.

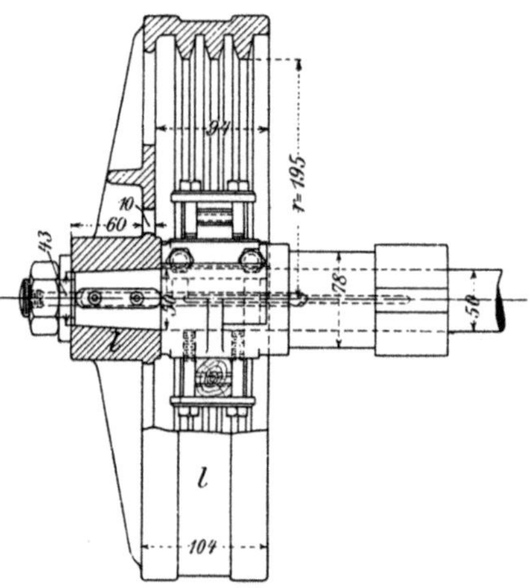

Fig. 318.

demnach leicht gemacht, jeder Zeit von seinem Standorte aus die Höhenlage von b der Blockdicke anzupassen.

Die Zuschiebung wird durch eine Stange Fig. 311, oben rechts von dem Gatter abgeleitet. Diese Stange bethätigt den Hebel h, von dem aus zwei Stangen i auf zwei Sperrräder wirken. Es ist diese Anordnung getroffen, um den Block sowohl beim Niedergang als auch beim Steigen des Gatters zuzuschieben. Auf dem Querhaupt des Gattergestelles ist die Welle k, Fig. 311 und 316, gelagert, auf welcher die beiden innen mit Rinnen keilförmigen Querschnittes versehenen Sperrräder l sitzen. In diese Rinnen greifen Reibungssperrkegel, Fig. 317—319, die mit ihren Büchsen lose um die Welle k zu schwingen vermögen und von dem Hebel h bezw. den Stangen i, Fig. 311, bethätigt werden. Um den Ausschlag der Sperrklinken, und damit die Zuschiebung des Blockes zu regeln, sind die Zapfen n und o, Fig. 313, 314, 315, an welche die Stangen i sich schliessen, an dem Hebel h zu verschieben, und zwar so, dass sie beide der Schwingungsaxe von h sich nähern oder beide sich von ihr entfernen. Diese Verschie-

[1]) D. R.-P. Nr. 92822.

bung bewirkt die Schraube *p*, Fig. 315, welche zum Theil mit rechtsgängigem, zum Theil mit linksgängigem Gewinde versehen ist, und durch die Welle *q* gedreht wird. Diese Welle *q*, Fig. 311 u. 312, wird unter Vermittelung zweier Kegelradpaare und einer stehenden Welle durch das Handrad *r*

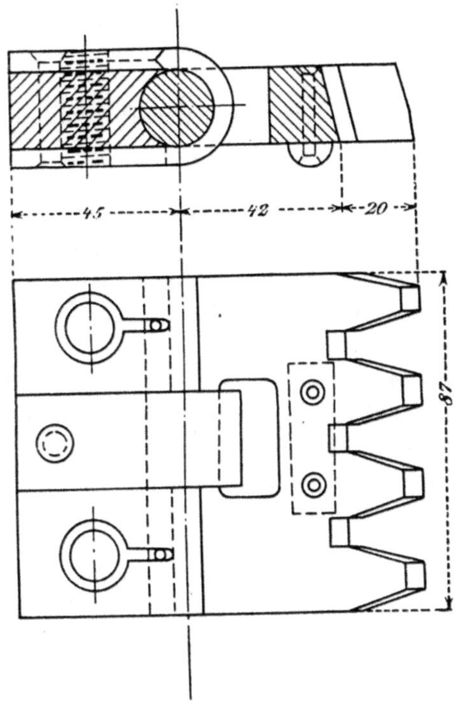

Fig. 319.

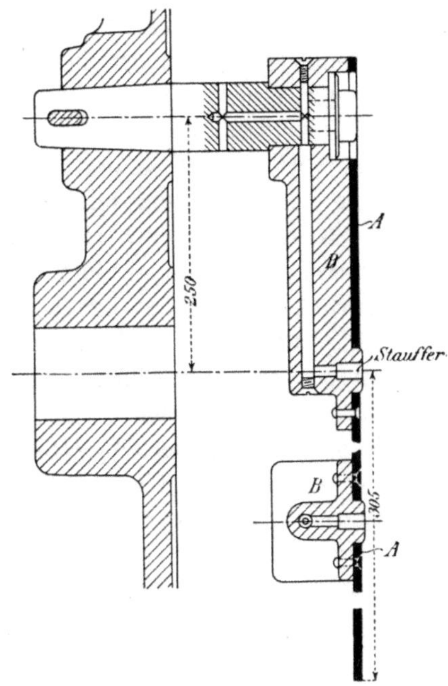

Fig. 320.

gedreht. Etwas über dem Handrad ist die stehende Welle mit Gewinde versehen und verschiebt mit ihrer Mutter einen Zeiger, der an einer Gradleiter die Grösse der Zuschiebung erkennen lässt.

Auf der Welle *k* (in Fig. 316 irrthümlich mit *h* bezeichnet) sitzt ein Stirnrad, welches die Drehungen der Sperrräder *l* auf die Welle *s*, Fig. 311 u. 312, überträgt; diese dreht, unter Vermittlung zweier Kegelradpaare und einer stehenden Welle die Wurmwelle *t*, welche endlich die an den Walzen *a* festen Wurmräder bethätigt. Die Walzen *a* drehen die oberen Walzen *b* durch ein in Fig. 311 rechts leicht erkennbares Vorgelege. Es sind die Einzelheiten dieses Vorgeleges bereits durch Fig. 180 S. 83 dargestellt. An der stehenden, die Drehungen der Welle *s* auf die Wurmwelle *t* übertragenden Welle sitzt eine Klauenkupplung, welche gestattet, durch Umlegen des Hebels *u*, Fig. 312, die Zuschiebung sofort ausser Betrieb zu setzen.

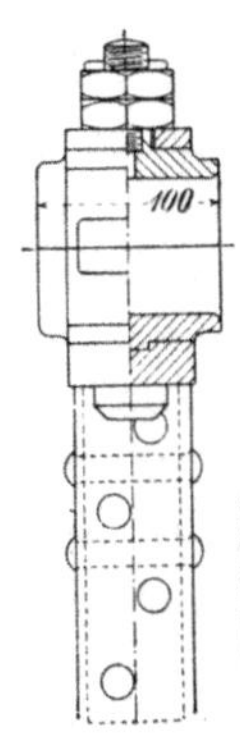

Fig. 321.

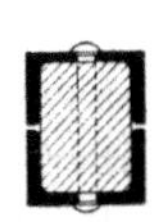

Fig. 323.

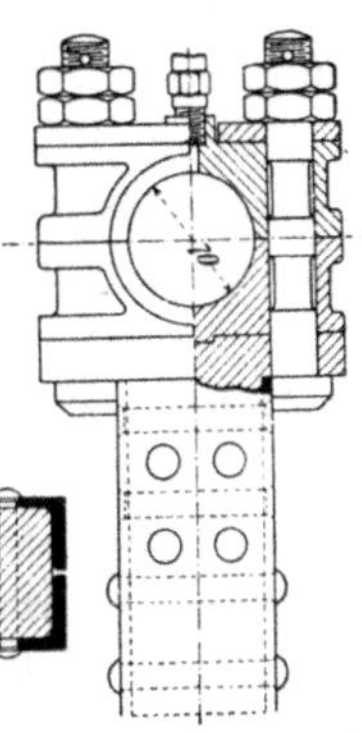

Fig. 322.

Der Riemenführer sitzt an einer verschiebbaren Stange *v*, Fig. 311 u. 312. In eine Verzahnung derselben greift ein Zahnrad, welches durch das Handrad *w* bethätigt wird.

Auf eins der Schwungräder ist ein Bremsklotz x zu drücken. Hierzu dient eine Schraube mit Handrad g, Fig. 312 rechts.

Der Handhebel z, Fig. 312, wird durch eine nach oben gerichtete Zugstange bethätigt und dient zum Drehen der Kurbelwelle, indem eine mit ihm verbolzte Klinke in ein an der Kurbelwelle festes Sperrrad greift.

Die Schutzkappen der Walzen a und b, sowie die Reinigungsbürsten sind bereits durch Fig. 178 S. 82 dargestellt, ebenso das Gatter nebst Führungen durch Fig. 124—126 S. 61.

Bemerkenswerth ist noch die Schutzplatte für die Kurbeln und die Bauart der Lenkstangen.

Die kreisrunde, aus 6 mm dickem Blech bestehende Schutzplatte A, Fig. 320, ist mit Hilfe der Schmierröhre B an der Kurbelwarze befestigt. Die zum Schmieren der letzteren dienende Stauferbüchse liegt in der Drehaxe der Kurbelwelle und ist deshalb jederzeit zugänglich, zumal die 610 mm im Durchmesser grosse Platte A den Arbeiter vor Beschädigungen durch die Kurbel und Lenkstange schützt.

Fig. 321 u. 322 stellen einen Lenkstangenkopf in zwei Ansichten und Schnitten dar. Die sich anschliessende Lenkstange besteht, wie insbesondere die Querschnittsfigur 323 erkennen lässt, aus zwei **U**-Eisen, die an die Köpfe genietet, ausserdem einige Male mit einander durch Niete verbunden sind und eine Art vierkantiger Röhren bilden, so dass die Lenkstangen trotz ihrer Leichtigkeit sehr steif sind.

Die Gattersägen mit Unterbetrieb erfordern einen ziemlich hohen Raum unter den Schienen der Karren. Man ist deshalb nicht selten genöthigt, die eigentliche Schneidemühle eine Treppe hoch anzulegen, also die Blöcke nach dort emporzuheben.

Legt man die Kurbelwelle über den Sägenrahmen in Lager, welche am oberen Ende des Maschinengestelles ausgebildet sind, so genügt unterhalb der Schienen ein kleiner Raum für das untere Ende des Sägenrahmens und die Sägenspäne. Ein solcher kleiner Raum lässt sich auch im Grundwasser ohne besondere Schwierigkeiten wasserdicht herstellen. Die Sägenspäne werden dann in der Regel durch eine Förderschraube, ein Förderband, einen Luftstrom oder dergl. fortgeschafft.

Bei der in Rede stehenden Anordnung der Kurbelwelle ist dafür zu sorgen, dass wagerecht gerichtete Massenwirkungen von den Lagern möglichst ferngehalten werden. Es ist daher den Kurbeln gegenüber das Gewicht der Kurbeln nebst Lenkstangenköpfen und etwa $^1/_3$ Lenkstange auszugleichen, n i c h t aber das Gewicht der lothrecht schwingenden Massen. Würde man diese durch, den Kurbeln gegenüber angebrachte, Gegengewichte ausgleichen, so würde die Masse der letzteren so kräftig in wagerechter Richtung auf die Lager wirken, dass auch das stärkste, auf festestem Grund stehende Gestell ins Schwanken geriethe. Beachtet man diesen Umstand, lässt man die Massenwirkungen der lothrecht spielenden Gewichte in dieser Richtung — in welcher sie durch die Gewichte der Gestelle und des mit diesem verankerten Mauerwerks leicht aufzuheben sind — so kann man die B u n d g a t t e r m i t O b e r b e t r i e b ebenso rasch arbeiten lassen wie diejenigen mit Unterbetrieb, ohne dass Schwankungen des Gestelles eintreten.

Fig. 324 ist das Schaubild eines von J. G. Hofmann* gebauten Bundgatters mit Oberbetrieb. Es wird für 400 bis 800 mm Blockdicke bei 245, beziehungsweise 190 minutlichen Kurbeldrehungen ausgeführt. Nur die unteren Walzen dienen als Speisewalzen. Sie werden in ähnlicher Weise angetrieben wie bei dem Hofmann'schen Bundgatter mit Oberbetrieb. Die Druckwalzen werden durch Gewichte belastet, denen man gegenüber den Rädern, die zum Niederdrücken und Heben der Druckwalzen dienen, die zutreffende Lage durch Rad und Sperrklinke giebt. Demgemäss ist für die Aenderung dieser Lage nöthig, dass ein Arbeiter das betreffende Gewicht hebt, während ein zweiter die Klinke umlegt, oder durch Festhalten

Fig. 324.

des betreffenden Handrades die Klinke in eine andere Zahnlücke fallen lässt. An dem rechtsseitigen Schwungrad ist eine deutlich erkennbare Bremse angebracht, an dem linksseitigen ein Sperrwerk zum Umdrehen der Kurbelwelle mittels der Hand.

Fig. 325, 326 und 327 zeigen ein Bundgatter mit Oberbetrieb derselben Fabrik, welches zum Zerlegen kürzerer Blöcke bestimmt ist. An sich verständliche Einzelheiten übergehe ich. In Fig. 326 sind die beiden Riemenrollen über der Welle *a* so geschnitten, dass nur die lose Rolle zweitheilig erscheint; unter *a* sind beide Rollen als getheilte dargestellt. Die Riemenführerstange *b* wird ohne weiteres mittels der Hand verschoben. Das in Fig. 326 rechts belegene Schwungrad ist mit einer Bremse versehen, das links belegene mit Zahnlücken, in welche Sperrklinken greifen, wenn man die Kurbelwelle *a* mittels der Hand drehen will.

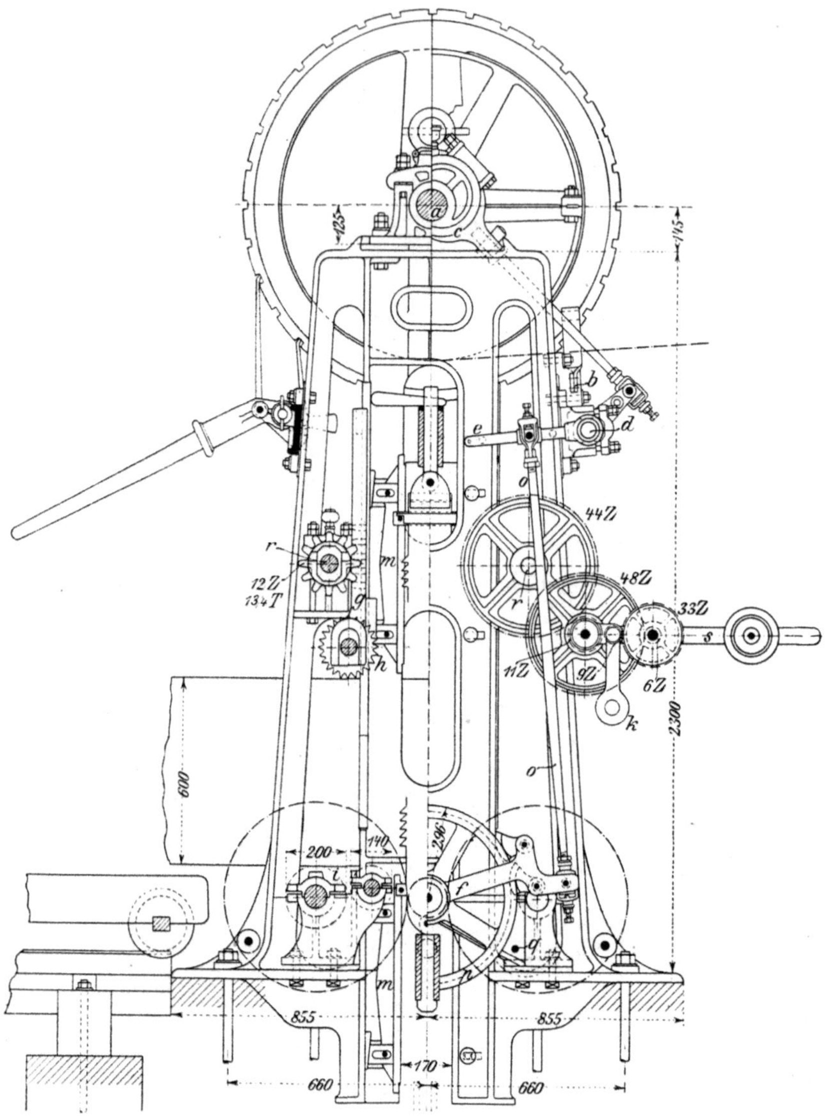

Fig. 325.

Auf *a* sitzt eine Hubscheibe mit Ring *c*, welche zunächst die Welle *d*, Fig. 325 und 326, in Schwingungen versetzt. Auf *d* ist ein Arm *e* befestigt, auf welchem die Zapfen der aus Gasrohr gebildeten Stange *o* verschiebbar und festklemmbar angebracht sind. Diese Verschiebbarkeit gestattet, die Zuschiebung des Blockes für jede Kurbeldrehung von 1 bis 10 mm zu ändern. Die Stange *o* ist weiter unten dem doppelschildigen Hebel *f* angeschlossen, in welchem zwei auf das Rad *p* wirkende Klemmklinken sich befinden. Die — nicht gezeichnete — Klemmklinke, welche das Rad *p* hindert sich rückwärts zu drehen, steckt auf dem festen Zapfen *q*. Die thätigen Klemmklinken sind, um die Zuschiebung zu unterbrechen, leicht auszuheben. Das Rad *p* ist mit einem Stirnrad fest verbunden und um einen festen Zapfen frei drehbar. Das soeben genannte Stirnrad enthält 12 Zähne und dreht zwei Räder mit je 58 Zähnen, die auf den Wellen der äusseren Zuschiebungswalzen *i* festsitzen. Zwischen diesen und den Sägen liegen noch zwei kleinere Zuschiebungswalzen; sie werden durch an *i* feste Kettenräder *l*, Fig. 326, und endlose Ketten angetrieben. Mitten über je zwei Zuschiebungswalzen befindet sich eine Druckwalze *h*, die nicht angetrieben wird. Die beiden Druckwalzen werden durch Zahnstangen *g* und in diese greifende, auf den Wellen *r* sitzende Räder niedergedrückt, und zwar unter Vermittlung einer Räderübersetzung $^{11}/_{44}$ durch belastete Hebel *s*. Damit diese etwa wagerecht bleiben, muss bei wechselnder Holzdicke ihre Lage gegenüber dem elf Zähne enthaltenden Stirnrade geändert werden. Das geschieht mittels der Handkurbel *k*, deren 9zähniges Rad in ein 33zähniges greift. Mit diesem ist ein 6zähniges verbunden, welches in das 48zähnige auf der Nabe des elfzähnigen festsitzenden in Eingriff steht. Es ist deshalb — ähnlich wie bei dem Bundgatter mit Unterbetrieb S. 165 angegeben wurde — zur Einstellung der Belastungshebel ein Arbeiter ohne Beihilfe genügend. Die starke einseitige Belastung der Handkurbel *k* hindert eigenmächtiges Zurückdrehen derselben.

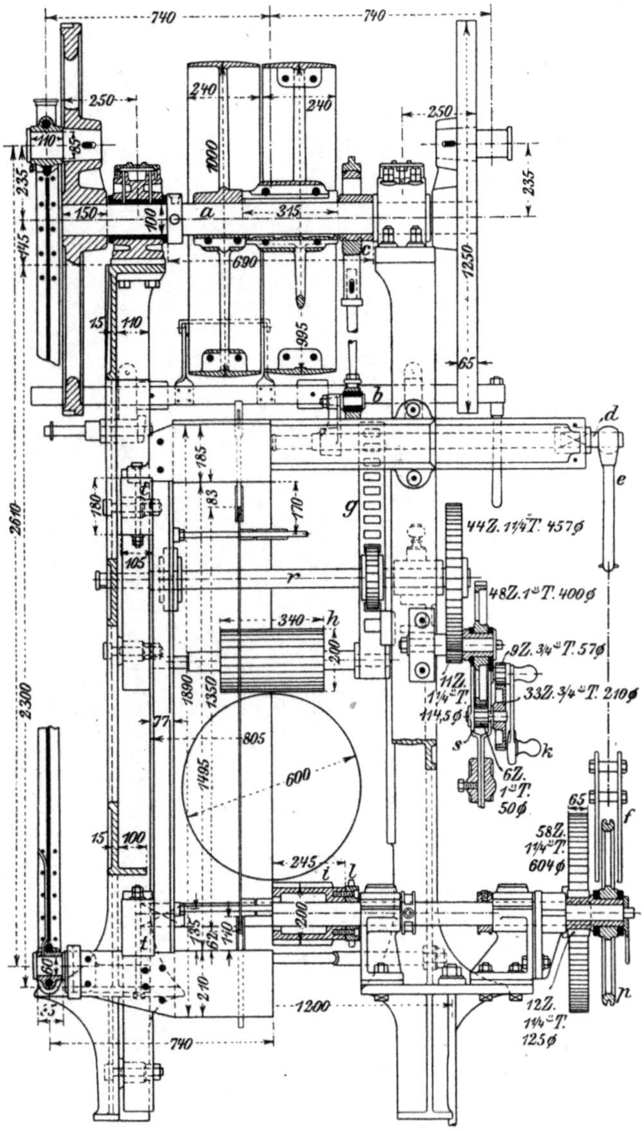

Fig. 326.

Die Pockholzklötze *t* sind an dem Sägenrahmen befestigt und gleiten zwischen nachstellbaren Eisenschinen *m*. Zwei der hinter dem Gatter liegenden Schienen *m* sind schweinsrückenartig ausgehöhlt, um den Rahmen seitlich zu führen. Die Säge soll minutlich 215 Schritte machen und etwa zwölf Pferdekräfte gebrauchen; sie ist geeignet, selbst Blöcke, die nur 700 mm lang sind, in Bretter bis zu 6 mm Dicke zu zerlegen.

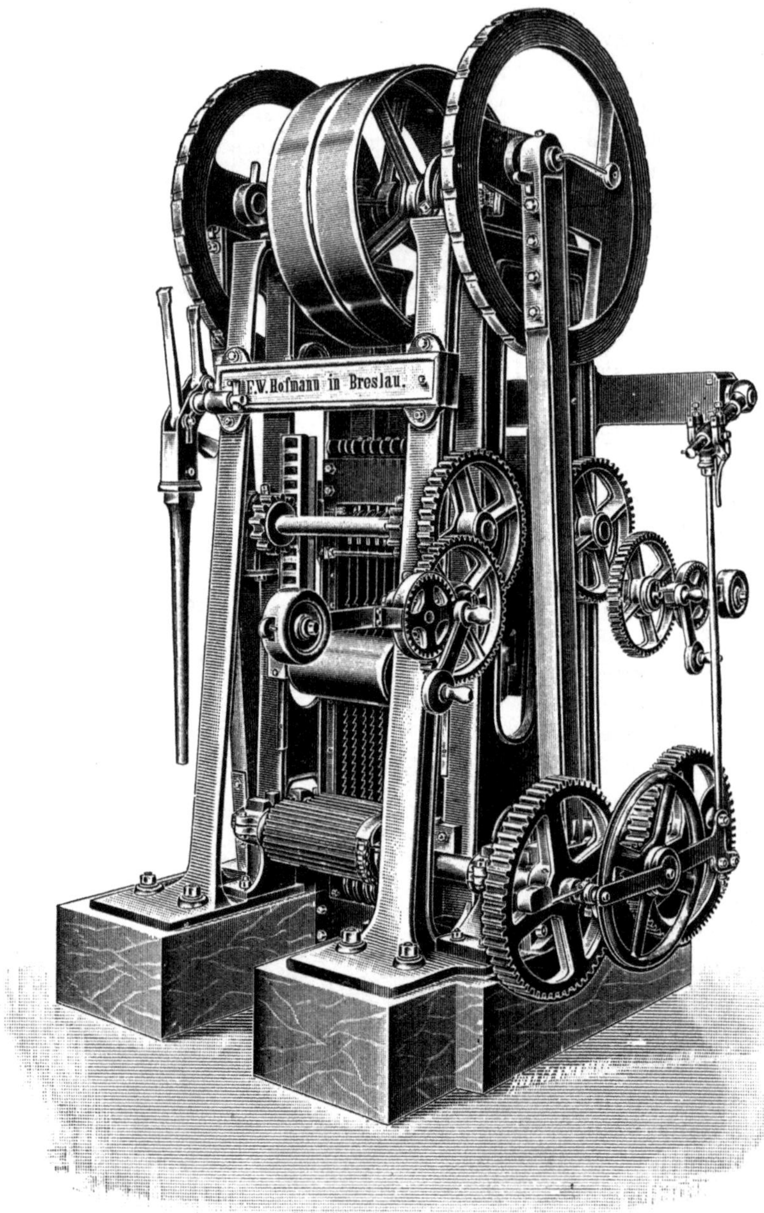

Fig. 327.

B. Hobelmaschinen.

1. Spanhobelmaschinen

dienen zum Erzeugen von Spänen, welche nicht als Abfall zu betrachten sind, sondern das angestrebte Werkstück darstellen.

Die hierher gehörigen Holzwoll-Maschinen[1]) Farbholzraspeln[2]) Maschinen für Holzgeflecht-Späne,[3]) Bierklärspäne[4]) und andere, welche weniger ins Bereich der Werkzeugmaschinen passen, übergehe ich hier.

Nur den, mehr und mehr Anwendung findenden Furnürhobelmaschinen soll hier einiger Raum gewährt werden.

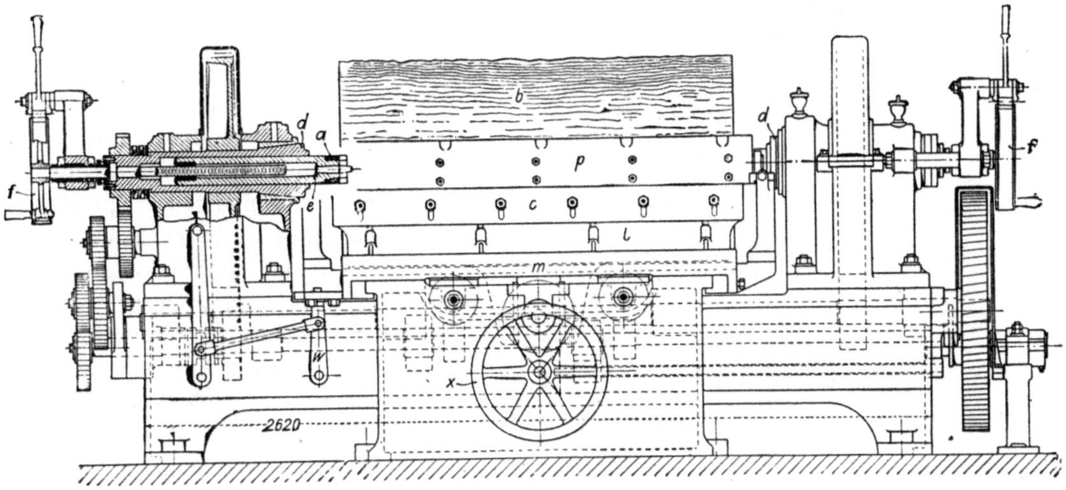

Fig. 328.

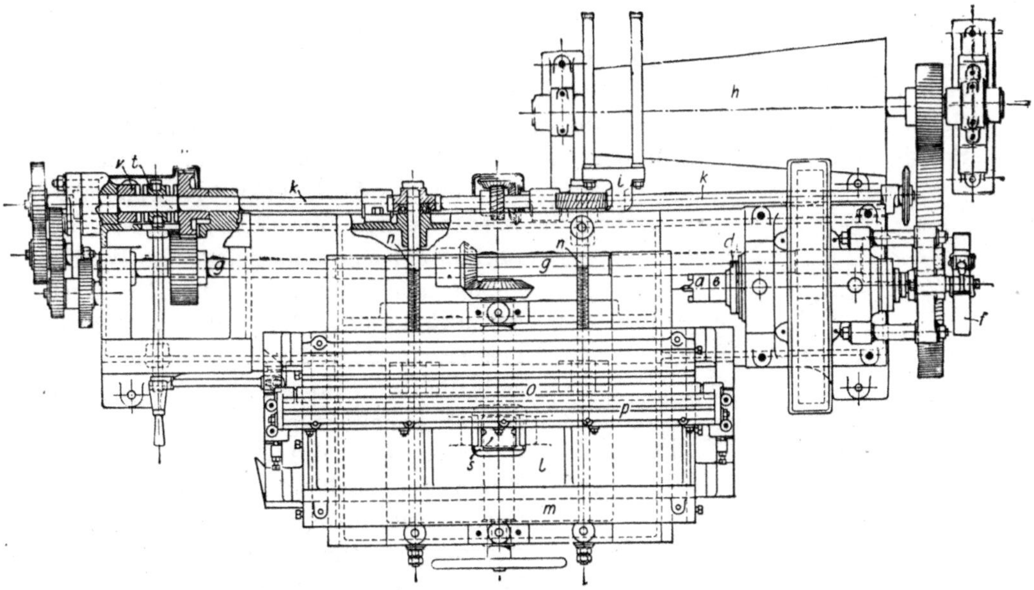

Fig. 329.

Bei der ältesten Bauart der vorliegenden Maschinen[5]) wird das zu verarbeitende Holz um seine Längsaxe gedreht, während ein hobelartiges

[1]) Dingl. polyt. Journ. 1885, Bd. 257, S. 177; 1886, Bd. 261, S. 313; Bd. 262, S. 94; 1887, Bd. 265, S. 57 u. 297; Bd. 266, S. 104; 1888, Bd. 267, sämmtlich mit Abb.

[2]) Mitth. d. Gewerbevereins für Hannover 1859, S. 174. Dingl. polyt. Journ. 1879, Bd. 231, S. 377; 1884, Bd. 253, S. 267; 1885, Bd. 256, S. 526, mit Abb.

[3]) Journal für Fabrik, Manufactur u. s. w. Leipzig 1794, Bd. VII, S. 301. Krünitz, Encyklopädie. Bd. 117, S. 329, mit Abb.

[4]) Dingl. polyt. Journ. 1887, Bd. 266, S. 106, mit Abb.

[5]) Jahrb. d. Wiener polyt. Inst. 1819, Bd. I, S. 427; 1822, Bd. III, S. 309, mit Abb. Zeitschr. d. Ver. deutscher Ingen. 1884, S. 158.

Werkzeug (S. 71) sich der Drehaxe des Werkstücks stetig nähert.[1]) Fig. 328—331 stellen eine solche, von der Maschinenfabrik Kappel zu Kappel bei Chemnitz gebaute Spanhobelmaschine dar. Auf dem Maschinenbett sind zwei Spindelstöcke befestigt, zwischen deren mit kräftigen Mitnehmern *a* versehene Spitzen das Werkstück *b* gespannt ist. Während das Werkstück durch die Spindeln gedreht wird, nähert sich das Messer *c*, Fig. 328 und 331, langsam der Drehaxe, so dass die Schneide gegenüber dem Werkstück eine archimedische Spirale beschreibt. In jedem Spindelstock ist eine hohle Spindel *d*, Fig. 328, gut gelagert. In dieser steckt eine Spindel *e*, welche durch eine Schraube in *d* zu verschieben ist. Sie enthält an ihrem Kopf Spitze und Mitnehmer, die demnach kräftig gegen das Werkstück gedrückt werden können. Mit jeder der erwähnten Schraube ist ein Rad *f* verbunden. Man benutzt den Handgriff des letzteren zum Drehen der Schraube, oder drückt eine Bremse gegen den Rand des Rades *f*, so dass die Schraube gehindert wird an den Drehungen der Spindel *d* sich zu betheiligen. Letzteres Verfahren dient zum festen Einspannen des Werkstücks. Die Spindeln *d* werden durch Stirnräderpaare von der im Bett der Maschine gelagerten Welle *g* gemeinsam gedreht. Um die Drehgeschwindigkeit dem Werkstückhalbmesser, an dem das Messer z. Z. wirkt, selbstthätig anzupassen, ist die Antriebrolle *h* kegelförmig, und der Riemenführer *i* wird durch eine unter der Welle *k* liegende Schraube in demselben Grade nach links (in Bezug auf Fig. 329) verschoben, wie das Messer sich der Werkstückmitte nähert.

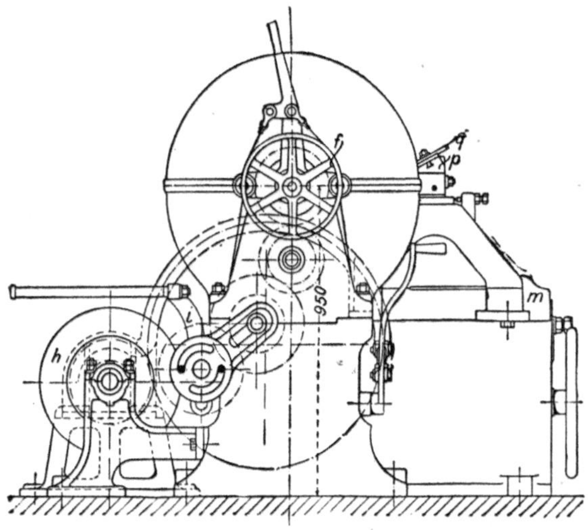

Fig. 330.

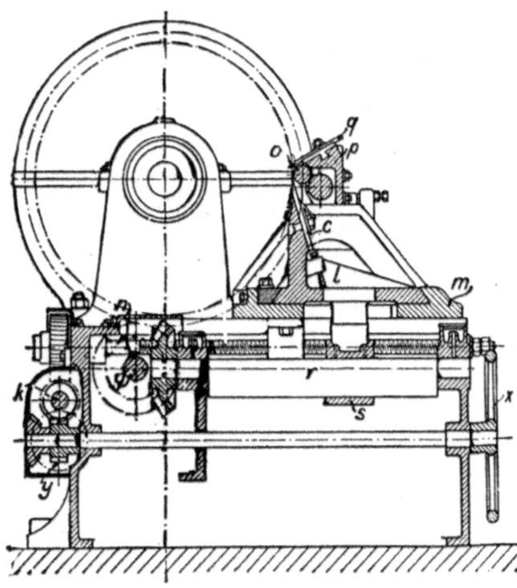

Fig. 331.

Das Messer *c*, Fig. 331, ist an einem gut geführten Schlitten *l* befestigt und kann mit diesem auf dem Unterschlitten *m* längs der Werkstückaxe und mit *m* auf dem Bett quer zu dieser Axe verschoben werden. Zwei Schrauben *n*, Fig. 329 u. 331, bewirken letztere Verschiebung. Sie erfolgt langsam gegen das Werkstück, und zwar mit verschiedener Geschwindigkeit, je nach der geforderten Dicke das Spans oder Furnürs, und rasch in entgegengesetzter

[1]) Portefeuille économique des machines 1867, S. 49, mit Abb. Dingl. polyt. Journ. 1869, Bd. 192, S. 17; 1876, Bd. 219, S. 35; 1887, Bd. 266, S. 102, mit Abb.

Richtung. Die Schrauben *n* werden durch Hyperbelräder von der Welle *k* aus angetrieben und letztere entweder durch Wechselräder, welche an der linken Maschinenseite (Fig. 328 u. 329) sich befinden, oder durch ein Stirnräderpaar vor der Welle *g*. Das unmittelbar von *g* aus angetriebene Stirnrad *u*, Fig. 329, steckt frei drehbar auf *k*, es kann durch das Kuppelstück *t* mit *k* verbunden werden, wobei das rasche Zurückziehen des Schlittens *m* erfolgt. Verschiebt man dagegen das Kuppelstück *t* gegen das mit dem oberen Wechselrade fest verbundene Kuppelstück *v*, so bewegt sich *m* langsam gegen das Werkstück. Die an dem linken Maschinenende, Fig. 328—330, befindlichen Wechselräder werden von der Arbeitsspindel *d* aus angetrieben; durch Wahl der Wechselräder wird möglich, den Schlitten *m* und das Messer *c* für jede Werkstücksdrehung um 0,1 bis 6 mm vorzuschieben, also Späne gleicher Dicke zu erzeugen. Zwischen den auf der Welle *k* sitzenden Hyperbelrädern, welche die Schrauben *n* drehen, befindet sich ein drittes, das in ein unter ihm befindliches Rad *y*, Fig. 331, mit dem Handrad *x* auf gemeinsamer Welle sitzendes greift. Man kann demnach, sobald das Kuppelstück *t* in seiner Mittellage sich befindet, *k* mittels des Handrades *x* drehen und damit den Schlitten *m* einstellen. Die Welle von *y* ist mit einem Kegelrade versehen, welches die zum Verschieben des Riemenführers *i* dienende Schraube dreht. Es wird daher dieser Riemenführer im geraden Verhältniss zum Schlitten *m* verschoben, also die Lage des Treibriemens dem Halbmesser, an welchem das Messer *c* arbeitet, gut angepasst, auch in seine äusserste Stellung nach rechts (in Bezug auf Fig. 329) gebracht, wenn man den Schlitten *m* ganz zurückzieht. Um zu verhüten, dass der Schlitten *m* sich der Werkstückaxe zu sehr nähert, oder sich von ihr zu weit entfernt, sind an *m* Nasen angebracht (Fig. 329 u. 328), die rechtzeitig gegen das obere Ende des Hebels *w* stossen und dadurch das Kuppelstück *t* in seine Mittelstellung bringen.

Die Verschiebung des Schlittens *l* auf *m* wird für das sogenannte „Ziehen“ des Messers (vergl. S. 4) verwendet. An *l* sitzt eine Gabel, in welcher die Lagerbüchse *s*, Fig. 331, lothrecht zu gleiten vermag. *s* steckt lose auf der eigenartigen Kurbel *f* und wird durch Kegelräder von der Welle *g* aus angetrieben, und zwar so, dass sich das Messer *c* bei jeder Werkstückdrehung etwa 2,2 mal hin und her verschiebt.

Ueber der Schneide des Messers *c* liegt — statt einer festen Druckfläche — die Druckwalze *o*, Fig. 331; sie wird durch eine zweite Walze gestützt, welche mit zapfenartigen Eindrehungen in dem Balken *p* gelagert ist.

Eine auf *p* ausgebildete Aufspannnuth gestattet sogenannte Ritzmesser *q* anzubringen, welche den Span quer zur Faserrichtung zerschneiden, bevor er vom Werkstück abgelöst ist, vielleicht auch nur mit einem mässig tiefen Schnitt versehen (wie z. B. bei Spänen für vierkantige Schachteln). Es ist selbstverständlich, dass die Längsverschiebung des Schlittens *l* so lange unterbleiben muss, wie Ritzmesser angewendet werden.

Die beschriebene Maschine bearbeitet 850 bis 1300 mm lange und bis 700 mm dicke Holzstämme. Als zweckmässigste sekundliche Schnittgeschwindigkeit wird 250 mm, als erforderliche Triebkraft etwa $2\,^1/_2$ PS angegeben.

An Stelle solcher spiraligen Schnitte verwendet man vielfach geradlinige Schnitte. Es hat das namentlich für eigentliche Furnüre Bedeutung, indem die Zeichnung des Furnürs sich besser verwerthen lässt.[1])

[1]) Dingl. polyt. Journ. 1870, Bd. 197, S. 207; 1876, Bd. 221, S. 212; 1880, Bd. 237, S. 356; 1882, Bd. 244, S. 407; 1887, Bd. 265, S. 295, mit Abb.

2. Abrichthobelmaschinen,

d. h. Maschinen, welche genau ebene oder genau prismatische Flächen herstellen, findet man mit einem Werkstückschlitten ausgestattet, oder nach den Umständen erbaut, welche S. 75 näher dargelegt worden sind.

Die Abrichthobelmaschinen mit Schlitten sind den Metall-Tischhobelmaschinen sehr ähnlich. Auf einem entsprechend langen Brett wird der Schlitten längs guter Führung für die Arbeit langsam, für den Rückgang rasch verschoben. Selbstthätige Umkehr fehlt fast immer, da das Werkstück nach einem Schlittenweg längs der betreffenden Fläche fertig gehobelt ist, also fortgenommen oder nach Umständen umgespannt wird. In der Mitte der Länge vom Maschinenbett sind mit diesem Böcke verbunden, an denen die Lagerung des Messerkopfes in der Höhenrichtung eingestellt werden kann. Regelmässig verwendet man einen walzenförmigen

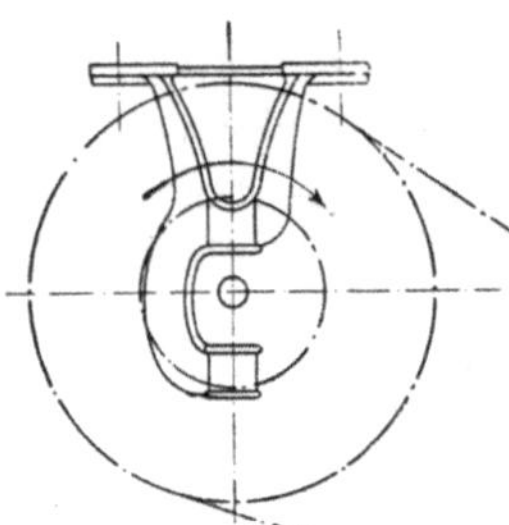

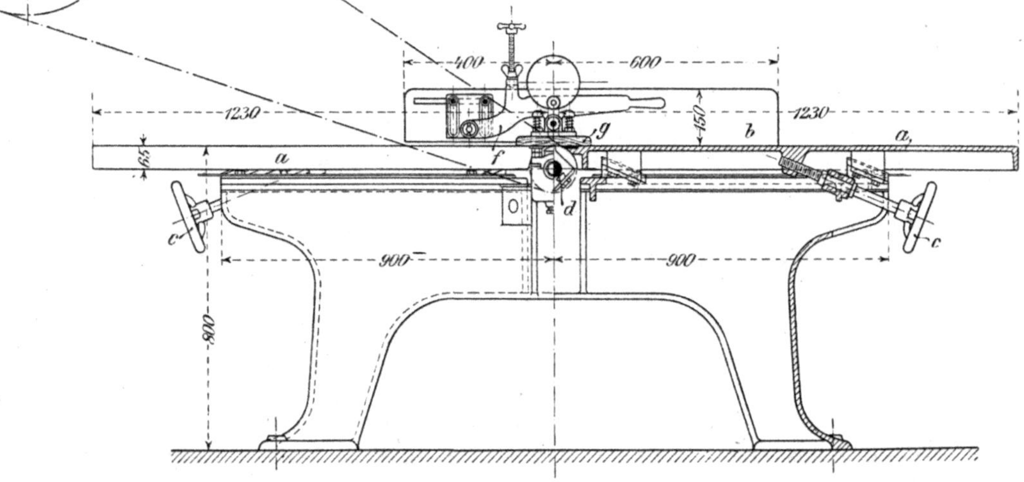

Fig. 332.

Messerkopf (S. 8), zuweilen aber auch einen Messerkopf mit aufrechter Spindel (S. 9).

Für die zweite Art der Abrichthobelmaschine geben Fig. 332 bis 335 ein Beispiel, und zwar in der Ausführungsweise von F. W. Hofmann in Breslau. Die beiden Tischhälften *a* sind längs schräger Führungen, die aus der rechtseitigen Hälfte von Fig. 332 gut zu sehen sind, mittels Handräder *c* und zugehöriger Schrauben zu verstellen. Die Welle *d* des Messerkopfes soll minutlich 4000 Drehungen machen (15,7 m sekundliche Schnittgeschwindigkeit) und ist deshalb, wie Fig. 333 erkennen lässt, sehr sorgfältig gelagert. Da man auch andere als einfache Abrichtarbeiten mittels der Maschine verrichten will, so ist die Welle *d* auch gegen Verschiebungen in ihrer Axenrichtung gesichert, und zwar links durch einen gegen das Lagerende sich legenden Bund, rechts durch einen Spurzapfen, gegen den das Ende einer Schraube drückt. Die Ränder der Tischhälften *a* sind, soweit sie dem Messerkopf unmittelbar gegenüber liegen, mit stählernen Schienen belegt.

Der Schlitz zwischen den beiden Tischhälften ist selbstverständlich sehr gefährlich. Man findet deshalb mehr oder weniger selbstthätige Vorrichtungen im Gebrauch, welche diesen Schlitz nur soweit frei lassen, als die Werkstücke erfordern. In Fig. 335 ist eine Brücke angegeben, welche die ganze Länge des Schlitzes überdeckt und nach Bedarf höher oder tiefer eingestellt werden kann.

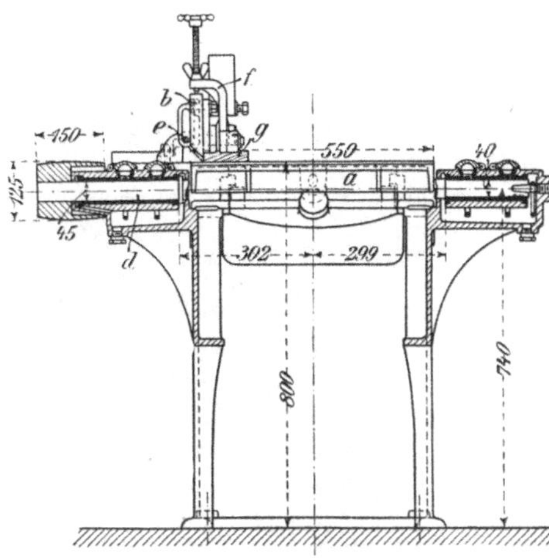

Fig. 333.

In Fig. 332—334 bezeichnet *b* einen Anschlagsbacken, welcher benutzt werden kann, um das Werkstück genau rechtwinklig gegen die Messerkopfaxe zu verschieben, z. B. wenn durch die vorliegende Maschine eine Nuth oder eine Kehlung gleichlaufend zu einer Seitenfläche des Werkstücks angebracht werden soll. Um sich dann nicht allein auf das Andrücken des Werkstücks verlassen zu müssen, ist ein Druckklotz *g* vorgesehen, der am Hebel *f* sitzt. Der Drehzapfen des Hebels *f* kann in lothrechter Richtung verstellt werden.

Der Backen *b* ist um den Bolzen *c* drehbar, also schräg gegen die Oberfläche des Tisches einstellbar, was die Maschine zur Lieferung mancher anderer Formen befähigt; er ist ferner mit den Stützen des Bolzens *e* seitwärts zu verschieben.

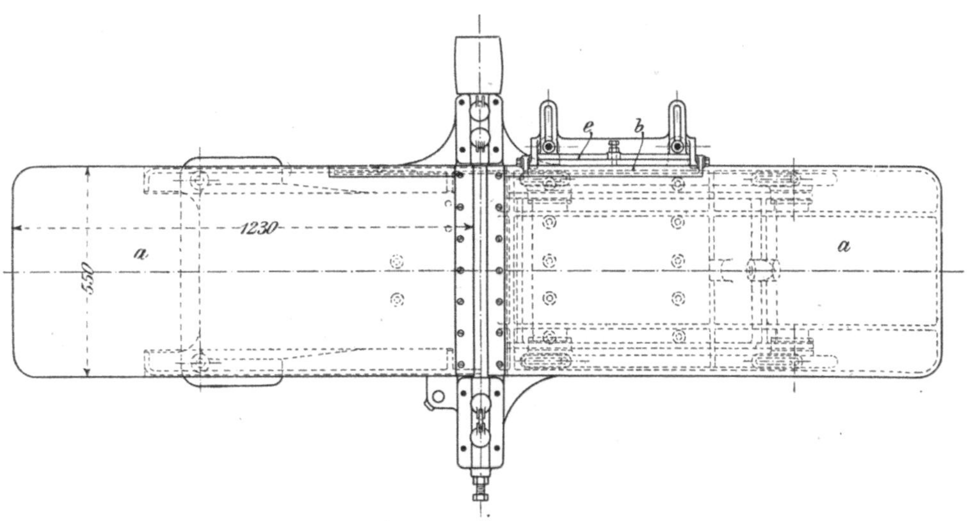

Fig. 334.

Es giebt zahlreiche Nebenverwendungen der vorliegenden Abrichthobelmaschine, für welche verschiedenartige Aufsätze verwendet werden. Eine der hübschesten dieser auf die Tischhälften zu setzenden Vorrichtungen rührt von E. Kirchner in Leipzig-Sellerhausen her.[1])

[1]) D. R.-P. Nr. 72538. Dingl. polyt. Journ. 1895, Bd. 297, S. 150, mit Abb.

3. Dickenhobelmaschinen.

Fig. 336 bis 340 stellen eine Dickenhobelmaschine von J. W. Hofmann dar. Die Welle des 506 mm langen Messerkopfes dreht sich in sehr langen, am Kopf des Maschinengestelles festen Lagern, und zwar minutlich 3800mal.

Fig. 335.

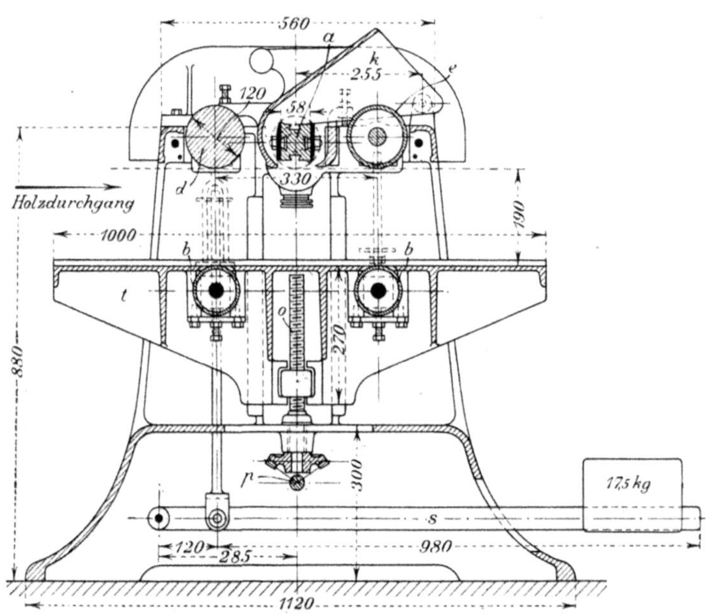

Fig. 336.

Die Antriebsrolle hat 125 mm Durchmesser und 150 mm Breite. Der von den Messerschneiden beschriebene Kreis hat 100 mm Durchmesser, so dass die sekundliche Schnittgeschwindigkeit rund 20 m beträgt. Unter dem Messerkopf befindet sich der lothrecht um 185 mm zu verstellende Tisch *t*; die Maschine ist demnach befähigt 5 mm bis 190 mm dicke Hölzer zu bearbeiten. In dem Tisch sind zwei glatte Walzen *b* frei drehbar gelagert; ihre Lager sind — vergl. Fig. 336 — in lothrechter Richtung genau einzustellen, so dass die Walzen nur wenig über die Tischfläche hervorragen. Der Tisch gleitet längs genauer lothrechter Führungen; eine dieser Führungen, nämlich *c*, — vergl. Fig. 337—339 — ist durch Schrauben nachzustellen. Die beiden Schrauben *o* von 33 mm äusserem Durchmesser und $^1/_4{}''$ engl. Ganghöhe finden ihre Muttern im Tisch *t* und sind im Querboden des Maschinengestelles gelagert. Sie werden durch Kegelräder mit 30 bezw. 20 Zähnen von der liegenden Welle *p* aus gedreht, und diese durch ein eben solches Kegelradpaar von der schräg liegenden Welle *g* aus, an welchem ein Handrad sitzt.

Auf dem im Maschinengestell festen Bolzen *r*, Fig. 337, drehen sich die beiden Riemenrollen *l* lose, und zwar minutlich 260 oder 364 mal, je

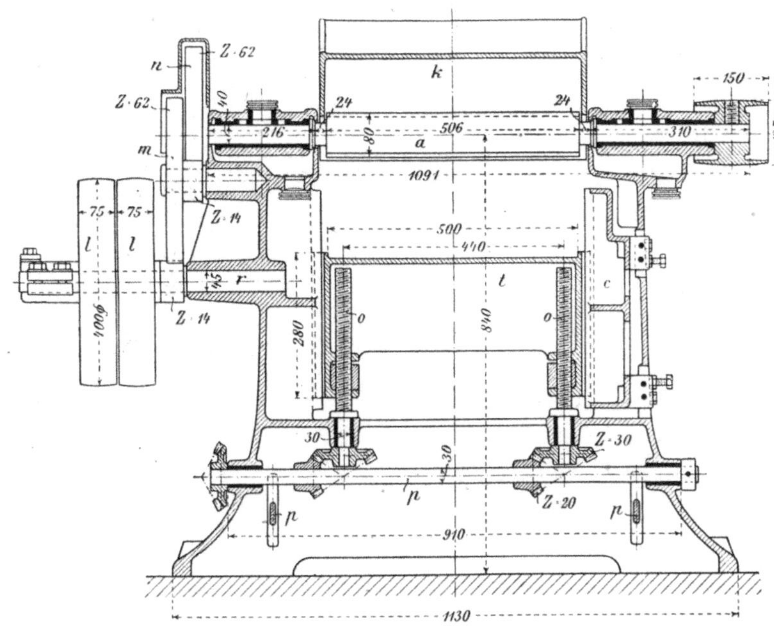

Fig. 337.

nachdem die sekundliche Zuschiebung 83 oder 117 mm betragen soll. An einer der Rollen *l* sitzt ein Stirnrädchen mit 14 Zähnen, es greift in das 62 Zähne enthaltende Stirnrad *m* und ein mit diesem verbundenes Stirnrädchen, welches 14 Zähne besitzt, greift in die zwei auf den Wellen der Zuschiebungswalzen *d* und *e* sitzenden Zahnräder *n*. Die vordere Walze *d* ist gerieft; sie wird durch die belasteten Hebel *s* unter Vermittlung von Zugstangen und den Schraubenfedern *f* gegen das einzuführende Holz gedrückt. Die hintere, auf die gehobelte Werkstückfläche drückende Walze *e* ist glatt. Da ihre Höhenlage sich nicht nennenswerth ändert, so sind nur die Federn *h* für den Andruck vorgesehen. Die Federn *f* und *h* bestehen aus 9 mm dickem gehärteten Stahldraht und haben 73 mm äussern Durchmesser.

Vor dem Messerkopf *a*, Fig. 336, legt sich eine, mit dem Spanlenker *k* verbundene Druckleiste, der Spanbrecher, auf das Holz. Sie wirkt durch ihr eigenes Gewicht, dem ein Zusatzgewicht gesellt ist. Zwei von *k* ausgehende Arme stützen sich mit einstellbaren Schrauben auf die Lager der

Speisewalze *d*, um zu tiefes Hinabsinken zu verhüten, wenn kein Werkstück vorhanden ist. Hinter dem Messerkopf befindet sich eine lothrecht

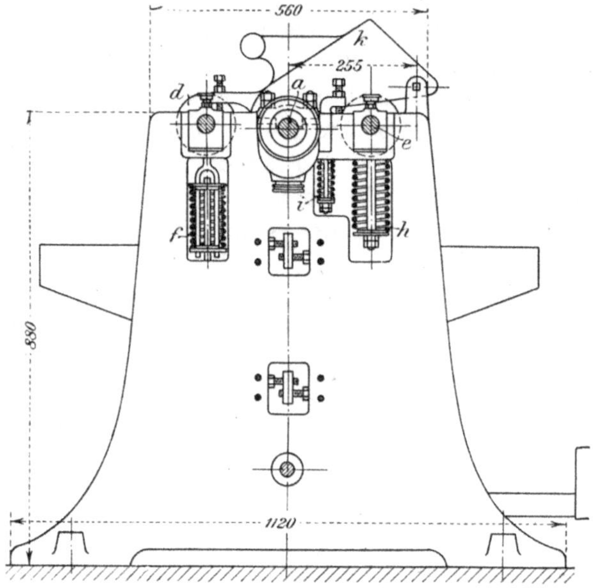

Fig. 338.

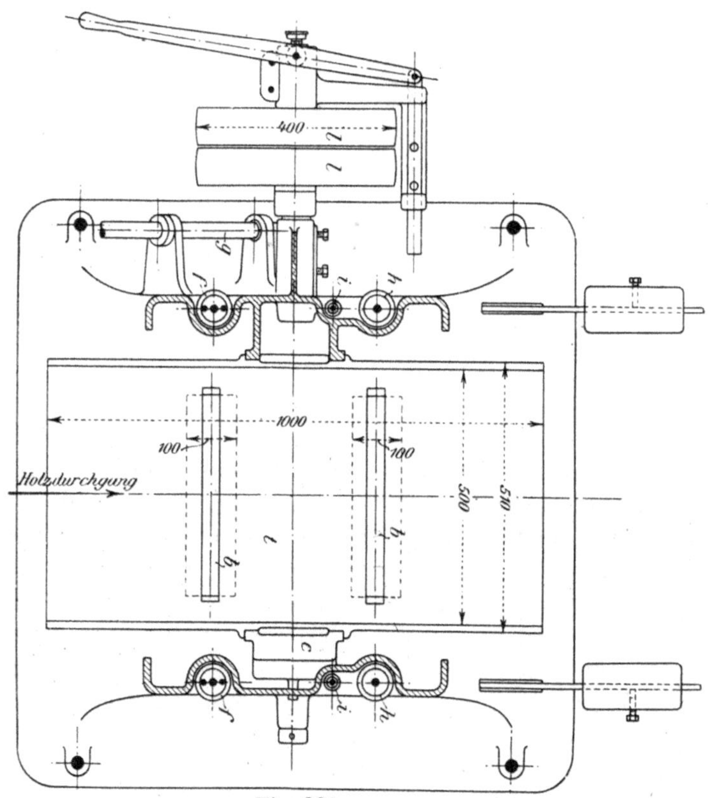

Fig. 339.

verschiebbare Druckleiste; sie wird durch die Federn *i*, Fig. 338 u. 339, angedrückt.

Die Maschine gebraucht etwa $2^1/_2$ Pferdekräfte für ihren Betrieb.

In unten[1]) verzeichneter Quelle ist eine ähnliche, von der Maschinenfabrik Kappel zu Kappel bei Chemnitz gebaute Maschine beschrieben.

Fig. 341—346 stellen eine zweite von F. W. Hofmann gebaute Dickenhobelmaschine dar. Es enthält diese ausser dem liegenden Messerkopf zwei stehend gelagerte, so dass sie gleichzeitig drei Seiten des Werkstücks zu bearbeiten vermag. Auf dem liegenden Messerkopf lassen sich Kehlmesser befestigen (mit Hilfe der frei gelassenen Aufspannnuthen), um Kehlungen irgendwelcher Art bis zu 25 mm Tiefe durch sie auszuführen, und die stehenden Messerköpfe sollen ebenfalls nach Bedarf sowohl zum Glatthobeln als auch zum Kehlen und Nuthen dienen. Diesen Aufgaben entsprechend enthält die Maschine mehrere beachtenswerthe Eigenheiten.

Der Tisch *a* nebst eingelegten Rollen ist wie vorhin in lothrechter Richtung genau zu verschieben, und zwar mittels zweier Schrauben, die vom

Fig. 340.

Handrad *b*, Fig. 343, aus gedreht werden. An dem Austrittsende der Maschine ist der Tisch erweitert und mit einem Schlitz sowie wagerechten Führungsleisten für die Lager der lothrechten Messerköpfe *c*, Fig. 343, 344 und 345, versehen. Der in Fig. 345 rechts belegene Messerkopf *c* kann mittels der Schraube *d* bis zur Mitte des Tisches, der andere Messerkopf mittels der Schraube *e* über die ganze Breite des Tisches verschoben werden. Der Spanbrecher *f*, Fig. 344, kann auf dem Tisch *a* für den zugehörigen Messerkopf *c* geeignet eingestellt werden; der Spanbrecher *g* ist ausserdem elastisch nachgiebig. Es wird das wie folgt benutzt. Der Arbeiter drückt beim Vorlegen des Werkstücks dieses gegen den links von seinem Standorte belegenen Rand des Tisches, um dem Werkstück die zutreffende

[1]) Zeitschr. d. Ver. deutscher Ingen. 1901, S. 816, mit Abb.

Richtung zu geben; die Feder *h* unterstützt dieses Andrücken. Um nun, wenn nur schmalere Werkstücke zu bearbeiten sind, nicht den einen Theil der liegenden Messerwalze ausschliesslich zu benutzen, klemmt der Arbeiter

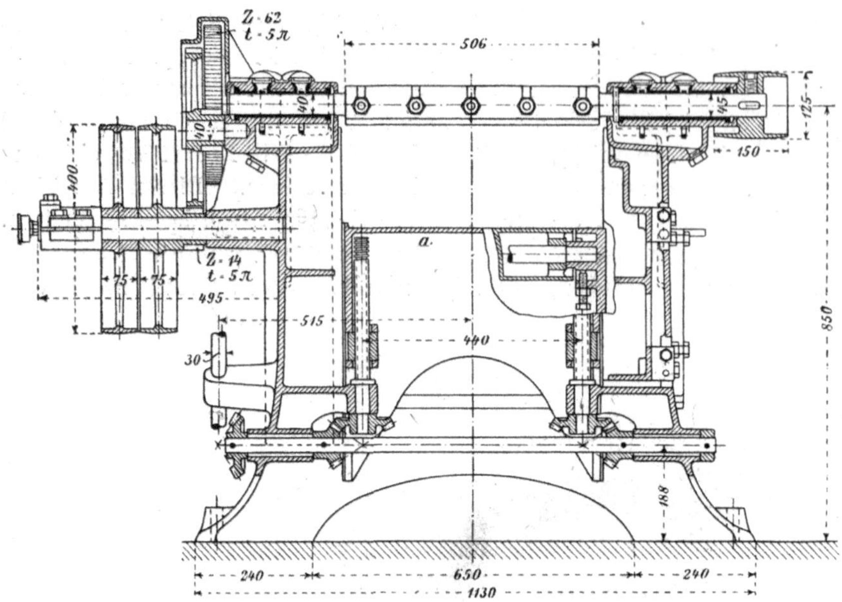

Fig. 341.

auf den Tisch ein sich gegen den hervorragenden Rand des Tisches stützendes Brett, dessen freie Schmalseite nunmehr die Führung des Werkstückes an der linken Seite übernimmt. Der Abstand des Spanbrechers *f* von der Maschinenmitte muss dem Abstand der soeben genannten Führungsfläche genau gleichen. Da die Breite des zu bearbeitenden Brettes zunächst noch nicht überall gleich ist, so finden sich an seiner zweiten lothrechten Seite die einstellbaren, aber auch elastisch nachgiebigen Führungstheile *h* und *g*. Der zu *f* gehörige Messerkopf wird nach der hier abzuhebenden Spandicke gegenüber *f* eingestellt, und der andere Messerkopf nach der vorgeschriebenen Brettbreite. Hinter den Messerköpfen *c*, links in Fig. 344, befinden sich noch einstellbare Führungswinkel. Sie benutzen die soeben erzeugten genauen

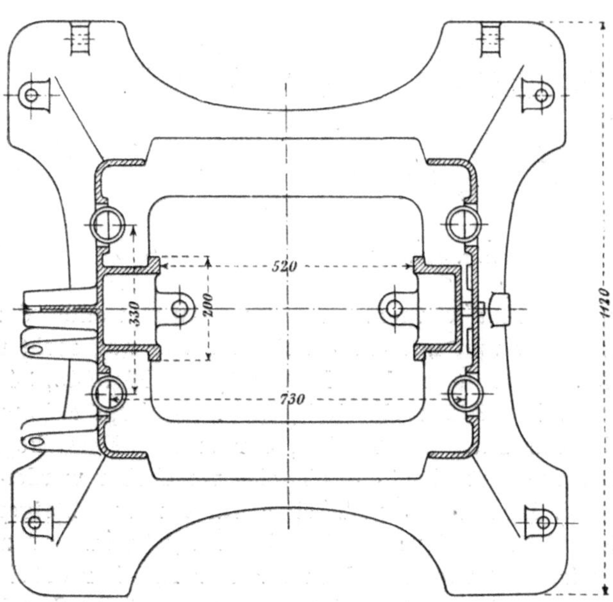

Fig. 342.

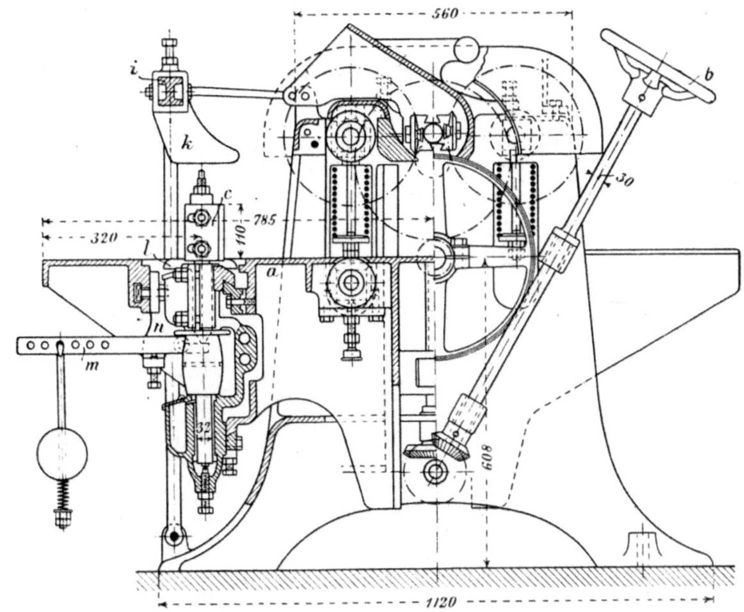

Fig. 343.

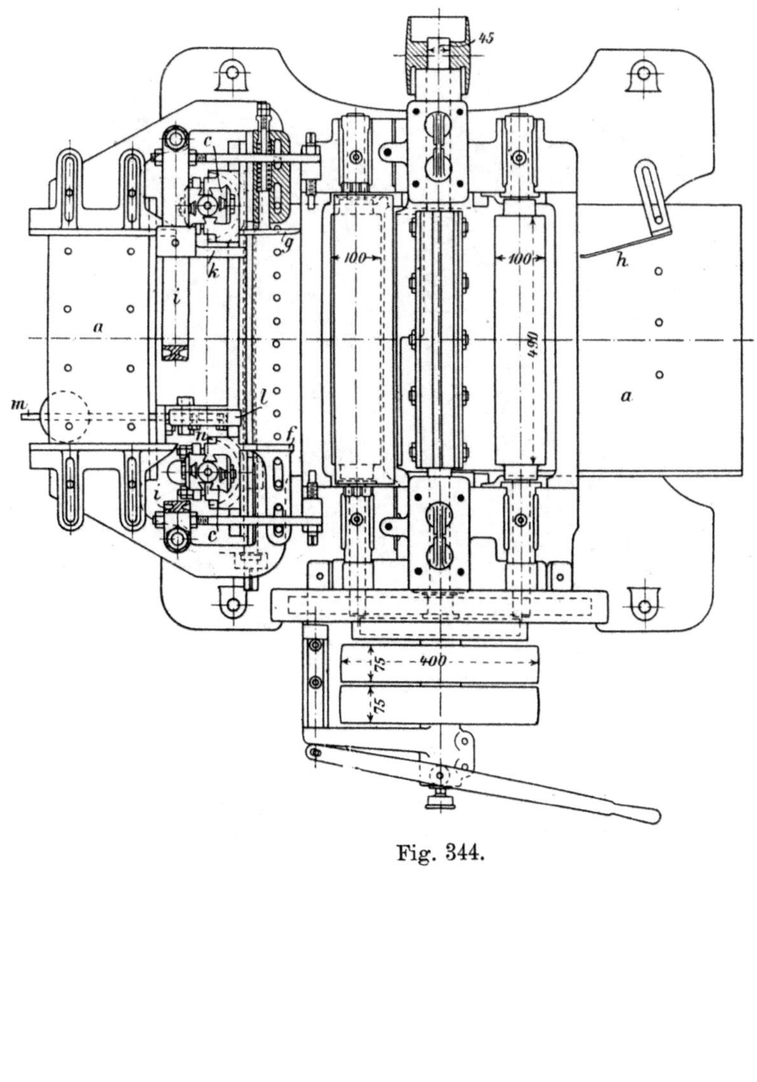

Fig. 344.

Flächen und bedürfen deshalb keiner elastischen Nachgiebigkeit. Die Zuschiebung, der am Spanschirm ausgebildete, vor dem liegenden Messer-

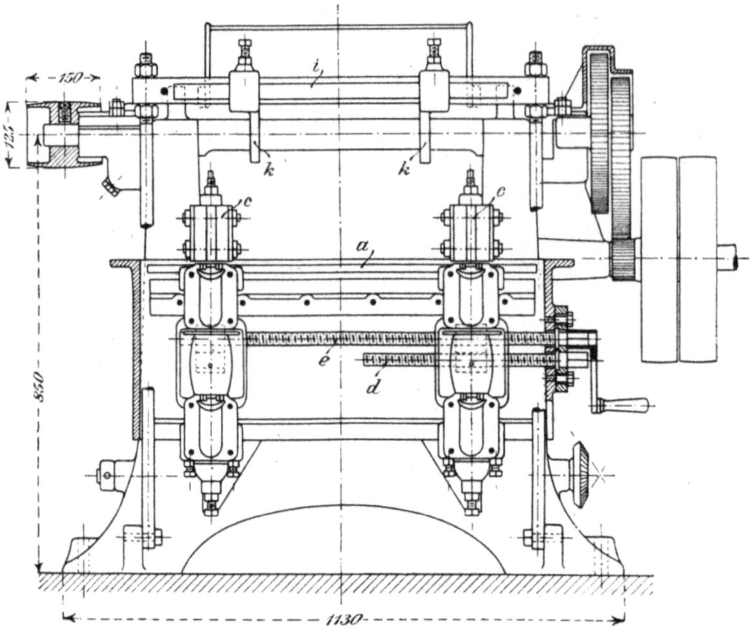

Fig. 345.

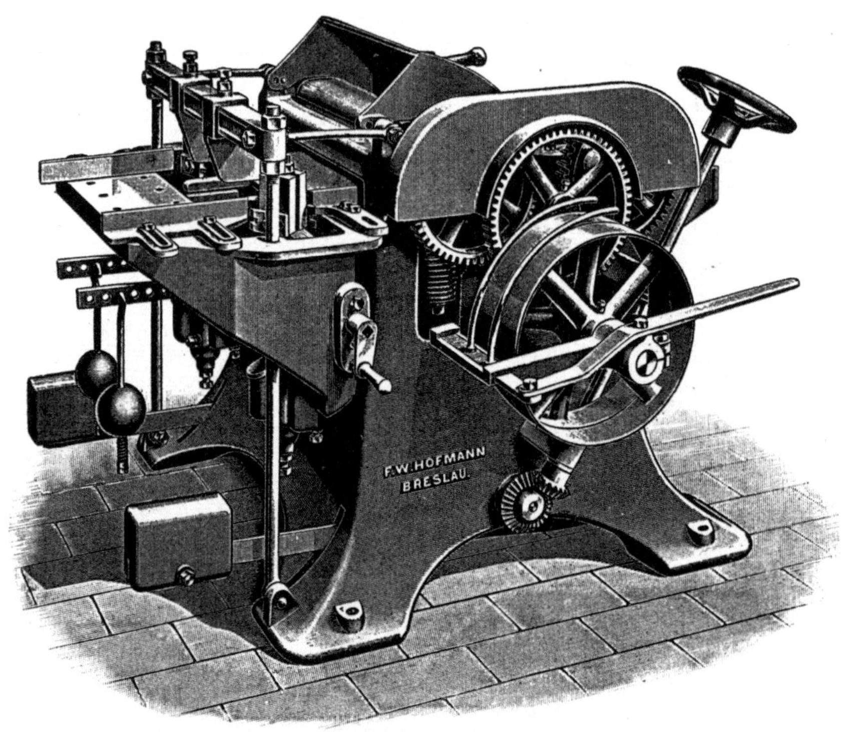

Fig. 346.

kopf befindliche Spanbrecher, der hintere Druckklotz sowie der wagerechte Messerkopf selbst unterscheiden sich nicht von denjenigen der vorhin beschriebenen Maschine. Nur ist zu bemerken, dass bei der Fig. 341—345 dargestellten Maschine auch die vordere Speisewalze nur mit Federandruck versehen ist, während das Schaubild Fig. 346 die Hebelbelastung angiebt.

Da zunächst nur die obere Fläche des Werkstücks bearbeitet wird, so liegt nahe, dieser die Führung in lothrechter Richtung anzuvertrauen. Das ist im vorliegenden Falle geschehen, indem auf dem genau gehobelten,

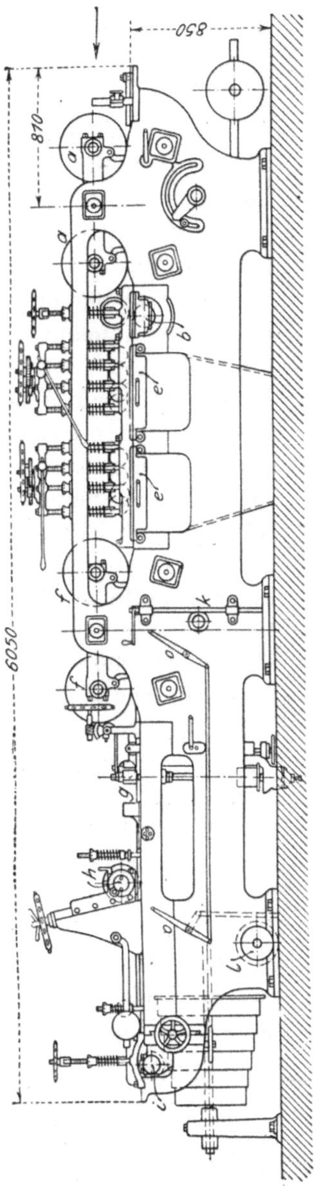

Fig. 347.

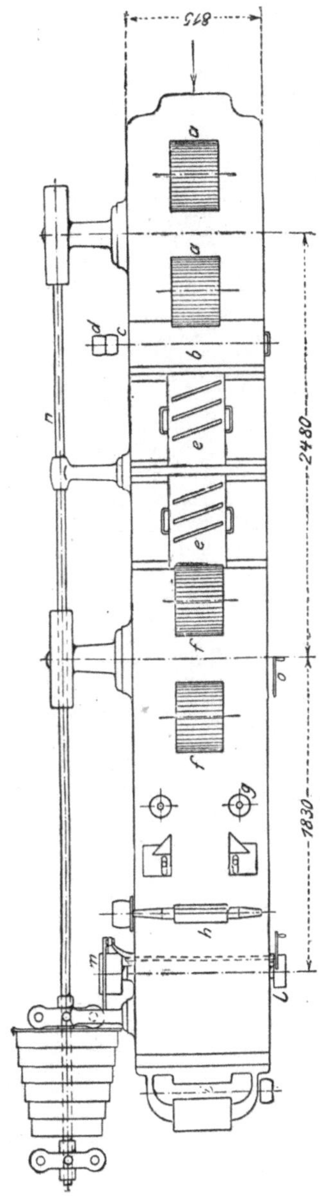

Fig. 348.

durch kräftiges Gestänge mit dem Maschinengestell verbundene Balken *i* zwei einstellbare Druckleisten *k*, Fig. 343, 344 u. 345, befestigt sind. Unter diesen Druckleisten befinden sich im Tisch *a* die Druckleisten *l*, Fig. 343 u. 344. Sie werden durch belastete Hebel *m*, welche sich um, an den einstellbaren Stücken *n* feste Zapfen drehen, nach oben gedrückt,

Fig. 349.

so dass das Werkstück mit den oberen Druckleisten *k* stets in Fühlung bleibt. Die Druckleisten *l* sind an *n* geführt.

Die grösste Hobelbreite vorliegender Maschine beträgt 500 mm, die grösste Werkstückdicke 180 mm, der Arbeitsbedarf etwa 5 Pferdekräfte.

Auf Wunsch wird hinter die aufrechten Messerköpfe noch eine Messerwalze in den Tisch *a* unter das Werkstück gelegt.

Sehr häufig ordnet man die Dickenhobelmaschine so an, dass der erste Messerkopf unter dem Werkstück liegt, um von diesem Messerkopf ab die untere, nunmehr glatte Werkstücksfläche zu benutzen. Es ist dann (vergl. S. 76) die vor dem Messerkopf befindliche Tischfläche tiefer zu legen als die hintere, als wesentliche Führungsfläche dienende Tischfläche. Die Fig. 194 S. 91 stellen eine derartige Ausführungsform dar.

Als Beispiel einer derartigen Maschine möge die von J. & C. G. Bolinders mek. Verkstads A. B. in Stockholm gebaute, mit drei liegenden, zwei stehenden Messerköpfen und Abziehmessern ausgerüstete angeführt werden.[1])

Fig. 347 ist eine geometrisch gezeichnete Längenansicht, Fig. 348 ein desgleichen Grundriss, Fig 349 u. 350 sind zwei schaubildliche Ansichten der Maschine. Sie ist bestimmt bis zu 150 mm

[1]) Zeitschr. d. Ver. deutscher Ingen. 1901, S. 814.

dicke und bis zu 300 mm breite Hölzer an allen vier Seiten zu bearbeiten. Die sekundliche Zuschiebungsgeschwindigkeit beträgt 350 bis 800 mm; die erforderliche Betriebsarbeit ist zu 16—20 PS angegeben.

An dem Eintrittsende, Fig. 347 u. 348 rechts, befinden sich zwei Paar Zuschiebungswalzen *a*. Die oberen haben 400 mm Durchmesser und sind, wie oben beschrieben, in schwenkbaren Rahmen gelagert. Sie drücken theils durch ihr eigenes Gewicht, theils vermöge eines auf einem Hebel verschiebbaren Gewichts auf das fortzuschiebende Brett. Die geringste Höhenlage der Walzen ist einzustellen und an der Lage des Handhebels, welcher unter der Walze *a* an der Aussenseite der Maschine über einem Gradbogen spielt, zu erkennen.

Auf die Zuschiebungswalzen folgt ein unterer Messerkopf, der in der Schublade *b* gelagert ist. Mit der Welle dieses Messerkopfes ist die Antriebsrolle *c* fest verbunden; neben dieser befindet sich die besonders gelagerte lose Rolle *d*. Man kann ohne sonstige Stillstellung der Maschine den Treibriemen von *c* auf *d* schieben und dann die Schublade *b* mit dem Messerkopf hervorziehen, um die Messer auszuwechseln oder anderes an ihm vorzunehmen. Man kann auch eine zweite Schublade, deren Messerkopf mit scharfen Messern versehen ist, bereit halten, um sie gegen die bisher benutzte

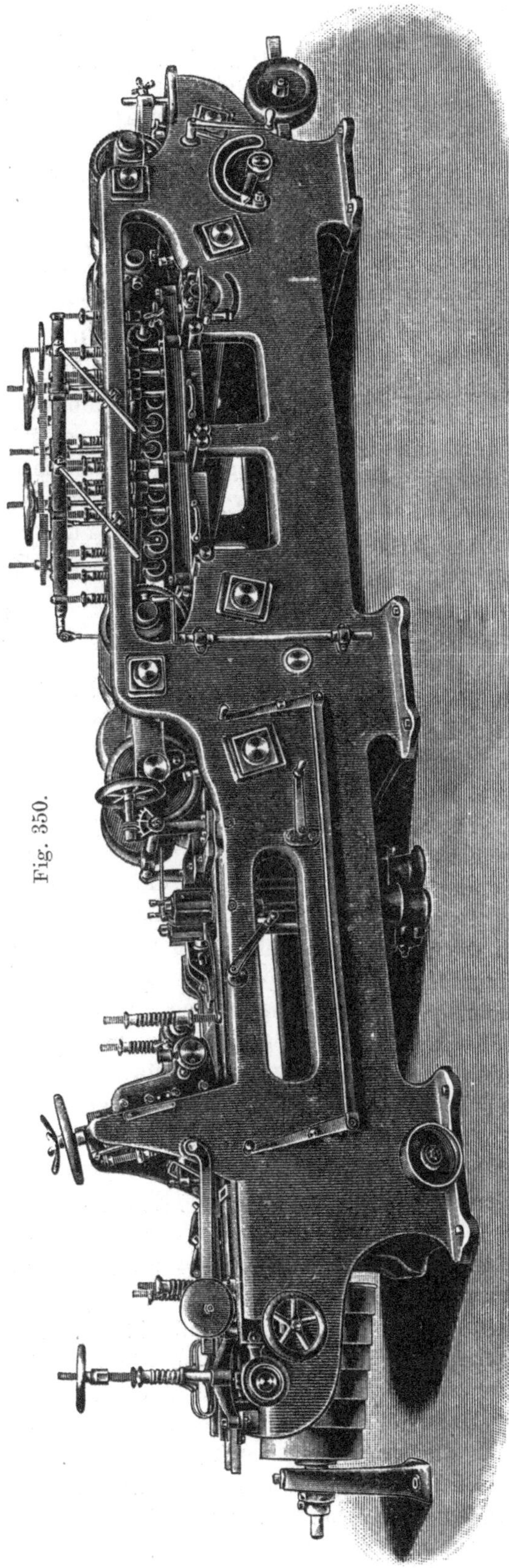

Fig. 350.

rasch auszutauschen, wenn deren Messer stumpf geworden sind. Der vor dem Messerkopf befindliche Tisch besteht aus gehärtetem Stahl; er ist in der Höhenrichtung einstellbar. Dem Messerkopf gegenüber liegt über dem Werkstück eine durch Federn angedrückte Rolle.

Es folgen dann Putz- oder Abziehmesser, welche je zu dreien in den Schubladen *e* untergebracht sind. Ueber jedem Messer befindet sich eine einstellbare, federnd nachgiebige Druckrolle. Die Putzmesserkasten *e* sind nach Fig. 145 S. 69 gestützt. Man senkt den Kasten, dessen Messer stumpf geworden sind, hebt gleichzeitig die zugehörigen Druckrollen, zieht alsdann den Kasten hervor und wechselt die Messer aus, was ohne Betriebsunterbrechung geschehen kann. Aus Fig. 349, Mitte, ist zu sehen, wie die Hebevorrichtungen der Putzmesserkasten mit den Abhebeeinrichtungen der Druckwalzen verbunden sind.

Es folgen nun zwei Paar Zuschiebewalzen *f*, die sich von den ersteren *a* kaum unterscheiden. Die Werkstücke bewegen sich ferner längs einer Führungsleiste und unter einer Druckplatte hinweg zu zwei lothrechten Messerköpfen *g*, die während des Betriebes in wagerechter und lothrechter Richtung versteckt werden können und mit Spanbrechern versehen sind. Dann folgen seitliche Putzmesser, die in Fig. 350, und eine Druckrolle, die in Fig. 349 gut zu sehen sind.

Der obere Messerkopf *h* ist mit seinem Lagerkasten an Böcken genau einzustellen. Von da gelangt das Holz unter einer Druckrolle hinweg zu dem oberen Putzmesser und weiter über den fünften Messerkopf *i*. Dieser ist für Kehlarbeiten bestimmt und sowohl nach der Höhe, als auch in der Axenrichtung genau einzustellen. Ueber ihm befindet sich eine Druckplatte, und seitlich vom Werkstück sind Führungsleisten angebracht.

Die Messerwellen sind mit sehr langen, sorgfältig geschliffenen Zapfen versehen, die sich in selbstschmierenden Lagern drehen, und zwar die liegenden minutlich 4400 mal, die stehenden etwas rascher.

Der Antrieb geht von einer unter der Maschine befindlichen Welle aus; die mit Handhebel versehene stehende Welle *k*, Fig. 347, bethätigt den Riemenführer. Von der unter dem Fussboden liegenden Welle wird durch Riemen eine über diesem gelagerte nicht abgebildete Welle angetrieben, welche zur Vertheilung der Betriebskraft dient. Ein geschränkter Riemen treibt die links am Fusse der Maschine sichtbare Rolle *l*, Fig. 347 u. 348, deren Welle quer durch das Maschinengestell geht und hinter diesem mit einer breiteren, die Rollen *c* und *d* des ersten unteren Messerkopfes drehenden Rolle *m* versehen ist. Die Messerköpfe *h* und *i* werden — letzterer durch geschränkten Riemen — unmittelbar angetrieben, ebenso die lothrechten Messerköpfe durch halbgeschränkte Riemen. Ein halbgeschränkter Riemen dreht ferner eine unter dem Fussboden in der Längenrichtung der Maschine gelagerte Welle, von der aus ein Paar sechsstufiger Rollen die Welle *n*, Fig. 348, bethätigt. Diese betreibt durch je ein gut eingekapseltes Wurmradgetriebe die Zuschiebewalzen. Zwei Handhebel *o* dienen zum Ein- und Ausrücken der Zuschiebung.

Unter den Abziehmesser-Kasten sind gezahnte Walzen angebracht, welche die langen Putzspäne zerkleinern.

Es lassen insbesondere die Schaubilder Fig. 349 u. 350 die gedrungenen Gestalten des Gestelles wie mancher Einzeltheile, aber auch das Bestreben erkennen, bewegte, für den Arbeiter gefährliche Maschinentheile zu verdecken.

Die vorliegende Maschinenart wird seltener in der Vollständigkeit, wie hier beschrieben, ausgeführt, man lässt vielmehr das Eine oder Andere, wenn für die Zwecke der Maschine entbehrlich, weg. Das Wesen der Maschine wird dadurch nicht geändert, weshalb die Beschreibung dieser umfangreichen diejenige einfacher gehaltener einschliesst.

4. Kehlmaschinen.

Mittels der erörterten Dickenhobelmaschinen lassen sich auch Kehlungen ausführen, wie an einigen Orten angegeben worden ist. Mit dem Namen Kehlmaschinen bezeichnet man insbesondere diejenigen Dickenhobelmaschinen, bei welchen — abweichend von den bisher beschriebenen —

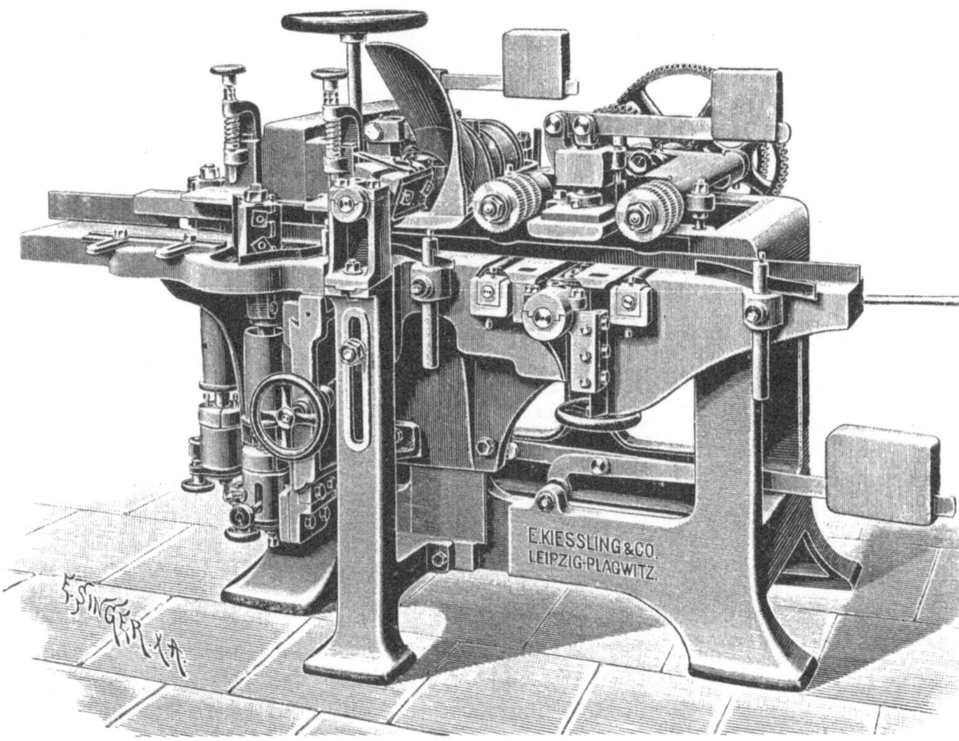

Fig. 351.

der Tisch nicht in der Maschinenmitte, sondern an einer ihrer Seiten angebracht ist. Diese Anordnung erleichtert die Zugänglichkeit des Werkstücks und ist wegen der geringeren Werkstückbreite (250 mm und weniger) zulässig. Es sind die Speisewalzen und Druckvorrichtungen einseitig gelagert, sogar zuweilen auch die liegenden Messerköpfe (für weniger als etwa 150 mm Werkstückbreite).

Das Schaubild Fig. 351, welches eine von Kiessling & Co. in Leipzig-Plagwitz gebaute Kehlhobelmaschine darstellt, lässt ganz im Vordergrunde einen Ständer erkennen, der den Tisch an seiner sonst freien Seite stützt und ein äusseres Lager für den oberen Messerkopf trägt. Dahinter sieht man fast unverhüllt den Tisch und die an ihm feste Führungsleiste, sowie mehrere das Werkstück gegen diese Leiste drückende Federn (S. 76). In dem Tisch ist rechts ein unterer Messerkopf, und vor und hinter diesem je eine glatte Speisewalze gelagert. Darüber befinden sich zwei geriefte Speisewalzen und zwischen diesen ein belasteter Druckklotz.

Der Tisch ist an seiner dem Maschinengestell zugekehrten Seite mit einem hohen Lappen versehen und wird mit demselben am Maschinengestell

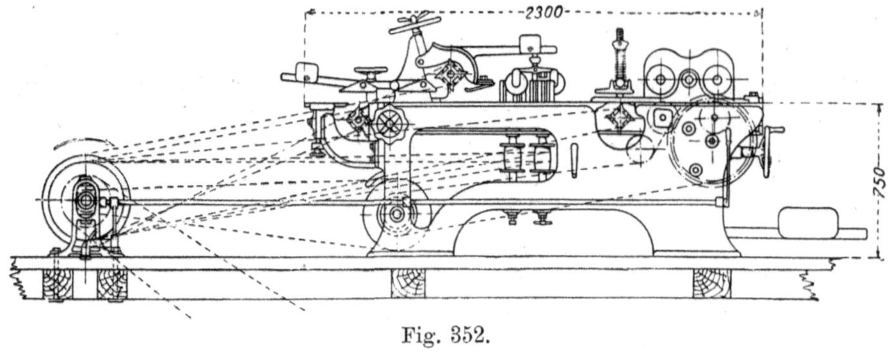

Fig. 352.

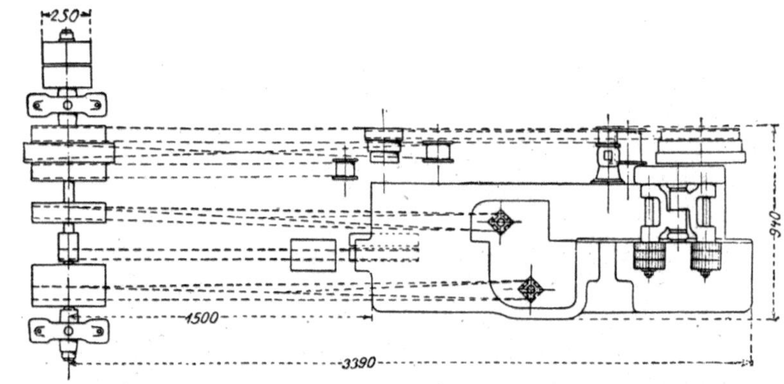

Fig. 354.

lothrecht geführt. Es schliesst sich links vom weit hervorragenden Hilfsständer eine Führungsplatte sowohl dem Tisch als auch dem erwähnten Lappen an, an welchem die Lager zweier lothrechter Messerköpfe eingestellt werden können. Die lothrechte Einstellung der letzteren geschieht mit Hilfe ihrer unteren oder Spurlager (Fig. 68 S. 29). In der Nähe der lothrechten Messerköpfe sitzen am Maschinengestell lothrecht nachgiebige Druckstifte und auf dem Tisch einstellbare Führungsleisten. Der Spanschirm des oberen Messerkopfes dient gleichzeitig als oberer Druckklotz und Spanbrecher (S. 89). Der Antrieb erfolgt von einer über dem Fussboden liegenden Vorgelegewelle aus. Als ungefähre Grösse der Betriebskraft werden für 150 mm breite Hölzer $3^1/_2$ PS, für 200 mm breite Hölzer $4^1/_2$ PS angegeben.

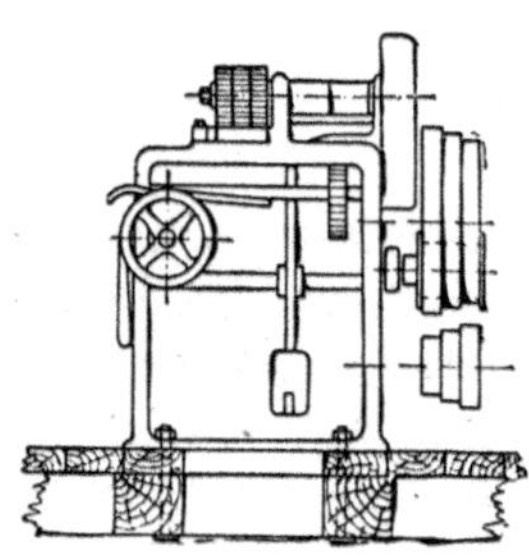

Fig. 353.

Abweichend von der soeben beschriebenen ist die vom J. & C. G. Bolinders mek. Verkstads A. B. in Stockholm gebaute Kehlhobelmaschine,[1]) welche Fig. 352—355 darstellen. Es ist hier der Tisch mit dem Maschinengestell zusammengegossen und zwischen die Zuschiebewalzen und den

[1]) Zeitschr. d. Ver. deutscher Ingen. 1901, S. 817.

ersten, unteren Messerkopf eine einstellbare Brücke gelegt (vergl. Fig. 194 S. 91). Die vorliegende Maschine bearbeitet Leisten, die nicht dicker als 100 mm, nicht breiter als 125 mm sind. Zwei Paar Zuschiebewalzen sind ähnlich angeordnet, wie bei der Bolinder'schen Dickenhobelmaschine, Fig. 347, abweichend hiervon ist insbesondere die einseitige Lagerung der oberen Walzen. Auch sämmtliche Messerköpfe — zwei untere und ein oberer liegender, wie zwei aufrechte — sind einseitig gelagert.

Die Einzelheiten der Maschine unterscheiden sich nicht nennenswerth von bisher beschriebenen, und der Gesammtaufbau ist aus den Abbildungen genügend zu erkennen. Das Gleiche gilt von dem Antrieb; es möge aber bemerkt werden, dass für die Zuschiebwalzen eine Zwischenwelle mit fester und loser Riemenrolle in den linksseitigen Maschinenfuss gelegt ist, von der aus durch ein Stufenrollenpaar der Zuschiebungsantrieb bethätigt wird. Die sekundliche Zuschiebgeschwindigkeit ist zu 80 mm bis 300 mm, die

Fig. 355.

Zahl der minutlichen Messerkopfdrehungen zu 4000 und der Arbeitsbedarf zu 5—6 PS angegeben.

5. Fügemaschinen.

Das „Fügen" der Bretter besteht im genauen Behobeln der Schmalflächen, so dass zwei zusammengelegte Bretter dicht zusammenschliessen. Man verbindet mit dem Fügen häufig das Nuthen und „Spunden" der Bretter, d. h. es werden gleichzeitig mit den ebenen Fugenflächen Nuthen oder hervorragende Leistchen erzeugt, um durch Ineinanderschieben beider eine Verbindung der Bretter herbeiführen zu können. Es heissen die, beiden Zwecken gleichzeitig dienenden, Maschinen zuweilen Füge- und Spundmaschinen.

Die Nuthen und Spunde lassen sich durch die lothrechten Messerköpfe gebräuchlicher Dickenhobelmaschinen hervorbringen (S. 88), und das Fügen kann hier ebenfalls geschehen, wenn man sich mit dem zu erreichenden Genauigkeitsgrad begnügt. Genauere Arbeit liefern im allgemeinen die für den vorliegenden Zweck besonders gebauten Maschinen.

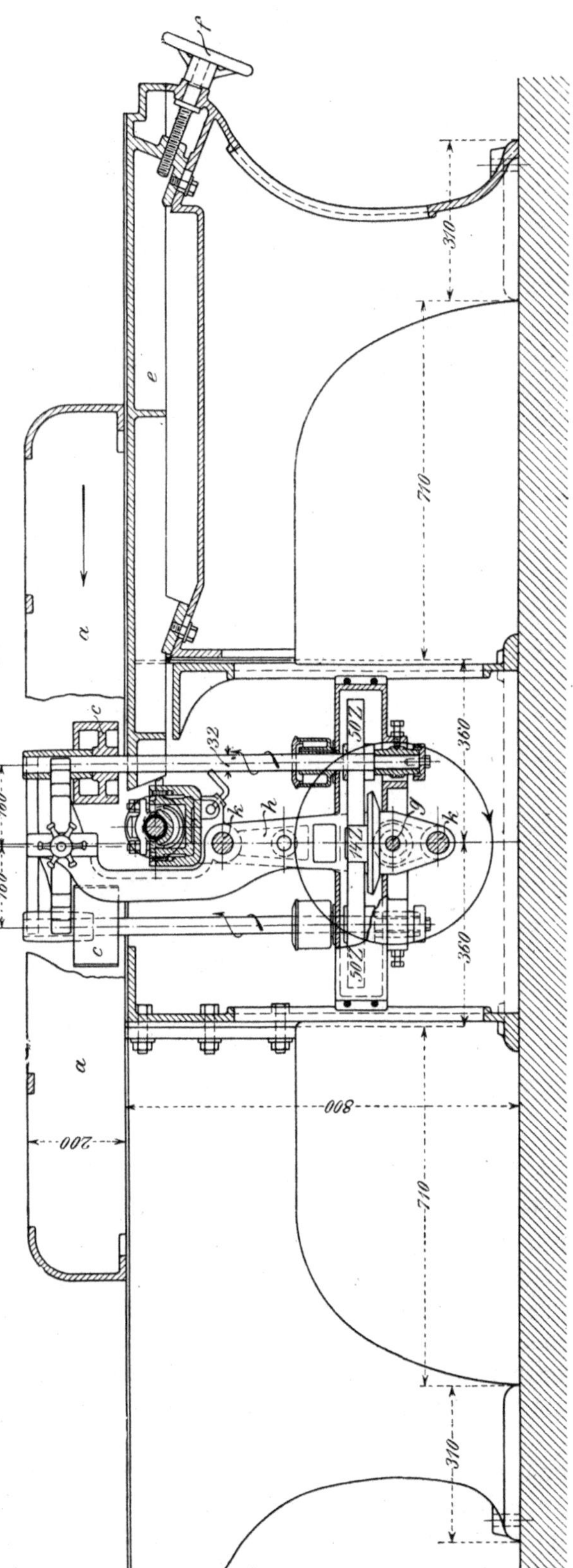

Fig. 356.

Fig. 356 bis 360 stellen eine derartige, von F. W. Hofmann in Breslau gebaute Maschine dar.

Das Gestell besteht aus einem kastenförmigen Mitteltheil und zwei angeschraubten Seitenflügeln; letztere sind an ihren Enden mit Ausklinkungen versehen, um hier nach Bedarf Ergänzungen der durch die drei Gestelltheile gebotenen Tischfläche anschliessen zu können. Ein Balken *a*, Fig. 356, 358 und 359 scheidet die Tischfläche gewissermassen in zwei Hälften; wie die in Fig. 359 gezeichneten Pfeile andeuten, sollen die Werkstücke an einer Seite dieses Balkens *a* von links nach rechts, auf der anderen Seite von rechts nach links verschoben werden.

In *a* sind vier stehende Rollen *b*, Fig. 358 u. 359, gelagert. Sie drehen sich frei um ausseraxig gelagerte Bolzen und können durch Drehen dieser Bolzen so eingestellt werden, dass sie nur wenig über die lothrechten Seitenflächen von *a* hervorragen, also den Druck der hier angelegten Werkstücke aufnehmen. Gegenüber von *b* befinden sich die gerieften Speisewalzen *c*. An jeder Seite der Maschine sind, auf

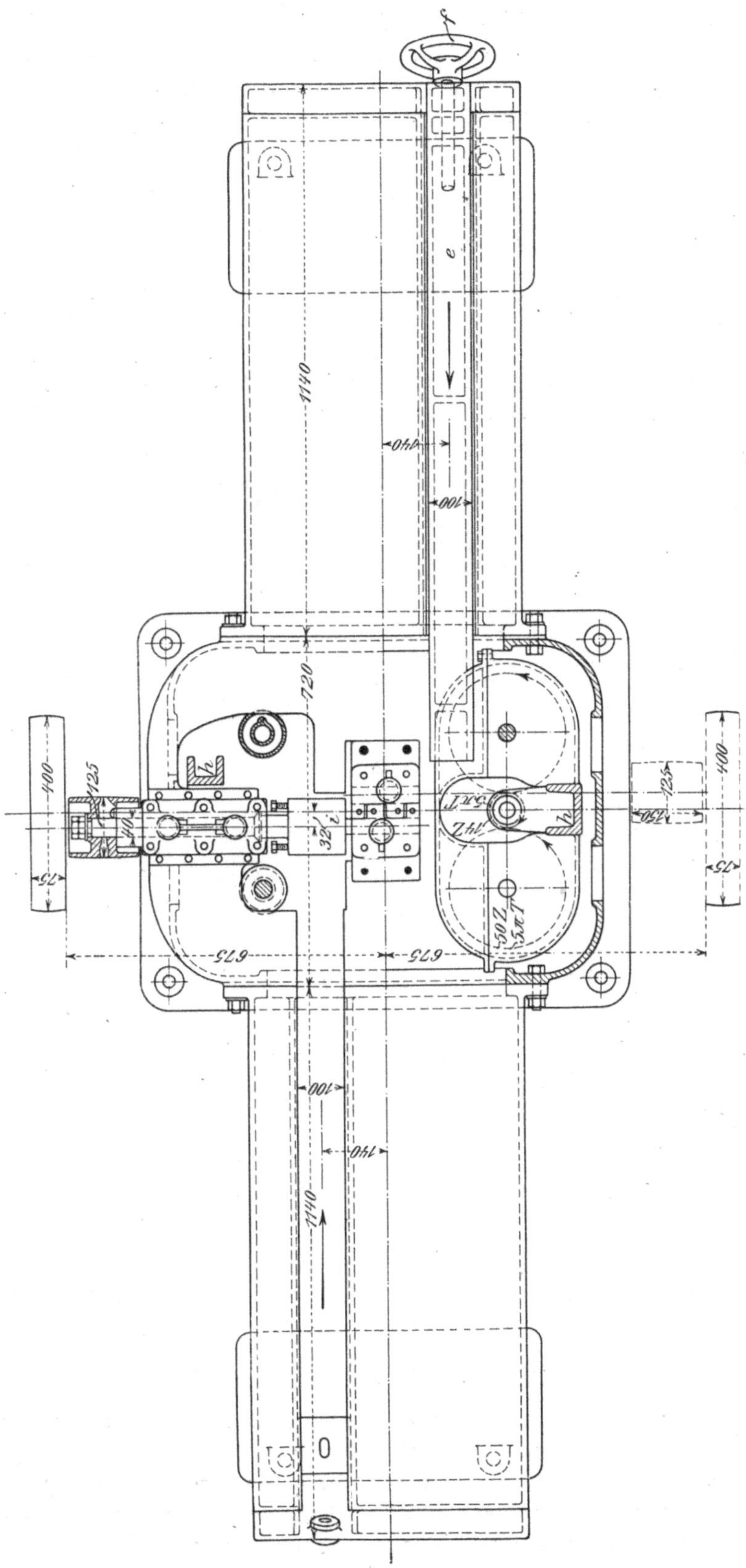
f
e
1140
440
100
720
675
675
400
125
75
h
h
i
32
100
140
1140
400
125
75

Fig. 357.

wagerechten Stangen *k* die Gestelle *h*, Fig. 356, 358 u. 359 verschiebbar, und zwar mittels Schraube und Handrad *d*. In diesen Gestellen *h* sind die Wellen der Zuschiebwalzen *c* gelagert, und zwar so, dass ihre Wellen in lothrechter Ebene ein wenig zu schwingen vermögen. Zu dem Zwecke

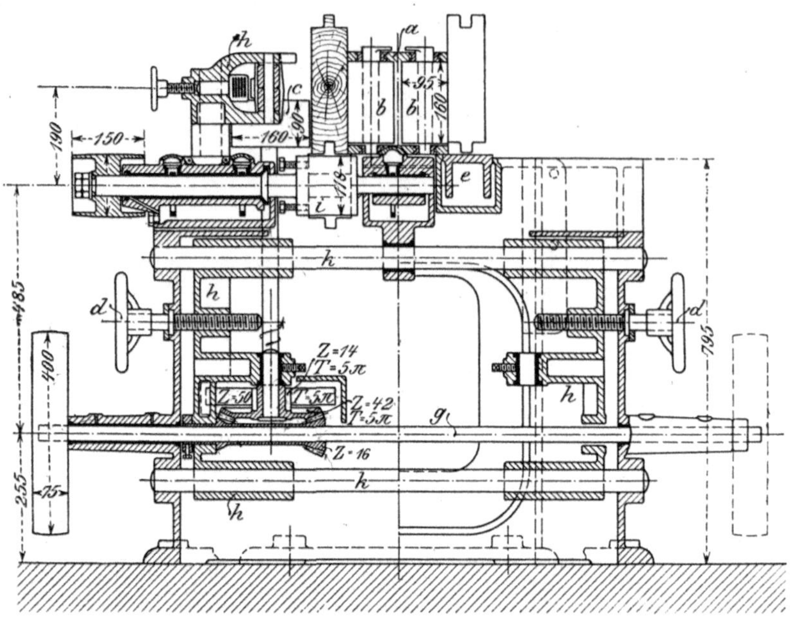

Fig. 358.

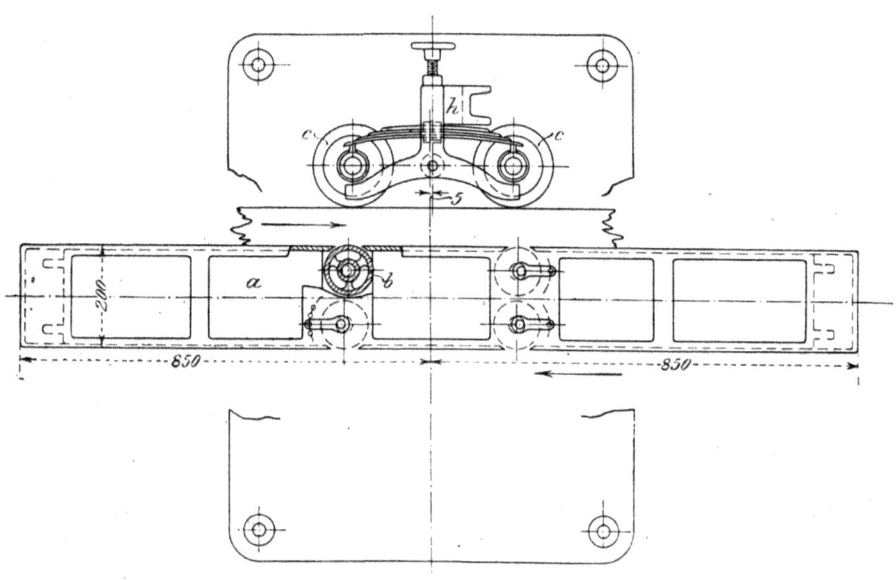

Fig. 359.

sind die unteren Lager nachgiebig gemacht und befinden sich die oberen Lager in Lenkern, die eine Blattfeder gegen *a* zu drängen sucht, während ein Doppelarm zu weites Verschieben verhütet. Die Wellen der Speisewalzen sind aber auch in der Bildfläche von Fig. 356 nicht lothrecht, bezw. rechtwinklig zu der Tischoberfläche, sondern weichen mit dem Lagergestell *h* auf die Höhe von 675 mm um 5 mm von der lothrechten Lage ab, so dass die Walzen (vergl. S. 80) die Werkstücke stets gegen die Tischfläche drängen.

Der Antrieb der Speisewalzen *c* geht von der Welle *g*, Fig. 356 und 358, aus. Auf dieser langgenutheten Welle stecken Kegelräder, welche sich mit *h* verschieben müssen (Fig. 358), und je eine kurze stehende Welle antreiben. Diese übertragen die Drehung durch ein Stirnradvorgelege auf die Wellen der Speisewalzen *c*. Das soeben angeführte Triebwerk ist gut umkapselt. Nahe der Tischfläche des mittleren Gestelltheils sind zwei Messerköpfe *i* gelagert, und zwar so, dass ihre Axen, nach Fig. 357 je um 32 mm von der Maschinenmitte seitwärts liegen, so dass ihre inneren Zapfen neben einander liegen. Der eine dieser Messerköpfe ist nach Fig. 358 z. B. geeignet, ausser der Fugenfläche auch eine Nuth zu hobeln, der andere dagegen, den Spund nebst benachbarten Fugenflächen auszubilden. Diese Messerköpfe werden je für sich angetrieben.

Fig. 360.

Es sind nun die zu fügenden Schmalflächen der Werkstücke mittels der Säge bearbeitet. Sie sollen auf vorliegender Maschine genau eben werden, und deshalb ist letztere nach Art der Abrichthobelmaschine (S. 75) eingerichtet. Vor jedem Messerkopf liegt ein Tischtheil *e*, dessen Höhenlage durch ein Handrad *f* eingestellt werden kann. Da, wie oben hervorgehoben, die Werkstücke durch die Speisewalzen *c* stets gegen die Tischfläche gedrückt werden, so erfahren sie dieselbe Führung, wie sie bei gewöhnlichen Abrichthobelmaschinen durch Handdruck hervorgebracht wird.

Es bedarf kaum des Hinweises, dass auf einer Seite von *a* die eine Schmalseite der Werkstücke, auf der anderen die zweite Schmalseite derselben bearbeitet wird, und letztere die Maschine an demjenigen Ende verlassen, an welcher sie dieser übergeben wurden.

Die Messerköpfe sollen sich minutlich 3800 mal drehen und die sekundliche Zuschiebung etwa 170 mm betragen. Als Arbeitserforderniss sind etwa $2^1/_2$ PS angegeben.

Seitens der Fay & Egan Comp. in Cincinnati, O., werden,[1]) um noch genauere Fugenflächen zu erzielen, die Werkstücke *b* an einem gut geführten Schlitten *a*, Fig. 361, befestigt. Um die Werkstücke *b* rasch einspannen und losnehmen zu können, dienen zum Festklemmen zwei Balken *c*, deren Enden an Winkelhebel *e* greifen. Die Hebel *e* sind an *a* gelagert und an ihren äusseren Enden mit Rollen *i* versehen, zwischen welche Keile *k* greifen. Diese Keile sitzen an Stangen *h*, die gleichzeitig nach aussen oder innen geschoben werden, um mittels einer Handbewegung die eingelegten Werkstücke zu befestigen oder loszulassen.

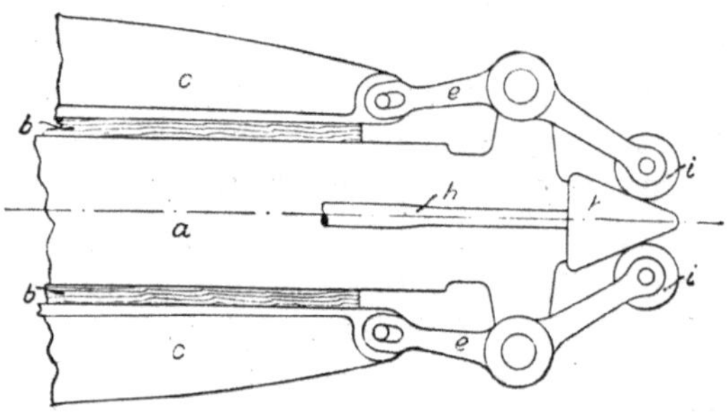

Fig. 361.

6. Tischfräsmaschine.

Unter den Maschinen, welche zum Kehlen kürzerer, insbesondere auch krummer Werkstücke dienen, ist die Tischfräsmaschine die bei weitem gebräuchlichste. Die Frässpindel ist lothrecht und über oder unter einem Tisch gelagert. Der Tisch erleichtert das Führen der Werkstücke mittels der Hand und enthält oft andere Mittel zu letzterem Zweck.

Fig. 362, 363 u. 364 zeigen eine solche, von F. W. Hofmann in Breslau gebaute Tischfräsmaschine; Fig. 365 stellt Einzelheiten derselben dar. An einem Bock, welcher die Tischplatte trägt, ist der Rahmen *b* lothrecht genau geführt; der Querschnitt *A* bis *B*, Fig. 365, lässt die Bauart der Führung gut erkennen.

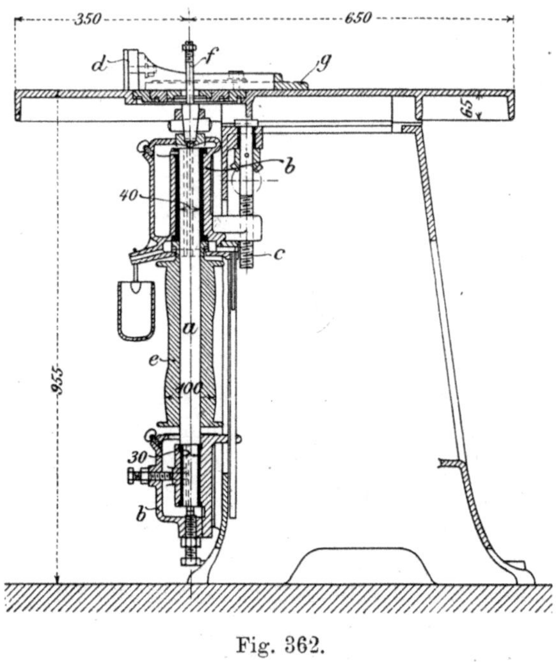

Fig. 362.

Der Rahmen *b* enthält in Fig. 362 gut erkennbare Lager der Fräserspindel *a*. In dem oberen Ende dieser Spindel befindet sich eine kegelförmige Bohrung für die Aufnahme der Fräser *f*. Mit dem Lagerrahmen *b* ist eine Mutter für die aufgehängte Schraubenspindel *c* verbunden und letztere wird unter Vermittlung eines Kegelradpaares und einer Welle von dem Handrad *d* aus bethätigt, so dass man die Höhenlage des Fräsers bequem um 80 mm ändern, bezw. genau einstellen kann. Gleichaxig mit dem Fräser liegen in der Tischplatte Ringe, welche fortgenommen werden, wenn irgend ein Fräser den betreffenden Raum in Anspruch nimmt

[1]) Zeitschr. d. Ver. deutscher Ingen. 1901, S. 818.

oder wenn Werkstückführungen nach Fig. 159 S. 74 benutzt werden sollen. Zur Bearbeitung gerader Werkstücke wird die zweitheilige Führungsleiste *d* benutzt. Die beiden Holzstücke *d* sitzen an dem Bügel *g*, und dieser ist vermöge langer Schlitze gegenüber der Frässermitte einzustellen. Mit dem Bügel *g* verbindet man eine geeignete, den Fräser überdeckende Schutzhaube.

Die Fräserspindel wird durch halb geschränkten Riemen von einem Fussbodenvorgelege aus angetrieben. Dieses ist mit Kehrbetrieb versehen, so dass man Rechts- oder Linksdrehungen des Fräsers benutzen kann (vergl. S. 25). Die Riemenrolle *e* hat zu diesem Zweck eine obere und eine eine untere Laufläche. Der Schmierung ist besondere Sorgfalt gewidmet; ablaufendes Oel wird gesammelt.

Die Fräserspindel soll sich minutlich 4000 mal drehen; als erforderliche Betriebskraft wird $1\frac{1}{2}$ Pferdestärke genannt.

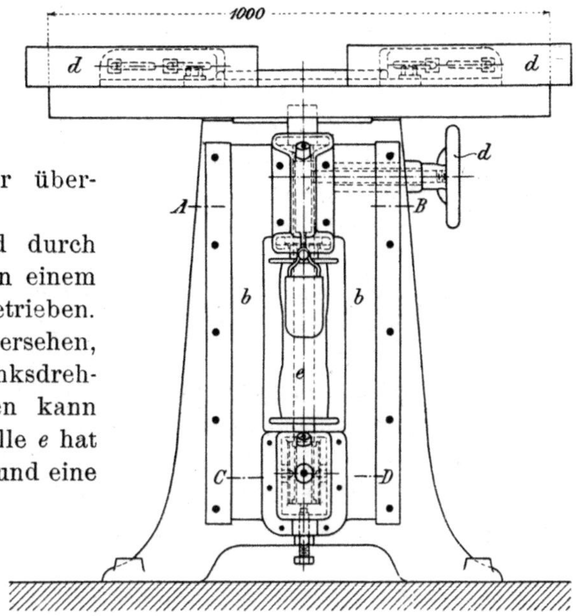

Fig. 363.

Um den Ständer und das Vorgelege besser auszunutzen, versieht man die Tischfräsmaschine zuweilen mit zwei von einander unabhängigen Frässpindeln.[1]) Fräsmaschinen mit über dem Tisch gelagerter Frässpindel finden

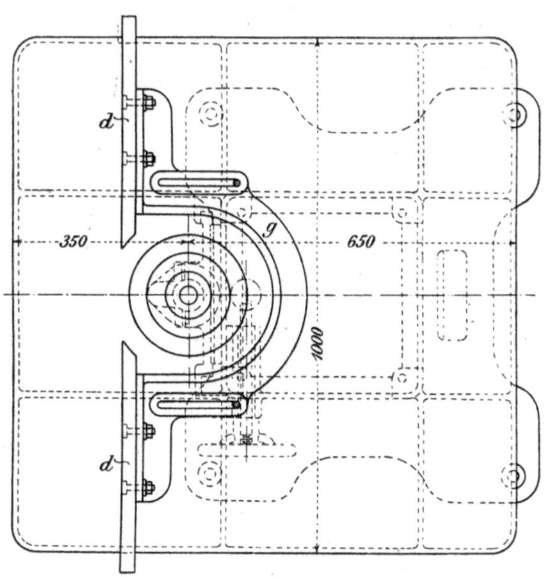

Fig. 364.

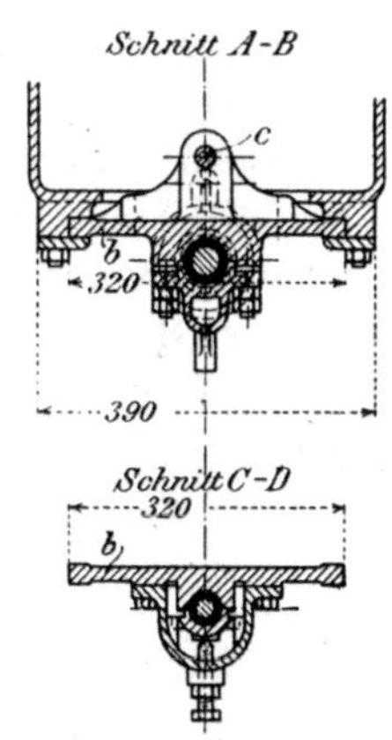

Fig. 365.

namentlich dann Anwendung, wenn weniger die Seitenflächen der Werkstücke als die Breitseiten der letzteren bearbeitet werden sollen.[2])

[1]) Richards, Dingl. polyt. Journ. 1877, Bd. 226, S. 33, mit Abb.
[2]) Dingl. polyt. Journ. 1879, Bd. 232, S. 489, mit Abb.; 1888, Bd. 267, S. 437, mit Abb.

7. Zapfenschneid- und Schlitzmaschinen.

Das Ausbilden der Zapfen geschieht durch Maschinen mit mehreren Kreissägen, z. B. nach Fig. 366. Das Werkstück *w* wird mit Hilfe eines Schlittens rechtwinklig zur Bildfläche verschoben und trifft dabei auf zwei Kreissägenpaare *a a* und *bb*. Die Lager der Kreissägen *a a* sind an lothrechten Flächen des Maschinenständers verschiebbar. Die Kreissägen *b b* sitzen zuweilen je auf besonderer Welle, werden aber auch auf gemeinsamer Welle befestigt, wobei ein zwischengelegter Ring die Zapfendicke bestimmt. Fügt man statt dieses Ringes einen Messerkopf nach Fig. 62 bis 66 S. 27—28 ein, so wird der Zapfen auch geschlitzt, d. h. es entsteht ein Doppelzapfen.

Es lässt sich, nach Fig. 367, derselbe Zweck mittels einer Tischfräsmaschine erreichen, wenn man neben dem Tisch einen gut geführten Schlitten *s* anbringt.

Dieser ist mit einer lothrechten Wand versehen, gegen welche die eine Seite des Werkstücks *w* sich so stützt, dass das Absplittern des Holzes (vergl. Fig. 2 S. 3) möglichst vermieden wird. Ein mittels Handhebels niedergedrückter Klotz *a* dient zum Festhalten des Werkstücks *w*. Auf der Fräserspindel stecken nun mehrere Fräser *f*, die scheibenartig oder nach

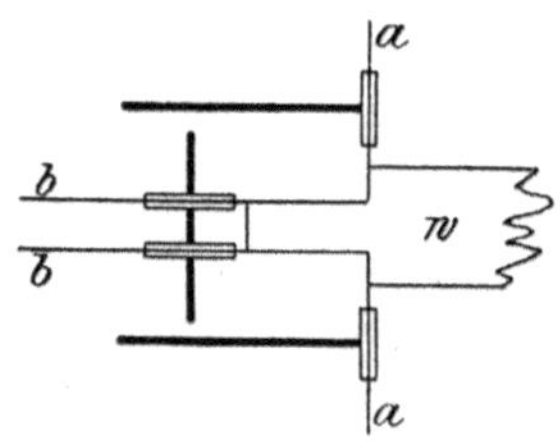

Fig. 366.

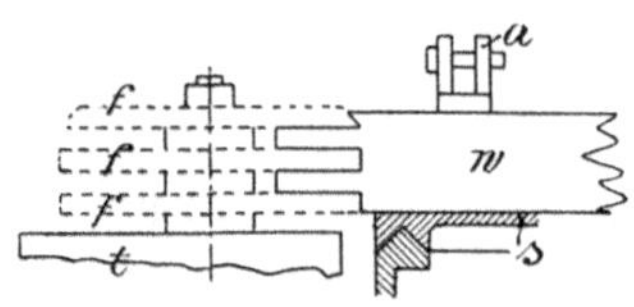

Fig. 367.

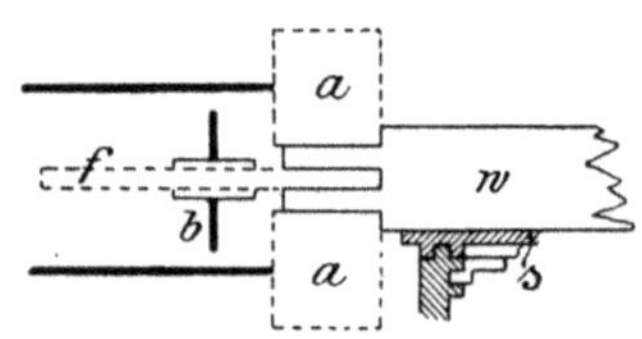

Fig. 368.

Fig. 62 S. 27 gestaltet sind. Es sei hervorgehoben, dass die lothrechte Drehaxe der Fräser gestattet, die Schultern der Zapfen überhängend zu machen.

Am gebräuchlichsten sind die nach Fig. 368 gebauten Zapfenschneid- und Schlitzmaschinen. Das Werkstück wird auf dem Schlitten *s* festgehalten und mit diesem gegen die Messerköpfe *a a* und *f* geführt. Die Lager von *a* sind, behufs Einstellens der Höhenlage, an lothrechten Führungsleisten des Maschinenständers verschiebbar. Die Messerköpfe *a* enthalten Vorschneidmesser (S. 7) und schrägliegende Hauptmesser (S. 6). Die stehende Welle *b*, auf welcher der scheibenartige Messerkopf *f* sitzt, liegt hinter den Wellen von *a*. Es werden zuweilen mehrere Messerköpfe *f* auf dieselbe Welle *b* gesteckt, zuweilen aber auch zwei Wellen *b* über einander angeordnet.

Fig. 369 ist eine Gesammtansicht einer solchen, von der Fay & Egan Co. in Cincinnati, O., gebauten Maschine. Der Schlitten gleitet (vergl. Fig. 169 S. 78) an seinem linken Ende auf einer mit dem Maschinengestell verbundenen Leiste und wird an ihrem rechten Ende durch eine Art Drehkrahn gestützt. Mittels eines querliegenden Handhebels werden die mit der Rückseite gegen einen Backen des Schlittens gelehnten Werkstücke festgehalten. Die Lagerung des unteren, liegenden Messerkopfes ist am Maschinengestell lothrecht einzustellen, die Lagerung des darüber befindlichen sowohl lothrecht, als auch in der Axenrichtung, so dass möglich ist, die Schulter des Zapfens an einer Seite mehr zurücktreten zu lassen als an der anderen. Hinter den liegenden Messerköpfen befinden sich zwei solche mit lothrechten Wellen; in dem Bilde ist nur der obere dieser Messerköpfe nebst Welle und Riemenrolle zu sehen. Zum Betrieb der lothrechten Messerköpfe dient eine im Hintergrund des Bildes deutlich erkennbare Welle. Sie wird durch halb geschränkten Riemen von einer Welle aus betrieben, die im unteren Theil des Maschinengestelles gelagert ist. Dieselbe Welle treibt durch einen Riemen gleichzeitig beide liegende Messerköpfe. Eine links im Vordergrunde sichtbare Rolle ist im Kopf einer lothrecht verschiebbaren Leiste gelagert und wird durch ein in die Verzahnung der Leiste greifendes Zahnrad, beziehungsweise das links sichtbare Gewicht

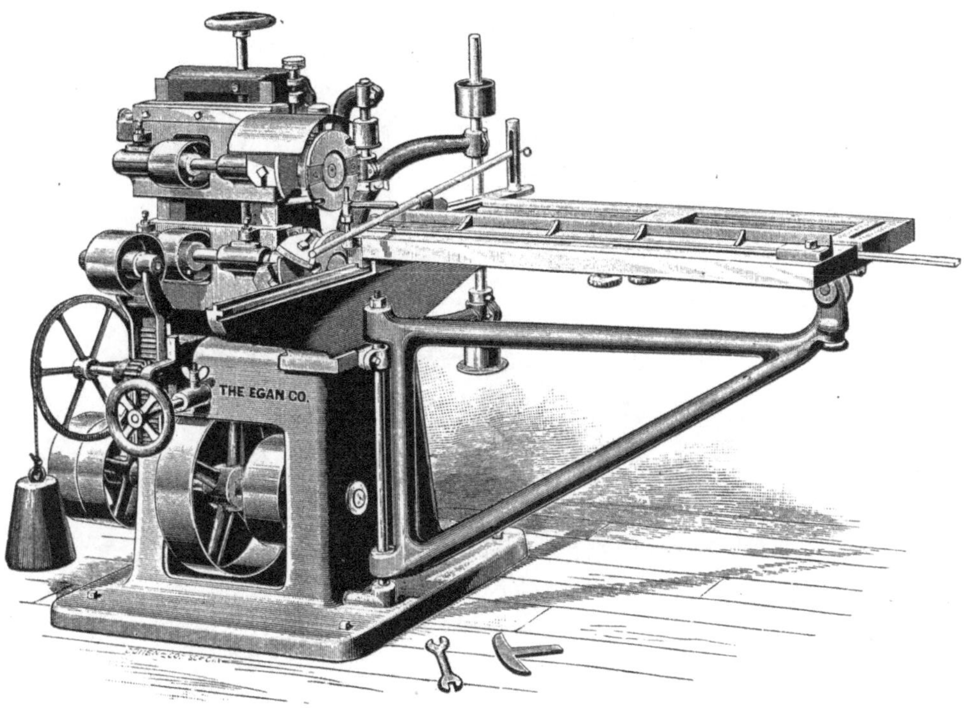

Fig. 369.

nach oben geschoben, um den Treibriemen in Spannung zu erhalten. Hinter dem soeben genannten Gewicht erblickt man eine lose und eine feste Rolle der im Maschinengestell gelagerten Welle; sie nehmen den Antriebsriemen auf, haben 255 mm Durchmesser, 115 mm Breite und sollen sich minutlich 800mal drehen.

C. Schleif- oder Sandpapiermaschinen.

S. 66 wurden die Schleifmittel und ihre Befestigungsmittel genannt.

Die Schleifmaschinen bestehen oft aus kreisenden Scheiben oder Trommeln mit bescheidenen Vorrichtungen für das Stützen der Werkstücke. Nach Fig. 157 S. 74 [1]) stecken auf einer liegenden Welle eine Schleiftrommel *b*

[1]) Zeitschr. d. Ver. deutscher Ingen. 1894, S. 707.

und eine Schleifscheibe *a*. Vor letzterer ist ein Auflegetisch *t* angebracht. Der beim Schleifen entstehende Staub, dem die abgelösten Glas-, bezw. Flintsteintrümmer sich beimischen, ist für die Lungen der Arbeiter gefährlich, weshalb man für dessen rasche Abführung sorgt. Nach Fig. 158 ist eine ebene Schleifscheibe *a* liegend angeordnet; der Anschlag *c* dient zum Stützen des Werkstücks. Es ist nun die Schleifscheibe *a* von dem Tisch *b* mit einigem Spielraum umgeben, und es schliesst sich eine Schale, mit Luftsaugröhre *d* an, so dass in dem ringförmigen Spalt zwischen *a* und *b* ein lebhafter, nach unten gerichteter Luftstrom entsteht. Fig. 160 S. 75 stellt die Hülle einer Schleifwalze dar, aus der die Luft ebenfalls nach unten abgesaugt wird.

Fig. 370.

Man findet solche Schleifmaschinen mit mehreren Walzen, über welche das Werkstück hinweggeführt wird, aber auch solche, bei denen Schleiftrommeln über dem Werkstück liegen. Es werden die Axen der Schleiftrommeln auch schräg gegen die Faserrichtung des Holzes gelegt, um hierdurch die Glätte der Werkstücke zu fördern.

Kleinere ebene Schleifflächen werden auch nach Fig. 370 mit ihrer Spindel im freien Ende eines Langbein'schen Auslegers gelagert, um sie mittels der Hand beliebig über das Werkstück hinwegführen zu können. Der Ausleger ist an einem freistehenden Ständer gelagert, in dessen Fuss die Vorgelegewelle sich befindet. Es wird durch einen halbgeschränkten Riemen eine in der Schwingungsaxe des Auslegers befindliche lothrechte Welle angetrieben, und durch eine im Gelenk des Auslegers gelagerte

Welle und Riemen die Drehung weiter auf die im äussersten Ende des Auslegers angebrachte Schleifscheibenwelle übertragen. Am unteren Ende dieser letzteren Welle sitzt die Schleifscheibe; sie ist in dem Bilde nicht sichtbar, weil eine Schale sie ähnlich so überdeckt, wie eine solche in Fig. 158 S. 74 unter der Schleifscheibe liegt. Es wird mittels zwei lothrechter und im oberen Rande der Auslegertheile angebrachter Röhren, sowie eines am Kopf des Ständers angebrachten Saugers die Luft aus der Schale oder Haube gesaugt, so dass unter dem Rande der letzteren kein Schleifstaub nach aussen zu entweichen vermag. Die Schleifscheibe lässt sich mittels

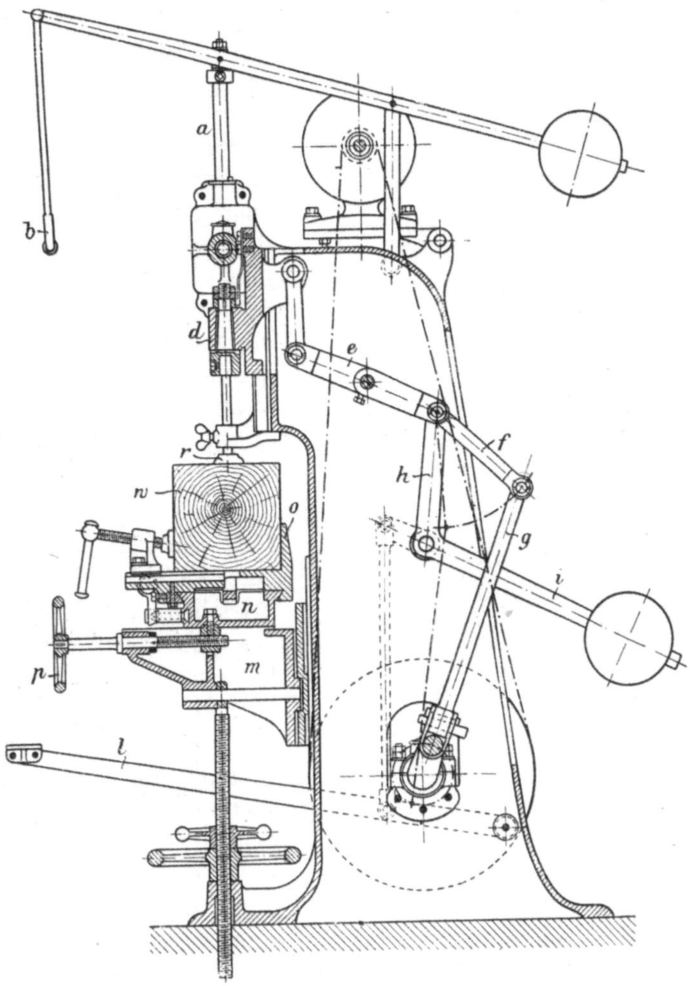

Fig. 371.

des rechtsbelegenen obersten Handhebels ein wenig heben oder senken, und mittels des etwas tiefer sitzenden Handgriffes über das zu schleifende Werkstück führen. Die zur Aufnahme des Werkstücks dienende Tischplatte kann man durch den untersten, rechts sichtbaren Handgriff in einigem Grade höher, bezw. tiefer einstellen.

D. Stemmmaschinen.

Unter dieser Ueberschrift sollen die zum Erzeugen von Zapfenlöchern dienenden Maschinen zusammengefasst werden.

Zunächst möge eine eigentliche Stemmmaschine Platz finden. Fig. 371, 372 u. 373 stellen sie in einer Ausführung der Maschinenfabrik Kappel zu Kappel bei Chemnitz dar.

Es gehört zu einer Stemmmaschine eine Lochbohrmaschine, um zunächst eine Zahl von Löchern zu erzeugen, die bei dem eigentlichen Stemmen das Ausweichen der Späne gestatten (vergl. S. 68). Die Bohrspindel *a* steckt verschieblich in einer gut gelagerten Hülse, Fig. 372, an welcher das zu ihrem Betriebe dienende Winkelrad ausgebildet ist. Das zugehörige Winkelrad sitzt auf einer liegenden Welle, auf welcher gleichzeitig die Antriebsrollen *c* stecken. Die Verschiebung der Bohrspindel erfolgt durch den Handgriff *b* unter Vermittlung eines Hebels. Das Gegengewicht dieses Hebels veranlasst die Bohrspindel *a* sich nach oben zu verschieben, sobald der Handgriff losgelassen wird. Das Räderwerk ist völlig eingekapselt. In Fig. 372 sieht man rechts neben der Bohrmaschine den Schlitten *d* in dem der Stichel steckt. Letzterer ist in *d* um 180^0 zu drehen, so dass die Hauptschneide entweder links oder rechts liegt. Der Schlitten *d*, wird von einer im Fuss des Maschinenständers gelagerten gekröpften Welle aus angetrieben. Um nun die Grösse des Hubes von *d* rasch regeln zu können, ist *d* mit der Kurbelwelle auf folgende Weise verbunden: *d* ist durch ein kurzes Glied dem Hebel *e* angelenkt, welcher mit seiner Welle im Maschinengestell drehbar gelagert ist, und an dessen zweites Ende der Lenker *f* greift. *f* ist durch einen Bolzen mit der Lenkstange *g* verbunden. Man erkennt sofort, dass bei der in Fig. 371 gezeichneten Lage dieser Theile von einer nennenswerthen Einwirkung der Kurbel auf den Schlitten *d* keine Rede sein kann. An den Gelenkbolzen, welcher *f* mit *g* verbindet, greift nun ein fernerer — in Fig. 371 nicht sichtbarer — Lenker, der ihn mit dem Winkelhebel *h* verbindet. Wird *h* in Bezug auf Fig. 371 von rechts nach links bewegt, so werden *f* und *g* mehr und mthr in eine gerade Linie gebracht und, da der *f* mit *g* verbindende Bolzen durch *h* gehindert wird seitlich auszuweichen, die Kurbelbewegung auf *d* übertragen. In Fig. 373 ist die gestreckte Lage von *f* und *g* durch gestrichelte Linien angegeben. *h* ist mit einem Schenkel *i* behaftet, an dem ein Gewicht sitzt, welches bestrebt ist, die in Fig. 371

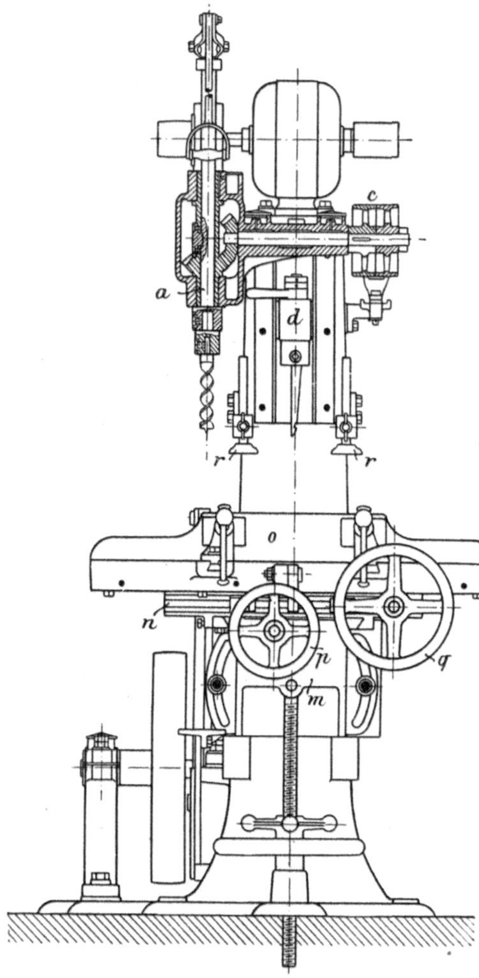

Fig. 372.

dargestellte Lage hervorzurufen oder zu erhalten. Die Welle, auf welcher *h* und *i* festsitzen, enthält ausserhalb des Maschinenständers den Hebel *k*, dem der Trethebel *l* angelenkt ist, so dass durch Niedertreten des letzteren die in Fig. 373 abgebildete Lage des Gestänges entsteht, also die volle Hubhöhe des Schlittens *d* erreicht wird. Bei mittleren Lagen des Trethebels *l* dringt der Stichel weniger tief in das Holz ein.

Verwandte Lösungen vorliegender Aufgabe findet man in den unten verzeichneten Quellen.[1])

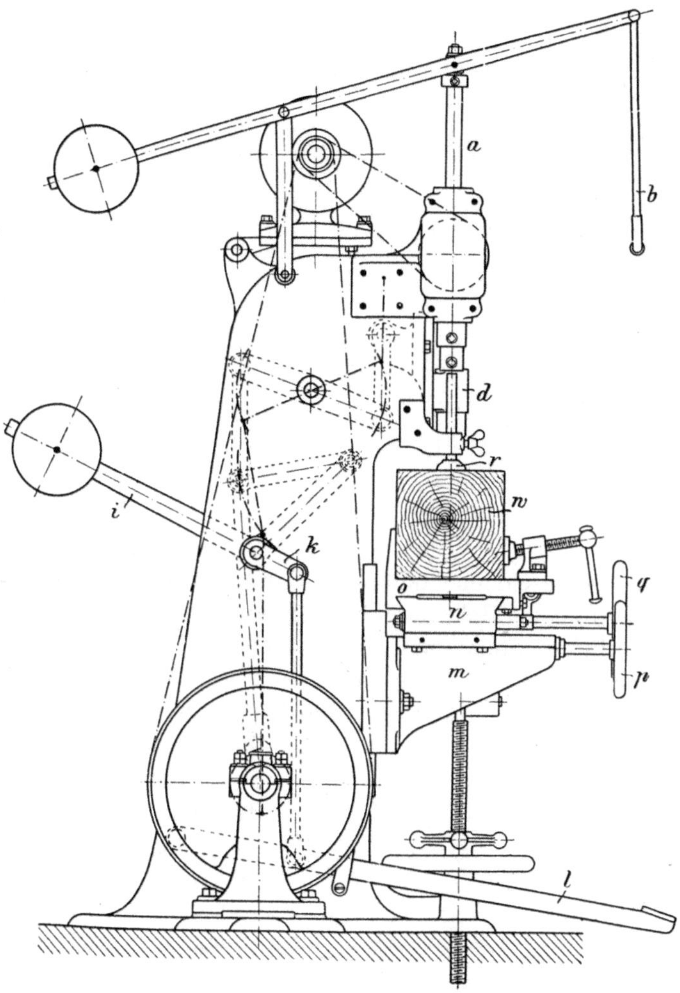

Fig. 373.

Zur Aufnahme der Werkstücke *w* dient ein winkelförmiger Schlitten *o*; bemerkenswerth ist, dass die Befestigungsschrauben in mässiger Neigung nach unten gegen das Werkstück drücken. Gegen das Heben des Werkstücks durch den emporsteigenden Stichel schützen ferner die Stützplatten *r*. Der Schlitten *o* ist auf *n* mittels Zahnstange und Rad von dem Handrade *q* aus rasch zu verschieben; einstellbare Anschläge begrenzen

[1]) Dörner, Dingl. polyt. Journ. 1885, Bd. 258, S. 350, mit Abb. Kirchner, Dingl. polyt. Journ. 1886, Bd. 262, S. 400, mit Abb. Richter-Winkler, Dingl. polyt. Journ. 1887, Bd. 266, S. 100, mit Abb.

diese Verschiebung. n wird mittels Schraube und Handrad p dem Ständer genähert oder von ihm zurückgezogen. Der Winkel m endlich, auf welchem n sich verschieben lässt, ist schräg einzustellen (vergl. insbesondere Fig. 372) und durch Schraube und Handrad in die gewünschte Höhenlage zu bringen.

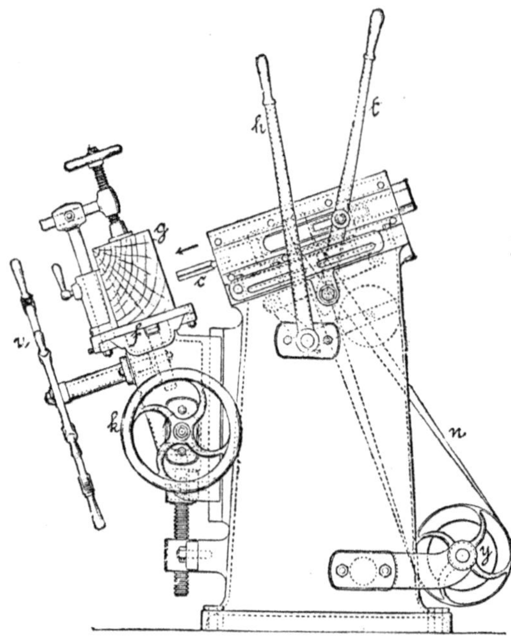

Fig. 374.

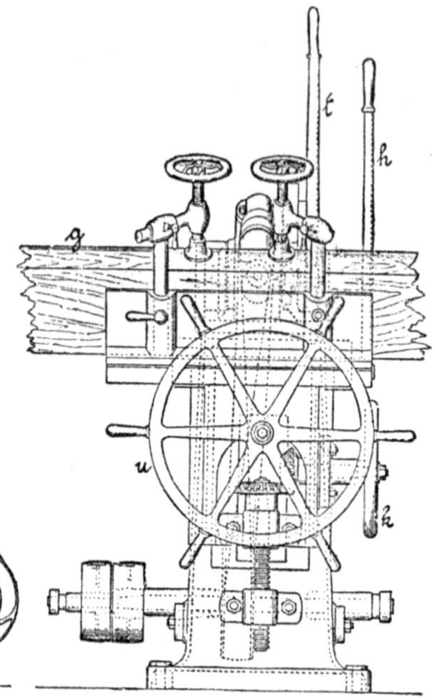

Fig. 375.

Auf dem Kopf des Maschinenständers ist der Elektromotor befestigt, welcher durch Riemen sowohl die Bohrmaschine, als auch die unten gelagerte Kurbelwelle der eigentlichen Stemmmaschine antreibt.

Die Maschine von M. Zang in Paris,[1]) Fig. 374, 375 u. 376 ist vorwiegend Langlochbohrmaschine. Ein Langlochbohrer c wird durch den halbgeschränkten Riemen n von der Vorgelegewelle y aus angetrieben und kann mit seiner Lagerung durch den Handhebel h in seiner Axenrichtung verschoben werden. Das Werkstück g ist auf der Platte f befestigt und kann, unter Vermittlung von Zahnstange und Rad durch das Spillrad u in der Längenrichtung des zu erzeugenden Loches verschoben werden. Es ist der Langlochbohrer, wie auch das Werkstück schräg gelegt, um das Auswerfen der Späne zu erleichtern, aber auch dem Arbeiter das Beobachten der Arbeitsstelle nicht zu sehr zu erschweren. Deshalb sollte auch die Höheneinstellung des Werkstücks in schräger Richtung statt-

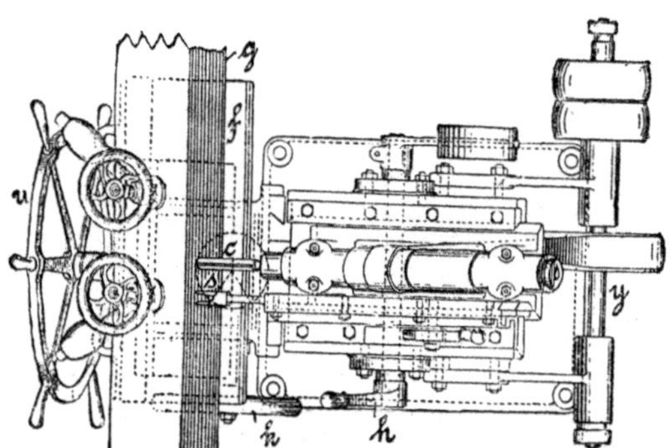

Fig. 376.

[1]) Zeitschr. d. Ver. deutscher Ingen. 1887, S. 1075, mit Abb.

finden. Zang hat statt dessen vorgezogen, diese Höheneinstellung in lothrechter Richtung, und zwar mittels Schraube, Kegelradpaar und Handrad *k* stattfinden zu lassen.

Nachdem das lange Loch hergestellt ist, erübrigt noch, die abgerundeten Enden desselben rechteckig zu machen (vergl. S. 67). Zu diesem Zweck ist mittels des Handhebels *t* ein Schlitten zu bewegen, in dem ein doppeltes Viereisen *s*, Fig. 376 steckt. Man hat dieses Werkzeug doppelt gemacht, um die Einrichtung zu sparen, welche bei einfachen Eisen zum Wenden des letzteren dient. Dieses doppelte Eisen dürfte indessen schwierig zu schleifen sein.

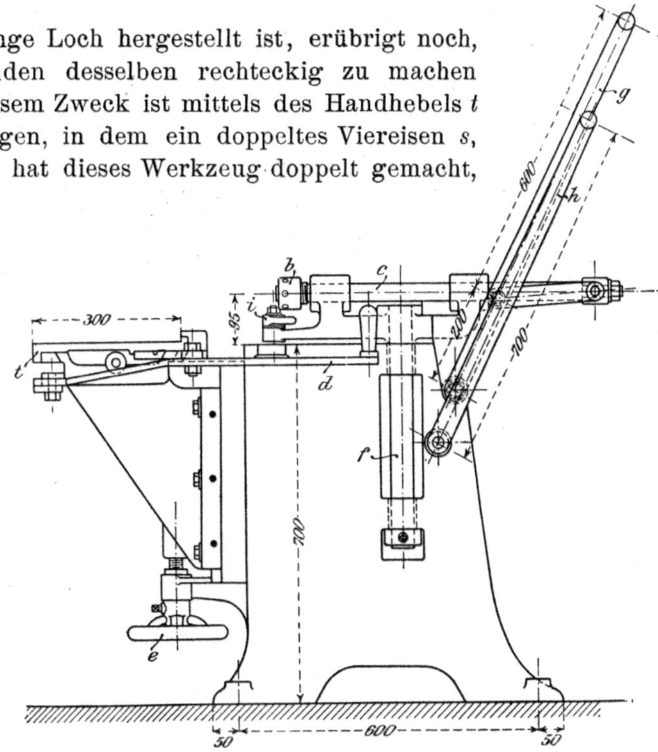

Fig. 377.

Bohrspindel und Stemmeisen der Langlochbohr- und Stemmmaschine von F. W. Hofmann in Breslau, Fig. 377—381 sind in wagerechter Richtung zu verschieben. Die Bohrspindel dreht sich in langen Lagern, welche in Fig. 380 geschnitten sind, minutlich 2500 mal; die Lager sind längs Führungen des Maschinenständers durch Zahnstange, Zahnbogen und den

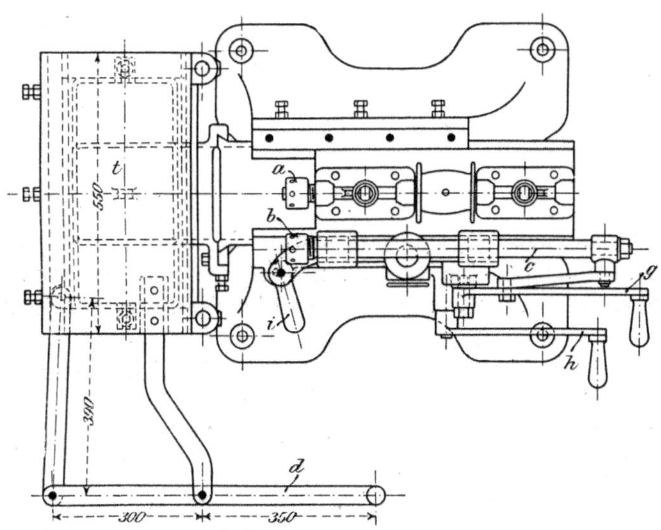

Fig. 378.

Handhebel *h* bis zu 250 mm zu verschieben, so dass man 200 mm tiefe Löcher herstellen kann. Der Bohrer wird durch ein selbst ausrichtendes Futter *a* mit der Bohrspindel verbunden. Der Aufspanntisch *t* ist an dem

Rande, welcher dem Bohrer zugekehrt ist, mit einer Anschlagsleiste versehen, an den übrigen Rändern aber frei, so dass man beliebig grosse Werkstücke, z. B. Thüren vorlegen kann. *t* wird durch den Handhebel *d* in seiner Längenrichtung bis zu 400 mm verschoben und ist mittels des Handrades *e* höher oder tiefer einzustellen.

Zum Vierkantigmachen der Zapfenlochenden dient ein mittels selbstausrichtendem Futter *b* an der Stange *c* befestigter Stichel; er wird mittels des Handhebels *g*, welcher der Stange *c* angelenkt ist, verschoben. Die Augenlager, in welchen die Stange *c* gleitet, sind mit der Welle *f*, Fig. 377 fest verbunden und können um deren Axe gedreht werden. Auch der Bolzen des Handhebels *g* sitzt an dieser Welle, bezw. den Augenlagern

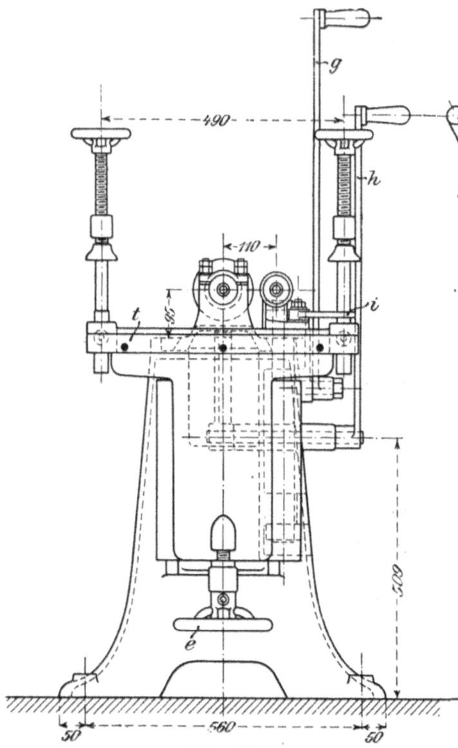

Fig. 379.

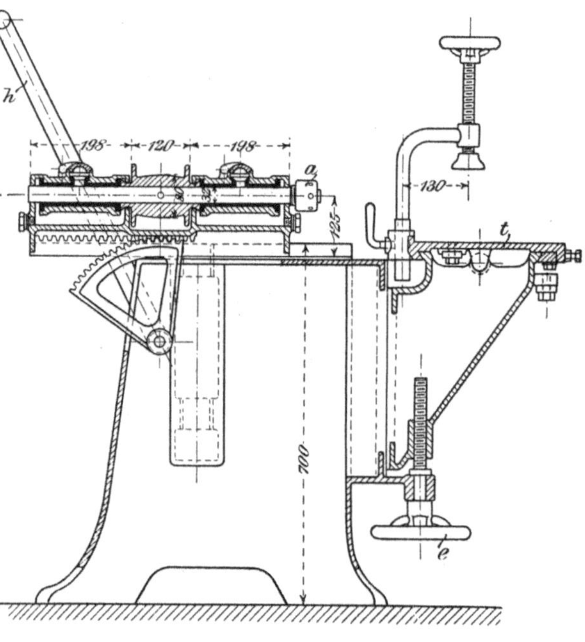

Fig. 380.

fest, so dass man, nach Lösen der Schraube *i*, die Stange *c* zu dem Werkstück schräg legen, also die Lochenden schräg gestalten kann.

Der Arbeitsbedarf vorliegender Maschine ist zu etwa einer Pfdk. angegeben.

Die mit einer Kettensäge (S. 63) arbeitende, Zapfenlöcher ausschneidende Maschine der Dubuque Specially Machine Works[1]) ist nur für rohere Arbeiten brauchbar, wogegen die Maschine von Greenley, Br. & Co. in Chicago tadellos sauber arbeitet.

Sie benutzt das Werkzeug Fig. 142 S. 68, d. h. einen Stichel mit vier Schneiden und einen die Späne hinwegräumenden, rasch kreisenden Bohrer. Man sieht in dem sie darstellenden Schaubilde Fig. 382 links die Aufspannvorrichtung für die Werkstücke, rechts daneben das Werkzeug.

[1]) Zeitschr. d. Ver. deutscher Ingen. 1894, S. 706, mit Abb.

Von der im Fuss des Maschinenständers gelagerten Antriebswelle, deren feste und lose Antriebsrolle sich ganz rechts befinden, wird zunächst eine oben liegende Rolle in Betrieb gesetzt, welche den Bohrer dreht. Die Bohrerspindel ist in dieser Rolle verschiebbar. Innerhalb des Maschinenständers sitzt auf der Antriebswelle eine Reibrolle, gegen welche sich die eine oder andere von zwei, auf einer Querwelle festen Reibscheiben legt, so dass diese sich rechts oder links herumdreht und unter Vermittlung einer Kette den die Werkzeuge enthaltenden Schlitten vor- und rückwärts bewegt. Von diesem Schlitten, in der Mitte der Maschine, aber ganz oben, ist eine Steuerstange mit Stellringen sichtbar, welche eine stehende Welle bethätigt und dadurch die Reibscheiben umsteuert.

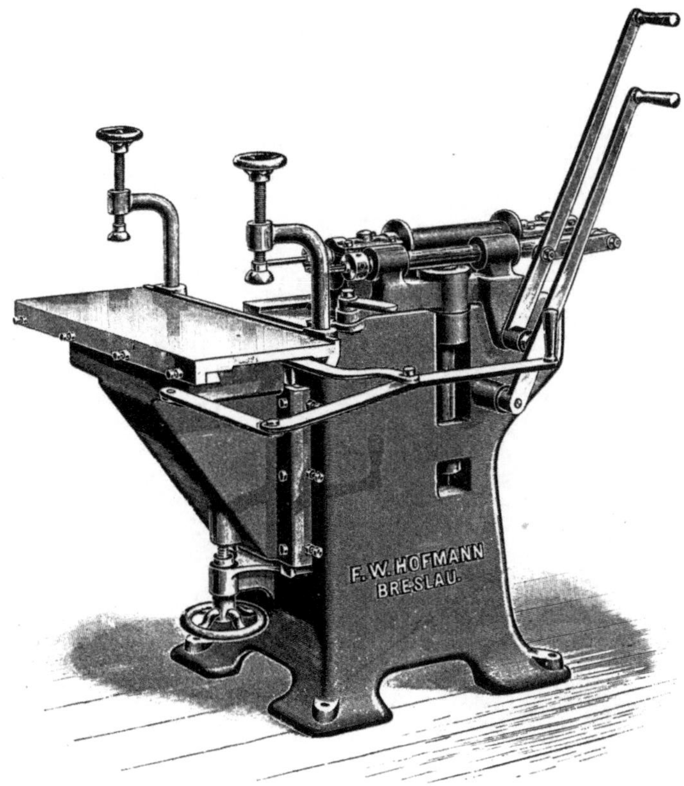

Fig. 381.

E. Lochbohrmaschinen.

Die Lochbohrmaschinen für Holz unterscheiden sich von denjenigen für Metall in erster Linie durch die grosse Drehgeschwindigkeit der Bohrer, ferner aber regelmässig durch den Umstand, dass die Bohrer mit Einziehschraube (S. 31) versehen sind, also eine selbstthätige Zuschiebung des Bohrers überflüssig ist. Nur für besondere Zwecke wird eine solche selbstthätige Zuschiebung angewendet und die Einziehschraube weggelassen. Die Verschiebung des Bohrers findet fast ausnahmslos mittels der Hand oder unter Vermittlung eines Tretschemels statt, während ein Gegengewicht den Bohrer selbstthätig zurückzieht.

Die vorhin beschriebenen Stemm- beziehungsweise Langlochbohrmaschinen Fig. 371—381 enthalten Lochbohrmaschinen, die auch zum Bohren runder Löcher benutzt werden.

Um ein weiteres Beispiel einer einspindlichen Lochbohrmaschine zu geben, führe ich die von der Fay & Egan Co. gebaute[1]) an. Fig. 383 ist ein Schaubild dieser an einen Holzständer *k* zu befestigenden Maschine. Das Lager an der rechten Seite des Bildes umfasst die halsartig ausgebildete

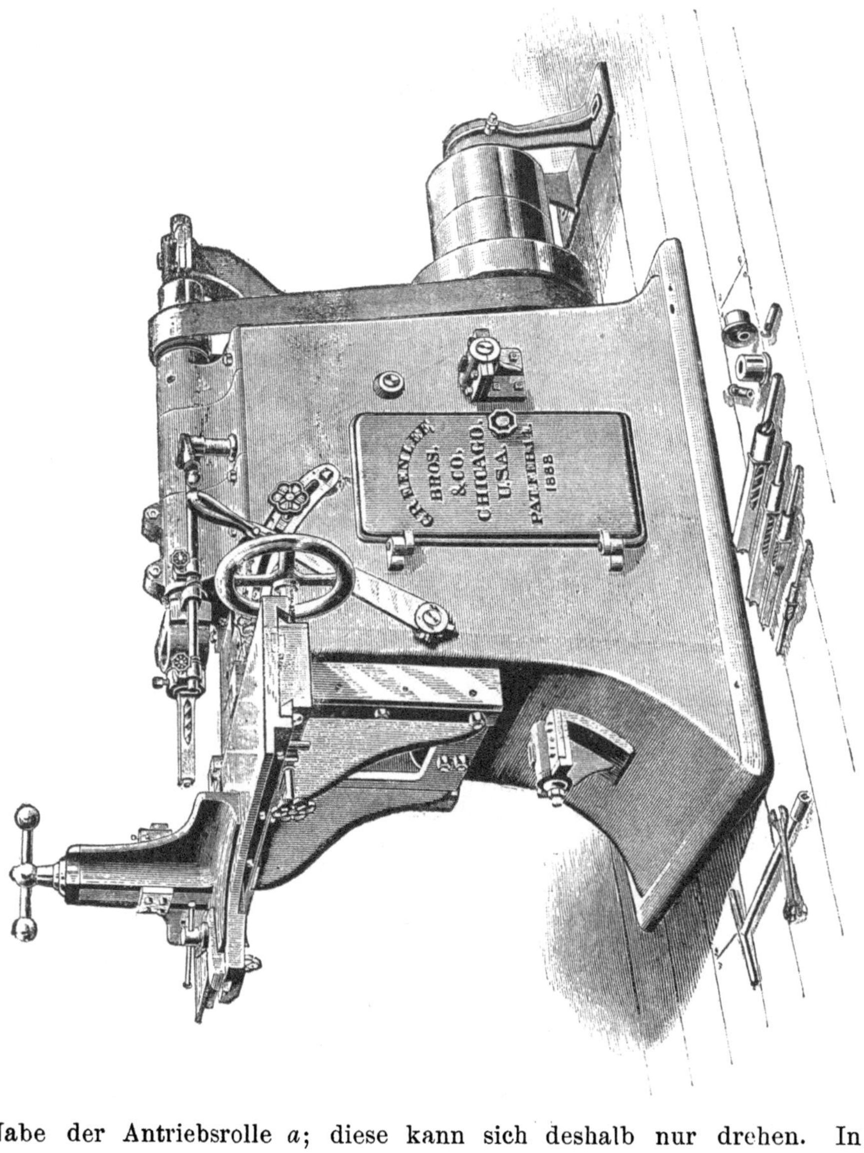

Fig. 382.

Nabe der Antriebsrolle *a*; diese kann sich deshalb nur drehen. In ihr sitzt eine Leiste fest, welche in die lange Nuth der Welle *b* greift und diese zwingt sich mit *a* zu drehen. Die Welle *b* ist linksseitig in einer langen Hülse *c* gelagert, mit welcher sie unter Benutzung der mit Handrad versehenen Schraube *i* verschoben werden kann. Die Hülse *c* ist in *h* verschiebbar gelagert, enthält an ihrem linksseitigen Kopf die Lager der Bohr-

[1]) Zeitschr. d. Ver. deutscher Ingen. 1894, S. 664, mit Abb.

spindel *d* und die eingekapselten Kegelräder, welche die Drehbewegung von *b* auf *d* übertragen. Mit Hilfe des mit Handhabe und Gegengewicht versehenen Hebels *e* ist die Bohrspindel zu verschieben. Es ist der Hebel *e* der Hülse *c* angelenkt, somit die ganze eigentliche Bohrmaschine um die Axe von *b* drehbar, wenn sie hieran nicht besonders gehindert wird. Es steckt zu diesem Zwecke *c* nicht unmittelbar in *h*, sondern in der Bohrung eines in *h* drehbaren Ringes, und wird durch eine feste Leiste und eine lange Nuth gehindert, sich in diesem Ringe zu drehen. Man kann den Ring nun an *h* befestigen und dadurch der Bohrspindel eine lothrechte oder eine geneigte, ja eine wagerechte Lage geben, da auch die Mutter der Schraube *i* in dem mehrgenannten Ringe sich befindet. Die Anordnung

Fig. 383.

des Gegengewichtes muss selbstverständlich für die einzelnen Schräglagen der Bohrspindeln geändert werden.

Da das Bohren selbst nur wenig Zeit in Anspruch nimmt, so darf auch für das Vorlegen und Hinwegnehmen der Werkstücke, für das Gewinnen der gegensätzlichen Lage von Bohrer und Werkstück nicht viel Zeit verwendet werden. Die Anordnung der soeben beschriebenen Bohrmaschine entspricht diesem Gesichtspunkt, indem sie gestattet, die Bohrspindel in grösserem oder geringerem Abstand von dem Ständer *k* und in irgend einer Neigung zu verwenden. Denkt man sich einen auf quer zur Welle *b* liegenden Schienen verschiebbaren Wagen, der zur Aufnahme des Werkstücks dient, hinzu, so ist das Ganze eine bequem zu handhabende und rasch arbeitende Bohreinrichtung.

Es gelten übrigens für die zum Bohren des Holzes dienenden Maschinen ähnliche Gesichtspunkte wie Bd. I, S. 353 u. ff. für Metallbohrmaschinen dargelegt sind. Hier wie dort kommen mehrspindlige Bohrmaschinen vor, werden die Bohrer gegen die Werkzeuge oder diese gegen erstere verschoben.

Auch fehlt es nicht an Einrichtungen für Sonderzwecke, bei welchen das Zuschieben und Zurückziehen der Bohrer oder Werkstücke, das Vorlegen und Fortrücken der Werkstücke selbstthätig stattfindet.

F. Drehbänke.

Es unterscheiden sich die Holzdrehbänke von denjenigen für Metall zunächst durch die zum Festhalten des Holzes dienenden Vorrichtungen (S. 106), ferner durch viel grössere Geschwindigkeit und endlich durch den zierlichen Bau.

Die Bedeutung der Holzdrehbank ist zurückgegangen, indem jetzt manche Gegenstände, welche früher auf der Drehbank bearbeitet wurden, Maschinen zufallen, welche mit Messerköpfen arbeiten.[1])

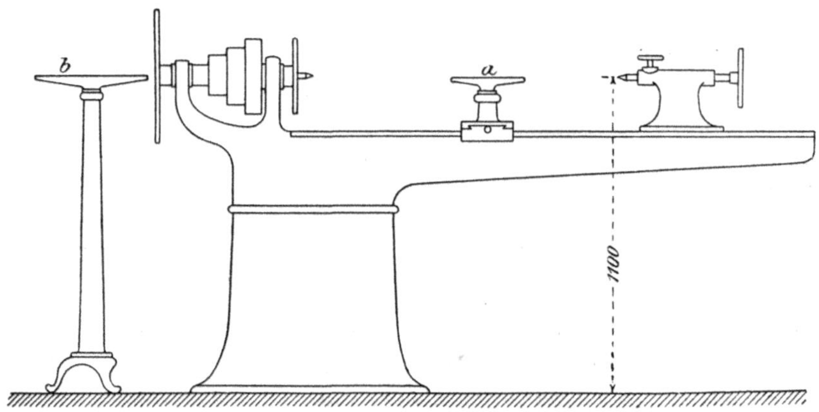

Fig. 384.

Ich werde deshalb nur wenige Beispiele bringen.

Fig. 384 stellt eine Drehbank für Modellwerkstätten dar. Der Spindelstock ist mit dem Bett zusammengegossen, und die Spindel enthält rechts eine Spitze, vielleicht auch eine kleine Planscheibe und links eine grössere Planscheibe. Ganz rechts erkennt man einen einfachen Reitstock. Zwischen Reitstock und Spindelstock befindet sich ein Schlitten mit der Auflage *a*. Sie besteht aus einem zum Stützen der Werkzeuge dienenden Lineal, welches mittels runden Zapfens in dem Querschlitten zu befestigen ist, so dass man die Kante der Auflage gleichlaufend zur Drehbankaxe, quer gegen diese oder schräg zu stellen vermag, auch ihre Höhenlage dem Bedarf anpassen kann. Man kann die Auflage durch eine kürzere oder längere ersetzen; sehr lange Auflagen werden auch mit zwei Zapfen versehen, welche in zwei in einiger Entfernung von einander angebrachte Querschlitten gesteckt werden. Die linksseitige Planscheibe dient zum Befestigen von Modellen grösseren Durchmessers, und die Auflage *b* steckt in einem auf dem Fussboden freistehenden Ständer.

[1]) Vergl. D. R.-P. Nr. 34857, 48983, 55489, 58998. Stevens, Dingl. polyt. Journ. 1886, Bd. 260, S. 365, mit Abb.; Bd. 261, S. 520, mit Abb.

Für weniger allgemeine Zwecke findet man mannigfache Einzeldurchbildungen der Drehbänke.

Beispielsweise werden lange Werkstücke — Treppendocken und dergl. — zwischen den Spitzen eingespannt und zunächst walzenförmig gestaltet, und zwar so, wie bei dem Abdrehen der Wellen gebräuchlich (vergl. Bd. I, S. 133). Es wird das Werkstück zunächst in der Nähe der Reitstockspitze auf eine solche Dicke abgedreht, dass es genau in eine Brille passt. Diese steht auf der Bettplatte, auf welche auch der Stichel befestigt ist, so dass beim Weiterschreiten des Stichels die Brille folgt und das Werkstück unmittelbar neben dem Stichel stützt und dadurch jedes Durchbiegen des langen Werkstücks verhütet. In einem zweiten Arbeitsgange, und zwar ohne Umspannen des Werkstücks, werden die verzierenden Kehlungen durch Formmesser angebracht.

Die Fay u. Egan Co. in Cincinnati, O., legt zu diesem Zweck hinter die Drehbank einen genau lothrecht verschiebbaren Rahmen *a*, Fig. 385. Dieser ist mit einem zur Aufnahme der Formmesser *m* geeigneten Schrägbalken versehen, und wird allmählich nach unten bewegt, so dass die Formmesser nach einander zum Angriff kommen. Bettplatte und Brille werden gleichzeitig so verschoben, dass letztere in möglichster Nähe des wirkenden Formmessers sich befindet.

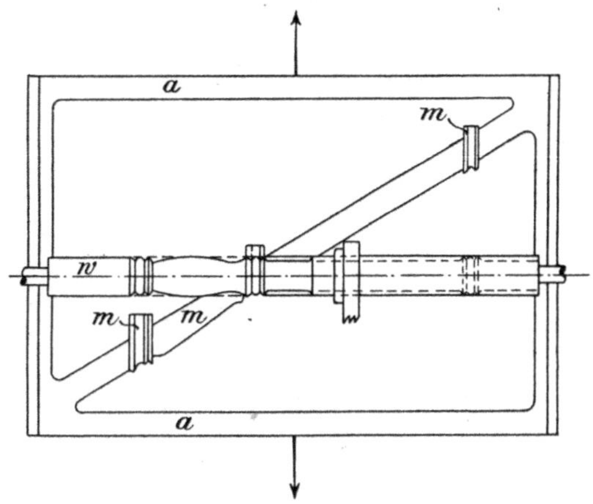

Fig. 385.

Wenn aus einem längeren Holzstück eine Zahl kürzerer Gegenstände erzeugt werden soll, so wählt man oft denselben Eingang, d. h. man dreht das Werkstück zunächst walzenförmig, um hierbei und während des Arbeitens der Formstichel eine Brille benutzen zu können. Es wird aber das Werkstück mittels eines Futters an der Spindel befestigt. Nunmehr schiebt man Bettplatte und Brille nach rechts, zieht den Reitstock zurück, vollendet am rechtsseitigen Ende des Werkstückes einen Gegenstand und sticht ihn ab, rückt die Bettplatte nach links und bearbeitet ein weiteres Stück u. s. w.

Die Maschinenfabrik Kappel zu Kappel bei Chemnitz baut eine Drehbank, welche sowohl für lange als auch für kürzere Gegenstände sehr geeignet ist.[1]) Die Fig. 386—392 stellen den Haupttheil dieser bemerkenswerthen Drehbank, nämlich deren Bettplatte mit Zubehör dar.

Mit der Bettplatte *a* ist der Brillenständer *b* zusammengegossen. Die Brille selbst besteht in einer auswechselbaren Büchse mit Bund und ist, nach Fig. 389 u. 390, an einem Ende soweit weggeschnitten, dass das Schruppmesser *c* Raum findet. Dieses Schruppmeser wird an dem Hebel *d* befestigt, der um einen an *b* festen Bolzen drehbar ist, um das Messer dem Werkstück mehr oder weniger zu nähern; *d* kann mittels einer Schraube

[1]) D. R.-P. Nr. 26994.

Fig. 387.

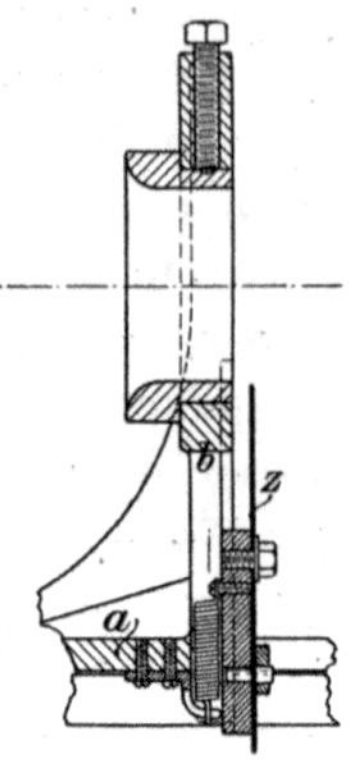

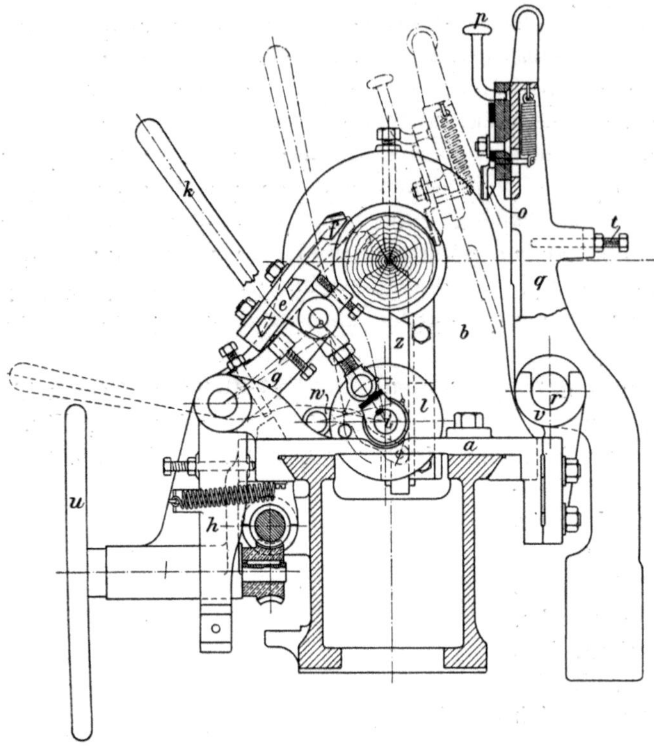

Fig. 386.

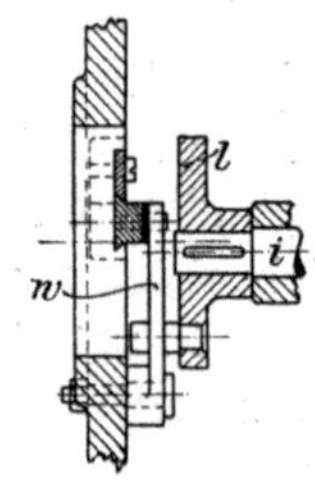

Fig. 388.

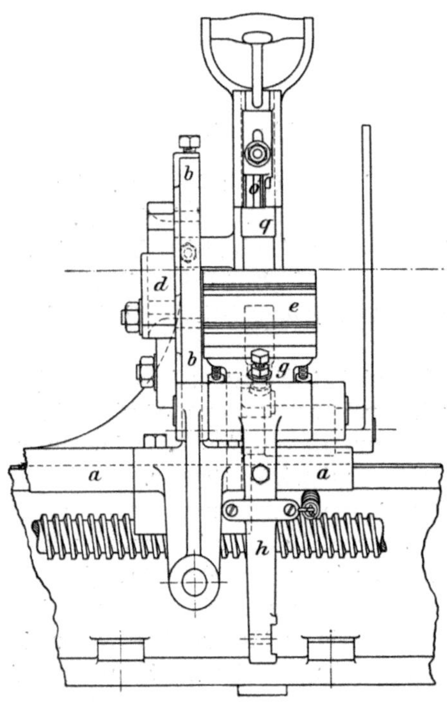

Fig. 389.

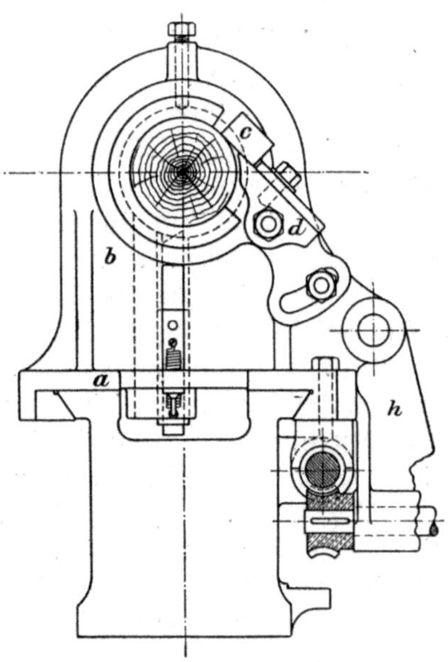

Fig. 390.

festgelegt werden. Auf der anderen Seite von *b* befindet sich die Aufspannplatte *e*, Fig. 286 u. 289, auf welcher ein zweites Messer *f* befestigt werden kann. Diese Aufspannplatte ist um einen wagerechten, am Doppelhebel *gh* sitzenden Zapfen drehbar und lässt sich ihrer Lage nach durch vier Schrauben genau einstellen, wie in Fig. 386 dargestellt ist.

Der Hebelarm *g* ist durch eine einstellbare Lenkstange mit der Kurbelscheibe *l* die auf der Welle *i* festsitzt, verbunden und demgemäss durch den Handhebel *k* in eine höhere oder tiefere Lage zu bringen. In Fig. 386 sind die beiden Endlagen des Hebels *k* gestrichelt gezeichnet, und ebenso die zugehörigen Lagen der Schneide von *f*. Es ist hiernach durch Bethätigen des Hebels *k* die Schneide von *f* dem Werkstück innerhalb ge-

Fig. 391.

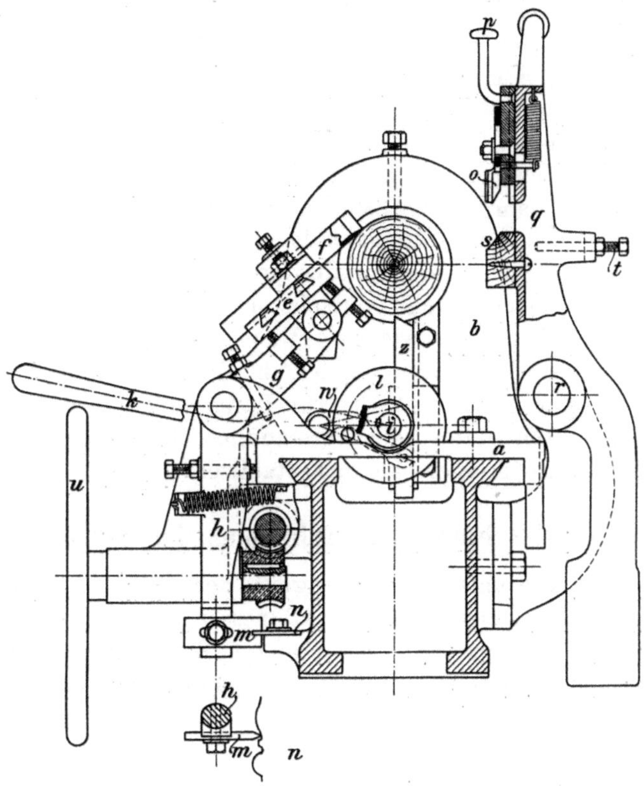

Fig. 392.

wisser Grenzen beliebig zu nähern. Hiervon wird Gebrauch gemacht, wenn *f* mittels der Hand vorgeschoben oder zurückgezogen werden soll.

Es lässt sich aber *f* auch mittels einer Lehre verschieben, zu welchem Zweck die Verbindung zwischen *g* und *l* aufgehoben wird. Nach Fig. 391 und 392 wird der untere Arm *h* des Hebels *gh* durch eine Schraubenfeder stets nach rechts gezogen und demgemäss seine Lage durch den am unteren Ende von *h* befestigten Finger *m* und die am Drehbankbett sitzende Lehre *n* bestimmt. Bei dem Verschieben der Bettplatte *a* und des Stichels *f* längs des Bettes wird demnach die Schneide des Stichels entsprechend der Lehre *n* dem Werkstück mehr oder weniger genähert, oder von ihm zurückgezogen, also das Werkstück hiernach gestaltet.

Man erhält auf diesem Wege keine glatten Flächen (vergl. Bd. I, S. 31), weshalb Formmesser *o* für die Vollendung vorgesehen sind. Sie sitzen verschieblich an Handhebeln *q*, die lose auf einer längs des Bettes liegenden Stange *r* stecken. Die einzelnen Hebel *q* befinden sich zwischen auf *r* befestigten Stellringen, so dass, wenn man sie mittels ihrer Handhabe gegen das Werkstück bewegt, ihr Messer *o* ohne weiteres in die richtige Lage gegenüber der mit Hilfe der Lehre *n* vorgedrehten Verzierung oder Kehlung kommt. Das Messer *o* wird mittels des Knopfes *p*, auf den die Hand des Arbeiters trifft nach unten geschoben, eine Art Hobelsohle *s* verhütet das Abnehmen zu dicker Späne, und die Stellschraube *t* stösst mit ihrer Spitze gegen den Brillenständer, sobald die Arbeit vollendet ist. Es wird dann die Bettplatte mittels des Handrades *u* an diejenige Stelle geschoben, welche demnächst mit einer Verzierung versehen werden soll, u. s. w.

Sollen kurze Gegenstände erzeugt werden, so verfährt man wie bisher; es liegt aber der eine zu benutzende Formmesserhebel *q* zwischen zwei Gabeln *v*, Fig. 386, die an der Bettplatte befestigt sind.

Sobald der Formstichel *o* seine Arbeit erledigt hat, so hebt man den Handhebel *k* allmählich in seine höchste Lage. Ein an der Kurbelscheibe *l*, Fig. 386, und 388 sitzender Stift greift unter den am Ständer *b* drehbaren Hebel *w* und hebt damit das Abstechmesser *z*.

Mit der beschriebenen Drehbank ist eine solche von Ponzio[1]) verwandt.

Um kürzere Gegenstände auf der Drehbank zu erzeugen, macht man auch die Drehbankspindel hohl, versieht sie mit einem selbstausrichtenden Futter und schiebt das Holz wie es gewachsen ist, oder entsprechend vorgerichtet, ruckweise durch die Spindel, in dem Grade, dass jedesmal so viel aus dem Futter hervorragt, als zur Herstellung eines der Gegenstände nöthig ist. Es entfällt dann selbstverständlich der Reitstock. Die Anordnung der Werkzeuge erinnert an den Stahlwechsel (Bd. I, S. 306).

G. Maschinen zum Schneiden der Zinken.

Armstrong verwendete[2]) Kreissägen, deren Zähne auf $^3/_4$ des Umfanges in allmählich zunehmendem Halbmesser liegen, während der Rest nach der Seite abgebogen ist. Die ersteren Zähne schneiden vom Rande des Brettes bis zum Fuss der Zinken, die andern bilden die Sohle der

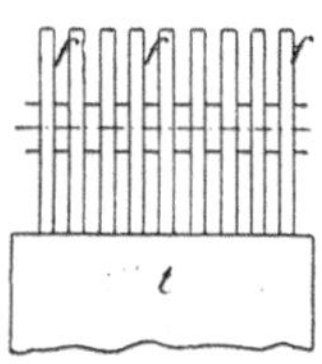
Fig. 393.

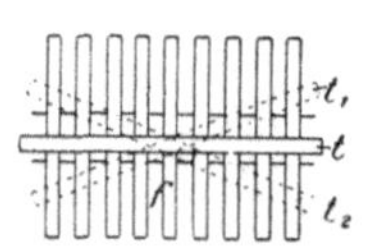
Fig. 394.

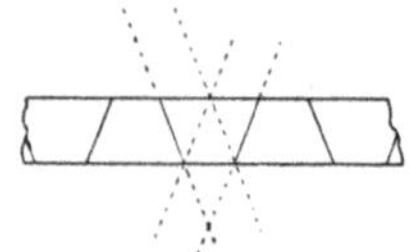
Fig. 395.

Ausklinkung. Es werden die auf diesem Wege gewonnenen Zinken nicht sauber, wogegen die Leistungsfähigkeit der Maschine eine sehr grosse ist. Gould[3]) verwendet scheibenförmige Fräser, die ähnlich arbeiten wie die Schlitzmaschine, Fig. 367. Es bezeichnet *f*, Fig. 393, die auf einer liegenden

[1]) Dingl. polyt. Journ. 1888, Bd. 269, S. 556, mit Abb.
[2]) Dingl. polyt. Journ. 1868, Bd. 187, S. 185; Bd. 188, S. 174, mit Abb.
[3]) Dingl. polyt. Journ. 1878, Bd. 228, S. 213, mit Abb.

Welle sitzenden Frässcheiben, t einen Tisch zum Auflegen der Werkstücke, welcher durch einen Fuss des Arbeiters lothrecht gehoben oder gesenkt werden kann. Legt man demnach ein Werkstück geeignet auf den Tisch t und senkt letzteren allmählich, so schneiden die Scheiben f Schlitze in das Werkstück, und zwar eben solche wie die Frässcheiben in Fig. 367. Man kann aber den Tisch t nach Fig. 394 gegenüber den Frässcheiben f schräg einstellen. Giebt man ihm die Lage t_1, so entstehen schräge Schlitze, sobald man das Werkstück mit dem Tisch langsam nach unten bewegt; giebt man aber dem Tisch mit demselben Werkstück einmal die Lage t_1, dann die andere t_2, so entstehen Schlitze keilförmigen Querschnitts, wie Fig. 395 sie darstellt. Gould steckt ferner eine Anzahl Frässcheiben f von allmählich abnehmendem Durchmesser auf ein und dieselbe Spindel und führt das Brett mit dem wagerechten Tisch t, Fig. 396, lothrecht nach unten, wobei schräge Zinken, Fig. 397, entstehen. Kehrt man das Brett um und führt es ein zweites Mal an den Frässcheiben vorüber, so werden die schrägen Zinken, Fig. 397, zu schwalbenschwanzförmigen, Fig. 398.

Diese Maschine hat manche Wandlung erfahren, indem man z. B. an dem Bund von Frässcheiben z. Z. nicht ein Brett, sondern eine Zahl derselben entlang führt, oder nur eine oder zwei Frässcheiben verwendet, aber gleichzeitig mehrere Bretter bearbeitet.[1])

Dahin gehört eine Maschine, welche neuerdings von Kiessling & Co. in Leipzig gebaut wird.[2]) Die durch Fig. 399 u. 400 abgebildete Maschine bearbeitet bis zu 600 mm breite Bretter und zwar in solcher Zahl, wie sie gleichzeitig in dem etwa 200 mm weiten Rahmen r, Fig. 400, Platz finden.

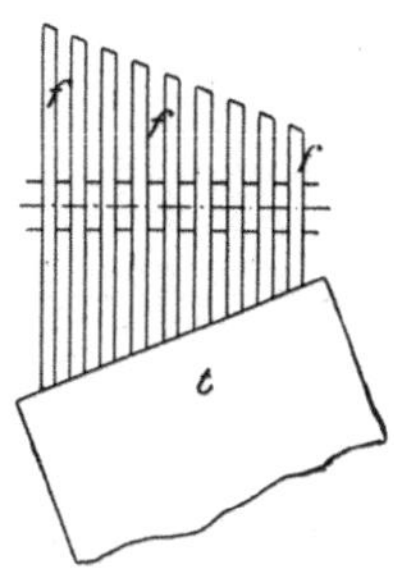

Fig. 396.

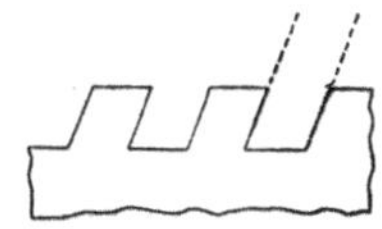

Fig. 397.

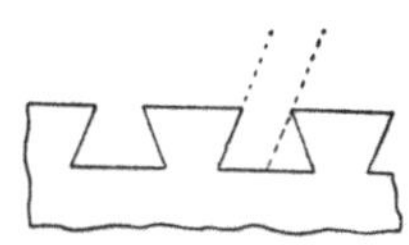

Fig. 398.

Auf einem Querschlitten a der Maschine lassen sich die Lager zweier schrägliegender Frässcheiben f und f_1, oder das Lager einer Frässcheibe befestigen und nach Höhe und nach der Seite einstellen. Ueber diese hinweg lässt sich der auf Rollen d ruhende Tisch b verschieben. Er ist in der Mitte geschlitzt; aber seine beiden Hälften sind durch eine Brücke (Fig. 399) verbunden. Auf diesem Tisch b ist ein Balken durch die Einsteckstifte c in drei verschiedenen Lagen einzustellen. An dem Balken ist der Rahmen r mittels der Schraube g zu verschieben und zwar, unter Vermittlung von verdeckt liegenden Rädern, durch auf die Zapfen i und k gestellte Kurbeln l. Es sind die Ganghöhe der Schraube g und die Rädervorgelege so gewählt, dass die Verschiebung des Rahmens r um eine Zinkentheilung durch ganze Drehungen der Kurbel l erreicht wird; mittels Handhebels m lässt sich ein Anschlag vorschieben, welcher die ganze Drehung von l genau begrenzt.

Sollen schwalbenschwanzförmige Zinken nach Fig. 401 geschnitten werden, so schwenkt man den Balken in die Mittellage, stellt die zu bearbeitenden Bretter in den Rahmen r, so dass ihr unterer Rand auf dem Tisch b ruht, und befestigt sie durch die Handhebel n. Die Messerscheiben f

---

[1]) Wilczynsky-Freitag, Dingl. polyt. Journ. 1881, Bd. 239, S. 264, mit Abb.
[2]) D. R.-P. angem.

Fig. 399.

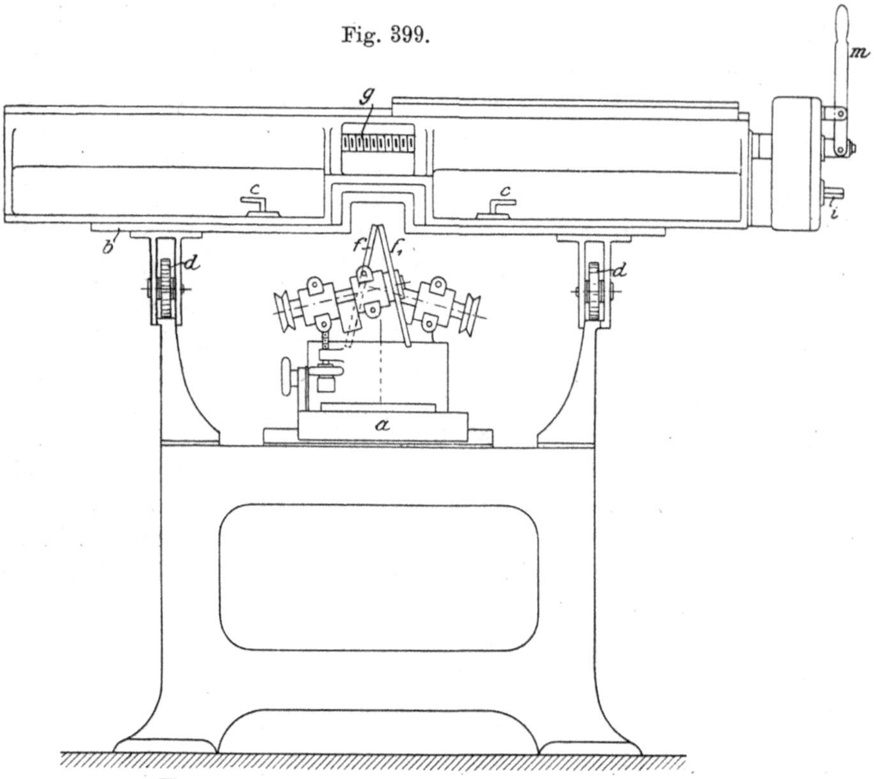

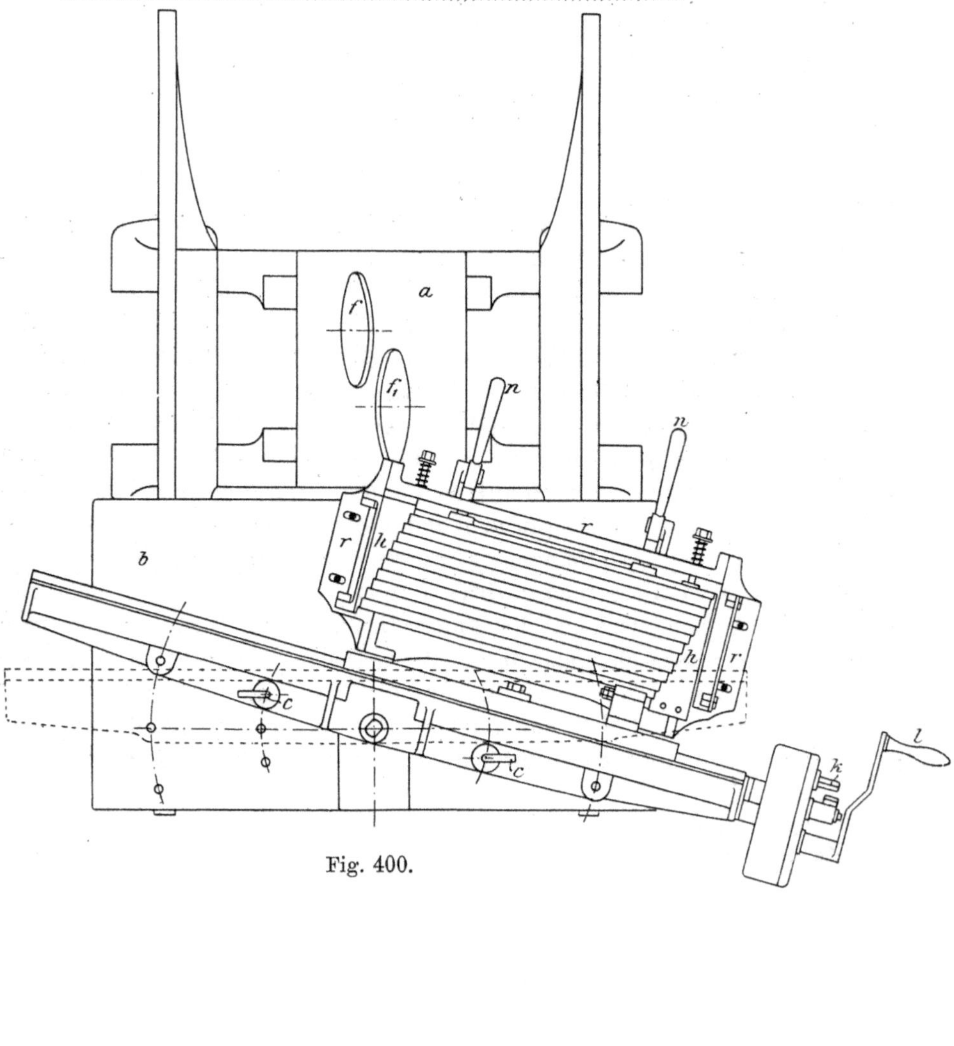

Fig. 400.

und f_1 werden nach Fig. 401 eingestellt und nunmehr wird der Tisch *b* mit den Werkstücken über sie hinweggeschoben, und sofort zurückgezogen. Man verschiebt den Schlitten *a* nebst den Frässcheiben um eine Zinkentheilung, um den zweiten Zinken zu erhalten u. s. w. Nunmehr löst man die Hebel *n*, dreht die Bretter um, befestigt sie aufs neue und erhält durch abermaliges Verschieben von *b* über die Messerscheiben hinweg die fertigen Zinken des anderen Brettrandes. In die Lücken dieser Zinken sollen nach Fig. 395 gestaltete greifen. Um letztere zu erzeugen, verwendet man eine Frässcheibe, deren Hauptschneiden in einer Trommelfläche liegen, giebt deren Welle eine wagerechte Lage, legt den Balken nebst Rahmen *r* nach Fig. 400 schräg und ordnet die Bretter an Hand der ein- und ausklappbaren Lehren *h* stufenförmig an. Nachdem die Bretter in dieser Lage über die Fräser geführt sind, werden sie zurückgezogen, es wird der Balken entgegengesetzt schräg gelegt und unter Benutzung einer zweiten Treppenlage wie vorhin verfahren. Es wird

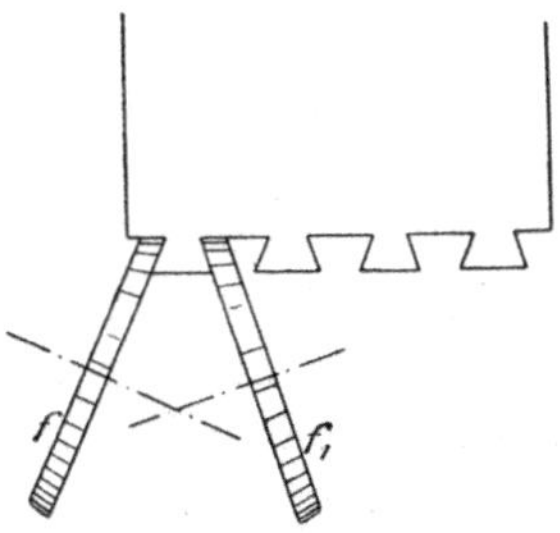

Fig. 401.

Fig. 402.

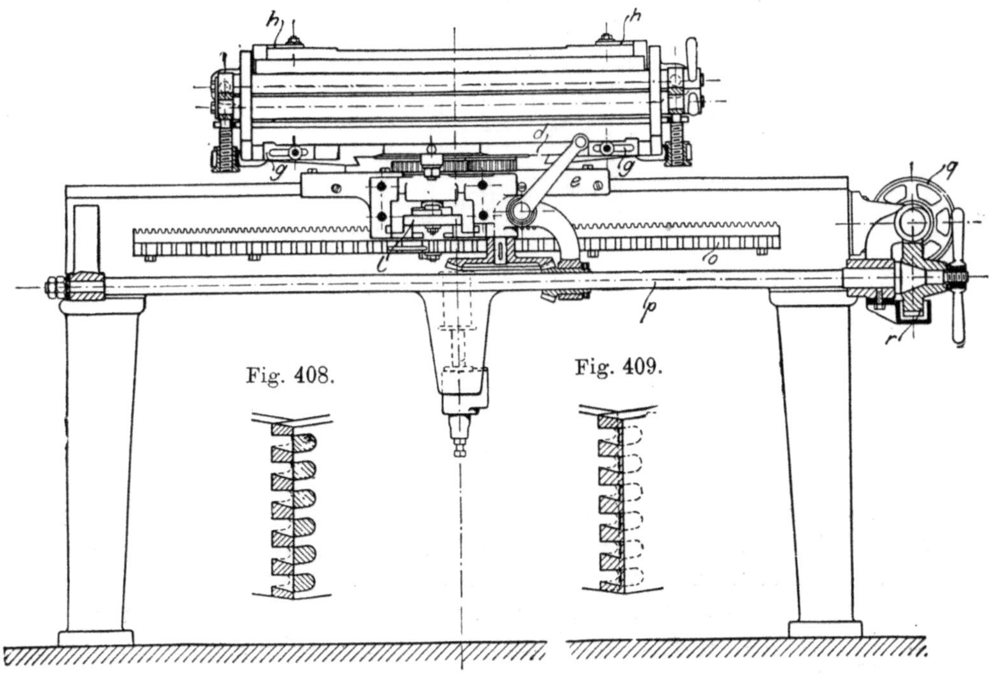

Fig. 408.

Fig. 409.

empfohlen, zunächst alle Bretter in der einen und darauf in der anderen Richtung zu bearbeiten.

Doppelt schräge Zinken gewinnt man nach demselben Verfahren mittels eines nach Fig. 399 gelagerten Fräsers an, nach Fig. 400 stufenförmig eingespannten Brettern. Das Schneiden einfach schräger (Fig. 397) und einfach gerader Zinken bedarf keiner Erläuterung.

Mittels der bisher beschriebenen Maschinen kann man verdeckte Zinken nicht schneiden. Für letztere sind dagegen Maschinen mit bohrerartigen Fräsern[1]) sehr geeignet. Eine neuere Ausführung solcher Maschinen zeigen Fig. 402—409[2]) nach der Ausführung der Maschinenfabrik Kappel zu Kappel bei Chemnitz.[3]) Sie erzeugt offene Zinken nach Fig. 408 oder verdeckte Zinken nach Fig. 409.

Die Schneidwerkzeuge dieser Maschine bestehen in zwei Fräsern; sie sind am Kopf der lothrechten Spindeln *a*, Fig. 403, befestigt. Diese Fräser arbeiten gleichzeitig an den zu verbindenden Brettern *b* und *c*, welche rechtwinklig zu einander in den Schlitten *d* eingespannt sind. Der Schlitten wird während des Arbeitens rechtwinklig zum Maschinenbett verschoben und, nachdem ein Schlitzpaar erzeugt ist, ebenso zurückgezogen. Dann erfährt der Schlitten *d* mit dem Bettschlitten *e*, Fig. 402, eine Verschiebung

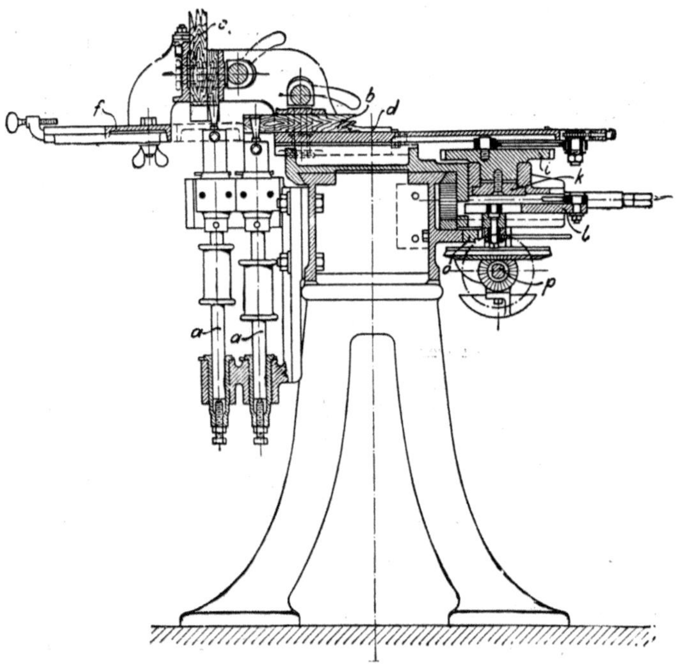

Fig. 403.

längs des Bettes und zwar um den Betrag der Zinkentheilung, worauf *d* mit den beiden Werkstücken wieder quer zum Bett gegen die Fräser verschoben wird u. s. w. Sollten nun bei dem ruckweisen Verschieben des Bettschlittens kleine Ungenauigkeiten auftreten, so würden sie bedeutungslos sein, da sie bei beiden Werkstücken genau gleichartig sein würden. Dieser Umstand und die grössere Leistung zweier Fräser statt eines haben zum gleichzeitigen Bearbeiten beider Brettränder Veranlassung gegeben. Es ist dabei nöthig, dass beide Bretter *b* und *c* genau zu einander eingespannt werden. Das wird einerseits durch die verschiebbare Platte *f*, Fig. 403 u. 404, erreicht. Man schiebt diese, während das Schlittenpaar

[1]) Kummer & Kästner, Zeitschr. d. Ver. deutscher Ingen. 1867, S. 387, mit Abb.
[2]) Zeitschr. d. Ver. deutscher Ingen. 1901, S. 820.
[3]) D. R.-P. Nr. 37418.

d und *e* und die Aufspannvorrichtung sich vor den Fräsern befinden, in die Lage, welche in Fig. 403 durch Strichelung angegeben ist; zwei an *f* befindliche Stellschrauben begrenzen diese Verschiebung genau. Nunmehr werden der Seitenrand von *b* und der untere Rand von *c* gegen *f* geschoben, um ihnen die richtige Lage zu geben. In der Längenrichtung der Ränder erhalten die Bretter ihre zutreffende Lage durch Nasen der einstellbaren Schienen *g* und *h*; erstere bestimmen die seitliche Lage des liegenden Brettes *b*, letztere diejenige des stehenden Brettes *c*. Die Sohlen der in den Brettern *b* entstehenden Schlitze sind halbrund, vergl. Fig. 408 u. 409, es müssen daher die an den Brettern *c* stehenbleibenden Zapfen ebenso gerundet werden, und zwar in Bezug auf Fig. 403 an der linken Seite, also dann, wenn der Schlitten *d* in der Nähe seines rechts liegenden Hubendes sich befindet.

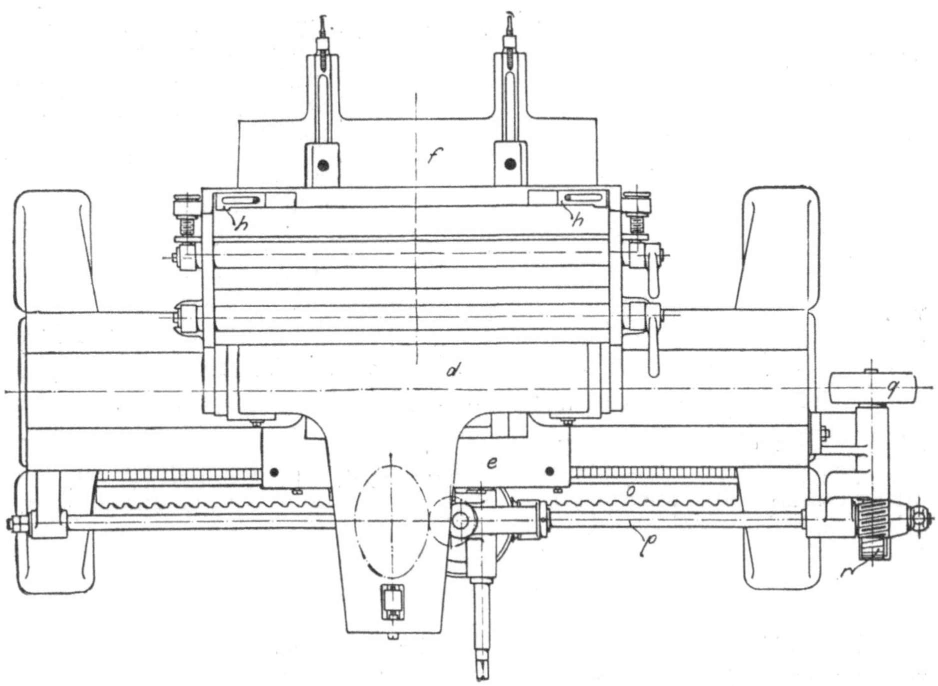

Fig. 404.

Das ist aber auch diejenige Lage von *d*, während der er mit dem Schlitten *e* um eine Zinkentheilung längs des Maschinenbettes fortrückt. Man hat nun die Verschiebungen von *c* und *d* so von einander abhängig gemacht, dass der betreffende Zinkenzapfen sich um den zugehörigen Fräser im Halbkreis bewegt. Hierzu dient folgende Einrichtung. Schlitten *d* wird von der Kurbelscheibe *i*, Fig. 403 u. 407, die gleichzeitig angetriebenes Rad ist, durch eine Lenkstange hin- und herbewegt. Mit *i* ist eine zweite Kurbelscheibe *k* fest verbunden, die durch eine Lenkstange den Schieber *l*, Fig. 402, 403, 405, 406 u. 407 bewegt. Ein zweiter Schieber *m* liegt unter *l* (Fig. 406 ist eine Ansicht von unten) und ist rechtwinklig zu *l* verschiebbar. In *l* ist eine krumme Nuth ausgebildet, und in diese greift eine an *m* gelagerte Rolle, so dass bei dem Verschieben von *l* auch *m* verschoben wird, aber in einem durch die Krümmung der Nuth festgelegten Verhältniss. Es liegt nun der *l* bethätigende Kurbelzapfen um 90^0 anders als der obere Kurbelzapfen, so dass der Schieber *l* am raschesten bewegt wird, wenn der Schlitten *d* sich in der Nähe seiner Endlagen befindet. An der unteren Seite von *m* ist die Klinke *n*, Fig. 405, gelagert, die sich gegen die Zahnstange *o* legt. In der gezeichneten Lage, in welcher die Schlitze auf volle Tiefe geschnitten sind, gleitet die Klinke *n* über den zunächst liegenden Zahn von *o*; nachdem sich die beiden Kurbeln um 90° weiter gedreht haben, stemmt sich *n* gegen eine Zahnbrust von *o* und verschiebt den Schlitten *e* am Maschinenbett. Zu gleicher Zeit verschiebt sich aber der Schlitten *d* quer zum Bett, so dass, wenn die Gestalt des in *l* befindlichen krummen Schlitzes richtig gewählt ist, die erforderliche Abrundung der an dem Brett *c* sitzenden Zapfen gewonnen wird. Die Kurbelscheiben *i* und *k* werden durch unrunde Räder und ein Kegelradpaar von der zweiseitig abgeflachten Welle *p* aus angetrieben, *p* wird durch Wurm und Wurmrad von der Riemenrolle *q* aus gedreht. Das betreffende Wurmrad kuppelt man mittels Reibkegel, die durch eine Flügelmutter zusammengepresst werden. Die leicht zu handhabenden Einspannmittel sind aus den Abbildungen ohne weiteres zu erkennen.

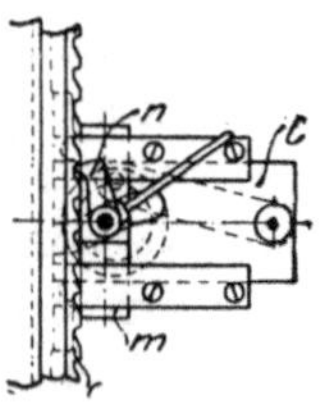

Fig. 405.

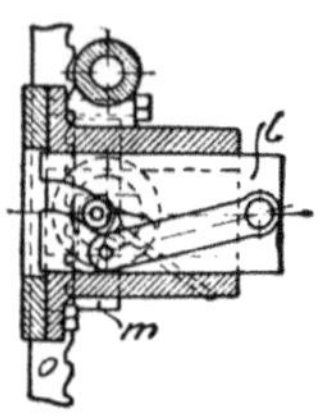

Fig. 406.

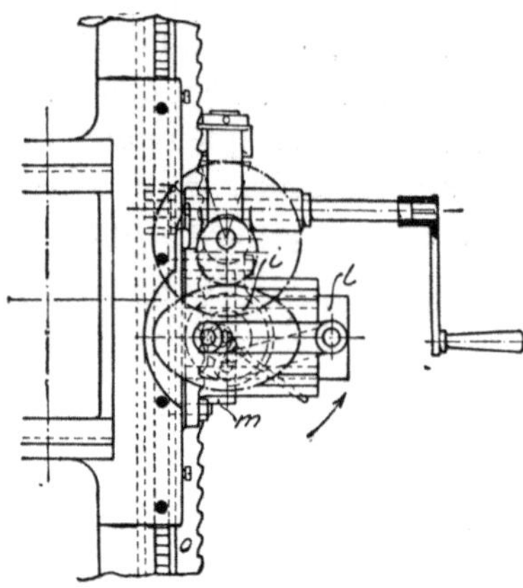

Fig. 407.

Die Maschine kann bis zu 600 mm breite Bretter aufnehmen. Sie soll im Stande sein, minutlich neun Paar Schlitze zu erzeugen und zu ihrem Antrieb etwa $1^1/_2$ PS erfordern.

H. Schnitzmaschinen.

Diese, in ausserordentlich verschiedenen Formen und Einrichtungen vorkommenden Maschinen können hier nur kurz behandelt werden.

Es sind die nach Lehren arbeitenden Schnitzmaschinen (Kopirmaschinen) bereits S. 108 soweit behandelt, wie der Raum vorliegenden Buches gestattet.

Bei einer anderen Gruppe finden die gegensätzlichen Bewegungen zwischen Werkstücken und Werkzeugen auch mechanisch, aber in geraden und kreisbogenförmigen Linien statt.

Manche dieser Maschinen erinnern im Gesammtaufbau an die Drehbank. Plumier[1]) beschreibt solche Maschinen, die mit Einzelsticheln arbeiten. Arbey[2]) und Geiger & Co.[3]) benutzen eine Drehbank, auf deren Stichelschlitten ein Fräser gelagert wird. Kirchner & Co.[4]) bauen eine Maschine, welche von dem Drehbankartigen ziemlich losgelöst ist. Fig. 410 ist ein Schaubild dieser Maschine. Um eine wagerechte, etwa über der Maschinenmitte befindliche Axe ist ein Bock um 180° zu drehen, und in irgend einer

[1]) L'art de tourner, Paris 1706, S. 150 u. 157, mit Abb.
[2]) Dingl. polyt. Journ. 1877, Bd. 226, S. 35, mit Abb.
[3]) Dingl. polyt. Journ. 1882, Bd. 244, S. 425, mit Abb.
[4]) Zeitschr. d. Ver. deutscher Ingen. 1897, S. 1054, mit Schaubild.

Lage einzustellen. Ein rechts im Hintergrunde des Bildes sichtbares Gegengewicht erleichtert das Einstellen des Bockes. In die Drehaxe des Bockes fällt die Axe der antreibenden Riemenrolle; der Riemen ist über zwei Rollen geleitet und liegt im übrigen auf der mit der Fräserspindel fest verbundenen Rolle. Durch diese Anordnung wird dem Riemen in jeder Lage des Bockes die gleiche Anspannung gesichert. Die Lager der Fräserwelle sind an dem schwenkbaren Bock so angeordnet, dass die Axe der Fräserwelle und die Axe, um welche der Bock zu schwenken ist, sich rechtwinklig kreuzen; der radartige Fräser befindet sich etwa in diesem Kreuzungspunkte. In der Schwenkungsaxe des Bockes ist eine zweite antreibbare Spindel gelagert, die zur Aufnahme eines bohrerartigen Fräsers sich eignet. Der in Rede stehende schwenkbare Bock nebst Zubehör ist

Fig. 410.

mit dem Zwischenbock, welcher die Lager für ersteren enthält in der Richtung der Schwenkungsaxe zu verschieben.

Vor dem Maschinengestell ist, um eine lothrechte Axe etwas drehbar ein Rahmen angebracht, der auch in der Höhenrichtung eingestellt werden kann. Auf ihm ist ein Schlitten mittels Zahnstange und Rad wagerecht zu verschieben. Auf diesem Schlitten werden die zur Aufnahme der Werkstücke geeigneten Geräthe befestigt, z. B. ein Reitstück und ein Spindelstock, wenn die Werkstücke zwischen Spitzen eingespannt werden sollen. Diese Einrichtungen sind denjenigen der Metallfräsmaschinen (Bd. I, S. 418—425) ganz ähnlich. Der Spindelstock ist mit einer Theilvorrichtung versehen, auch ist möglich, die Spindel des Spindelstockes genau im geraden Verhältniss zur Schlittenverschiebung zu drehen u. s. w. In der Mitte des Bildes sieht man ein Böckchen, welches zum Stützen walzenförmiger Werkstücke dient.

Die Maschine von Göhring[1]) ist für Verzierungen bestimmt, die in einer ebenen Fläche liegen.

Eigenartig ist die Maschine von Charrier[2]). Sie arbeitet mit verschiedenartigen Einzelsticheln, die sich geradlinig bewegen oder in Bogen schwingen.

Hier anschliessend möge noch der Maschinen gedacht werden, bei welchen die gegensätzliche Verschiebung zwischen einem rasch kreisenden Fräser und dem Werkstück mittels der Hand stattfindet. Es gehört zu diesen in gewissem Sinne die Tischfräsmaschine (S. 196). Als Beispiel möge noch die durch Fig. 411 abgebildete[3]) der Fay & Egan Co. angeführt werden. Die Spindel *c*, welche entweder mit radartigem Fräser *d* oder bohrerartigem *e* versehen wird, dreht sich in den Lagern *bb* bis zu 10000mal in der Minute. Es sind die Lager *b* durch einen Ring vereinigt und an dem Kopf des krahnartigen Ständers *a* drehbar und zu befestigen. Der

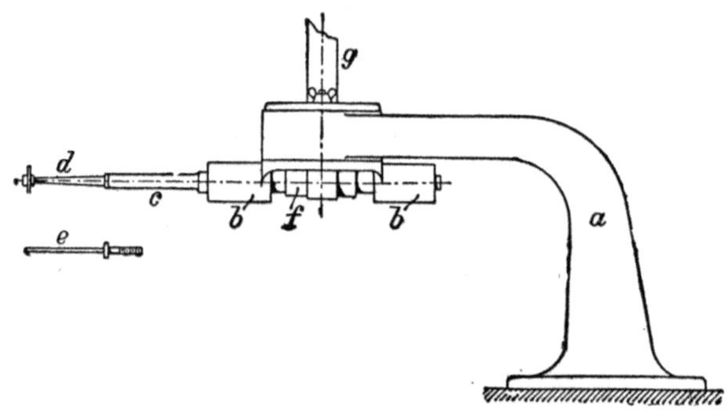

Fig. 411.

Treibriemen *g* ist durch den Kopf von *a* gelegt und wird von einer Riemenrolle bethätigt, welche lothrecht über der Riemenrolle *f* der Fräserwelle sich befindet.

IV. Der Arbeitsbedarf.

Die Vorausbestimmung des Arbeitsbedarfs von spanabhebenden Holzbearbeitungsmaschinen ist Gegenstand sehr fleissiger Untersuchungen gewesen,[4]) ist aber trotzdem bisher nur sehr unvollkommen durchzuführen.

Wie bei den spanabhebenden Metallbearbeitungsmaschinen (Bd. I, S. 483) hängt auch bei der Holzbearbeitungsmaschine der Arbeitsbedarf in hohem Grade einerseits von der Natur der Werkstücke, anderseits von dem Zustande der Schneide ab. Ein und dieselbe Holzart giebt ganz weit von einander abliegende Werthe. Das lässt sich schon aus der Reiss-

---

[1]) Dingl. polyt. Journ. 1895, Bd. 297, S. 170, mit Abb. D. R.-P. Nr. 50192, 70120, 73289, 73506.

[2]) D. R.-P. Nr. 82834.

[3]) Zeitschr. d. Ver. deutscher Ingen. 1894, S. 664, mit Abb.

[4]) Dr. E. Hartig: Versuche über Leistung und Arbeitsverbrauch der Werkzeugmaschinen, Leipzig 1873. W. F. Exner u. G. Laubök: Civilingen. 1880, S. 289; Mittheilungen d. technolog. Gewerbemuseum in Wien, 1880. Hermann (Bundgatter): Zeitschrift des österr. Ingen. u. Arch.-Vereins 1895, S. 472, 484, 497. Vers. m. einer gr. Bandsäge: The Engineer, Juli 1895, S. 23; im Auszug: Zeitschr. d. Ver. deutscher Ingen. 1896, S. 552.

festigkeit der Holzarten erkennen, welche z. B. bei Ahorn zwischen 3 und 13, bei Rothbuche zwischen 1,2 und 14,5, bei Fichte zwischen 1,6 und 8,7 und bei Föhre zwischen 1,5 und 12,8 kg/qmm schwankt. Welchen Einfluss der Zustand der Schneiden hat, lässt sich aus der Angabe ersehen, dass bei Gattersägen drei Stunden nach dem Schärfen der $1^3/_4$, sechs Stunden nach dem Schärfen der $2^1/_4$fache Widerstand frisch geschärfter Sägen gefunden wurde. Es versteht sich von selbst, dass überdem die Sorgfalt des Schärfens und die Gestalt der Schneiden von grossem Einfluss auf den Arbeitsbedarf ist.

Für eine Zahl von Holzbearbeitungsmaschinen tritt für die Bestimmung des Arbeitsbedarfs erschwerend noch hinzu, dass die Reibungswiderstände viel grösser sind als die eigentlichen Arbeitswiderstände. Bei Hobelmaschinen betragen die letzteren bei voller Inanspruchnahme nur $^1/_3$ des gesammten Arbeitsaufwandes, also bei halber Dicke oder Breite der hinwegzuräumenden Schicht nahezu nur $^1/_6$ des Ganzen. Da nun die Reibungswiderstände erheblichen Schwankungen unterworfen sind (ich erinnere nur an den Einfluss der Temperatur des Schmieröls), so kann zuweilen für eine Minderleistung ein grösserer Arbeitsaufwand in Frage kommen als vorher oder nachher für die volle Leistung.

Das sind die Gründe, welche mich veranlassen, den Gegenstand mit aller Kürze zu behandeln.

A. Sägen.

Hartig hat den Arbeitsbedarf der Sägen in die Form:

$$N = No + \varepsilon F \quad . \; . \; . \; . \; . \; . \; . \; . \quad (35)$$

gebracht, in welcher N die Zahl der Pferdekräfte während des Arbeitens, No die Leergangsarbeit, ε eine Werthziffer und F die einfach gerechnete stündliche Schnittfläche in qum bezeichnet. Unter einfach gerechneter Schnittfläche versteht man das Produkt aus Schnittlänge und Schnitthöhe oder Schnittflächenbreite. Bezeichnet ferner n die minutliche Umdrehungszahl, D den Durchmesser der Kreissäge in m, b die Schnittweite in mm, so soll für Kreissägen gelten:

$$N = \frac{n \cdot D}{800} + \frac{b \cdot F}{14 \text{ bis } 28} \quad . \; . \; . \; . \; . \; . \; . \quad (36)$$

in welcher die Werthziffer 14 für harte und 28 für weiche Hölzer gilt.

Die Leergangsarbeit No für die Bandsägen giebt Hartig zu 0,1 bis 0,3 an. Man hat seitdem viel grössere Bandsägen gebaut. Es gebrauchte z. B.[1]) eine nicht schneidende Blockbandsäge 8,5 Pfkr. mehr, nachdem der Treibriemen von der losen auf die feste Rolle hinüber geschoben war. Man wird hiernach gegebenen Falles schätzungsweise einen Werth für No einsetzen müssen.

Der Hartig'sche Ausdruck $N_1 = \varepsilon F$ für Bandsägen lautet (in anders geschriebener Anordnung):

$$\text{für Fichtenholz:} \quad N_1 = \frac{37 + 0{,}0326 \cdot b \cdot \frac{V}{v}}{1000} \cdot F \quad . \; . \; . \; . \; . \; . \quad (37)$$

---

[1]) Zeitschr. d. Ver. deutscher Ingen. 1896, S. 552.

$$\text{für Eiche:} \quad N_1 = \frac{52 + 0{,}0412 \cdot b \cdot \frac{V}{v}}{1000} \cdot F \quad \ldots \ldots \quad (38)$$

$$\text{für Rothbuche:} \quad N_1 = \frac{62 + 0{,}0485 \cdot b \cdot \frac{V}{v}}{1000} \cdot F \quad \ldots \ldots \quad (39)$$

In diesen Gleichungen bedeutet noch V die Schnitt- und v die Zuschiebungsgeschwindigkeit.

Für Gattersägen setzt Hartig:

$$No = 0{,}25 \text{ bis } 3 \quad \ldots \ldots \quad (40)$$

und insbesondere für lufttrockenes Fichtenholz:

$$N_1 = \frac{46 + 0{,}224 \cdot b \cdot H/\Delta}{1000} F \quad \ldots \ldots \quad (41)$$

wenn H die Hubhöhe des Gatters und Δ die Zuschiebung für jeden Hub, beide in mm oder m ausgedrückt, bezeichnen.

Hiervon weichen in der Form die von Hermann für Bundgatter aufgestellten Gleichungen erheblich ab.

Bezeichnet: b die Schnittweite, s die Blattdicke, t die Zahntheilung, H die Hubhöhe und Δ die Zuschiebung für jeden Hub in mm und F die einfach gerechnete, stündliche Schnittfläche in qm, so lauten die Hermann'schen Gleichungen:

$$\text{Für Fichte:} \quad N_1 = \frac{1}{20}\left[1 + \frac{b+s}{t}\left(4 + \frac{H}{100\,\Delta}\right)\right] F \quad \ldots \quad (42)$$

$$\text{„ Tanne:} \quad N_1 = \frac{1}{15}\left[1 + \frac{b+s}{t}\left(4 + \frac{H}{100\,\Delta}\right)\right] F \quad \ldots \quad (43)$$

$$\text{„ Laubhölzer:} \quad N_1 = \frac{11}{150}\left[1 + \frac{b+s}{t}\left(4 + \frac{H}{100\,\Delta}\right)\right] F \quad \ldots \quad (44)$$

Es ist dazu bemerkt, dass die Sägen für jeden Versuch frisch geschärft waren. Man soll, um den mittleren Werthvon N_1 zu bekommen, wenn die Zähne erst nach $z$stündiger Arbeit wieder geschärft werden, die vorigen Werthe mit:

$$\alpha = 1 + 0{,}145\,z - 0{,}005\,z^2 \quad \ldots \ldots \quad (45)$$

vervielfältigen.

B. Andere spanabhebende Werkzeugmaschinen.

In Rücksicht auf den Umstand, dass bei diesen Maschinen die Reibungsverluste gegenüber der Nutzarbeit weit überwiegen, lohnt es sich nicht, für die hierher gehörigen Maschinengattungen die erforderlichen Arbeitsgrössen in fertigen Gleichungen auszudrücken. Die vorhandenen Gleichungen[1]) beziehen sich auf die einzelne Maschine, und sind deshalb wenig brauchbar.

Bei den wie oben gegebenen Beschreibungen der Maschinen sind, soweit möglich, Angaben über den durchschnittlichen Gesammtarbeitsaufwand gemacht.

Für den Entwurf der Maschinen dürfte jedoch einiger Anhalt zur Beurtheilung des zu erwartenden Schnittwiderstandes von Werth sein.

---

[1]) F. W. Exner u. Carl Pfaff, Holzbearbeitung, Weimar 1883, Bd. 3, S. 257 ff.

Der Schnittwiderstand K (vergl. Bd. I, S. 13) für 1 qmm Spanquerschnitt ergiebt sich aus den vorliegenden Versuchsergebnissen für alle Holzarten (Fichte, Tanne, Rothbuche, Eiche), wenn sie in der Längenrichtung bearbeitet wurden, im Mittel zu:

$$K = 1{,}1 \text{ kg} \quad \ldots \ldots \ldots \quad (46)$$

ist in einigen Fällen zu nur 0,8 kg, in anderen bis zu 1,5 kg (für Eiche z. B. zu 1,4 kg) und ausnahmsweise grösser, und zwar bis zu 2,5 kg gefunden. Es handelt sich immer um die Bearbeitung mittels Messerköpfe (vergl. Fräser, Bd. I, S. 14 u. ff.), wobei die Spandicke stark wechselt und nur durch umständliche Rechnungen bestimmt werden kann. Es sind die Werthe für K in einfacher Weise wie folgt zu benutzen.

Heisst der hinwegzuräumende Querschnitt q in Quadratmillimetern, die sekundliche Zuschiebungsgeschwindigkeit v und die Schnittgeschwindigkeit u in Metern, so ist die für das Schneiden selbst aufzuwendende Arbeit A[1] in kgm:

$$A_{kgm} = q \cdot K \cdot v \quad \ldots \ldots \ldots \quad (47)$$

Der Umfangswiderstand P des Messerkopfes entspricht derselben Arbeitsleistung; es ist also

$$A_{kgm} = P \cdot u \quad \ldots \ldots \ldots \quad (48)$$

und

$$P = q \cdot K \cdot \frac{v}{u} \quad \ldots \ldots \ldots \quad (49)$$

[1]) Vergl. Bd. I, S. 17, Gl. 15.

II. Theil.

Spaltmaschinen, Maschinen zum bildsamen Umgestalten und solche für das Zusammenfügen der Theile.

I. Spaltmaschinen.

Das Spalten wird zum Zerlegen des Holzes als Vorbereitungsarbeit verwendet, um ästige, beziehungsweise krummfaserige Theile auszuschalten. Hierfür sind Maschinen nicht im Gebrauch.

Für Geflechte werden Ruthen, Rohr, Stroh u. s. w. gespalten, und zwar zuweilen unter Anwendung einfacher Maschinen, die aus dem Spaltkeil und einer Einrichtung zum Entgegenführen von Werkstück und Werkzeug bestehen.

Endlich dienen Spaltmaschinen zum Zerlegen des Brennholzes in kleinere Scheite, zum Zerlegen gehörig vorbereiteter Holztrielen in Schuhnägel u. dergl.

Das Spaltwerkzeug K, Fig. 412, wirkt mit seiner vorwärts gerichteten Kante nur bei Beginn der Arbeit. Nachdem diese in das Werkstück eingedrungen ist, kommt nur noch die Keilwirkung in Frage, welche das Werkstück quer zur Spaltfläche zerreisst. Es zerreisst das Holz da, wo seine Quer- oder Spaltfestigkeit am kleinsten ist, weshalb die Gestalt der Spaltfläche lediglich vom Gefüge des Holzes abhängt, also kaum jemals eine ebene glatte Fläche entsteht.

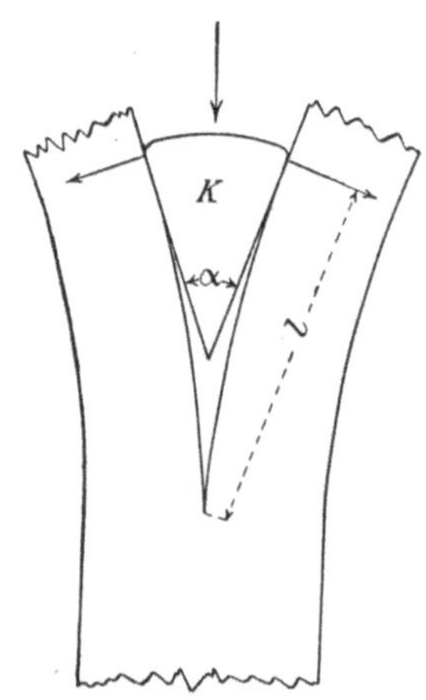

Fig. 412.

Das Spalten verläuft um so leichter, je länger der Hebelarm l ist, an welchen der Keildruck greift.[1]) Aus diesem Grunde wählt man den Winkel α sehr selten kleiner als 40^0. Wenn aber die Länge l im Vergleich zum kleinsten abgespalteten Querschnitt zu gross wird, so bricht das schwächste der durch Spalten entstehenden Stücke, und vereitelt dadurch das weitere Spalten. Es soll daher die Länge des Spaltenwerkzeugs K im passenden Verhältniss zum kleinsten Querschnitt der Spaltstücke stehen. Dünne Spaltstücke fordern einen kurzen Keil, während man für das Spalten von Holzstämmen in

[1]) Herm. Fischer, Allgemeine Grundsätze und Mittel des mechanischen Aufbereitens, Leipzig 1888, S. 331.

starke Scheite ziemlich lange Keile verwendet, unter Beibehaltung desselben Winkels α zwischen 39 und 44°. Ueber die Grösse der aufzuwendenden Kraft vermag ich keine Angaben zu machen.

Für das Spalten von Ruthen, Rohr oder dergl. verwendet man Maschinen mit feststehendem Spaltwerkzeug. Dieses ist zuweilen einfach keilförmig und zerlegt dann in zwei Hälften, oder besteht aus mehreren Keilen, deren Kanten sich sternförmig zusammenlegen, und drei oder mehr Spaltstücke erzeugen. Es wird zuweilen in der Mitte des Sternes oder des einfachen Keiles eine hervorragende schlanke Spitze angebracht, welche in das Mark der Ruthe greift und eine gewisse Führung bietet. Man schiebt das Werkstück dem Spaltkeil entgegen, oder zieht es von diesem ab, oder wendet beide Mittel zum Fortbewegen des Werkstücks zu gleicher Zeit an. Es dienen hierzu Walzenpaare oder selbstspannende Zangen; letztere bethätigen das Werkstück ruckweise.

Zum Zerlegen des Brennholzes benutzt man ebenfalls einfache oder mehrfache Keile. Diese sitzen z. B. — wie der Bär am Gleishammer (Bd. I, S. 549 u. ff.) — am unteren Ende einer Stange und werden durch die Wucht ihres Falles in das Holz getrieben, aber durch Selbststeuerung gehindert zu tief hinab zu sinken. Man bewegt das Werkzeug aber auch durch Kurbel und Lenkstange, zuweilen unter Einschaltung eines Hebels. Das Werkstück wird auf eine ambosartige Stütze gestellt.

Die einfach keilartigen Spaltwerkzeuge der Schuhstifte werden regelmässig — sehr rasch — durch Kurbel und Lenkstange bethätigt. Es ist je eine ebene Fläche der zu zerlegenden Holzscheiben durch Einhobeln rechtwinklig sich kreuzender dreikantiger Furchen mit zahlreichen pyramidenförmigen Erhöhungen, den späteren Spitzen der Schuhnägel, versehen. Man lässt das Werkzeug zunächst in die Furchen der einen Richtung greifen, aber nur so tief wirken, dass die Spaltstücke noch zusammenhängen. Hierauf legt man das Werkstück um 90° gegen die erste Richtung gewendet vor, so dass das Spalten in der zweiten Richtung stattfindet. Die Furchen werden für das mechanische, ruckweise Vorschieben verwendet. Nach dem Spalten werden die unvollständig getrennten Nägel durch lebhaftes Schütteln von einander frei gemacht, zuweilen gelegentlich der anderen Zwecken dienenden Arbeitsfolgen.

II. Maschinen zum Umgestalten des Holzes auf Grund dessen Bildsamkeit.[1])

Holz ist wenig bildsam, weshalb die betreffenden Bearbeitungsverfahren eine weit geringere Bedeutung haben als die auf dem Spanabheben beruhenden.

Am meisten wird von dem Biegen des Holzes Gebrauch gemacht,[2]) weniger von dem Prägen oder Pressen und von dem Stanzen.

Um die Bildsamkeit des Holzes nach Möglichkeit zu erhöhen, wird es stark erwärmt und angefeuchtet, was jetzt meistens durch mehrstündiges Dämpfen geschieht. In kleineren Betrieben tritt das Kochen in Wasser an

1) Karmarsch-Fischer, Handb. d. mech. Technologie, 6. Aufl., Bd. 2, S. 688, mit Abb.
2) Dingl. polyt. Journ. 1826, Bd. 21, S. 29, mit Abb.

die Stelle des Dämpfens, für manche Zwecke das Kochen in dünnem Leim. Für einige Pressarbeiten zieht man das Erwärmen durch heisse Beilagen vor, oder ergänzt das Dämpfen durch letzteres.

Damit das Holz die ihm gewaltsam gegebene Gestalt beibehält, muss es in ihr so lange festgehalten werden, bis es erkaltet und getrocknet ist. Man pflegt deshalb regelmässig Formen anzuwenden, in denen das Holz längere Zeit bleibt, die also aus der Maschine genommen und hier durch andere ersetzt werden können.

A. Biegemaschinen.

Leichtere Biegungen werden mittels der Hand ausgeführt. Es sind hierfür als Hilfsgeräthe nur die soeben genannten Formen[1]) erforderlich. Für längere Hölzer langen die menschlichen Kräfte allein nicht aus, weshalb ziemlich einfache Biegevorrichtungen, welche man Biegemaschinen[2]) nennt, zu Hilfe genommen werden.

Da sich das Holz nur wenig verlängern, jedoch in einigem Grade verkürzen lässt, da ferner die Gefahr es zu zerreissen viel grösser ist als die Gefahr es zu zerdrücken, so legt man bei stärkeren Biegungen auf die Aussenseite des Holzes eine dünne Stahlschiene und verbindet diese so mit dem Werkstück, dass höchstens eine geringe gegensätzliche Verschiebung möglich ist, also die Biegung fast ausschliesslich durch Verkürzen der hohlen Seite herbeigeführt wird.

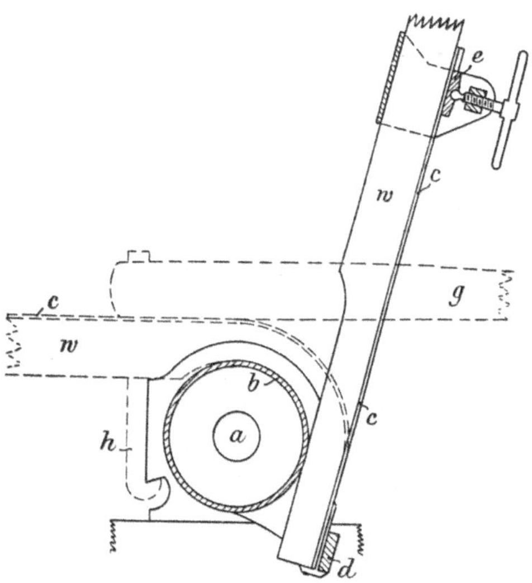

Fig. 413.

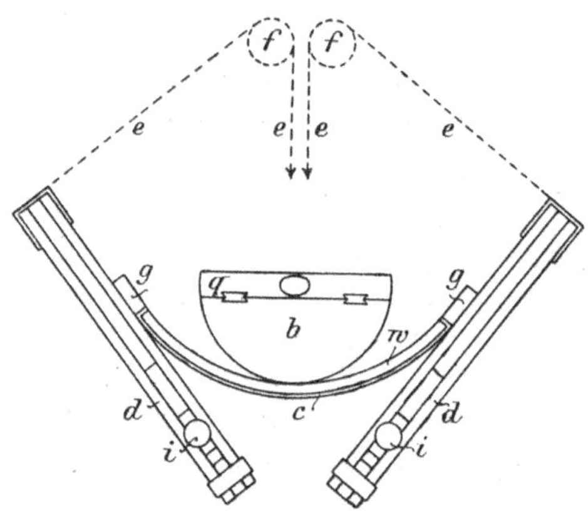

Fig. 414.

Fig. 413 stellt eine Biegevorrichtung für Pflugarme dar. Wegen Der Einfachheit dieser Vorrichtung sind die Formen *b*, die in einiger Zahl neben einander liegen, nicht losnehmbar, sondern bilden den Stock der Einrichtung. Sie bestehen aus einer gusseisernen Röhre, auf welcher durch angegossene Ringe zur Aufnahme der Werkstücke geeignete Rinnen gebildet sind. Die Werkstücke *w* sind vor dem Dämpfen fast fertig bearbeitet; man legt auf *w* je eine dünne Stahlschiene *c*, welche mittels angenieteter Vorsprünge einerseits gegen das untere Ende des Werk-

[1]) Biegen des Holzes, von W. F. Exner und G. Lauboek, 3. Aufl., Weimar 1893, S. 14, mit Abb.

[2]) Vorige Quelle, S. 22 ff., mit Abb.

stücks *w* und die an der Maschine feste Schiene *d*, anderseits gegen den Druckklotz *e*, der auf *w* festgeklemmt ist, sich legt. Hierauf schwenkt man den oberen Theil von *w* in die gestrichelte, etwa wagerechte Lage und befestigt *w* in dieser Lage mittels des Bügels *h* und der Handspeiche *g*. Letztere ist weiter rechts geeignet gestützt. In die Röhre *b* wird durch die Oeffnung *a* Dampf gelassen, so dass das Werkstück nach $2^1/_2$ bis 3 Stunden getrocknet fortgenommen werden kann.

Die Vorrichtung Fig. 414 verdient schon mehr Maschine genannt zu werden; sie stammt von Fay & Co. in Cincinnati, O., her und dient zum Biegen von (halben) Radreifen, Riemenrollenkränzen u. dergl. An einem starken Holzgestell sitzen die Zapfen *i* fest. Die auf ihnen drehbar steckenden Hebel *d* sind mit Hilfe von über Rollen *f* gelegten Seiten *e* und einer Winde kräftig nach oben zu bewegen. Man legt die Hebel *d* zunächst nieder und die Schiene *c* nebst Werkstück *w* zwischen die an *d* einstellbaren Klötze *g*, befestigt dann das Modell *qb* so am Gestell, dass es sich mit seiner Mitte auf *w* stützt, und zieht die Seile *e* an, bis die Hebel *d* eine lothrechte Lage angenommen haben. Es werden nun die Enden der Schiene *c* über dem Modelltheil *q* mit einander verklammert, die Seile *e* losgelassen und Werkstück nebst Modell in die Trockenkammer geschafft.

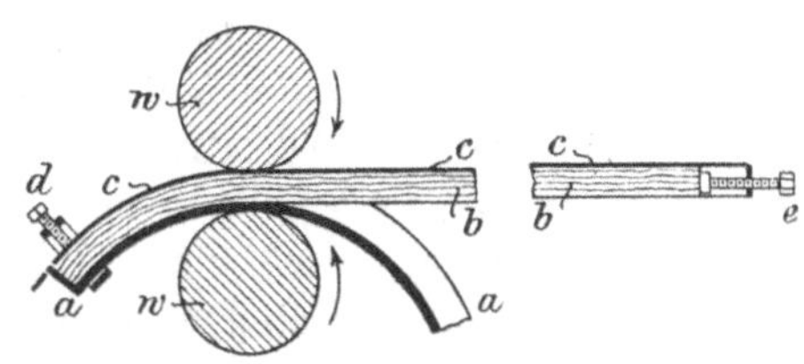

Fig. 415.

Bei der ähnlichen Zwecken dienenden Maschine, welche Fig. 415 ihrem Wesen nach darstellt,[1]) wird ein eisernes Modell *a* mit muldenförmigem Querschnitt verwendet. Die dünne Schiene *c* ist linksseitig auf einen Zapfen von *a* gehängt und wird durch Bügel mit Schraube *d* festgehalten, während sie rechtsseitig die, gegen das Werkstück *b* drückende Schraube *e* enthält. In der Nähe von *e* ist ein dem linksseitigen ähnlicher Bügel angebracht. Man führt nun *a*, *b* und *c* zwischen den Walzen *w* hindurch — der linksseitige Bügel *d* wird erst angelegt, nachdem das Modell *a* entsprechend weit aus dem Walzenpaar hervorragt — verklammert *c* mit *a* und bringt das Werkstück mit seiner Hülle in die Trockenkammer.

Kilburn[2]) drückt das Werkstück nebst Schiene in eine das Modell bildende krumme Röhre, welche nach dem Trocknen des gebogenen Holzes auseinander genommen werden kann.

Andere Einrichtungen findet man in den Quellen[3]) beschrieben.

Es kommen auch maschinenartige Biegevorrichtungen für Fassdauben zur Verwendung. Ich werde auf diese bei den Maschinen, welche dem Zusammenfügen der Theile dienen, zurückkommen.

B. Pressen und Stanzmaschinen.

Es sei hier kurz erwähnt, dass das Prägen oder Pressen des Holzes zum Zweck seiner Umgestaltung quer gegen die Faser nur in sehr geringem

---

[1]) Dingl. polyt. Journ. 1881, Bd. 239, S. 16, mit Abb.

[2]) Dingl. polyt. Journ. 1858, Bd. 149, S. 321, mit Abb. Polyt. Centralbl. 1858, S. 1621, mit Abb.

[3]) Zeitschr. d. Ver. deutscher Ingen. 1857, S. 163, m. Abb. Dingl. polyt. Journ. 1858, Bd. 147, S. 17; 1882, Bd. 245, S. 13, mit Abb. Polyt. Centralbl. 1858, S. 1662, mit Abb.

Grade ausführbar ist, wogegen in der Richtung der Faser beträchtliche Verschiebungen erzwungen werden können. Um Furnüre zu stanzen, pflegt man sie durch Aufleimen von Papier oder auch Geweben gegen Bruch zu sichern.

Was die zugehörigen Maschinen anbelangt, so unterscheiden sie sich von den sonstigen Pressen u. s. w. nicht, weshalb hier kein Anlass zur Erörterung derselben vorliegt.

III. Maschinen für das Zusammenfügen der Theile.

Die hierher gehörenden maschinenartigen Vorrichtungen sollen zum Theil die für das Zusammenfügen erforderliche Kraft, unter Vermeidung der Hammerschläge bieten, zum Theil Zeit ersparen lassen, ferner den Theilen die richtige Lage, unter Umständen Gestalt geben.

Es mögen einige Beispiele angegeben werden.

A. Fassbindemaschinen.[1])

Zuweilen werden namentlich dicke Dauben im gedämpften Zustande einzeln gebogen und getrocknet, so dass bei dem Binden der Fässer nur unbedeutendes Biegen nöthig wird. Man verwendet für das Hauptbiegen der Dauben ganz ähnliche Vorrichtungen wie für das Biegen des Holzes überhaupt.[2]) Es werden auch die umgebogenen Daumen mit Hilfe eines Tellers mit Rand aufgesetzt und über ihrer Mitte von einem Seil umschlungen, welches durch eine Winde angezogen die Dauben so weit zusammenbiegt, dass ein Reifen aufgeschoben werden kann.[3])

Beiden Verfahren folgt dann das Auflegen der Reifen, und zwar entweder mittels der Hand, unter Zuhilfenahme von Hammerschlägen, oder durch Pressen, welche die Reifen ruhig aufschieben oder aufziehen. Am Kopf einer Presse ist z. B. ein Ring *b*, Fig. 416, angebracht, dem vier oder mehr Arme *a* angelenkt sind. Diese enthalten Nasen, die sich gegen den Reifen *r* legen lassen; einseitig angebrachte Gewichte oder Federn sorgen dafür, dass diese Nasen nicht eigenmächtig abgleiten können. Das Fass steht auf dem Tisch einer Presse, wird von diesem gehoben und in den Reifen *r* hineingeschoben.[4])

Fig. 416. Fig. 417.

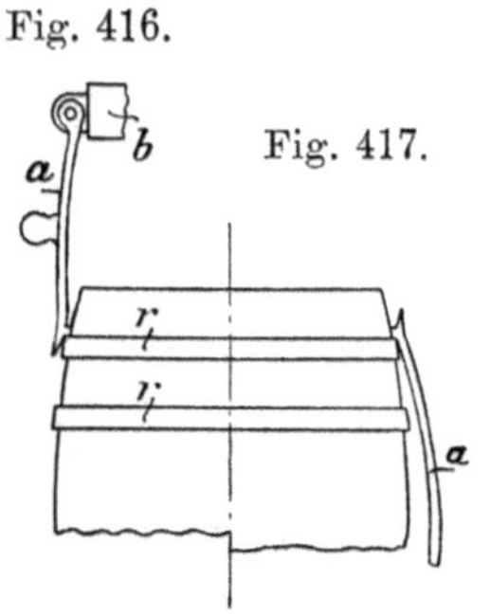

Statt dessen stellt man das Fass auf einen festen Tisch und lässt, nach Fig. 417 die Reifen durch Haken *a* nach unten ziehen.

Die angegebenen Vorrichtungen behandeln z. Z. nur einen Reifen; man hat ähnliche vorgeschlagen,[5]) welche gleichzeitig an beiden Fassenden Reifen aufschieben.

[1]) Karmarsch-Fischer, Handb. d. mech. Technologie, 6. Aufl., Bd. 2, S. 764, mit Abb.

[2]) Holmes, Dingl. polyt. Journ. 1885, Bd. 256, S. 62, mit Abb. Bodenheim, Dingl. polyt. Journ. 1887, Bd. 265; D. R.-P. Nr. 34767. Hawley und Lord, D. R.-P. Nr. 38808.

[3]) Zugwinden, Dingl. polyt. Journ. 1870, Bd. 223, S. 257; 1880, Bd. 236, S. 372; 1883, Bd. 248, S. 446, mit Abb.

[4]) Vergl. auch D. R.-P. Nr. 85156.

[5]) D. R.-P. Nr. 20176.

Die Glockenmaschinen biegen die aufgesetzten Dauben und legen gleichzeitig Reifen auf.

In Fig. 418, rechts, bezeichnet t den Tisch einer Presse. Ein auf ihm festsitzender Ring und ein Reifen erleichtern das Aufsetzen der Dauben; zuweilen werden diese mittels eines zweiten Reifens, eines Seiles oder eines sackschnallenartigen Geräthes vorläufig ein zweites Mal zusammengehalten. Ueber dem Tisch befindet sich die Glocke g, welche unten so weit ist, dass bei dem Emporbewegen des Tisches t die oberen Enden der Dauben in die untere Oeffnung der Glocke gelangen und dann allmählich nach innen gedrückt werden. Die Glocke g enthält Rillen, in welche die Reifen r gelegt sind, so dass die Dauben d in sie hineingeschoben werden. Die linke Hälfte von Fig. 418 zeigt die gegensätzliche Lage von Glocke, Fass und Tisch nach vollzogenem Pressen. Die Glocke g ist zweitheilig, ihre beiden Hälften sind durch Gelenke und Ueberwürfe mit einander verbunden, so dass man die eine der Hälften bequem zurückklappen und dann das Fass wegnehmen kann, um es umzukehren und auf das zweite Ende Reifen zu schieben.[1])

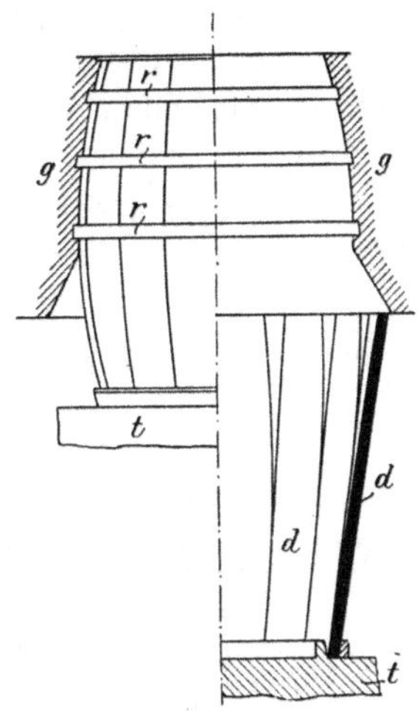

Fig. 418.

Man verwendet auch zwei einander gegenüber liegende Glocken, so dass gleichzeitig beide Fassenden gebunden werden,[2]) bringt auch im Innern des Fasses zusammenklappbare Ringe oder Dorne an, welche die gegensätzliche Lage der Dauben während des Pressens sichern.[3])

Gewöhnlich wird das Fass zunächst mit Formreifen versehen, welche die Dauben während des folgenden Bearbeitens: Glätten, Einschneiden der Kimmungen und dergl. zusammenhalten und dann durch die endgiltigen Reifen ersetzt werden. Die Formreifen sind erheblich dicker als die endgiltigen und eignen sich daher besser für das Einlegen in die Glocken. Sollen sofort die bleibenden Reifen aufgezogen werden, so sind die zur Aufnahme dieser Reifen dienenden Nuthen der Glocken besonders auszubilden.[4])

Erichson hat eine Fassbindemaschine vorgeschlagen, welche das Aufsetzen der Dauben entbehrlich macht.[5]) Es sind auf liegendem Rahmen zwei aufrechte Ringe mit kreisförmigen Nuthen, welche die Daubenenden aufnehmen, und mitten zwischen diesen ein zusammenklappbarer Ring angebracht, welcher die Bauchweite des Fasses bestimmt. Die Nuthen jener Ringe sind an je einer Stelle in der Richtung einer Tangente nach aussen fortgeführt, so dass hier die Dauben eingebracht werden können. Eine Biegevorrichtung krümmt die Dauben unmittelbar vor ihrem Eintritt in die Nuthen. Sind die Dauben eines Fasses eingeführt, so schiebt man Formreifen über ihre Enden, entfernt den in der Fassmitte befindlichen Spannring, zieht die genutheten Ringe zurück und rollt das Fass aus der Maschine.

[1]) Vergl. auch Allen, Ransome & Co. Engineering, 1879, Bd. 27, S. 569, mit Abb.
[2]) Frühinsholz: D. R.-P. Nr. 20651; Dingl. polyt. Journ. 1883, Bd. 248, S. 449, mit Abbildung.
[3]) Wrigt, Dingl. polyt. Journ. 1883, Bd. 248, S. 448, mit Abb. Dunbar, Dingl. polyt. Journ. 1887, Bd. 265, S. 325, mit Abb.
[4]) Hewitt, D. R.-P. Nr. 39240.
[5]) D. R.-P. Nr. 31567; Dingl. polyt. Journ. 1887, Bd. 265, S. 347, mit Abb.

Für trommelförmige Fässer hat E. Bratt eine Maschine gebaut,[1]) welche ähnlich wie die vorige arbeitet, aber sogar die zusammenzufügenden Dauben vom Stapel nimmt.

B. Maschinen für Wagenräder.

Für dieselben verwendet man Zusammenfügungsmaschinen, welche die Radspeichen in die Nabe drücken, und andere, die zum Aufdrücken der Felgen auf die Speichen dienen. Die Speichen werden mittels der Hand vor die betreffenden Löcher der Radnabe gebracht und durch einen Helmhammer eingetrieben, oder durch Pressen eingedrückt.[2])

Ein und dieselbe Maschine kann auch zum Aufschieben der Felgen auf die äusseren Speichenzapfen dienen. Um einen lothrechten, zur Aufnahme der Nabe bestimmten festen Dorn ist eine Anzahl liegender Wasserdruckpressen angebracht, welche zuerst die Speichen in die Nabe und dann die Felgen gegen die Speichenzapfen drücken. Man lässt das Rad etwa fünf Minuten in der Presse und kann dann den mässig erwärmten eisernen Reifen leicht aufschieben. Colas[3]) lässt eine Zahl von Hebeln, welche von einer gemeinsamen Wasserdruckpresse bethätigt werden, auf die Radfelgen drücken.

Man verwendet auch Pressen zum Eindrücken der Radbüchsen[4]) und zum Aufpressen der Nabenreifen.[5])

C. Maschinen zum Zusammenfügen der Kisten, Thür- und Fensterrahmen u. dergl.

Die Zinken der Kistenbretter sollen genau winkelrecht in einander geschoben werden, damit unnöthiges Klemmen verhütet wird; sie sollen auch nur mit einigem Widerstande ineinandergeschoben werden können, damit die erzielte Verbindung genügend ausfällt. Diese Vorbedingung erfüllt die Woodford'sche Kastenzwinge,[6]) Fig. 419. Auf einem gehobelten, gusseisernen Tisch sind zwei Winkel *c* gleichlaufend zur Bildfläche befestigt. Der rechtwinklig hierzu liegende Winkel *b* ist durch Schraube und Handrad, der ebenso liegende *e* durch doppelten Kniehebel zu verschieben. Der Abstand von *c* wird nach der Länge der mit, z. B. nach Fig. 401 gestalteten Zinken versehenen Bretter eingestellt, der Winkel *b* so, dass die zusammengehörenden Bretter zwischen *b*, *c* und *e* gestellt werden können, und durch Strecken der Kniehebel — durch Fusstritt oder mittels Handhebels — die Zinken in genau richtiger Weise ineinander geschoben werden. Es ist zweckmässig, Kniehebel zu verwenden,

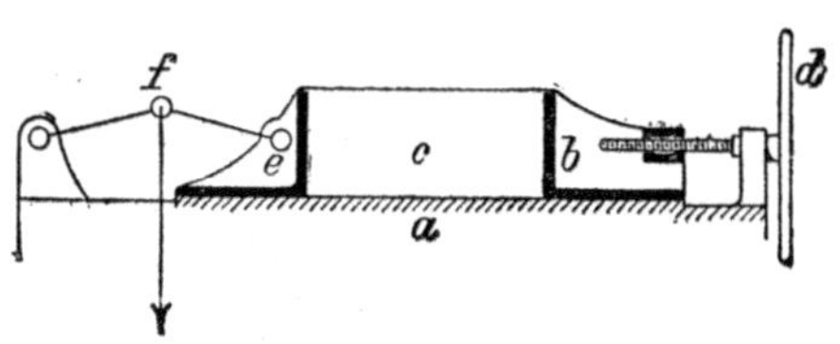

Fig. 419.

[1]) Zeitschr. d. Ver. deutscher Ingen. 1894, S. 709, mit Abb.

[2]) Zeitschr. d. Ver. deutscher Ingen. 1883, S. 271, mit Abb. Dingl. polyt. Journ. 1883, Bd. 249, S. 489, mit Abb.

[3]) Dingl. polyt. Journ. 1869, Bd. 194, S. 24, mit Abb.

[4]) Zeitschr. d. Ver. deutscher Ingen. 1883, S. 272, mit Abb.

[5]) American Machinist, 11. Febr. 1892, mit Schaubild.

[6]) Zeitschr. d. Ver. deutscher Ingen. 1894, S. 708.

da der Widerstand anfänglich klein ist und bis zum Ende der Arbeit wächst.

Bei dem Zusammenfügen der Thür- und Fensterrahmen ist fast das Gleiche zu berücksichtigen. Fig. 420 zeigt eine dementsprechende Maschine. Zwei gusseiserne Böcke, die durch Querstücke zu einem standhaften Gestell vereinigt sind, tragen auf zwei gehobelten Führungsflächen zwei Schlitten *s*, welche die Gestalt langer Balken haben. Auf diese Balken sind Knaggen *k* gesetzt, und zwar an solchen Stellen und in solcher Zahl wie der zusammenzufügende Gegenstand erfordert. Der linksseitige Schlitten ist mittels der Hand zu verschieben; er wird in der ihm gegebenen Lage durch Zahnleisten, welche an den Böcken sitzen, festgehalten. Der rechts liegende Schlitten *s* ist mit Schrauben versehen, welche durch Handräder *h* bethätigt werden können. Das Muttergewinde dieser Schrauben befindet sich in den an dem Gestell gut geführten Stangen *a*, welche je einen Gelenkbolzen *b* der Kniehebel *bdc* enthalten. Die zweiten Gelenkbolzen *c* sitzen fest am Gestell, und an die Mittelbolzen *d* greifen die Stangen *de*, welche durch den Hebel *emf* bethätigt werden. Dieser Hebel besteht aus

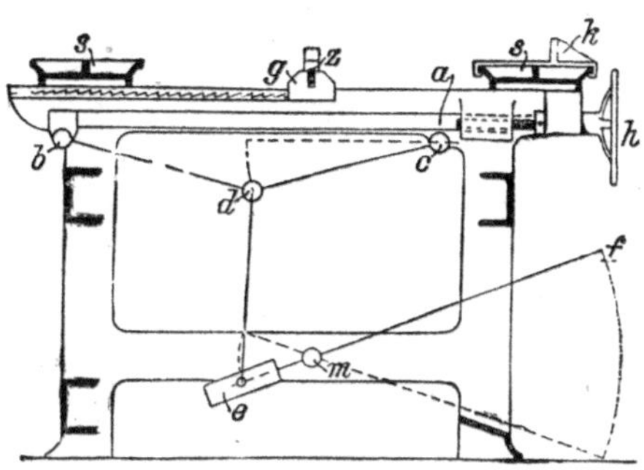

Fig. 420.

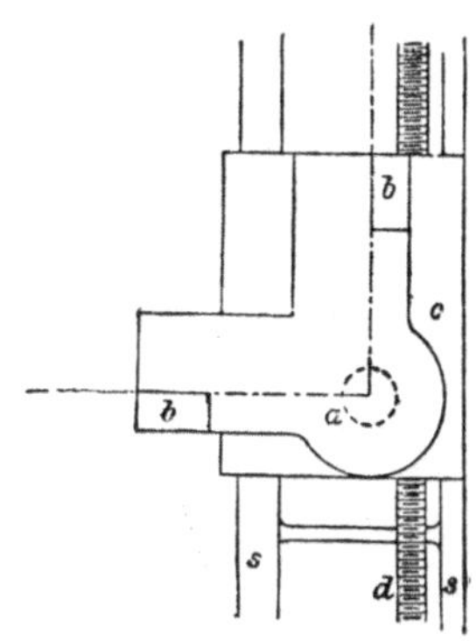

Fig. 421.

zwei Schenkeln, die bei dem Tretschemel *f* vereinigt sind. Durch eine mit Sperrzähnen versehene — nicht gezeichnete — Stange kann der Tretschemel *f* in seiner tiefsten Lage festgehalten werden. Sobald diese Stange ausgelöst wird, begeben sich die Hebel vermöge des Gewichts *e* in die gezeichnete Lage zurück.

Auch winkelrecht zur Bildfläche kann auf den zusammenzufügenden Rahmen ein Druck ausgeübt werden, und zwar im vorliegenden Falle durch eine gewöhnliche, lange Schraubzwinge *z*, welche, in Schlitzen zweier Schlitten *g* ruhend, auf den Maschinenböcken frei verschoben werden kann.

Um den Druck auf die Rahmentheile in der Längenrichtung des Rahmens ebenso gross zu machen wie in der Querrichtung, verwenden Manche die durch Fig. 421 abgebildeten Knaggen. Sie fassen nur an die Ecken des Rahmens, bedürfen also einer Ergänzung, wenn in letzterem Sprossenwerk vorkommt. Die hervorragenden Backen *b* legen sich an das Rahmenholz oder zwischengelegte Klötzchen. Sie sitzen an der Platte *a*, die mittels Zapfens an dem Schlitten *c* drehbar befestigt ist. *c* ist längs des balkenförmigen Schlittens mittels der Schraube *d* verschiebbar. Diese Schraube ist nur zur Hälfte mit rechtsgängigem, zur Hälfte mit linksgängigem Gewinde versehen und wirkt mit jeder Hälfte auf einen der Schlitten *c* so, dass durch Drehen der Schraube die Schlitten in gleichem Grade der Maschinenmitte genähert oder nach aussen geschoben werden. Zwei so ausgerüstete Schlitten liegen, wie bei der durch Fig. 420 dargestellten Maschine, einander gegenüber und werden wie bei dieser bewegt. Man schiebt dann zunächst die Backen *b*, Fig. 421, gegen das Werkstück, zieht sie durch die Schraube *d* an, und lässt dann die Kniehebel der Maschine in Thätigkeit treten. Fällt hierbei der Druck quer zu den Schlitten *s* grösser aus als der durch *d* erzeugte, oder ist sonst eine Ungleichheit vorhanden, so werden die Drücke durch die Drehbarkeit der Platten *a* ausgeglichen.

Sachregister.

GPSR Compliance

The European Union's (EU) General Product Safety Regulation (GPSR) is a set of rules that requires consumer products to be safe and our obligations to ensure this.

If you have any concerns about our products, you can contact us on ProductSafety@springernature.com

In case Publisher is established outside the EU, the EU authorized representative is:

Springer Nature Customer Service Center GmbH
Europaplatz 3
69115 Heidelberg, Germany

Batch number: 10684220

Printed by Printforce, the Netherlands